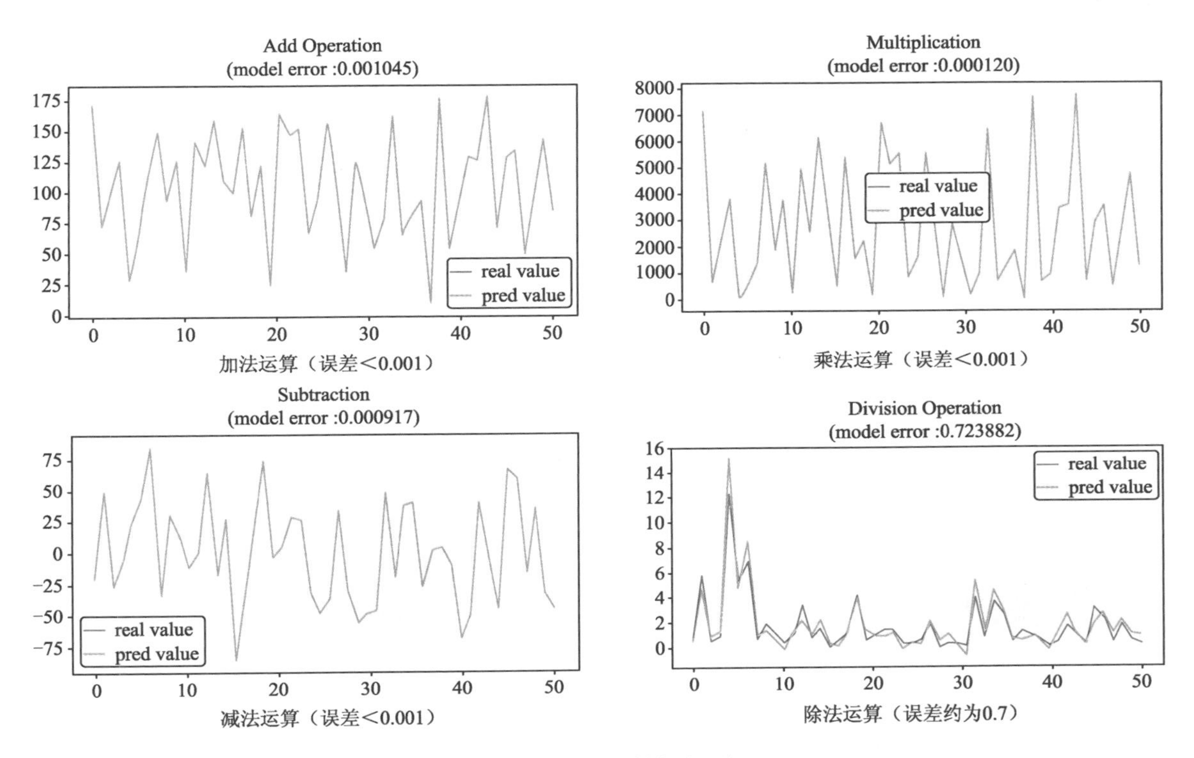

图 2.29　四则运算模型评估

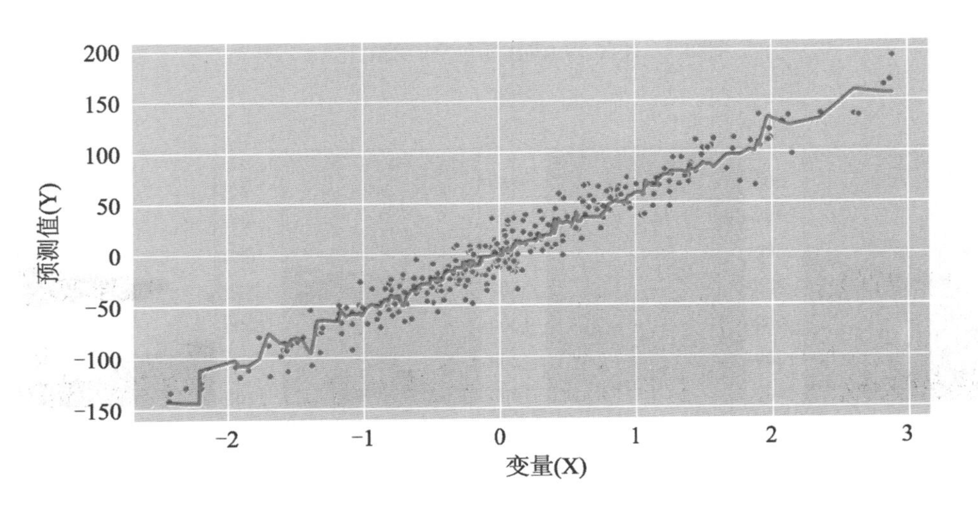

图 3.54　GBDT 回归预测的结果

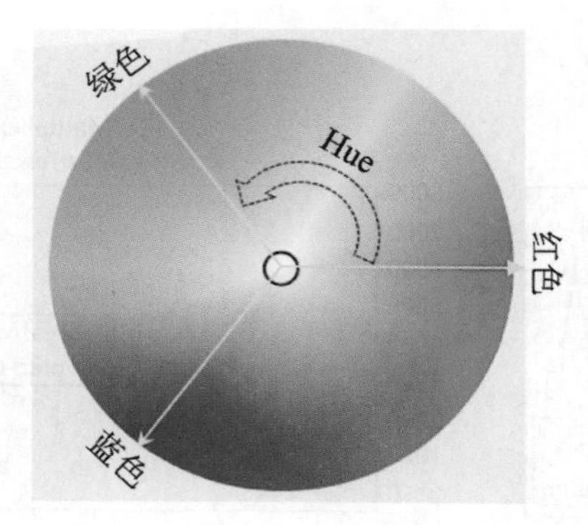

红色：Hue=0
绿色：Hue=120
蓝色：Hue=240

图 4.6　色调

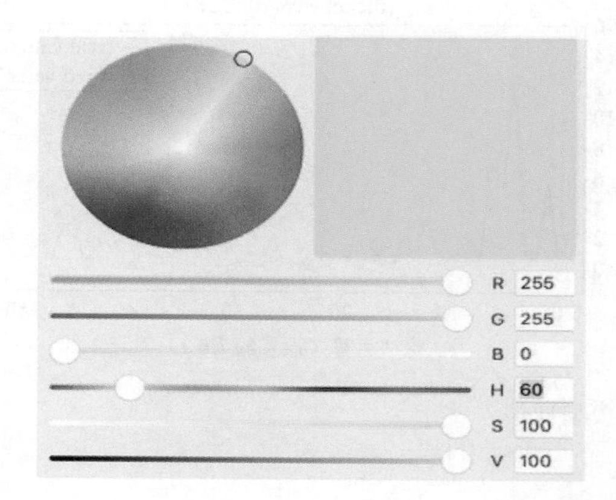

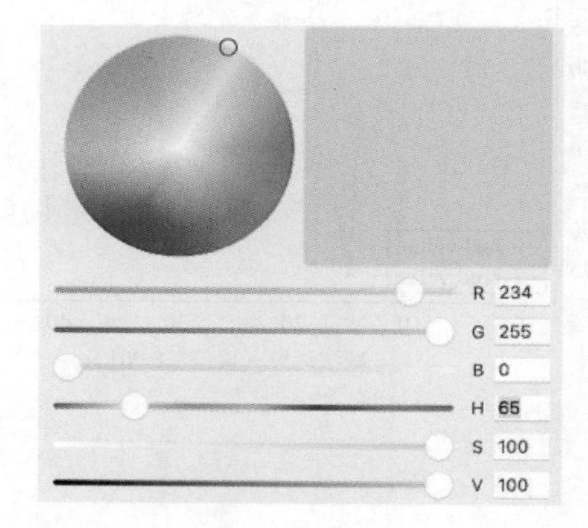

图 4.7　HSV 与 RGB 颜色空间的对比

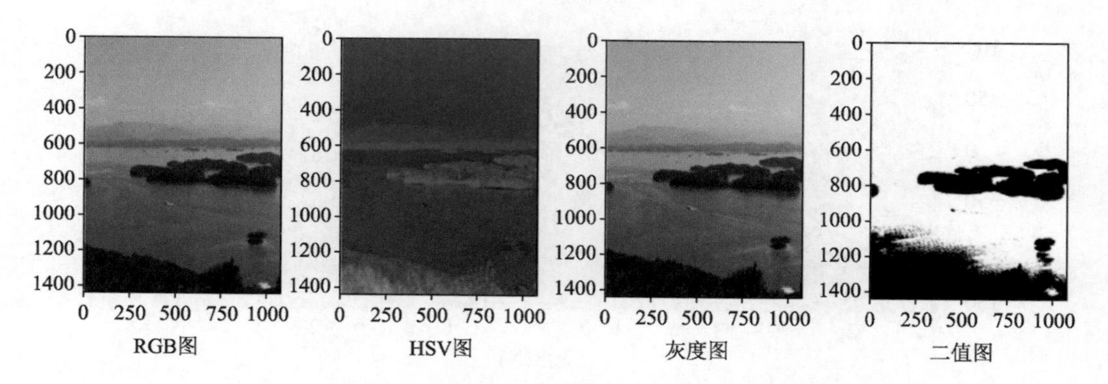

图 4.9　RGB 图、HSV 图、灰度图与二值图

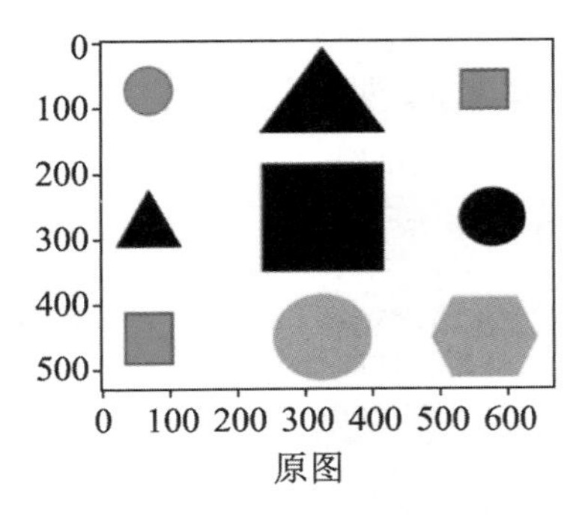

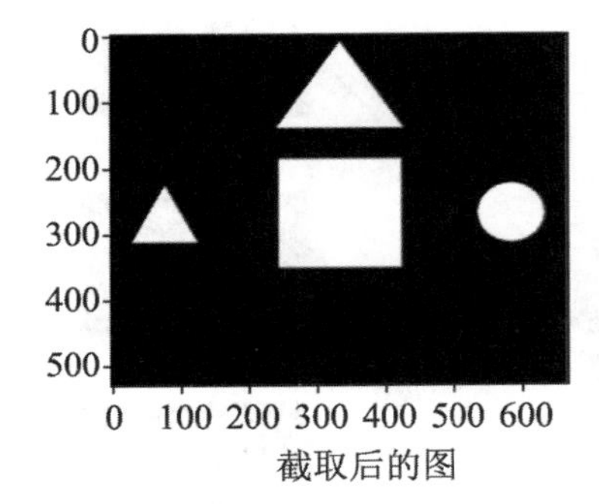

图 4.15　根据颜色截取 ROI

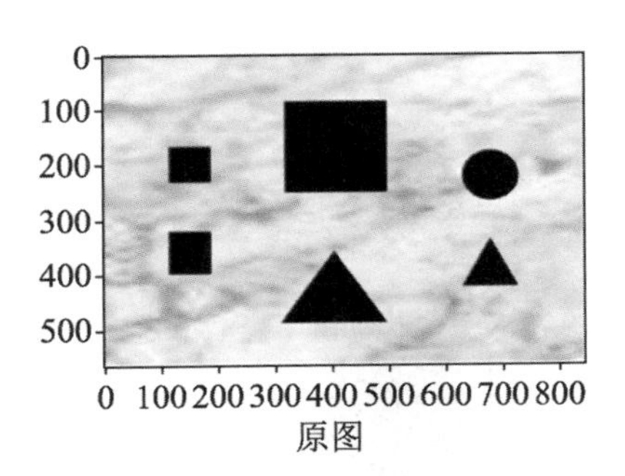

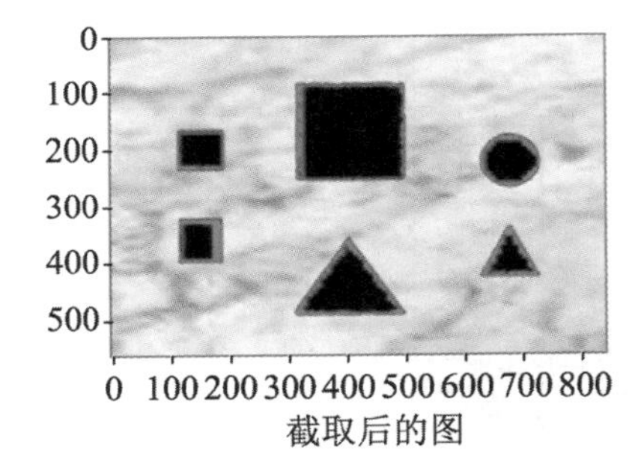

图 4.16　根据轮廓截取 ROI

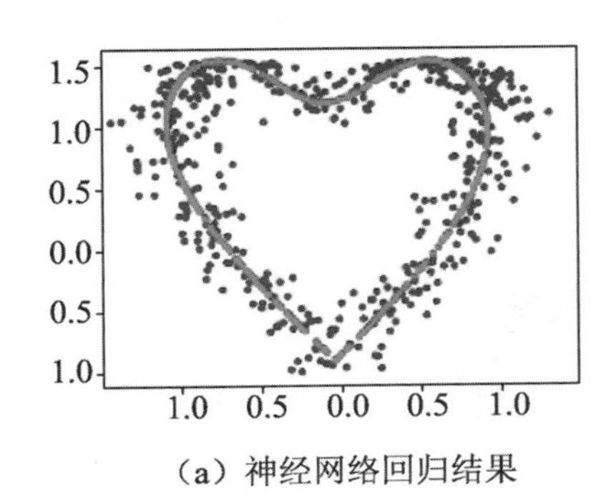

（a）神经网络回归结果

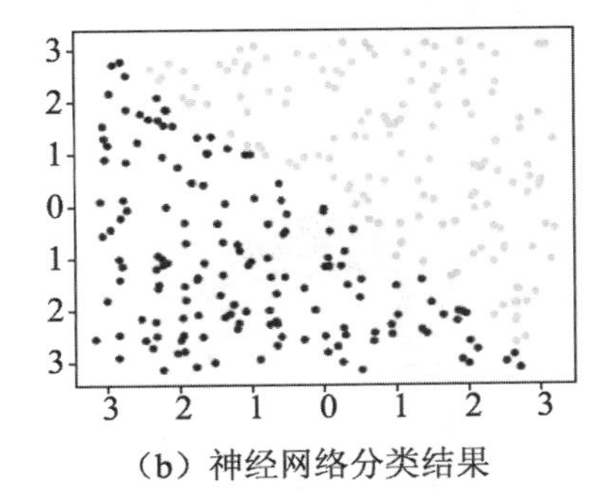

（b）神经网络分类结果

图 6.25　神经网络模型的使用

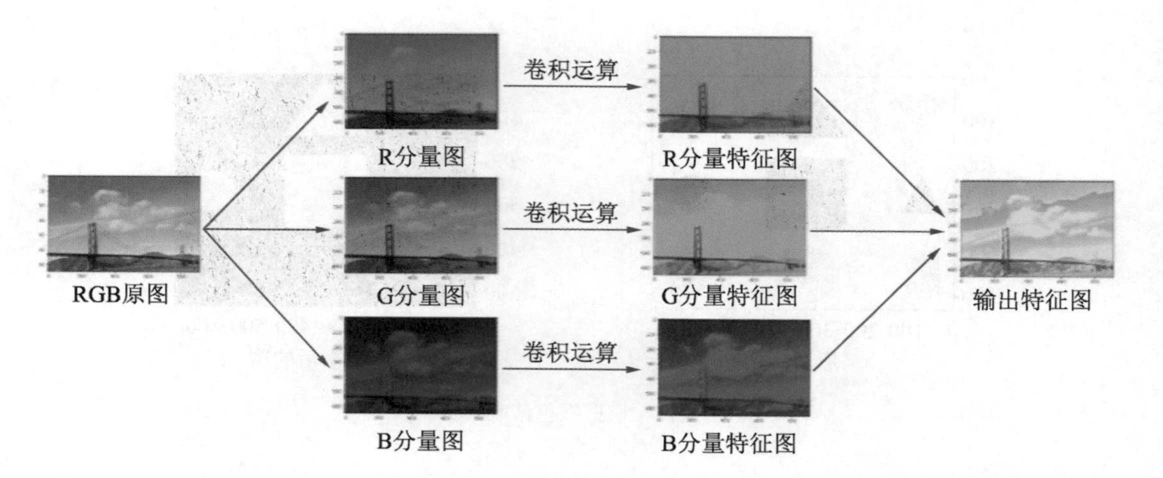

图 7.7 多通道单输出卷积

图 9.11 候选区域与人工标注区域

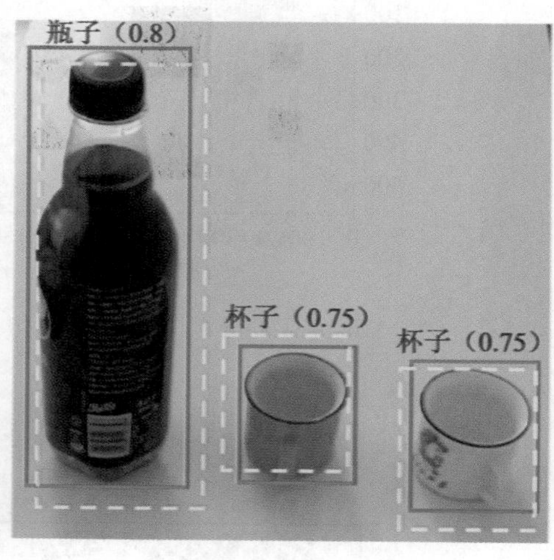

图 9.15 目标检测结果

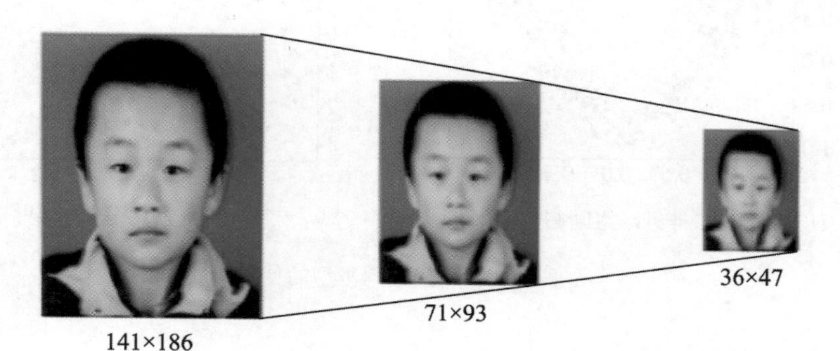

图 9.43 下采样得到的图像金字塔

· 人工智能技术丛书 ·

深度学习与计算机视觉

核心算法与应用

谢文伟 印杰◎编著

北京理工大学出版社
BEIJING INSTITUTE OF TECHNOLOGY PRESS

图书在版编目（CIP）数据

深度学习与计算机视觉 ：核心算法与应用 / 谢文伟，印杰编著. -- 北京 ：北京理工大学出版社，2023.4
（人工智能技术丛书）
ISBN 978-7-5763-2305-4

Ⅰ. ①深… Ⅱ. ①谢… ②印… Ⅲ. ①计算机视觉—研究 Ⅳ. ①TP302.7

中国国家版本馆CIP数据核字(2023)第069633号

出版发行 / 北京理工大学出版社有限责任公司
社　　址 / 北京市海淀区中关村南大街5号
邮　　编 / 100081
电　　话 / （010）68914775（总编室）
（010）82562903（教材售后服务热线）
（010）68944723（其他图书服务热线）
网　　址 / http：//www. bitpress. com. cn
经　　销 / 全国各地新华书店
印　　刷 / 文畅阁印刷有限公司
开　　本 / 787毫米×1020毫米 1/16
印　　张 / 19.75
彩　　插 / 2
字　　数 / 394千字
版　　次 / 2023年4月第1版 2023年4月第1次印刷
定　　价 / 89.80 元

责任编辑 / 江　立
文案编辑 / 江　立
责任校对 / 周瑞红
责任印制 / 施胜娟

前言

从 21 世纪初开始，整个社会逐渐进入数据驱动的时代，云计算、大数据和人工智能的发展开始形成良性互动：一方面，云计算和大数据的发展带来了算力的大幅提升和学习样本的极大充足，从而促进人工智能快速发展；另一方面，人工智能的发展减少了人力劳动，提高了数据分析和处理的效率，从而促进云计算和大数据进一步发展。

机器学习和计算机视觉是人工智能领域的热门方向。目前，在计算机视觉领域，人工智能尚处于感知智能阶段，计算机可以对目标进行检测和识别，但还不具备理解能力，距离真正的认知智能尚有一段距离。随着理论的成熟和一些新模型与框架（如强化学习和迁移学习）的提出与广泛应用，计算机视觉领域正在向越来越智能化的方向快速发展，而支撑其发展的机器学习技术，尤其是深度学习技术发挥了很大的作用。

目前，市场上虽然已经有不少计算机视觉方面的书籍，但是其中大部分要么侧重介绍理论知识，要么侧重介绍应用实践。如果只强调理论，则很难让读者了解其具体应用；如果只强调实践，则只会局限于具体案例，而无法让读者做到举一反三，在遇到实际问题时还是无从下手。因此，非常需要一本将理论和实践很好地结合起来的书籍，以帮助读者系统地进行学习和实践。

笔者长期从事机器学习和计算机视觉领域的相关工作，不但熟悉其理论知识，而且在学习和工作中积累了大量的感悟与经验，于是萌生了写作一本理论结合实践的深度学习与计算机视觉图书的想法，以便把自己的感悟和经验分享给想要进入这个领域的初学者和从业者。由于机器学习与计算机视觉涉及的知识点较为庞杂，一个人完成写作对于我而言是一个巨大的挑战，因此笔者联合了同样具有丰富经验的印杰老师一起写作本书。希望本书能成为读者打开计算机视觉大门的一把金钥匙。

本书特色

1．理论知识结合应用实践

本书从工作原理、应用场景和代码实现三个方面介绍相关算法和模型，以便让读者对相关理论知识和应用实践有更加全面的了解，从而做到触类旁通，对不同场景进行建模。

2．由浅入深，循序渐进

本书从基本概念讲起，循序渐进地介绍机器学习、深度学习和计算机视觉的理论知识、模型与算法原理以及典型应用，帮助读者全面、深入地掌握相关知识。

3．图文并茂，易于理解

本书结合 280 余幅示意图讲解相关知识点，其中有百余幅是精心绘制的算法和模型原理图，可以让抽象的知识变得更加直观和易于理解，从而帮助读者高效学习。

4．模型众多，实例丰富

本书对常用算法和 30 余种模型做了归纳整理，并在讲解这些算法和模型时结合大量的代码实例，帮助读者更好地理解所学理论并动手实践。

本书内容

本书共 10 章，分为 3 篇，每篇从均基本概念、模型与算法原理以及代码实现 3 个方面进行介绍。

第1篇　机器学习原理

第 1 章主要介绍机器学习和计算机视觉的起源、发展历史、研究内容以及开发环境的搭建等基础知识。

第 2 章主要介绍机器学习的相关概念、数据集的划分和使用、机器学习的流程、机器学习涉及的数学基础知识和相关开发工具等，最后给出几个 AI 编程入门实例。

第 3 章主要介绍数据分布、探索性数据分析、数据预处理、特征选择、线性回归系列模型和决策树系列模型的理论以及模型评估等相关内容，其中重点演示 AI 编程中定范式、定损失和做优化三个关键步骤。

第2篇　计算机视觉基础

第 4 章首先介绍图像的结构与常见类型，然后介绍计算机视觉的工作流程，最后介绍如何使用 OpenCV 处理图像和视频。

第 5 章首先介绍如何对图像进行分类，然后介绍如何使用传统方法提取特征，最后演示如何对单标签图像进行分类。

第3篇　深度学习模型与计算机视觉应用

第 6 章首先介绍神经网络的基础知识，然后分别介绍前馈神经网络模型和循环神经网络模型的结构、算法及应用实例等。

第 7 章首先介绍图像滤波和卷积的实现过程，然后介绍卷积神经网络的结构和工作原理等相关知识。

第 8 章首先介绍 LeNet-5、AlexNet 和 VGGNet 等 6 种常见卷积神经网络模型，然后介绍样本操作和图像分类的相关知识，最后介绍图像识别实例的代码实现。

第 9 章首先介绍目标检测的原理和 6 种常见模型，然后结合人脸检测实例，介绍人脸二分类器的创建、人脸初检、初检结果修正以及开源模型人脸检测等相关知识。

第 10 章首先介绍目标检测、语义分割和实例分割等图像分割知识，然后介绍 FCN 和 Mask R-CNN 两种模型，最后介绍目标追踪的相关知识。

本书读者对象

- 人工智能初学者；
- 机器学习与深度学习初学者；
- 计算机视觉技术初学者；
- 机器学习与计算机视觉算法工程师；
- 机器学习与计算机视觉爱好者；
- 相关培训机构的学员；
- 高校相关专业的学生。

本书配套资源

本书使用 Python 作为开发语言，使用 Jupyter Notebook 作为集成开发环境。本书涉及的源代码与相关开源工具等配套资源需要读者自行下载。读者可以关注微信公众号“方大卓越”，然后回复“计算机视觉 xww”，即可获取本书配套资源的下载地址。

意见反馈

由于编者水平所限，书中可能还存在一些疏漏和不足之处，敬请各位读者批评指正。读者在阅读本书时若有疑问，可以发送电子邮件到 bookservice2008@163.com 或者 jim.xie.cn@outlook.com 获得帮助。

谢文伟

目录

第1篇　机器学习原理

第 2 篇　计算机视觉基础

第 3 篇　深度学习模型与计算机视觉应用

第1篇 机器学习原理

第 1 章　认识机器学习

智慧是什么？人是怎么认识世界的？围绕这些问题，几千年来人们一直没有停止过思考。直到 20 世纪三四十年代，随着人工智能的兴起，对这些问题的探索才逐渐从哲学领域进入科学研究的范畴。虽然如今的人工智能是不是真正意义上的智能还存在争议，但毋庸置疑的是，人工智能已经在我们的日常生活中扮演着重要的角色。

在 20 世纪三四十年代，随着生物学、信息论、控制论及计算理论等多门学科的融合，制造一台“人造大脑”成为可能。经过 80 年左右的发展，以机器学习为代表的人工智能取得了巨大的进展，尤其是在计算机视觉领域，人工智能已经可以代替人类做出一些决策。

视觉是人类获取信息的最主要渠道，大约 70%的大脑皮层用来处理视觉方面的相关信息。计算机视觉是指让计算机能看懂图像的内容，它是实现人工智能的重要分支。近年来，随着信息技术尤其是深度学习技术的发展，如何通过机器学习的方法从数据中发现蕴涵的知识或有价值的信息已成为一个非常重要的研究领域，计算机视觉与机器学习也逐渐成为研究的热点。

1.1　机器学习简介

简单来说，机器学习就是寻找数据中存在的规律，并用这个规律对新的数据进行预测的过程。机器学习算法和模型的主要作用是为了找到这些规律。如图 1.1 所示，输出 Y 是输入 X_1 和 X_2 的算术平均数。

机器学习包括传统机器学习（Machine Learning）和深度学习（Deep Learning），它是实现人工智能（Artificial Intelligence）的重要手段。现在人们普遍认为，机器学习是人工智能领域的子集，而深度学习又是机器学习领域的子集，三者之间的关系如图 1.2 所示。

纵观人工智能约 80 年的发展历史，机器学习一直都是人工智能里的一个重要子领域，机器学习与人工智能一起经历了两次低谷和三次崛起，如图 1.3 所示。

X_1	X_2	Y
18	63	40.5
8	87	47.5
38	95	66.5
48	44	46.0
67	4	35.5
90	76	83.0
19	21	20.0
76	25	50.5

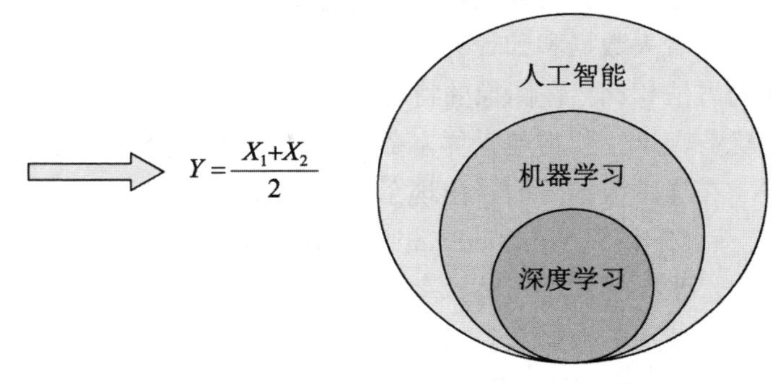

图 1.1　机器学习的本质

图 1.2　机器学习、深度学习与人工智能之间的关系

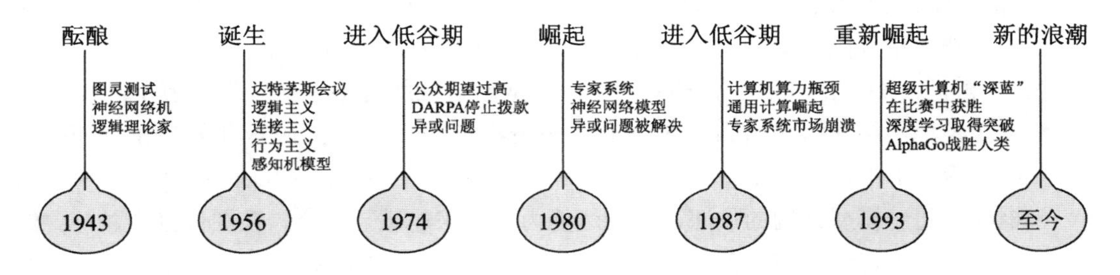

图 1.3　机器学习与人工智能的发展历程

虽然人工智能的发展几经挫折，但是总能够走出低谷并进入一个新的发展期。其动力除了来自自身的发展以外，还来自社会的期待和支持。人工智能的发展从来不是一蹴而就的，而是经过横跨多个学科及近一个世纪众多科研人员共同努力的结果。

从技术层面来看，人工智能的发展需要算法、大数据和计算能力这三个方面的支撑，在 21 世纪，随着更多的资金和研究人员的投入以及算法和数据的积累，加之计算能力的进一步提升，人工智能必将发挥更大的作用。

1.2　计算机视觉简介

在早期，计算机视觉（Computer Vision）被定义为赋予机器自然视觉能力的学科，其目标是通过对图像信息的研究，实现对图像内容的理解。如今，计算机视觉已经成为人工智能领域最热门的研究方向之一，计算机已经可以从数字图像或视频中获得有意义的信息，并根据这些信息进行决策。

与人类视觉系统类似，计算机视觉赋予计算机“看到”“观察”“理解”图像的能力。

迄今为止，计算机视觉已经经历了诞生和理论准备、初步应用以及深度学习三个时代。

随着大数据和云计算的发展，机器学习逐渐进入深度学习时代。研究人员发现，与传统的方法相比，在图像的特征提取方面，深度学习（尤其是卷积神经网络）有着无可比拟的优势，这主要得益于样本数据、AI 模型和算力等方面的综合发展。

在样本数据方面，出现了许多实验用的标注过的数据集。

- MNIST（Modified National Institute of Standards and Technology）数据集：包含 70 000 张扫描的手写体数字照片（每张照片为 0～9 中的一个数字），是 Yann LeCun 实验使用的数据集。
- Pascal VOC（Pascal Visual Object Challenge）数据集：包含 20 个分类，并且还包含目标在图像中的位置，有上万张照片，可用于目标检测。
- ImageNet 数据集：包含 2 万个分类，有上千万张图片。从 2010 年开始，每年使用该数据集举行的图像识别比赛被称为计算机视觉的奥林匹克竞赛。

在 AI 模型方面，出现了卷积神经网络和生成对抗网络等多种深度学习模型。

- 卷积神经网络（Convolution Neural Network，CNN）：它于 1998 年被提出，随后陆续出现了 LeNet、AlexNet、GoogLeNet、VGGNet、ResNet 和 DenseNet 等多种模型框架。随着模型结构的加深，其表达能力也越来越强。如今，在图像分类领域，深度学习模型已经比较成熟了，计算机在 ImageNet 上的表现已经超过人类。
- 生成对抗网络（Generative Adversarial Networks，GAN）：它于 2014 年被提出。GAN 模型使计算机具有一种创造性，能根据现有的条件（如一些二维图像）创造出新的图像。

在算力方面，GPU 和云计算提高了计算能力。

深度学习是大量的简单处理单元共同运算的过程。针对这一特点，在深度学习方面，GPU 比 CPU 更具优势：GPU 可以提供多核并行计算的基础结构且有大量的核心支持数据的并行计算，可以极大地提高计算速度，从而解决大型而复杂的计算问题。

云计算提供分布式运算和存储的能力，可以将模型的训练和存储分散到多台计算机上，从而进一步解决深度学习存在的算力和存储不足等问题。

随着技术的发展，计算机视觉的研究内容变得更加丰富，大体可以分为物体视觉和空间视觉两大部分。物体视觉是对物体进行精细分类和鉴别，空间视觉则是确定物体的位置和形态。目前，计算机视觉领域的基础与热门研究方向如图 1.4 所示。

- 图像分类：根据图像自身的特点，将其划分为不同的类别。
- 目标检测：找到目标在图像中的位置坐标，并通过边界框标记出来。
- 语义分割：实现像素级的分类，将每个像素点归类到不同的类别下。
- 实例分割：区分每个个体，将每个像素点归类到不同的目标个体下。

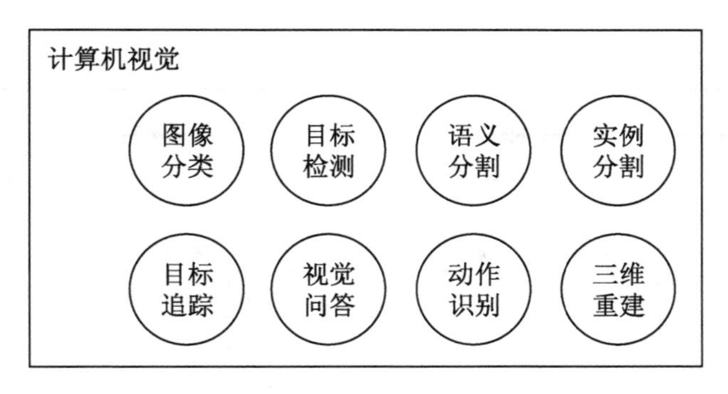

图 1.4　计算机视觉主要的研究方向

- 目标追踪：针对一段视频或一组图像序列，找到同一个目标在不同时刻所在位置的坐标。
- 视觉问答：针对输入图像，用户提问，然后通过算法进行回答。
- 动作识别：针对一段视频或一组图像序列，识别出目标的行为动作。
- 三维重建：对图像进行分析，结合计算机视觉知识推导出现实环境中物体的三维信息。

1.3　开发工具的选择

本书配套源代码使用的是 Python 语言，使用 Jupyter Notebook 作为 IDE（集成开发环境），读者最好已经有 Python 和 Jupyter Notebook 编程基础，熟悉 Python 语言和 Jupyter Notebook 开发工具的使用。

对于机器学习和计算机视觉常用开发包（Seaborn、Pandas、Keras 和 OpenCV 等）的使用，本书会在相应的章节进行介绍。

本书配套源代码用到的开发库和相应版本如表 1.1 所示（对于其他版本，笔者未做过测试），机器学习部分的代码只涉及表 1.1 中“基础环境与机器学习”所列的开发库，计算机视觉部分的代码则涉及表 1.1 中所有的开发库。

表 1.1　本书用到的开发工具

分　　类	软　　件	说　　明	版　　本
基础环境与机器学习	Python	开发语言	3.7.9
	Graphviz（运行环境）	可视化树结构	2.47.0
	Virtualenv	创建Python虚拟环境	20.4.3
	Jupyter	编写Python程序	1.0.0

（续表）

分　类	软　件	说　明	版　本
基础环境与机器学习	Pandas	数据处理	1.2.1
	Seaborn	数据可视化	0.11.1
	scikit-learn（简称Sklearn）	常用的机器学习算法与模型	0.23.2
	XGBoost	XGBoost模型算法库	1.3.3
	mlxtend	scikit-learn的扩展库	0.18.0
	Graphviz（接口程序）	可视化树结构	0.16
	Matplotlib	统计图绘制工具	3.3.2
	NumPy	科学计算库	1.19.2
	Scipy	科学计算库	1.5.2
	lxml	XML文件处理	4.6.3
计算机视觉与深度学习	opencv-python	图像处理开发库	4.5.1.48
	opencv-contrib-python	图像处理开发库	4.5.1.48
	TensorFlow	深度学习开发包	1.15.0
	tensorflow-estimator	TensorFlow的高级API	1.15.1
	scikit-image	基于Scipy的图像处理库	0.18.1
	Keras	深度学习开发的前端API	2.3.1
	Dlib	人脸检测与识别库	19.22.0
	MTCNN	人脸检测库	0.1.0
	Keras-Applications	预训练的深度学习模型	1.0.8

1.4 开发环境的搭建

在表 1.1 所列的开发工具中，除了 Python 和 Graphviz 需要下载安装包进行安装外，其他的软件都可以直接使用 pip 进行安装。本节介绍在 Windows 平台下使用 Virtualenv 搭建开发环境的方法（其他平台下的搭建方法与其类似）。对于熟悉 Python 的读者，可以跳过这部分内容，直接使用自己喜欢的方式进行安装即可，例如使用 Anaconda 包管理器进行安装。

1．配套源代码

本书配套源代码是基于 Python 3 生成的，使用 Jupyter Notebook 作为 IDE，共有两个目录：

- setup 目录：包含安装脚本和开发工具。
- src 目录：包含本书配套源代码。

2．安装Python

本书配套源代码在运行前需要搭建 Python 3 运行环境。Python 3 的安装方法如下：

1）进入 Python 官网 https://www.python.org，需要下载的安装包版本为 Python 3.7.9。本书使用的是 64 位 Windows 操作系统，下载文件为 python-3.7.9-amd64.exe。

2）运行安装文件并按提示操作，安装时请选择 Add Python 3.7 to PATH。

3）在命令行里运行 Python，检查 Python 的版本号是否 3.7.9。

3．安装Graphviz

Graphviz 是一款画图工具，本书使用该工具对决策树进行可视化。Graphviz 的安装方法如下：

1）进入 Graphviz 官网 https://graphviz.org/download/，需要下载的安装包版本为 Graphviz 2.47.0。本书使用的是 64 位 Windows 操作系统，下载文件为 stable_windows_10_cmake_Release_x64_graphviz-install-2.47.0-win64。

2）运行安装文件并按提示操作。

3）将 Graphviz 的环境变量添加到系统路径中，如图 1.5 所示。

4．安装Virtualenv和cmake

使用 Virtualenv 创建一套独立的 Python 运行环境，这样可以避免多个 Python 环境之间相互干扰。读者可以通过本书提供的脚本进行安装，或者手工安装。

（1）cmake 安装

如果是 Windows 操作系统，则需要从微软官方网站下载 Visual Studio 离线安装包 vs_community.exe 进行安装。以 Visual Studio Community 2017 为例，下载网址为 https://visualstudio.microsoft.com/zh-hans/vs/older-downloads/，下载完成后直接运行 vs_community.exe 文件，并根据提示进行安装，在安装时请选中 cmake 的安装选项 Visual C++ tools for CMake，如图 1.6 所示。

如果是 Linux 操作系统，则可以使用系统命令进行安装。以 CentOS 为例，安装命令如下：

```
1 yum install cmake -y
```

如果是 Mac 操作系统（macOS），则可以使用 brew 命令进行安装：

```
1 brew install cmake
```

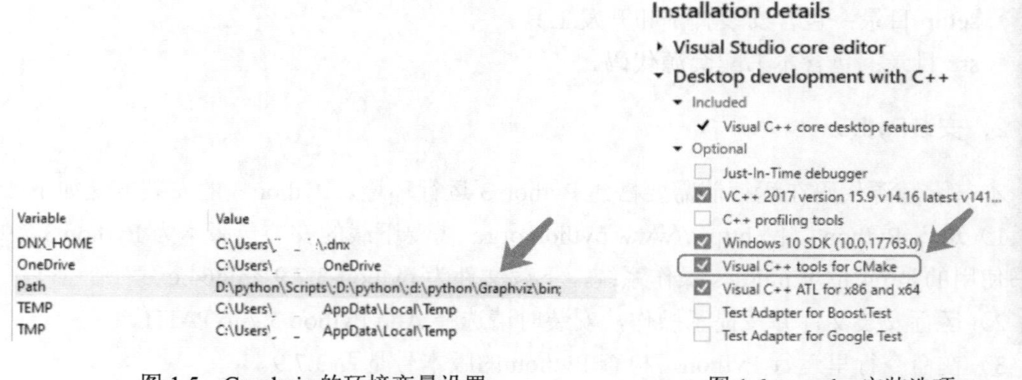

图 1.5　Graphviz 的环境变量设置　　　　图 1.6　cmake 安装选项

（2）Virtualenv 安装

如果是 Windows 操作系统，则可以通过本书提供的脚本进行安装，即在命令行里直接运行本书配套源代码中 setup 目录下的 install_virtualenv.bat 文件进行安装，安装命令如下（D:\ai-cv-release 为本书配套代码的目录）：

```
1 cd D:\ai-cv-release\setup
2 install_virtualenv.bat
```

如果是其他操作系统，则可以使用以下命令手工进行安装（-i https://pypi.tuna.tsinghua.edu.cn/simple 表示使用国内源，以加快安装速度）：

```
1 mkdir python37
2 cd python37
3 pip install virtualenv -i https://pypi.tuna.tsinghua.edu.cn/simple
4 virtualenv ai
5 pip install cmake==3.18.4 -i https://pypi.tuna.tsinghua.edu.cn/simple
& deactivate
```

5．安装第三方开发库

配套的 Python 开发库可以通过本书提供的脚本进行安装，或者通过手工进行安装。

（1）通过本书提供的脚本进行安装

如果是 Windows 操作系统，则可以在命令行里直接运行本书配套源代码中 setup 目录下的 install_packages.bat 文件进行安装，安装命令如下（D:\ai-cv-release 为本书配套代码的目录）：

```
1 cd D:\ai-cv-release\setup
2 install_packages.bat
```

（2）通过手工安装

先激活 Python 虚拟环境，然后通过 pip -i requirements.txt 命令安装（requirements.txt 文件在本书配套代码的 setup 目录下）。以下是 Windows、Linux 和 macOS 下的手工安装

方法。

Windows 下的手工安装命令如下（D:\python37\ai 为刚创建的 Python 虚拟环境目录，D:\ai-cv-release 为本书配套代码的目录），这一步运行时间较长，请耐心等候。

```
1 cd D:\python37\ai\Scripts
2 activate
3 cd D:\ai-cv-release\setup
4 pip install -r requirements.txt -i https://pypi.tuna.tsinghua.edu.cn/
simple
```

Linux/macOS 下的手工安装命令如下（/python37/ai 为刚创建的 Python 虚拟环境目录，/ai-cv-release 为本书配套代码的目录），这一步的运行时间较长，请耐心等候。

```
1 cd /python37/ai/bin
2 source activate
3 cd /ai-cv-release/setup
4 pip install -r requirements.txt -i https://pypi.tuna.tsinghua.edu.cn/
simple
```

6. 启动Notebook开发界面

先激活 Python 虚拟环境，然后进入本书配套源代码的 src 目录，执行 jupyter.bat 文件，将出现 Notebook 开发界面，如图 1.7 所示。

图 1.7　Notebook 开发界面（本书配套代码列表）

1）Windows 下的启动命令如下（D:\python37\ai 为刚创建的 Python 虚拟环境目录，D:\ai-cv-release 为本书配套的代码目录）：

```
1 cd D:\python37\ai\Scripts
2 activate
3 cd D:\ai-cv-release\src
4 jupyter.bat
```

2）Linux/macOS 下的启动命令如下（/python37/ai 为刚创建的 Python 虚拟环境目录，/ai-cv-release 为本书配套代码的目录）：

```
1 cd /python37/ai/bin
2 source activate
3 cd /ai-cv-release/src
4 shjupyter.bat
```

7．在统计图中显示中文

在默认情况下，绘图工具 Matplotlib 不支持中文显示，在运行配套代码时会出现中文乱码的情况。解决方法是给 Matplotlib 添加 simhei.tff 字体，详细步骤如下：

1）查找 Matplotlib 字体的安装路径，在 Notebook 中运行以下代码，得到 Matplotlib 的安装路径。

```
1 import matplotlib
2 print(matplotlib.matplotlib_fname())
```

2）从网上下载 simhei.tff 字体（或从配套代码的 setup 目录下复制），将 simhei.tff 字体文件保存在上述路径的 mpl-data/fonts/tff 目录下。

3）打开第 1 步得到的 matplotlibrc 文件，将以下两行最前面的#去掉，并在第 2 行加入 SimHei。

```
1  #font.family : sans-serif
2 #font.serif : SimHei,DejaVu Serif, Bitstream Vera Serif, Computer Modern
Roman, New
```

4）重新启动 Notebook。

第 2 章　机器学习基础

随着机器学习的理论与技术的快速发展，其逐渐成为实现人工智能的一个重要手段。在技术实现上，机器学习程序与传统的计算机程序有很大的区别。传统的计算机程序需要编程人员预先设定好编码指令等计算逻辑，然后通过计算机执行这些指令，完成特定的任务；而机器学习程序则需要我们给计算机提供数据，计算机通过对这些数据的处理发现数据之间的关联和规律，并使用这些规律对未知数据或场景做出判断和反应，编程人员所提供的算法和模型就是为了赋予计算机从数据中发现和运用规律的能力。

本章首先介绍机器学习的相关概念、数据集的划分与使用，以及完整的机器学习流程，然后介绍常见开发工具的使用，最后通过 AI 计算器实例来比较传统的计算机编程与机器学习编程之间的区别。

2.1　基 础 知 识

机器学习是一门交叉学科，涉及计算机、概率统计、数学分析和优化理论等诸多领域。机器学习将综合利用这些知识，通过算法自动发现数据中的规律，从而使计算机具有学习的能力。与机器学习相关的知识点很多，本节介绍机器学习中最基本的概念、术语及机器学习的流程。

2.1.1　基本概念

1. 分类与回归

分类与回归是针对机器学习模型输出而言的。根据应用场景的不同，待预测的值可以为离散变量，如预测未来几天的天气是晴天还是下雨，模型输出的是离散值（晴天或下雨）；也可以为连续的变量，如预测未来几天的气温，模型输出的是连续值（具体的温度）。根据模型的不同输出，机器学习任务可分为分类任务和回归任务两种。

- 分类任务用来预测离散的值，可以理解为定性分析。

- 回归任务用来预测连续的值，可以理解为定量分析。

分类任务和回归任务本质上是相同的，回归任务的离散化就是分类任务，分类任务的连续化就是回归任务。针对不同的应用场景，可以灵活选择回归或分类模型进行建模，在后续章节中将会陆续介绍这两类模型的原理和使用场景。

2. 线性可分与线性不可分

假如 D_0 和 D_1 为 n 维欧氏空间中的两个点集，如果存在 n 维向量 $\boldsymbol{\omega}$ 和实数 b，使得所有属于 D_0 的点 x_i 都有 $\boldsymbol{\omega} \cdot x_i+b \geqslant 0$，而对于所有属于 D_1 的点 x_i 都有 $\boldsymbol{\omega} \cdot x_i+b<0$，则称 D_0 和 D_1 是线性可分的。

举例来说，如图 2.1 所示，对于左边的数据，可以在平面上找到一条直线 C 将方块和圆圈分成两类，而对于右边的数据，则无法找到这类直线，因此认为图 2.1（a）中的数据是线性可分的，而图 2.1（b）中的数据是线性不可分的。

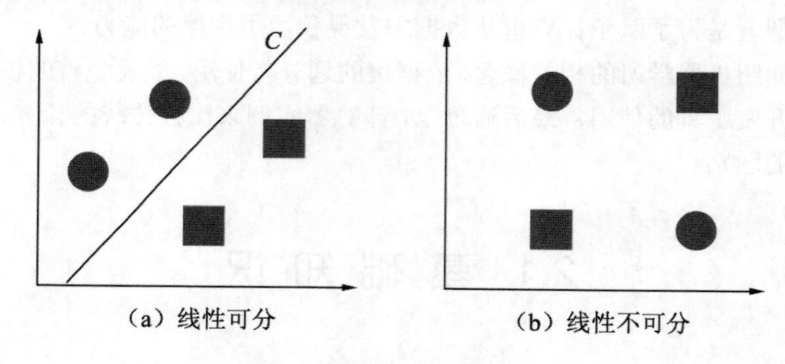

图 2.1　线性可分与线性不可分

3. 训练与推理

机器学习是从数据中学习知识（规律）的过程，训练（Train）和推理（Inference）是机器学习过程中两个不同的阶段。简单来说，训练是创建模型的过程，推理是使用模型的过程。

- 训练是对样本进行迭代运算以发现规律并建立模型的过程。
- 推理是使用训练好的模型对真实数据进行预测的过程。

4. 超参数

通常情况下，每个机器学习模型都会包含多个参数，这些参数可以分为以下两类：

- 在训练过程中机器学习算法通过对输入数据进行调整而自动得到的参数。这类参数一般由算法自动生成，不需要人工干预。

- 机器学习算法无法自动生成的参数。这类参数需要手工指定，如训练过程的迭代次数、每轮训练的样本数量、学习率、惩罚系数和神经网络结构等。

超参数是指那些无法通过算法自动生成，而需要手工指定的参数，机器学习中的调参工作主要是指对超参数的调整。

5. 样本、特征和标签

样本是指提供给计算机进行训练或测试的数据。样本的特性被称为特征。标签则是指待预测的值，标签的值一般是通过人工附加到原始样本中的。样本中的标签字段不是必选项，对于非监督学习和强化学习来说，不需要标签字段。

对于结构化数据来说，每条记录称为一个样本，每个列称为一个特征。如图 2.2 所示，性别（Gender）、身高（Height）和体重（Weight）称为特征，等级（Level）称为标签，这 6 条记录称为 6 个样本。

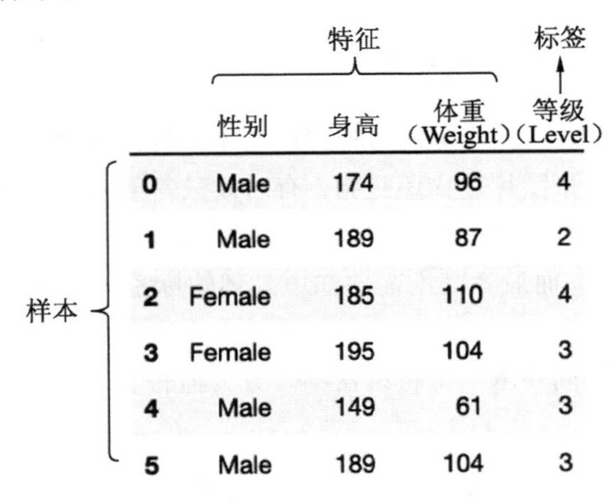

	性别	身高	体重（Weight）	等级（Level）
0	Male	174	96	4
1	Male	189	87	2
2	Female	185	110	4
3	Female	195	104	3
4	Male	149	61	3
5	Male	189	104	3

图 2.2　结构化数据的样本与特征

对于非结构化数据来说，通常把最基本的数据单元称为一个样本，例如把一幅图像、一个语音或一篇文章称为一个样本。有时候，可能会对这些数据进行分拆，如将一幅图像分拆成多幅子图，将一个语音分拆成多个语音片段，将一篇文章分拆成多个文章段落，这些分拆后的子图、语音片段或文章段落也可以称为样本。

对于结构化数据来说，基础特征是自带的，而对于非结构化数据来说，特征需要通过一定的手段获得。例如，根据图像中的亮度、色彩和纹理等信息得到统计特征，或者通过深度学习模型提取特征图等。

如图 2.3 所示，先将一幅图像、一个语音片段和一篇文章看作样本，再从这些样本中提取特征。从样本中提取特征的过程称为特征抽取，特征抽取也是机器学习领域的一个重要组成部分。

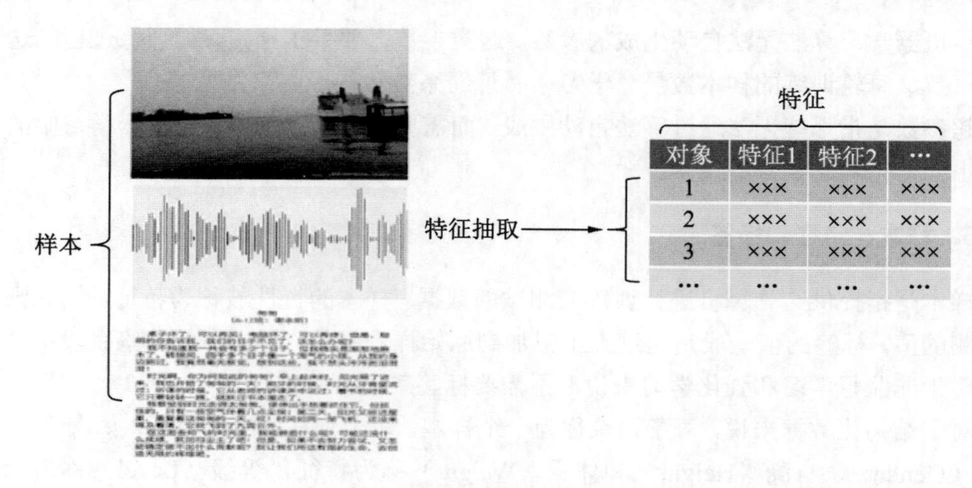

图 2.3　非结构化数据的样本与特征

6. 监督学习、无监督学习和强化学习

根据应用任务的不同，机器学习的目标可能会不一样。例如，现在有一组猫和狗的图片，有时候需要识别出每张图片是猫还是狗，有时候只需要将图片分成不同的类别，而不用关心图片究竟是猫还是狗。这两种情况对样本的要求是不一样的，前者需要知道每张图片对应的标签（猫或狗），而后者则不需要知道具体的标签，只需要根据图片自身的特点进行分类即可。

根据对输入样本的不同要求，可将机器学习分为监督学习、无监督学习和强化学习 3 种，如图 2.4 所示。

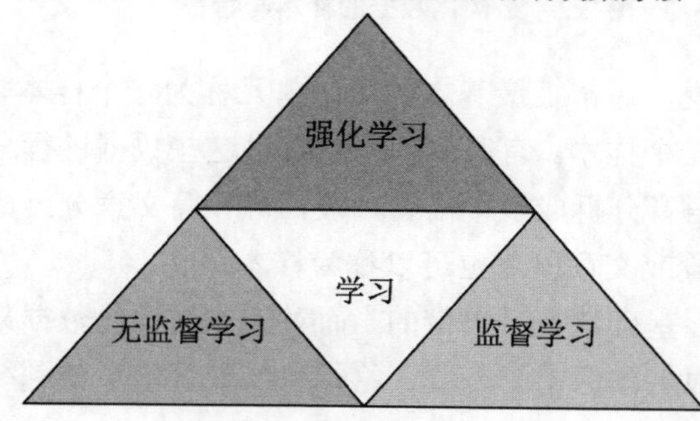

图 2.4　监督学习、无监督学习和强化学习

- 监督学习是从带标签的训练数据中生成预测模型，需要训练样本和标签。
- 无监督学习是根据训练数据的自身特性生成预测模型，需要训练样本，不需要标签。
- 强化学习是指在环境中通过不断尝试进行学习，在尝试过程中会自动生成训练所需的数据。

2.1.2 数据集的划分和使用

数据集是样本的集合，它是机器学习的原料。根据用途的不同，数据集被分为训练集（Train Set）、验证集（Validation Set）和测试集（Test Set）3 种，它们的用途如图 2.5 所示。

- 训练集用来训练模型参数。
- 验证集用来评估模型性能，调试模型参数。
- 测试集用来模拟真实场景，测试模型的表现。

图 2.5　训练集、验证集与测试集的用途

训练集被用作模型训练的样本集合，机器学习程序根据训练集中的样本生成模型。可将模型类比为学生，将训练集类比为学生的课本，学生主要通过课本内容来学习知识。

验证集又称为开发集，在训练过程中用来评估模型的性能，以便对模型的参数进行调试。如果在验证集上的误差太大，则需要调整参数并重新进行训练。可将验证集类比为学生的作业，通过分析作业完成情况，发现并纠正学生在学习中存在的问题。

测试集用来模拟真实的数据或使用场景，以便检验模型的最终效果。模型在测试集上的误差可近似地认为是在真实场景中的误差。可将测试集类比为考试卷，通过考试卷来检验学生的学习效果。

在训练集、验证集和测试集中，验证集是可选的，如果没有验证集，可以直接在测试集上评估模型的表现。但这样会降低测试集在模拟真实场景方面的效果，可能会导致模型在测试集上表现很好，但是在真实环境中表现很差的情况发生。这就像学生（模型）事先已经知道了考试卷（测试集）的内容，虽然在考试中取得了好成绩，但并不能有效地验证学生已经掌握了所考的知识，在机器学习里，这种现象称为“信息泄露”。

在将数据集划分为训练集、验证集和测试集之后，需要让不同数据集上的数据尽可能保持相同的分布。如果数据分布差别过大，则模型的表现会很不稳定，模型在不同数据集上的表现差别也会很大。

训练集、验证集和测试集在整个样本集中所占的比例没有固定的要求。一般情况下，总样本量越大，验证集和测试集所占的比例越低。验证集和测试集的作用是为了反映真实的场景，只要验证集和测试集的数据量能反映出算法或模型的好坏就可以。

吴恩达推荐的样本划分比例如表 2.1 所示。在小样本情况下，训练集、验证集和测试集的比例为 70∶15∶15；在大样本（百万级）的情况下，训练集、验证集和测试集的比例为 98∶1∶1。

表 2.1　数据集的作用与划分

类　型	作　用	类　比	小样本经验比例	大样本（百万级）经验比例
训练集	训练模型	学生课本	70%或70%	98%
验证集	寻找最佳参数	学生作业	15%或0%	1%
测试集	评估模型性能	考试卷	15%或30%	1%

1．过拟合与欠拟合

机器学习模型的误差有两类，一类是在验证集或训练集上的误差，另一类是在测试集上的误差。前者误差太大称为欠拟合（Under Fitting），表现为模型在验证集或训练集上的误差较大。后者误差太大称为过拟合（Over Fitting），表现为模型在测试集上表现很差。

欠拟合表示模型学习能力较弱，由于样本数据复杂度较高，模型表达能力有限，无法学习到数据集中的规律，因而导致误差较大。

过拟合正好相反，通常是由于模型太复杂，表达能力太强，从而使得模型不仅学到了样本中的一般规律，还学到了许多细节甚至噪声，当数据稍微有变化时，模型就会表现出较大的误差。

在神经网络或深度学习的训练过程中，欠拟合主要表现为输出结果的高偏差，而过拟合则主要表现为输出结果的高方差。

2．损失函数

损失函数（Loss Function）是在建模时定义的一个函数，用来评价模型的表现，反映预测值和真实值之间的差异。在通常情况下，损失函数又称为代价函数（Cost Function），损失函数越小，模型的表现越好。

3．泛化误差

在训练模型时，常用的做法是先根据误差定义一个损失函数，然后求解当损失函数取最小值（总误差最小）时模型的参数，这时的误差是根据训练集上的样本得到的。而机器学习是为了解决一般化的问题，单纯地将训练集的损失（误差）最小化，并不能说明在解决实际问题时模型仍然是最优的。

模型在训练集上的误差与真实场景中的误差之间的差异称为泛化误差（Generalization Error），它可以用来衡量模型的泛化能力。

2.1.3　完整的机器学习流程

一个完整的机器学习流程如图 2.6 所示，该流程主要包括明确目标、数据获取、数据探索、预处理、特征选择、模型训练、模型评估和模型使用共 8 个主要的步骤。

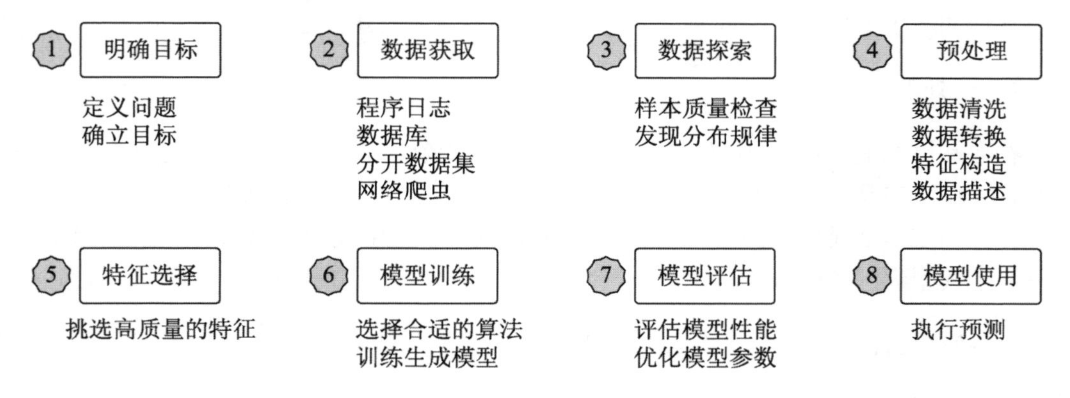

图 2.6　机器学习的完整步骤

1．明确目标

在一个机器学习项目开始之前，首先要清楚待解决的问题是什么，要达到什么样的目标，为达到这个目标需要准备哪些数据，需要尝试哪些模型，需要进行哪些实验。机器学习的训练过程通常是十分耗时的，在项目开始之前，需要把这些问题抽象成数学问题，如果在没有想清楚之前就胡乱尝试的话，那么项目成功的概率会很低，纠错的时间成本会比较高。

2．数据获取

这个阶段的任务是收集机器学习所需的样本数据，数据准备得越充分越好。可以使用多种手段进行数据收集。一般来说，数据来源可以是应用程序日志、数据库、公开的数据集，或者是用爬虫抓取到的网上数据。在准备数据时，除了要有足够的数据量以外，还需要重点关注数据的质量。

- 数据要有代表性，例如不能通过全是晴天的数据让计算机学会如何判断下雨。
- 数据偏斜不能太严重，即收集的数据要全面，不同类别的数据量不能相差太多。

3．数据探索

数据探索是对数据进行解释性分析，进而了解数据的分布特点和内在规律的过程。成功的数据探索可以帮助分析人员更好地理解数据，并产生深刻的数据洞察。数据探索的目的是弄清楚数据结构是什么样的，有什么特点，数据之间有何联系，以及数据能否满足建模的需要等。

数据探索不需要使用特别复杂的模型或算法，探索手段主要是统计和作图，通过统计图直观地展现出数据自身的特性，以便更好地开展后续的建模工作。

4．预处理

在通常情况下，采集的原始数据会有大量的缺失值和异常值，数据之间的关联也比较隐蔽，人们不容易发现其潜在的规律，因此很难直接使用原始数据进行建模。

数据预处理是通过数据清洗、数据转换和数据组合等手段，使原始数据生成更有价值、更有利于模型训练的样本。

5．特征选择

特征选择是指从候选特征中选出质量更高、更适合模型训练的特征。特征选择可以起到降噪、降维和提升模型预测精度的作用。对于机器学习来说，特征选择是非常重要的一个环节。

6．模型训练

如果把模型简单地理解为函数，那么模型训练就是指根据样本数据的特点，选择合适的机器学习算法，通过一些方法，如最小化误差和最大似然估计等来确定函数的参数。当函数的参数被确定时，则认为模型的训练已经完成。

7．模型评估

模型评估是指使用模拟真实场景中的数据对模型的表现（如预测准确度等）进行评估。模型评估可实现以下目标：

- 跟踪训练过程中的模型表现，并实现对超参数的调整。
- 对多轮训练进行比较，选择最佳的参数组合。
- 比较不同算法生成的模型，选择更合适的模型。

8．模型使用

模型训练完成后可将模型进行持久化保存（一般保存为文件），使用的时候再将其调入内存，把待预测的数据输入模型后，就可以得到模型的输出结果。

2.2 数学基础

机器学习中经常会用到一些数学知识，了解这些知识可以加深对算法和模型的理解。本节列举一些常用的数学概念和公式，仅仅是为了方便后续的查阅，读者也可以先跳过本节，遇到这些概念的时候再参考本节的相关介绍。

2.2.1 常见的数学概念与运算

1．加权求和

加权求和是一种常见的运算，其计算方法是将每个项乘以相应的因子（系数），然后再将结果累加到一起。加权求和有多种表达方式，如公式（2.1）、公式（2.2）与公式（2.3）是等价的，都表示加权求和运算。

$$y=\omega_1\times x_1+\omega_2\times x_2+\cdots+\omega_n\times x_n \tag{2.1}$$

$$y=\sum_{i=1}^{k}\omega_i\times x_i \tag{2.2}$$

$$y=\boldsymbol{\omega}^{\mathrm{T}}x \tag{2.3}$$

2．闵可夫斯基距离、曼哈顿距离、欧氏距离和切比雪夫距离

闵可夫斯基距离（Minkowski Distance）的数学定义如公式（2.4）所示，其中 p 可以取任意值。

- 当 p=1 时，被称为曼哈顿距离（Manhattan Distance）。
- 当 p=2 时，被称为欧氏距离（Euclidean Distance）。
- 当 p=∞时，被称为切比雪夫距离（Chebyshev Distance）。

$$D(x,y)=\left(\sum_{i=1}^{N}|x_i-y_i|^p\right)^{1/p} \tag{2.4}$$

3．L_p、L_1与L_2范数

L_p 范数的定义如公式（2.5）所示，在机器学习中最常用的是 L_1 范数和 L_2 范数。

$$\|x\|_p=\sqrt[p]{\sum_{i=1}^{n}|x_i|^p} \tag{2.5}$$

L_1 范数是指当 p=1 时的 L_p 范数，表示所有元素绝对值之和，其定义如公式（2.6）所示。

$$\|x\|_1=\sum_{i=1}^{n}|x_i|=|x_1|+|x_2|+\cdots+|x_n| \tag{2.6}$$

L_2 范数是指当 p=2 时的 L_p 范数，表示所有元素的欧氏距离，其定义如公式（2.7）所示。

$$\|x\|_2=\sqrt{\sum_{i=1}^{n}x_i^{\ 2}}=\sqrt{x_1^{\ 2}+x_2^{\ 2}+\cdots+x_n^{\ 2}} \tag{2.7}$$

4．点到超平面的距离

在二维空间上，假设有点(x_0, y_0)，超平面为 $A\cdot x+B\cdot y+b=0$，则点到平面的距离计算方法如公式（2.8）所示。

$$D=\frac{A\bullet x_0+B\bullet y_0+b}{\sqrt{A^2+B^2}} \tag{2.8}$$

将公式（2.8）推广到任意维空间，得到点到超平面的距离计算范式如公式（2.9）所示。

$$D=\frac{\omega_i\bullet x_i+b}{\|\omega\|_2} \tag{2.9}$$

其中，$\|\omega\|_2$ 为 ω 的 L_2 范数，计算方法如公式（2.10）所示。

$$\|\omega\|_2=\sqrt{\omega_1^{\ 2}+\omega_2^{\ 2}+\cdots+\omega_n^{\ 2}} \tag{2.10}$$

5．向量的点乘

两个向量在进行点乘运算时，它们的维度必须相同。点乘使用符号“·”表示，其运算是将对应位置上的元素相乘后求和，点乘的结果是一个标量。

设有向量 $\boldsymbol{a}=(\boldsymbol{a}_1,\boldsymbol{a}_2,\cdots,\boldsymbol{a}_n)$，$\boldsymbol{b}=(\boldsymbol{b}_1,\boldsymbol{b}_2,\cdots,\boldsymbol{b}_n)$，$\theta$ 为两个向量之间的夹角，则向量 $\boldsymbol{a}$ 和 $\boldsymbol{b}$ 的点乘运算如公式（2.11）所示。

$$\boldsymbol{a}\bullet\boldsymbol{b}=\sum_{i=1}^{n}\boldsymbol{a}_i\boldsymbol{b}_i=|\boldsymbol{a}||\boldsymbol{b}|\cos(\theta) \tag{2.11}$$

点乘运算 $\boldsymbol{a}\cdot\boldsymbol{b}$ 的结果表示向量 $\boldsymbol{b}$ 在向量 $\boldsymbol{a}$ 上的投影长度，可以用点乘来计算两个向量之间的夹角。

6．向量的叉乘

两个向量叉乘的结果是一个向量，使用符号“×”表示。设有向量 $\boldsymbol{a}=(x_1,y_1)$，

$\boldsymbol{b}=(x_2,y_2)$， θ 为两个向量之间的夹角，则向量 $\boldsymbol{a}$ 和 $\boldsymbol{b}$ 的叉乘运算如公式（2.12）所示。

$$\boldsymbol{a}\times\boldsymbol{b}=\left(x_1y_2-y_1x_2\right)=|\boldsymbol{a}||\boldsymbol{b}|\sin(\theta) \tag{2.12}$$

7．矩阵乘积

如果两个矩阵可以相乘，则前者的列数必须等于后者的行数，两个矩阵相乘后的结果仍然是一个矩阵。

设有两个矩阵 $\boldsymbol{A}_{m\times n}$ 和 $\boldsymbol{B}_{n\times p}$，$\boldsymbol{C}_{m\times p}$ 是它们相乘后的结果，即 $\boldsymbol{A}_{m\times n}\times\boldsymbol{B}_{n\times p}=\boldsymbol{C}_{m\times p}$，则 $\boldsymbol{C}_{m\times p}$ 中元素的计算方法如公式（2.13）所示。

$$C_{i,j}=\sum_{k=1}^{n}A_{i,k}B_{k,j} \tag{2.13}$$

8．矩阵的点乘

两个矩阵的点乘也称为矩阵的阿达马积（Hadamard Product），计算时要求这两个矩阵的维数相同，计算的结果仍然是一个矩阵，计算方法是将这个矩阵对应位置上的元素相乘，如公式（2.14）所示。

$$\begin{bmatrix}a_{11} & a_{12}\\ a_{21} & a_{22}\end{bmatrix}\odot\begin{bmatrix}b_{11} & b_{12}\\ b_{21} & b_{22}\end{bmatrix}=\begin{bmatrix}a_{11}b_{11} & a_{12}b_{12}\\ a_{21}b_{21} & a_{22}b_{22}\end{bmatrix} \tag{2.14}$$

9．矩阵内积

矩阵内积是两个矩阵对应分量乘积之和，记作 $<\boldsymbol{A},\boldsymbol{B}>$。矩阵内积的结果为一个标量，计算时要求两个矩阵的行数和列数都相同，计算方法如公式（2.15）所示。

$$<\begin{bmatrix}a_{11} & a_{12}\\ a_{21} & a_{22}\end{bmatrix},\begin{bmatrix}b_{11} & b_{12}\\ b_{21} & b_{22}\end{bmatrix}>=a_{11}b_{11}+a_{12}b_{12}+a_{21}b_{21}+a_{22}b_{22} \tag{2.15}$$

2.2.2 微积分

1．导数

设函数 $y=f(x)$ 在点 x_0 的某个邻域内有定义，当自变量 x 在 x_0 处有增量 Δx，并且 $(x_0+\Delta x)$ 也在该邻域内时，函数值增量为 $\Delta y=f(x_0+\Delta x)-f(x_0)$。当 $\Delta x\to 0$ 时，Δy 与 Δx 比值极限存在，则称函数 $y=f(x)$ 在点 x_0 处可导，称这个极限为函数 $y=f(x)$ 在点 x_0 处的导数，记作 $f'(x)$，如公式（2.16）所示。

$$f'(x)=\lim_{\Delta x\to 0}\frac{\Delta y}{\Delta x}=\lim_{\Delta x\to 0}\frac{f(x_0+\Delta x)-f(x_0)}{\Delta x} \tag{2.16}$$

如图 2.7 所示，$y=f(x)$在点 x_0 处的导数表示函数图像在点 x_0 处切线的斜率。

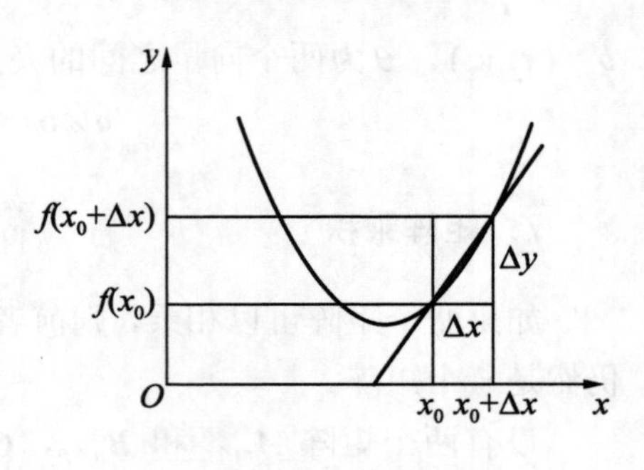

图 2.7　斜率示意

2．偏导数

将一元函数扩展到多元函数，一个多变量的函数的偏导数是它关于其中一个变量的导数而保持其他变量恒定。以二元函数 $z=f(x, y)$为例，在(x_0, y_0)处的偏导数定义如下：

关于 x 的偏导数，如公式（2.17）所示。

$$\frac{\partial z}{\partial x}=\lim_{\Delta x\to 0}\frac{f\left(x_0+\Delta x,y_0\right)-f\left(x_0,y_0\right)}{\Delta x} \tag{2.17}$$

关于 y 的偏导数，如公式（2.18）所示。

$$\frac{\partial z}{\partial y}=\lim_{\Delta y\to 0}\frac{f\left(x_0,y_0+\Delta y\right)-f\left(x_0,y_0\right)}{\Delta y} \tag{2.18}$$

3．方向导数

多元函数的偏导数反映函数值沿坐标轴方向的变化率，方向导数描述多元函数在某点处沿某一指定方向的变化率。

以多元函数 $y=f(x_1, x_2, \cdots, x_n)$为例，设 $\rho=\sqrt{\Delta x_1^2+\Delta x_2^2+\cdots+\Delta x_n^2}$，则沿 t 方向导数的定义如公式（2.19）所示。其中，l 为从点$(x_1, x_2, \cdots, x_n)$处发出的一条射线。

$$\frac{\partial f\left(x_1,x_2,\cdots,x_n\right)}{\partial l}=\lim_{\rho}\frac{f\left(x_1+\Delta x_1,x_2+\Delta x_2,\cdots,x_n+\Delta x_n\right)-f\left(x_0,x_1,\cdots,x_n\right)}{\rho} \tag{2.19}$$

导数、偏导数和方向导数的作用如下：

- 导数描述一元函数 $y=f(x)$在某一点处沿 x 轴正方向的变化率。
- 偏导数描述多元函数 $y=f(x_1, x_2, \cdots, x_n)$在某一点处沿某一坐标轴 $x_1, x_2, \cdots, x_n$ 正方向的变化率。
- 方向导数描述多元函数 $y=f(x_1, x_2, \cdots, x_n)$在某一点处沿任意方向的变化率。

4．梯度

梯度是一个向量，用来描述函数在某一点处变化率最大的方向，其方向与取得最大方向导数的方向一致，其模为方向导数的最大值，梯度的定义如公式（2.20）所示。

$$\operatorname{grad} f\left(x_1,x_2,\cdots,x_n\right)=\left(\frac{\partial f}{\partial x_1},\frac{\partial f}{\partial x_2},\cdots,\frac{\partial f}{\partial x_n}\right) \tag{2.20}$$

5. 泰勒展开式

泰勒展开式是一个用函数在某点的值描述其附近取值的公式，如果函数满足一定的条件，则泰勒展开式可以以函数在某一点的各阶导数值作为系数构建一个多项式来近似表达这个函数。

一元函数在点 x_0 处的泰勒展开式如公式（2.21）所示。

$$f(x)=\frac{f(x_0)}{0!}+\frac{f'(x_0)}{1!}(x-x_0)+\frac{f''(x_0)}{2!}(x-x_0)^2+\cdots+\frac{f^{(n)}(x_0)}{n!}(x-x_0)^n \tag{2.21}$$

多元函数在点 $\boldsymbol{x}_k$ 处的泰勒展开式如公式（2.22）所示。其中，$H(\boldsymbol{x}_k)$为函数 $f(\boldsymbol{x})$在点 $\boldsymbol{x}_k$ 处的黑塞矩阵，o^n 为余项，在工程计算中通常忽略这一项。

$$f(\boldsymbol{x})=f(\boldsymbol{x}_k)+[\nabla f(\boldsymbol{x}_k)]T(\boldsymbol{x}-\boldsymbol{x}_k)+\frac{1}{2}[\boldsymbol{x}-\boldsymbol{x}_k]^{\mathrm{T}}H(\boldsymbol{x}_k)[\boldsymbol{x}-\boldsymbol{x}_k]+o^n \tag{2.22}$$

2.2.3 概率与信息论

1. 期望、方差与标准差

期望（这里指离散性期望）常用来描述数据集中的区域，是指实验中每次可能的结果与其概率乘积的总和。在实际中，以常用数据的平均值代替期望值。

设 x_k 为第 k 个变量，p_k 为第 k 个变量发生的概率，则期望 $E(x)$的计算方法如公式（2.23）所示。

$$E(x)=\sum_{k=1}^{\infty}x_k p_k \tag{2.23}$$

方差与标准差常用来描述数据的离散程度，计算方法是先求出每个数据和总体平均值的差值，然后再取这些差值平方的平均值。

设 x 为变量，μ 为总体平均值，N 为数据的个数，则方差 $D(x)$的计算方法如公式（2.24）所示，将方差开根号后即为标准差。

$$D(x)=\frac{\sum(x-\mu)^2}{N} \tag{2.24}$$

2. 均方误差与均方根误差

均方误差（Mean Squared Error，MSE）是指参数估计值与参数真值之差平方的期望值。均方误差可以评价数据的变化程度，均方误差的值越小，说明预测模型在描述实验数据时具有更好的精确度。

设真实值为 y，模型预测值为 $\hat{y}$，均方误差的计算方法如公式（2.25）所示。

$$\mathrm{MSE}=f\left(y,\hat{y}\right)=\frac{1}{N}\sum_{i=1}^{N}(y_i-\hat{y}_i)^2 \tag{2.25}$$

均方误差的偏导数如公式（2.26）所示。

$$\begin{cases}\dfrac{\partial f\left(y,\hat{y}\right)}{\partial y}=y-\hat{y}\\[2ex]\dfrac{\partial f\left(y,\hat{y}\right)}{\partial \hat{y}}=\hat{y}-y\end{cases} \tag{2.26}$$

均方根误差（Root Mean Squared Error，RMSE）是对均方误差进行开根号运算，计算方法如公式（2.27）所示。

$$\mathrm{RMSE}=\sqrt{\mathrm{MSE}}=\sqrt{\frac{1}{N}\sum_{i=1}^{N}(y_i-\hat{y}_i)^2} \tag{2.27}$$

3．信息熵

在信息论中，信息熵（Entropy）用来描述接收的消息中包含的信息的平均量，可以将其理解为不确定性的度量。信息熵越大，说明数据的分布越随机；信息熵越小，说明数据的分布越有规律。

信息熵的计算方法如公式（2.28）所示，其中，$p(x_i)$表示随机事件 x_i 发生的概率，log 表示对 x_i 发生的概率取对数，一般以 2 为底，也可以以其他数为底，n 表示事件 x 的数量。当公式（2.28）中的对数底数为 2 时，信息熵的单位为比特。

$$H\left(X\right)=-\sum_{i=1}^{n}p(x_i)\log p(x_i) \tag{2.28}$$

可以通过抛硬币的例子来说明信息熵的作用。假设有两种硬币：

- 硬币 A，硬币正反面朝上的概率相等，均为 0.5。
- 硬币 B，硬币正面朝上的概率为 0.2，反面朝上的概率为 0.8。

现在让你猜硬币哪一面朝上。哪一种硬币更好猜？经验告诉我们，硬币 B 更好猜，因为对于硬币 B，只要一直猜反面朝上就会有 80%的成功率，而硬币 A 只有 50%的成功率。可以用信息熵来定量描述上述信息中所包含的信息量。

- 硬币 A 的信息熵为：$H(X1)=-(0.5\times\log_2 0.5+0.5\times\log_2 0.5)=1$。
- 硬币 B 信息熵为：$H(X2)=-(0.2\times\log_2 0.2+0.8\times\log_2 0.8)=0.729$。

通过计算发现，硬币 A 包含的信息量为 1 比特，硬币 B 包含的信息量为 0.729 比特，$H(X2)$小于 $H(X1)$，表示硬币 B 所包含的信息量更少，事件的发生更容易确定，即更容易预测。

4．联合熵

信息熵表示单个变量的混乱程度，把信息熵推广到多个变量可以得到联合熵（Joined Entropy）。联合熵用来度量一个联合分布的随机系统的不确定程度，其物理意义是观察多个变量的随机过程所获得的信息量。

以两个变量 X 和 Y 为例，它们的联合熵的计算方法如公式（2.29）所示，$p(x_i, y_i)$表示联合概率（X 和 Y 同时发生的概率），log 表示对联合概率取对数，联合熵 $H(X,Y)$表示 X 和 Y 的联合分布所包含的信息量。

$$H(X,Y)=-\sum_{x_i\in X}\sum_{y_i\in Y}p(x_i,y_i)\log p(x_i,y_i) \tag{2.29}$$

5．条件熵

在联合熵的基础上，可以得到条件熵的表达式 $H(X|Y)$如公式（2.30）所示。其中，$p(x_i | y_i)$表示在 y_i 条件下 x_i 发生的概率，log 表示对该概率取对数。以两个变量 X 和 Y 为例，条件熵 $H(X|Y)$用来描述在 Y 确定后 X 的不确定性。

$$H(X|Y)=-\sum_{x_i\in X}\sum_{y_i\in Y}p(x_i,y_i)\log p(x_i|y_i) \tag{2.30}$$

6．互信息

联合熵、条件熵和互信息的关系如图 2.8 所示，左边的椭圆代表 X 的熵 $H(X)$，右边的椭圆代表 Y 的熵 $H(Y)$，去掉椭圆的重合部分就是条件熵，两个椭圆的并集就是联合熵 $H(X,Y)$，中间重合的部分就是为互信息 $I(X,Y)$，互信息也被称为信息增益。

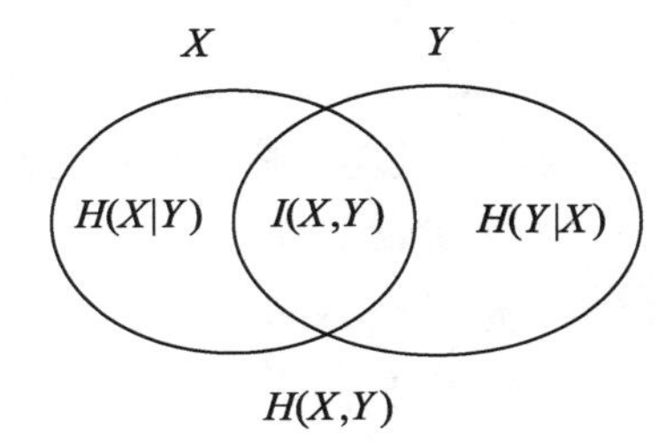

图 2.8　联合熵、条件熵与互信息的关系

2.3　开发工具

在机器学习中，经常需要对数据进行各种运算和可视化操作，Pandas 和 Seaborn 是常用的快速开发工具。Pandas 是基于 NumPy 实现的 Python 扩展库，提供常用的数据处理和数学运算功能；而 Seaborn 是在 Matplotlib 的基础上进行了二次封装，可以方便地实现数据的可视化。

本节将介绍 Pandas 和 Seaborn 的常用功能。本书中用到的其他开发工具（Sklearn、Keras 和 OpenCV 等）会在相应的章节进行介绍。

2.3.1　使用 Pandas 操作数据

Pandas 简单易用和快速高效的特点，使其越来越受到开发人员的喜爱，逐渐成为目前主流的数据分析工具之一。Pandas 有两个基本数据类型，分别是 Series（序列）和 DataFrame（数据帧）。

1. 序列

序列类似于 NumPy 中的一维数组对象，如表 2.2 所示，它由一组数据（Data）和一组与之对应的索引（Index）组成。其中，索引可以由 Pandas 自动产生，也可以由人工指定，数据的内容可以是数字、字符串、布尔、枚举和日期等 Pandas 支持的数据类型。

表 2.2　序列的结构

索　引	数　据
0	100
1	101
2	103
…	…

需要注意的是，序列只能处理一维数据。下面的代码演示了序列的常见操作。

1）导入 Pandas 包。

```
1 import pandas as pd
```

2）创建序列。

```
1 s1=pd.Series(data=[80,85,90])                #根据列表创建序列，自动生成索引
#根据常量创建序列，指定索引
2 s2=pd.Series(data=85,index=['语文','数学','英语'])
#根据列表创建序列，指定索引
3 s3=pd.Series(data=[80,85,90],index=['语文','数学','英语'])
4 s4=pd.Series(data={'语文':80,'数学':85,'英语':90})    #根据字典创建序列
5 print("根据列表创建，自动索引:\n",s1)
6 print("根据常量创建，指定索引:\n",s2)
7 print("根据列表创建，指定索引:\n",s3)
8 print("根据字典创建:\n",s4)
```

上述代码演示了使用 Pandas 分别根据列表、常量和字典数据创建序列的方法，输出结果如图 2.9 所示。代码中的 pd.Series()方法用来创建序列对象，该方法有 data 和 index 两个参数，其中 index 为可选参数，如果未指定 index 参数，则 Pandas 会自动生成索引。

3）对序列进行切片，提取序列头部或尾部的数据。

```
1 print("******显式切片******\n",s3.loc['语文':'数学'])
2 print("******隐式切片******\n",s3.iloc[0:2])
3 print("******取首部 2 个数据******\n",s3.head(2))
4 print("******取尾部 2 个数据******\n",s3.tail(2))
```

上述代码演示了序列的切片以及头部和尾部数据的提取等操作，输出结果如图 2.10 所示。Pandas 中的序列对象提供了 head()和 tail()两个方法，分别用来提取序列的首部和尾部数据，序列的切片有显式切片和隐式切片两种：

- 显式切片是根据记录的索引进行切片。
- 隐式切片是根据记录的行号进行切片。

```
根据列表创建，自动索引:
0    80
1    85
2    90
dtype: int64
根据常量创建，指定索引:
语文    85
数学    85
英语    85
dtype: int64
根据列表创建，指定索引:
语文    80
数学    85
英语    90
dtype: int64
根据字典创建:
语文    80
数学    85
英语    90
dtype: int64
```

图 2.9　序列的创建

```
******显式切片******
语文    80
数学    85
dtype: int64
******隐式切片******
语文    80
数学    85
dtype: int64
******取首部2个数据******
语文    80
数学    85
dtype: int64
******取尾部2个数据******
数学    85
英语    90
dtype: int64
```

图 2.10　序列的切片和首尾部数据的提取

4）序列的遍历。

```
1 print("Series 长度:",s3.size)
2 print("Series 索引列表:",s3.index.tolist())
3 print("Series 数据列表:",s3.tolist())
4 for item in s3:
5     print("data:",item)
```

上述代码演示了序列对象的遍历操作，输出结果如图 2.11 所示。

上述代码先通过 index 属性获取序列中的索引字段，然后使用 tolist()方法将序列的索引或数据转换为列表，最后使用 for 循环遍历整个序列。

5）序列对象的常规运算。

```
1 print("根据指定索引相加:",s3['语文']+s3['数学'])
2 print("根据自动生成的索引号相乘:",s3[0]*s3[2])
3 s3['语文']=55                                  #根据索引赋值
4 s3[1] = 65                                     #根据自动生成的索引号赋值
5 s3.drop(["语文","英语"],inplace=True)          #删除指定行
6 print("修改后的 Series:\n",s3)
```

上述代码演示了对序列进行相加和相乘运算，以及对指定的数据进行修改和删除等操作，输出结果如图 2.12 所示。

```
Series长度: 3
Series索引列表: ['语文', '数学', '英语']
Series数据列表: [80, 85, 90]
data: 80
data: 85
data: 90
```

图 2.11　序列的遍历

```
根据指定索引相加: 165
根据自动生成的索引号相乘: 7200
修改后的Series:
数学    65
dtype: int64
```

图 2.12　序列的相加与相乘运算

序列是 Pandas 里最基本的数据操作单元，上述代码演示了序列的几种常见操作。除此之外，Pandas 还提供了诸如最大/最小值索引、排序、空值检查，以及填充等功能。表 2.3 列举了序列的其他常用功能及使用场景。

表 2.3　序列的常见操作

功　能	调用的属性、方法和操作符	调 用 示 例
创建序列	Series()	s=pd.Series(data=[80,85,90])
访问单个数据	[]、loc和iloc	s.iloc[0]
访问多个数据	[]、loc和iloc	s.iloc[[0,2]]
切片操作	[]、loc和iloc	s.iloc[1:3]
获取索引列表	index	s.index
获取数据列表	values	s.values
获取序列长度	size	s.size
运算操作符	+、−、*、/、//、%、**	s=s1+s2
获取最大值	argmax()	s.argmax()
获取最小值	argmin()	s.argmin()
获取最大值索引	idxmax()	s.idxmax()
获取最小值索引	idxmin()	s.idxmin()
重置索引	reset_index()	s.reset_index()
空值检查	isnull	s.isnull()
删除空值	dropna	s.dropna()
填充空值	fillna	s.fillna(value=50)

2. 数据帧

数据帧（DataFrame）是 Pandas 的另一个重要数据类型，它是由一组相同索引序列组成的二维表结构，其使用方法与序列类似，结构如图 2.13 所示。

在横向（axis=1）上将语文成绩、数学成绩和课堂表现分别看成 3 个序列对象，在纵向（axis=0）上这 3 个序列有相同的索引。

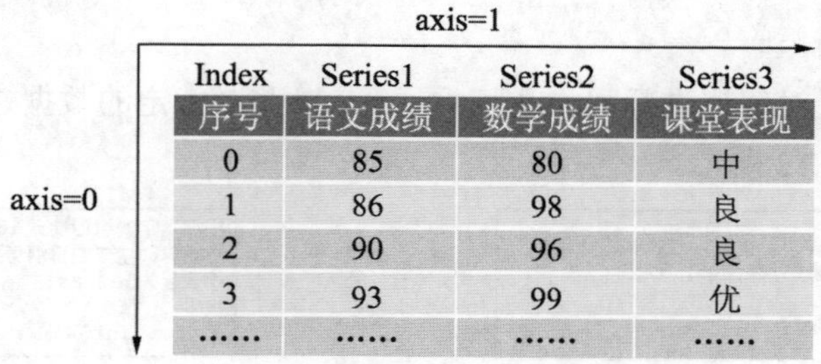

axis=1

axis=0

Index	Series1	Series2	Series3
序号	语文成绩	数学成绩	课堂表现
0	85	80	中
1	86	98	良
2	90	96	良
3	93	99	优
……	……	……	……

图 2.13　数据帧的结构

下面演示数据帧的常见操作。

1）导入 Pandas 包。

```
1 import pandas as pd
```

2）创建数据帧。

```
  #根据字典创建数据帧
1 df1=pd.DataFrame({'年龄':[20,30,40,50],'收入':[24,30,40,30]})
2 s1 = pd.Series([20,30,40,50])
3 s2 = pd.Series([24,30,40,30])
4 df2=pd.DataFrame({'年龄':s1,'收入':s2})                #根据序列创建数据帧
5 print("---根据字典创建---\n",df1)
6 print("---根据序列创建---\n",df2)
```

数据帧可以由字典（dict）数据、JSON 数据或序列数据创建。上述代码演示了数据帧的创建方法，输出结果如图 2.14 所示。

3）访问数据帧的索引、列名与数据值。

```
1 print("所有的列:",df2.columns.tolist())
2 print("所有的索引:",df2.index.tolist())
3 print("所有的收入数据:",df2['收入'].values)
4 print("索引为 0 的收入数据:",df2['收入'][0])
5 print("所有的值:",df2.values.tolist())
```

可以通过 index、columns 和 values 等属性访问数据帧的索引、列名和数据值。上述代码演示了这几个属性的使用方法，输出结果如图 2.15 所示。

```
---根据字典创建---        ---根据序列创建---
   年龄  收入                年龄  收入
0  20  24                0  20  24
1  30  30                1  30  30
2  40  40                2  40  40
3  50  30                3  50  30
```

图 2.14　数据帧的创建

```
所有的列: ['年龄', '收入']
所有的索引: [0, 1, 2, 3]
所有的收入数据: [24 30 40 30]
索引为0的收入数据: 24
所有的值: [[20, 24], [30, 30], [40, 40], [50, 30]]
```

图 2.15　数据帧的索引、列名与数据值的访问

4）数据切片与遍历。

```
1 print("---横向切片，取前两条数据---")
2 print("前两条收入的数据:\n",df2[:2])
3 print("---纵向切片，取序列数据---")
4 print("年龄序列:",df2['年龄'].tolist())
5 print("收入序列:",df2['收入'].tolist())
6 print("---遍历所有数据---")
7 for key,value in df2.items():
8     print(key,value.tolist())
```

数据帧的切片和遍历与序列中类似，区别在于，数据帧会同时包含多个序列，既可以进行纵向切片，也可以进行横向切片。上述代码演示了切片和遍历的方法，输出结果如图 2.16 所示。

5）统计与运算。

```
1df2.describe()
```

对于数据工作者来说，经常要计算样本的最大值、最小值、平均值和标准差等常见的统计指标。在 Pandas 中，数据帧提供的 describe()函数用于对数据进行常规统计，该函数的输出结果如图 2.17 所示。

```
---横向切片，取前两条数据---
前两条收入的数据：[24, 30]
   年龄  收入
0  20  24
1  30  30
---纵向切片，取序列数据---
年龄序列：[20, 30, 40, 50]
收入序列：[24, 30, 40, 30]
---遍历所有数据---
年龄 [20, 30, 40, 50]
收入 [24, 30, 40, 30]
```

图 2.16　数据帧的切片与遍历

	年龄	收入
count	4.000000	4.00000
mean	35.000000	31.00000
std	12.909944	6.63325
min	20.000000	24.00000
25%	27.500000	28.50000
50%	35.000000	30.00000
75%	42.500000	32.50000
max	50.000000	40.00000

图 2.17　数据的常规统计

describe()函数的常规统计项及其说明如表 2.4 所示。

表 2.4　describe()函数的常规统计项及其说明

统　计　项	统计说明
count	记录数量
mean	数据平均值
std	样本标准差
min	最小值
25%,50%,75%	中位数或百分位数
max	最大值

6）数据帧数据的持久化。

```
1 df2.to_csv("./test.csv",index=False,encoding='utf-8')
2 df2 = pd.read_csv("./test.csv",encoding='utf-8')
3 df2.to_html("./test.html",index=False,encoding='utf-8')
4 df2 = pd.read_html('./test.html',encoding='utf-8')[0]
```

持久化是指将数据帧中的数据保存起来(通常保存为文件)。上述代码演示了使用 CSV 和 HTML 文件对数据帧的数据进行持久化操作。

除了 CSV 和 HTML 两种文件格式外，Pandas 还支持 SQL 数据库、剪贴板、JSON 文件及 Excel 文件格式的持久化，其使用方法与上述代码类似。

3. Pandas的更多功能

上面介绍了序列和数据帧常见的使用方法。除了上述功能以外，Pandas 还提供了许多其他函数，如数据排序、过滤查找、值替换和样本采样等，在后面的章节中会结合实例对这些函数进行说明。

2.3.2　使用 Seaborn 进行数据可视化

Matplotlib 是著名的 Python 数据可视化包，其功能十分强大，但是使用起来比较烦琐。Seaborn 是在 Matplotlib 的基础上进行的二次封装，以便用户更容易实现数据可视化。

在对数据进行可视化时，需要根据不同的目的选择合适的可视化方案。以下是在进行数据分析时经常遇到的场景：

- 如何观察变量的变化趋势？如股票走势。
- 如何比较变量出现的次数？如对单词出现次数的对比。
- 如何观察多个变量的分布？如身高和体重的分布情况。
- 如何观察变量在不同区间的分布？如不同收入区间的居民人数。
- 如何观察复杂数据的分布与变化？如不同地区、不同季节和不同商品的销售量变化情况。

Seaborn 提供了一组绘制统计图的函数，共有 27 个。在 Notebook 下执行 sns.*plot?命令可以查看这些函数。

虽然 Seaborn 的函数看起来比较复杂（以绘制散点图的函数为例，共有 24 个参数），但是这些函数的结构类似，一般情况下只需用到表 2.5 中的几个参数，其他参数保持默认即可。

表 2.5　Seaborn的常用参数

参　　数	说　　明
x	*X*轴数据
y	*Y*轴数据
data	Pandas数组（可选）
hue	分组（可选）

以下代码用于导入 Seaborn 开发包并初始化统计图样式。

```
1 import pandas as pd
2 import matplotlib.pyplot as plt
3 import numpy as np
4 import seaborn as sns
5 from warnings import filterwarnings
```

```
6 plt.style.use({'figure.figsize':(12, 6)})          #设置画布大小
7 sns.set(font_scale=1.5)                             #设置坐标轴和标题字体大小
  #关闭 Pandas 科学记数法
8 pd.set_option('display.float_format', lambda x: '%.3f' % x)
9 plt.rcParams['font.sans-serif']=['SimHei']         #使用中文字体
```

1. 如何观察变量的变化趋势

趋势分析是最常见的数据分析场景，如查看股票的走势、学生成绩的变化情况以及商品的点击量等，通常采用折线图来显示其变化趋势。

以下代码演示折线图的制作方法（样本是纽约交易所500家公司的股票交易数据，时间范围是2010年1月4日至2016年12月30日）。

```
1 df = pd.read_csv('./dataset/stock/foc-price.csv')  #读取样本
2 plt.ticklabel_format(style='plain')                 #关闭坐标轴的科学记数法
3 sns.lineplot(x=df.index, y="volume",data=df)
4 plt.title("趋势图：日平均交易额")
```

在上述代码中，先使用Pandas从CSV文件中读取样本，然后调用lineplot()函数绘制折线图，生成的日平均交易额走势如图2.18所示。折线图的横坐标表示记录索引，纵坐标表示所有公司的日平均交易额。

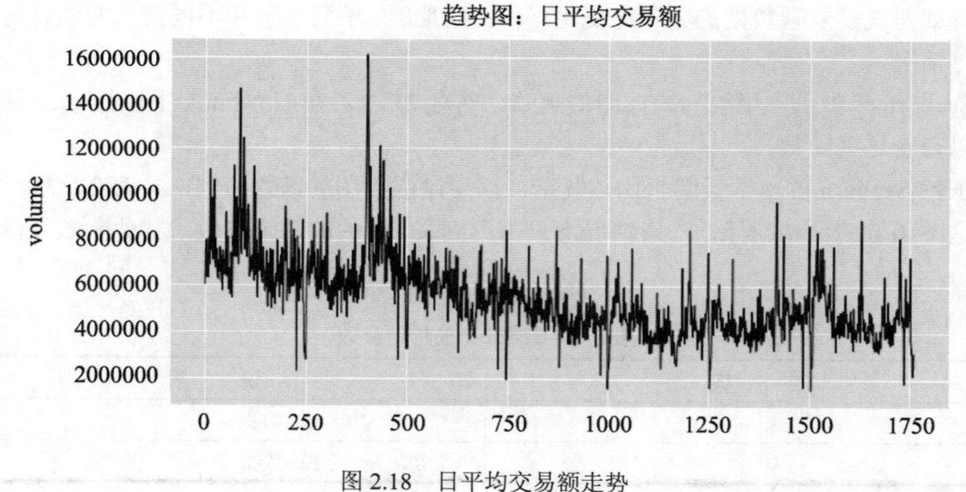

图2.18　日平均交易额走势

```
1 df3 = df.head(90) #取前90天的数据
2 plt.ticklabel_format(style='plain')
3 sns.lineplot(x=df3.index, y="volume",hue='week',data=df3)
```

在调用lineplot()函数时，可以通过指定hue参数进行分组显示，如上述代码按星期数对交易额进行分组，分组后的交易额走势如图2.19所示。

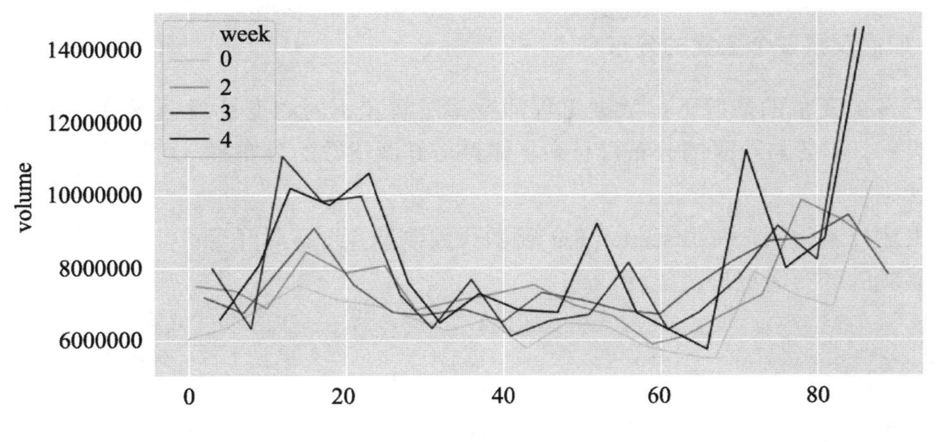

图 2.19　按星期数分组后的交易额走势

2. 如何比较变量出现的次数

在进行数据分析时，经常需要统计变量出现的频率，如词频统计和不同类别样本的数量等，通常采用计数图显示统计结果。以上述样本为例，如果想知道不同星期的样本数量，则可以调用 countplot()函数进行统计。

```
1 df = pd.read_csv('./dataset/stock/foc-price.csv')        #读取样本
2 sns.countplot(x="week", data=df)
```

上述代码按星期数统计每天的样本数据，输出结果如图 2.20 所示，横坐标表示星期几（周一至周五），纵坐标表示样本的数量。通过统计图可以看出，样本的分布相对均匀。

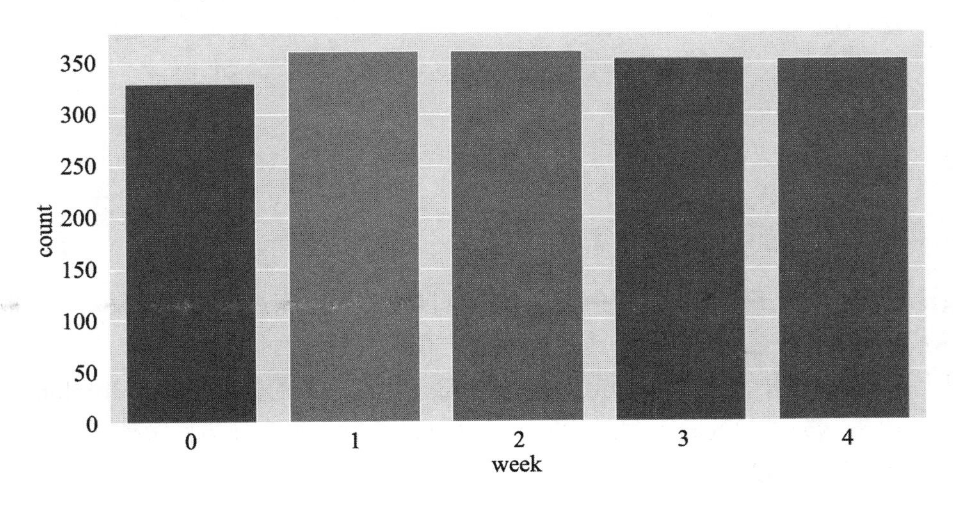

图 2.20　样本数量的分布

3．如何观察多个变量的分布

在有多个变量的情况下，数据工程师期望了解在不同的变量组合下数据是怎样分布的，如收入、年龄与地区的分布，身高、体重与健康指数的分布等。可以采用散点图来显示分布状态。

以上述样本为例，使用 scatterplot()函数来绘制散点图，对开盘价、交易公司的数量和平均交易额的分布情况进行显示。

```
1 df = pd.read_csv('./dataset/stock/foc-price.csv')  #读取样本
2 plt.ticklabel_format(style='plain')                 #关闭科学记数法
3 sns.scatterplot(x="open", y='volume',hue='companies',data=df)
```

上述代码的输出结果如图 2.21 所示，横坐标代表开盘价，纵坐标代表平均交易额，散点代表参与交易的公司，使用颜色对交易次数相同的公司进行分组，颜色越深表示这类公司越多。整体来看，开盘价越高，交易的公司就越多，日平均交易额反而越小。

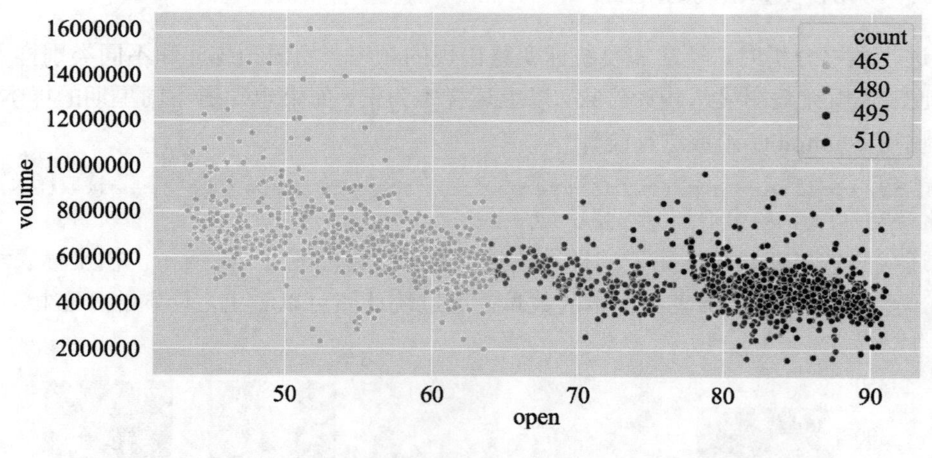

图 2.21　交易额散点分布

4．如何观察不同区间的变量分布

很多时候，数据工程师期望了解变量在不同区间的分布密度，如不同收入水平的居民人数、不同等级的股票交易额等。通常采用直方图来统计这种区间分布。

以上述样本为例，通过 distplot()函数统计日平均交易额的区间分布。distplot()函数中的参数 bins 表示分成的区间个数；参数 kde 为 False 时，纵坐标为样本数量，其为 True 时，纵坐标为概率密度。

```
1 df = pd.read_csv('./dataset/stock/foc-price.csv')  #读取样本
2 plt.ticklabel_format(style='plain')                 #关闭科学记数法
3 sns.distplot(df['volume'],bins=10,kde = False)
```

在上述代码中，将交易额划分为 10 个区间，再分别统计落在这 10 个区间中的样本数量，输出结果如图 2.22 所示，横坐标为交易额的不同区间，纵坐标为样本的数量。

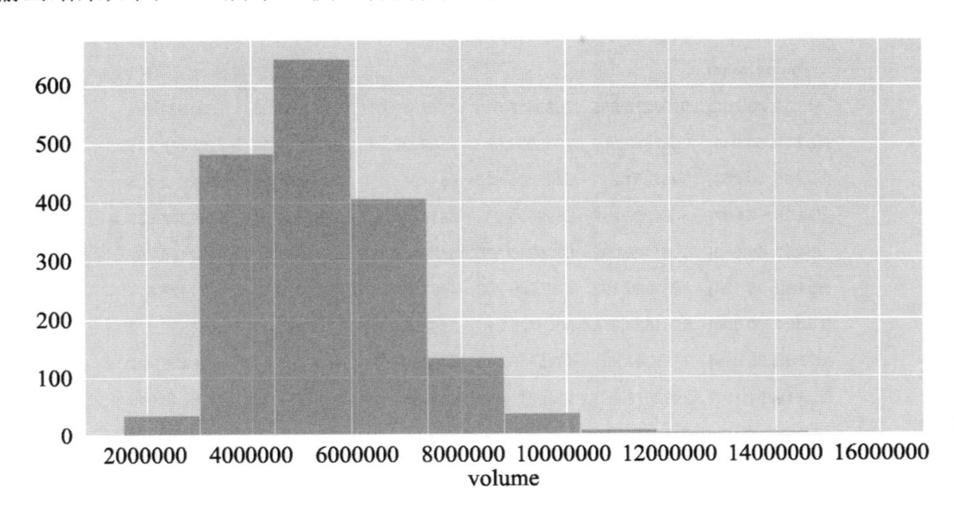

图 2.22　交易额的区间分布

5．如何观察复杂数据的分布与变化

上面介绍了如何使用散点图查看变量的分布，并通过颜色区分不同的类别，但在面对多类别或连续数据时，则很难通过散点图将不同数据区分出来，这时候可以使用透视表或热力图对数据进行区分。

```
 1 df = pd.read_csv('./dataset/stock/foc-price.csv')  #读取样本
 2 plt.ticklabel_format(style='plain')                #关闭科学记数法
 3 pt = df.pivot_table(index='range_open', columns='week', values=
['volume'],aggfunc=np.mean)
 4 pt
```

在上述代码中，通过 pivot_table()函数统计平均日交易额在不同的星期数、不同的开盘价区间的分布情况，输出结果如图 2.23 所示。其中，每一列表示星期几（星期一至星期五），每一行表示不同的开盘价区间，图中的值表示日平均交易额。

除了透视表外，还可以用热力图来展现复杂的数据，实现代码如下：

```
 1 plt.style.use({'figure.figsize':(12, 6)})
 2 plt.ticklabel_format(style='plain',axis='both')
 3 cmap = sns.cubehelix_palette(start = 1, rot = 3, gamma=0.8, as_cmap =
True)
 4 pt = df.corr()
 5 sns.heatmap(pt, cmap = cmap, linewidths = 0.05,annot=True, fmt="0.4f")
```

在上述代码中，先计算所有列中两两之间的关联系数，得到关联系数矩阵，然后通过 heatmap()函数绘制热力图，输出结果如图 2.24 所示。其中，颜色越深表示关联系数越高，颜色越浅表示关联系数越低。

	volume				
week	0	1	2	3	4
range_open					
(43.32, 48.633]	6594270.685	7685416.656	7377517.181	7530964.354	7831629.234
(48.633, 53.945]	6987622.059	7633539.033	7589932.920	8333581.347	7265678.119
(53.945, 59.257]	5911254.211	6333326.826	6617248.886	6605832.881	6672512.105
(59.257, 64.57]	5064287.219	5699625.903	5815434.367	5902546.969	5841347.639
(64.57, 69.882]	5031486.092	5318945.176	5358170.775	5614496.186	5692490.756
(69.882, 75.194]	4253935.790	4725849.293	4787228.980	4965410.534	4681122.617
(75.194, 80.506]	5061884.956	5079325.221	5363551.647	5197245.070	5426522.772
(80.506, 85.819]	4120248.961	4345938.549	4462586.624	4417703.232	4826426.927
(85.819, 91.131]	3996578.993	4143711.667	4301534.469	4311734.263	4296548.949

图 2.23　透视表演示

	index	open	close	low	high	volume	week	companies
index	1.0000	0.9522	0.9522	0.9506	0.9537	−0.6172	−0.0032	0.9570
open	0.9522	1.0000	0.9994	0.9997	0.9998	−0.6903	−0.0053	0.9407
close	0.9522	0.9994	1.0000	0.9997	0.9996	−0.6936	−0.0052	0.9407
low	0.9506	0.9997	0.9997	1.0000	0.9996	−0.6996	−0.0059	0.9390
high	0.9537	0.9998	0.9996	0.9996	1.0000	−0.6855	−0.0051	0.9421
volume	−0.6172	−0.6903	−0.6936	−0.6996	−0.6855	1.0000	0.1175	−0.5949
week	−0.0032	−0.0053	−0.0052	−0.0059	−0.0051	0.1175	1.0000	−0.0047
companies	0.9570	0.9407	0.9407	0.9390	0.9421	−0.5949	−0.0047	1.0000

1.0　0.8　0.6　0.4　0.2　0.01　−0.2　−0.4　−0.6

图 2.24　热力图演示

6．Seaborn使用总结

上面介绍了数据工作者经常遇到的几类问题及常用的可视化方案。在表 2.6 中汇总了 Seaborn 常见的统计图及应用场景。

表 2.6　Seaborn常见的统计图的使用场景

可 视 化	Seaborn函数	应 用 场 景	场 景 举 例
折线图	lineplot()	观察变化趋势	股票走势、销售量走势、人口增长趋势等
计数图	countplot()	比较变量出现的次数	词频统计和样本数量分类统计等

（续表）

可 视 化	Seaborn函数	应 用 场 景	场 景 举 例
散点图	scatterplot()	观察二维或三维数据的分布	身高和体重分布，以及年龄、收入和性别分布等
直方图	distplot()	观察数据的区间分布	收入区间分布和不同等级的股票交易额分布等
透视表	pivot_table()	观察复杂数据的分布	特征关系分析、市场数据汇总和统计报表分析等
热力图	heatmap()	观察复杂数据的分布	关联系数矩阵、混淆矩阵和变量区间分布等

2.4　AI 编程入门实例

在技术实现上，传统编程和 AI 编程有很大的不同。如图 2.25 所示，传统编程通过计算机执行处理逻辑而得到结果，其重心在处理逻辑的设计与实现上，而 AI 编程则通过模型对数据的预测得到结果，其重心在模型的设计与训练上。

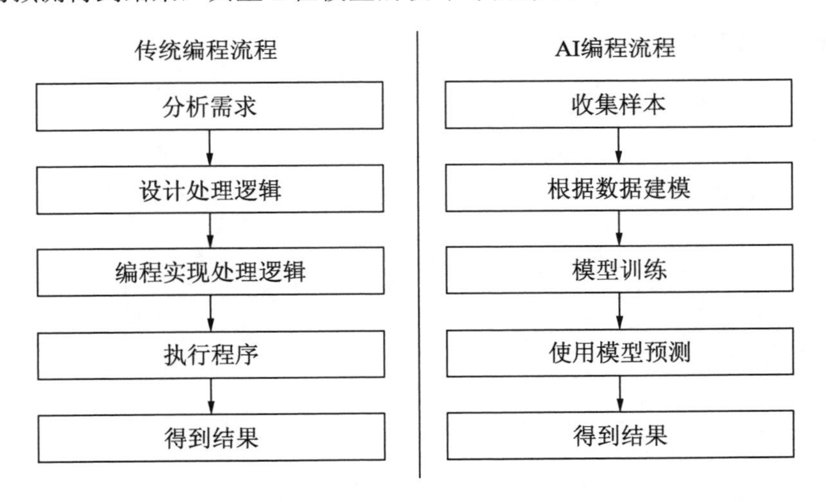

图 2.25　传统编程流程与 AI 编程流程的对比

可以把 AI 编程看成对数据的建模过程。如图 2.26 所示，AI 编程的关键步骤包括定范式、定损失和做优化共 3 步。

1）定范式。根据数据分布的特点选择合适的算法或模型，并通过训练确定这些算法或模型的参数。

2）定损失。确定损失函数，使用损失函数衡量参数取不同值时算法或模型的表现。

3）做优化。通过选择优化方法，快速找到较优的参数组合。

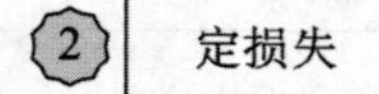

- 观察数据分布的特点
- 选择恰当的算法或模型
- 通过训练确定参数

- 确定损失函数
- 评价参数的优化

- 选择优化方法
- 快速找到最优参数

图 2.26　AI 编程的关键步骤

2.4.1　使用传统编程方式实现计算器功能

编程人员都很熟悉如何使用传统方式实现一个计算器功能：先设计出四则运算的处理逻辑并编写程序，然后执行程序，如果程序和处理逻辑都没有问题，则计算机将产生预期的结果。使用传统编程方式实现计算器的功能包括以下几步：

1）设计并实现四则运算函数。

2）执行程序，输入指令和参数，调用相应的处理函数。

3）输出结果。

1. 设计并实现四则运算函数

首先定义一组四则运算函数。以下代码定义 add()、sub()、mul()和 div()四个函数，分别执行加、减、乘、除四个运算逻辑。

```
1 def add(x,y):
2     return x+y
3 def sub(x,y):
4     return x-y
5 def mul(x,y):
6     return x*y
7 def div(x,y):
8     return x/y
```

2. 执行程序，根据指令和参数调用处理函数

解析用户的输入，并根据用户的输入指令和参数，调用相应的函数得到计算结果，代码如下：

```
1 cmd = input("请输入命令: ")                 #(如 1+2 或 1*2 或 1/2 或 1-2 格式)
2 if cmd.find("+") > 0:
3     data = cmd.split("+")
4     print(cmd,"=",add(float(data[0]),float(data[1])))
5 elif cmd.find("-") > 0:
6     data = cmd.split("-")
7     print(cmd,"=",sub(float(data[0]),float(data[1])))
8 elif cmd.find("*") > 0:
```

```
 9     data = cmd.split("*")
10     print(cmd,"=",mul(float(data[0]),float(data[1])))
11 elif cmd.find("/") > 0:
12     data = cmd.split("/")
13     print(cmd,"=",div(float(data[0]),float(data[1])))
```

3. 输出结果

1）当用户输入 24+8 时，程序调用加法函数 add()，得到结果 33.0。

2）当用户输入 24−8 时，程序调用减法函数 sub()，得到结果 17.0。

3）当用户输入 24×8 时，程序调用乘法函数 mul()，得到结果 192.0。

4）当用户输入 24/8 时，程序调用除法函数 div()，得到结果 3.0。

4. 传统编程方式的缺点

首先，传统编程必须事先设计好运算逻辑。例如在本例中，必须事先定义好四则运算的处理逻辑（四则运算函数）。其运算逻辑比较简单，可以很容易地定义出来。但是在很多场景下，尤其是在数据分析领域，明确定义运算逻辑是一件非常困难的事情，如果没有清晰的运算逻辑，则无法通过传统编程来解决问题。

其次，传统程序的自适应性差。上述代码只能实现加、减、乘、除四个运算，如果要增加新的计算方式，如求平均数、指数和对数等，则需要修改代码，增加新的函数。

最后，传统程序不能自动适应不同的应用场景。当需求发生变化时，需要通过更新软件来解决这些问题。例如，随着计算器功能的增多，则需要增加更多的处理分支，程序就会变得复杂，同时也会降低执行效率，使得程序的维护更加困难。

2.4.2　使用 AI 编程方式实现计算器功能

使用 AI 编程方式实现计算器的过程则完全不同：首先需要收集样本，然后再进行建模工作。使用 AI 编程方式实现计算器的功能分为以下几步：

1）生成训练和测试样本。

2）选择机器学习算法。

3）选择模型评估方法。

4）训练并评估模型的表现。

5）使用训练好的模型进行预测。

1. 导入开发包

导入开发包的代码如下：

```
1 import pandas as pd
2 import numpy as np
```

```
3 import matplotlib.pyplot as plt
4 from mpl_toolkits.mplot3d import Axes3D
5 from sklearn.linear_model import Ridge
6 from sklearn.preprocessing import PolynomialFeatures
7 from sklearn.pipeline import make_pipeline
8 from warnings import filterwarnings
9 filterwarnings('ignore')
```

2. 生成训练和测试的样本

下面的代码使用 NumPy 随机生成训练集（20 000 个样本）和测试集（50 个样本）。样本有 2 个输入（X1，X2）和 4 个输出（Y），输入 X1 和 X2 为随机生成的 1～100 的整数，输出 Y 为 X1 和 X2 分别经过加、减、乘、除四则运算后的值。

```
 1 train_x = np.random.randint(1, 100, (20000, 2))
 2 train_add = train_x[:,0]+train_x[:,1]
 3 train_sub = train_x[:,0]-train_x[:,1]
 4 train_mul = train_x[:,0]*train_x[:,1]
 5 train_div = train_x[:,0]/train_x[:,1]
 6 test_x = np.random.randint(1, 100, (50, 2))
 7 test_add = test_x[:,0]+test_x[:,1]
 8 test_sub = test_x[:,0]-test_x[:,1]
 9 test_mul = test_x[:,0]*test_x[:,1]
10 test_div = test_x[:,0]/test_x[:,1]
```

3. 显示训练样本

下面的代码使用 Pandas 的 DataFrame 保存训练样本信息，样本结构如图 2.27 所示。

```
1 df = pd.DataFrame()
2 df['输入(X1)'] = pd.Series(train_x[:,0])
3 df['输入(X2)'] = pd.Series(train_x[:,1])
4 df['预测标签(Y,加法)'] = pd.Series(train_add)
5 df['预测标签(Y,减法)'] = pd.Series(train_sub)
6 df['预测标签(Y,乘法)'] = pd.Series(train_mul)
7 df['预测标签(Y,除法)'] = pd.Series(train_div)
8 df.head(10)
```

输入(X1)	输入(X2)	预测标签(Y,加法)	预测标签(Y,减法)	预测标签(Y,乘法)	预测标签(Y,除法)
69	19	88	50	1311	3.631579
52	14	66	38	728	3.714286
91	60	151	31	5460	1.516667
5	2	7	3	10	2.500000
23	63	86	-40	1449	0.365079
2	52	54	-50	104	0.038462
79	19	98	60	1501	4.157895
87	29	116	58	2523	3.000000
79	14	93	65	1106	5.642857
56	67	123	-11	3752	0.835821

图 2.27　训练集和测试集结构

- 训练加法模型时，使用 X1 和 X2 作为输入，使用加法预测标签（train_add）作为输出 Y。
- 训练减法模型时，使用 X1 和 X2 作为输入，使用减法预测标签（train_sub）作为输出 Y。
- 训练乘法模型时，使用 X1 和 X2 作为输入，使用乘法预测标签（train_mul）作为输出 Y。
- 训练除法模型时，使用 X1 和 X2 作为输入，使用除法预测标签（train_div）作为输出 Y。

4. 查看数据分布

以下代码使用画图的方法显示输入 X1、X2 和输出 Y 的分布，以乘法为例，样本的分布如图 2.28 所示。可以看出，乘法的样本呈非线性分布。

```
  1 fig = plt.figure()
  2 ax = Axes3D(fig)
  3 ax.scatter(df['输入(X1)'], df['输入(X2)'], df['预测标签(Y,乘法)'],
depthshade=True,s=600,c='r')
  4 ax.ticklabel_format(style='plain',axis='both')
  5 ax.set_xlabel("X1",labelpad=20)
  6 ax.set_ylabel("X2",labelpad=20)
  7 ax.set_zlabel("Y",labelpad=20)
  8 plt.show()
```

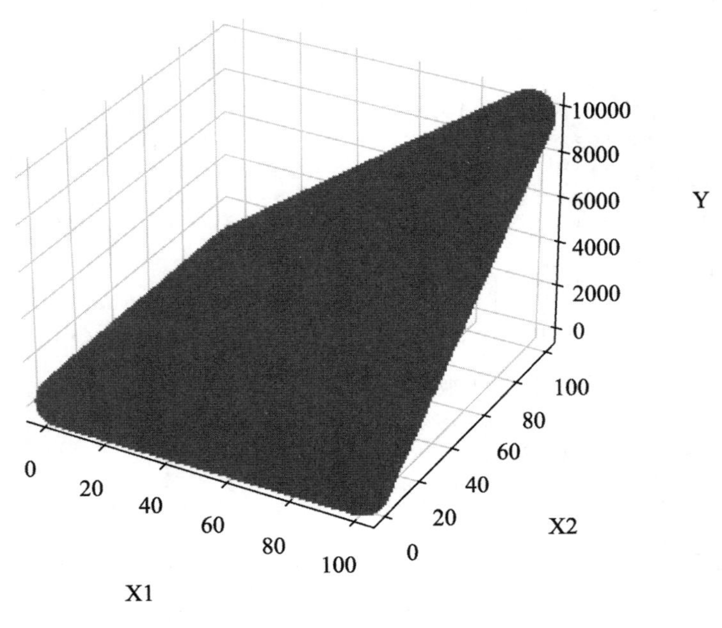

图 2.28　乘法样本的分布

5．选择机器学习算法

根据样本的分布特点，使用多项式对输入样本进行升维（多项式阶数为 10），然后再使用岭回归模型进行训练，模型参数使用默认值（多项式升维和岭回归的原理会在后续章节中介绍）。以下代码定义了模型的训练函数 model_train()。

```
1 def model_train(x_train,y_train):
2     model = make_pipeline(PolynomialFeatures(10), Ridge())
3     model.fit(x_train,y_train)
4     return model
```

6．选择模型评估方法

在下面的代码中定义了两个函数，分别用来计算模型误差和可视化预测结果。

- 预测评估函数 model_pred()：使用训练好的模型对输入进行预测，函数值为返回的均方误差。
- 显示预测结果函数 show_result()：将真实值和预测值显示出来。

```
1 #模型预测函数
2 def model_pred(model,x_test,y_test):
3     pred_y = model.predict(x_test)
4     score = np.sqrt(np.mean((y_test-pred_y)**2))
5     return pred_y,score
6 #模型评估和结果可视化函数
7 plt.style.use({'figure.figsize':(8, 4)})
8 def show_result(title,model,x_test,y_test):
9     pred_y,score = model_pred(model,x_test,y_test)
10    plt.title("%s\n(model error :%f)"%(title,score))
11    x = np.linspace(0,len(x_test))
12    p1 = plt.plot(x, y_test,label='real value')
13    p2 = plt.plot(x, pred_y,label='pred value')
14    plt.legend([p1, p2], labels=["real value", "pred value"])
15    plt.show()
```

7．训练并评估模型的表现

在下面的代码中分别使用加、减、乘、除这 4 组训练样本训练出 4 个模型，然后再使用这些模型对测试集上的样本进行预测，最后显示每个模型的预测误差。

```
1 model = model_train(train_x,train_add)
2 show_result("Add Operation",model,test_x,test_add)
3 model = model_train(train_x,train_sub)
4 show_result("Subtraction",model,test_x,test_sub)
5 model = model_train(train_x,train_mul)
6 show_result("Multiplication",model,test_x,test_mul)
7 model = model_train(train_x,train_div)
8 show_result("Division Operation",model,test_x,test_div)
```

上述代码的运行结果如图 2.29 所示（见彩插）。其中，淡黄色为真实值，蓝色为预测值（预测值和真实值相同时只能看到一种颜色）可以看出，除法运算模型的误差相对较大，约为 0.7，其他 3 种运算模型的误差都很小，小于 0.001。

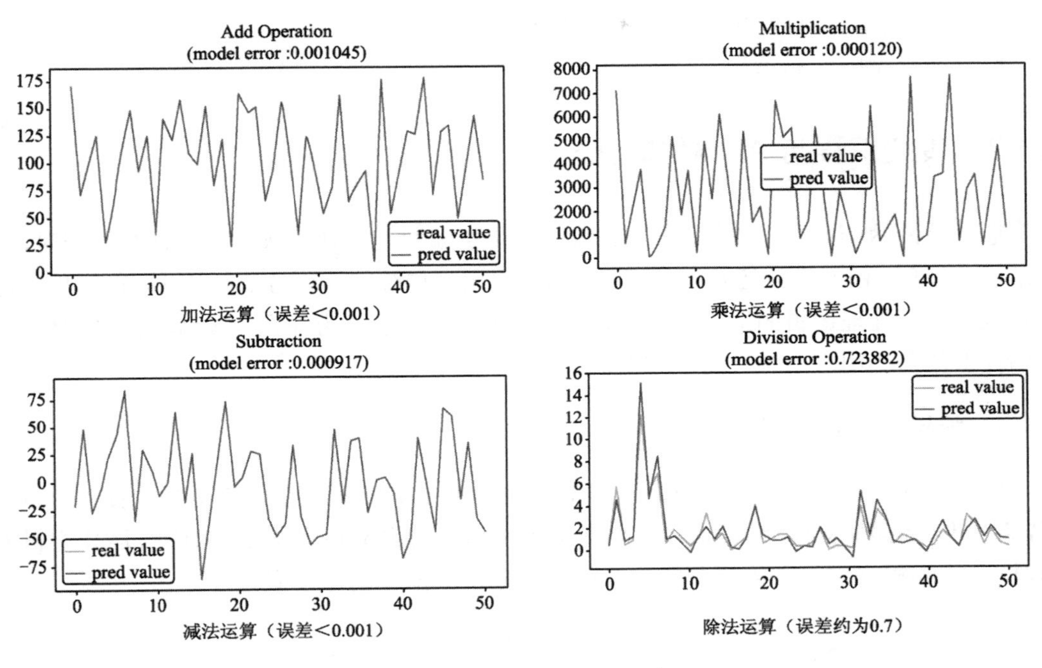

图 2.29　四则运算模型评估

8．使用训练好的模型进行预测

模型训练好以后，就可以使用模型进行四则运算了。以下代码演示使用 AI 模型计算 X1=15 和 X2=30 的加、减、乘、除的计算过程。

```
 1 X1 = 15
 2 X2 = 30
 3 model = model_train(train_x,train_add)
 4 y = model.predict([[X1,X2]])
 5 print("加法模型计算结果：%d+%d = %f"%(X1,X2,y[0]))
 6 model = model_train(train_x,train_sub)
 7 y = model.predict([[X1,X2]])
 8 print("减法模型计算结果：%d-%d = %f"%(X1,X2,y[0]))
 9 model = model_train(train_x,train_mul)
10 y = model.predict([[X1,X2]])
11 print("乘法模型计算结果：%d*%d = %f"%(X1,X2,y[0]))
12 model = model_train(train_x,train_div)
13 y = model.predict([[X1,X2]])
14 print("除法模型计算结果：%d/%d = %f"%(X1,X2,y[0]))
```

将 X1=15 和 X2=30 作为输入参数，上述代码的执行结果如下：

- 加法模型的计算结果：15+30=44.999335。
- 减法模型的计算结果：15−30=−14.997621。
- 乘法模型的计算结果：15×30=450.000083。
- 除法模型的计算结果：15/30=0.602300。

2.4.3　传统编程与 AI 编程的比较

通过上面两个例子可以发现，AI 编程与传统编程是相辅相成的。在训练模型时，无论是样本处理、模型设计还是模型评估，都需要用到传统的编程方法；在设计传统程序时，遇到难以定义处理逻辑的地方，则可以使用 AI 编程方法作为补充。二者的区别主要体现在编程工作重心和应用领域两个方面。

1. 编程工作重心不同

传统编程方式的重心是处理逻辑，AI 编程的重心则是模型与数据分析。如图 2.30 所示，对于传统编程来说，编程人员需要花费大量精力去定义和实现处理函数（运算逻辑 f），而对于 AI 编程来说，则需要花费大量精力去分析数据和创建模型。

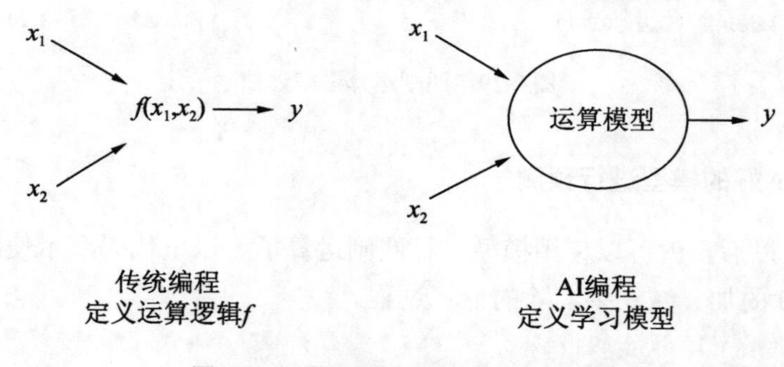

图 2.30　传统编程与 AI 编程的比较

2. 应用领域不同

传统编程是逻辑驱动的，需要事先设计运算逻辑。其优点是精确可控，适用于对精确和可控要求较高的领域；其缺点是自适应性差，处理逻辑变动困难，程序结构复杂。

AI 编程是数据驱动的，模型参数可根据样本的特点自动调整，其优点是有良好的数据自适应性（在上述例子中，使用加法样本训练可产生加法模型，使用乘法样本训练可产生乘法模型）。在使用传统编程有难度的场景下可以使用 AI 编程来解决问题，但是 AI 编程可能会出现误差，不适合对精度要求高的领域。在实际工程中，需要根据对误差的容忍程度来决定是否使用 AI 编程。

2.5 小　　结

本章主要介绍了机器学习的相关知识，包括概念、术语、数学基础、开发工具以及 AI 计算器实例。

2.1 节介绍了机器学习的基础知识，包括常用的概念和术语、机器学习的类别、数据集的划分和使用以及机器学习的完整流程等。

2.2 节介绍了机器学习中相关的数学知识，包括常用的公式、微积分、信息论及概率统计等相关数学概念及计算方法。

2.3 节介绍了数据处理工具 Pandas 和数据可视化工具 Seaborn 的使用，以及在不同场景下所采用的可视化方案。

2.4 节介绍了 AI 编程的关键步骤，即定范式、定损失和做优化：先根据数据的分布情况选择模型或算法，然后再通过损失函数和优化手段选取合适的参数。在最后的实例部分分别使用传统编程和 AI 编程方式实现了一个计算器，并通过对计算器的实例分析，比较了 AI 编程和传统编程的优缺点。

第 3 章　机器学习详解

一个机器学习项目通常要经历明确目标、数据获取、数据探索、预处理、特征选择、模型训练、模型评估和模型使用 8 个不同环节，每个环节的目标和实现方法也不尽相同。本章将分为 7 节对机器学习的全部过程进行详细介绍，主要围绕以下几个问题展开：

- 如何对数据进行探索并从中产生洞察？
- 如何对数据进行处理，从而通过算法或模型从数据中提取出高价值的特征？
- 如何选择机器学习模型并对模型进行训练？
- 如何评估模型的性能并使用模型进行预测？

3.1　数据分布与探索性数据分析

机器学习是建立在数据基础上的，需要根据数据的特点，采用相应的模型或算法进行建模。因此，在取得原始数据后，了解这些数据的特点，并采用一定的手段对其进行分析，可以更好地发现数据中蕴含的规律，并有助于后续的建模工作。

从概率的视角看来，现实中的数据分布一般都符合一定的规律，如高斯分布和泊松分布等。本章将先介绍这些常见的数据分布形态和应用，然后结合实例演示如何使用 Pandas 和 Seaborn 对数据进行可视化分析。

3.1.1　常见的数据分布及其应用

1. 伯努利分布

在一个实验中，如果某个事件只有两种可能的结果（“发生”或者“不发生”）且每次实验之间相互独立，则称这个实验为伯努利实验。如果该实验独立且重复地进行了 n 次，则称这一组实验为 n 重伯努利实验。

在每次伯努利实验中，如果事件 X 发生的概率为 p，不发生的概率为 $1-p$，则认为 X 服从伯努利分布（Bernoulli Distribution）。伯努利分布又名两点分布或 0-1 分布。

伯努利分布是最简单的分布，也是其他分布的基础。最典型的伯努利分布是抛硬币。假设硬币正面朝上的概率为 p，反面朝上的概率为 $1-p$，以概率 p 为 0.5 进行 5000 次抛硬币实验，得到的分布情况如图 3.1 所示。

2．二项分布

二项分布是以伯努利分布为基础，计算多次伯努利实验中事件发生总次数的概率分布。例如，共抛 100 次硬币，每次正面朝上的概率为 p，正面朝上的总次数为 k 的概率服从二项分布。

二项分布与概率 p 的取值有关。例如，当 p 取 0.2、0.5 或 0.8 时，二项分布的函数图像如图 3.2 所示，横坐标表示事件发生的总次数，即正面朝上的次数，纵坐标表示对应的概率。

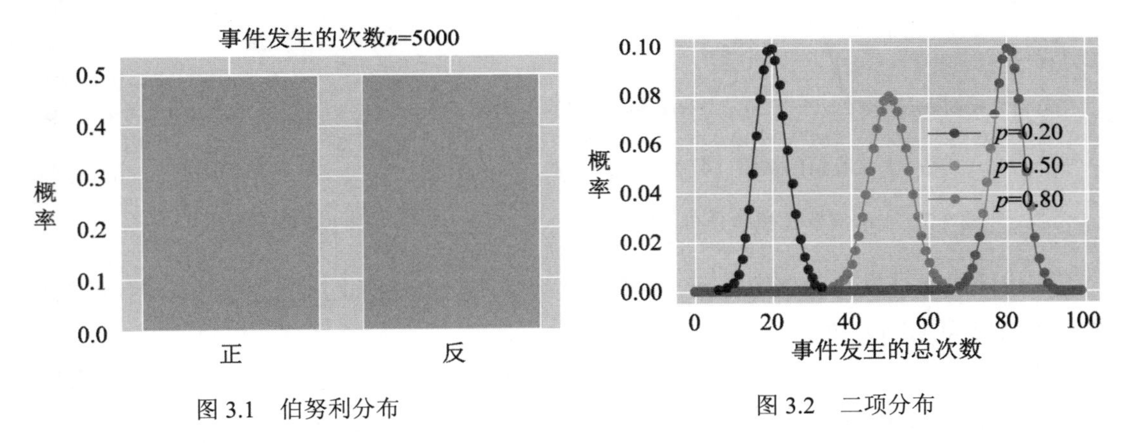

图 3.1　伯努利分布　　　　图 3.2　二项分布

假设有变量 X 服从二项分布，实验的总次数为 n，事件发生的概率为 p，则事件共发生 k 次的概率分布如公式（3.1）所示。

$$P(X=k)=\frac{n!}{k!(n-k)!}p^k(1-p)^{n-k} \tag{3.1}$$

二项分布的期望 $E(X)$和方差 $D(X)$的计算方法分别如公式（3.2）和公式（3.3）所示。

$$E(X)=np \tag{3.2}$$

$$D(X)=np(1-p) \tag{3.3}$$

二项分布是一种常见的分布，其应用非常广泛。

举例：买了 50 只股票，每只股票的涨跌概率均为 50%，预测有几只股票会上涨。

解答：将购买 50 只股票看成做 50 次实验，得到参数 n=50；将股票上涨的概率看成事件发生的概率，得到参数 p=0.5；通过二项分布公式，可以计算出上涨股票的概率分布函数。具体计算过程如下：将 n=50 和 p=50%代入公式（3.1），得到上涨股票的概率分布函数。该函数图像如图 3.3 所示，图中的横坐标表示上涨股票的数量，纵坐标表示发生的概率。

3．几何分布

几何分布是指在多次伯努利实验中，事件首次发生的概率分布。例如共抛 100 次硬币，每次正面朝上的概率为 p，第一次正面朝上发生在第 X 次实验的概率服从几何分布。

几何分布的函数只有一个参数，为事件发生的概率 p，其函数图像如图 3.4 所示，图中的横坐标表示第几次实验，纵坐标表示事件首次发生的概率。

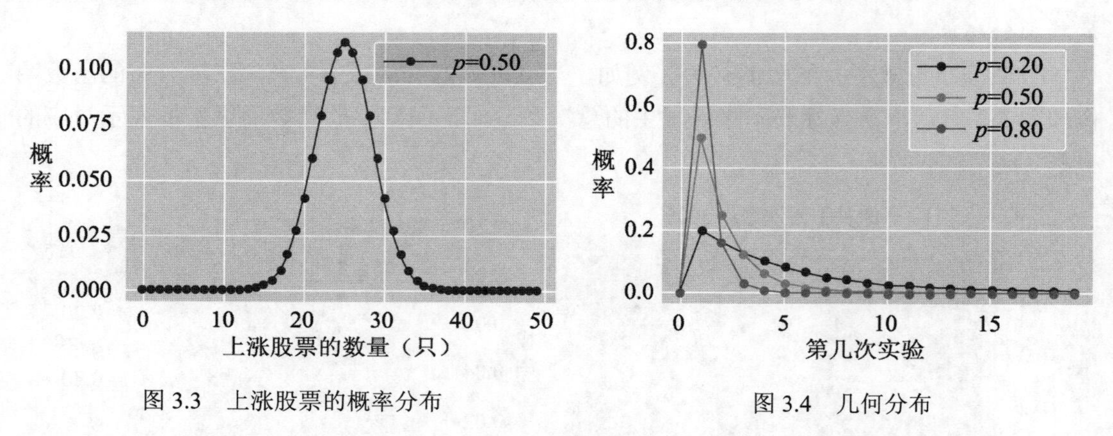

图 3.3　上涨股票的概率分布

图 3.4　几何分布

假设随机事件发生的概率为 p，实验进行到事件发生时停止，所进行的实验次数的概率分布如公式（3.4）所示。

$$P(X=k)=(1-p)^{k-1}p \tag{3.4}$$

几何分布的期望 $E(X)$和方差 $D(X)$的计算如公式（3.5）和公式（3.6）所示。

$$E(X)=\frac{1}{p} \tag{3.5}$$

$$D(X)=\frac{1}{p^2}-\frac{1}{p} \tag{3.6}$$

举例：已知平均每天接到投诉的概率为 0.2，预测下一次投诉发生在哪天。

解答：这是几何分布问题。将接到投诉的概率看成事件发生的概率，得到参数 p=0.2，通过几何分布公式，可以计算出下一次投诉发生时间的概率。具体计算过程如下：将 p=0.2 代入公式（3.4）得到下一次投诉发生时间的概率分布函数。该函数图像如图 3.5 所示，图中的横坐标表示下一次投诉发生的时间，纵坐标表示发生的概率。

4．超几何分布

超几何分布是指在 N 个物品中有指定商品 M 个，不放回抽取 n 个物品，抽中指定数量的商品的概率分布。例如，有一个口袋里装了 25 个小球（红色 17 个，黑色 8 个），一

次取出 n 个球，取到 k 个黑球的概率服从超几何分布。

超几何分布的图像如图 3.6 所示，图中的横坐标表示取到黑球的数量，纵坐标表示对应的概率。

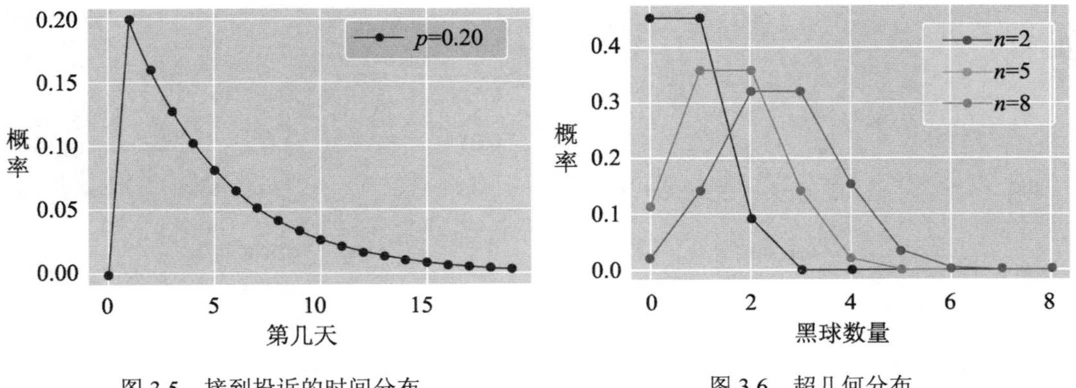

图 3.5　接到投诉的时间分布　　　　图 3.6　超几何分布

超几何分布和二项分布很相似，不同的是二项分布是有放回取样，超几何分布是不放回取样。超几何分布有 3 个参数，即正例样本数量 a、负例样本数量 b 和每次采样数量 n，其概率分布如公式（3.7）所示。

$$P(X=k)=\frac{\binom{a}{k}\binom{b}{n-k}}{\binom{a+b}{n}} \tag{3.7}$$

举例：学生共 36 人（女生 16 人，男生 20 人），5 人一组自由组队，预测每个队伍里会有几个女生。

解答：这是超几何分布问题。将女生看成正例样本，得到参数 a=16；将男生看成负例样本，得到参数 b=20；将每组的人数看成采样数量，得到参数 n=5。通过超几何分布公式，可以计算出队伍中女生数量的概率分布。具体计算过程如下：将 a=16、b=20、n=5 代入公式（3.7），得到队伍里女生数量的概率分布函数。该函数图像如图 3.7 所示，图中的横坐标表示队伍中女生的数量，纵坐标表示对应的概率。

5．泊松分布

泊松分布用来描述某段时间内事件发生次数的概率，如在 1 小时内出生 3 个婴儿的概率、一天内有 1 万名游客的概率等。

泊松分布只有一个参数 λ，表示单位时间内事件发生的平均次数，泊松分布如图 3.8 所示，图中的横坐标表示事件发生的时间间隔，纵坐标表示对应的概率，λ 是事件平均发生次数。

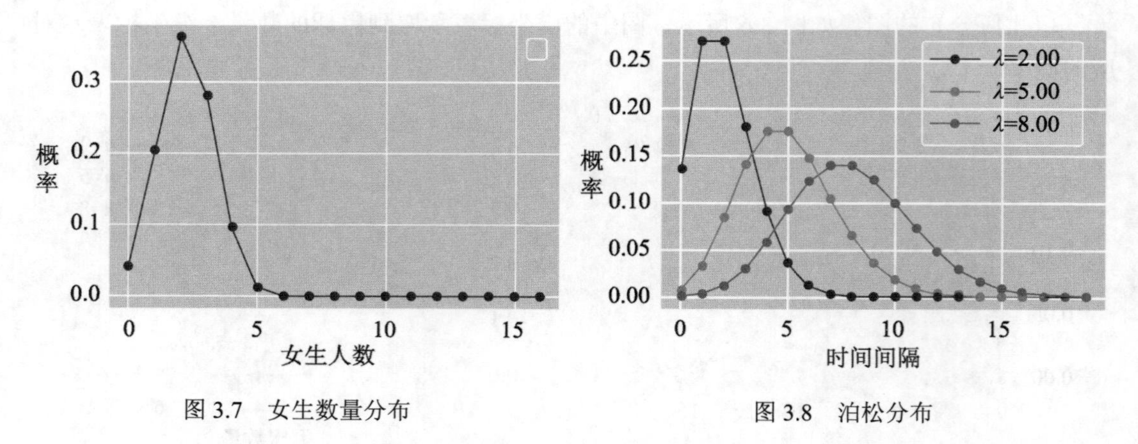

图 3.7　女生数量分布　　　　图 3.8　泊松分布

假设随机变量 X 服从泊松分布，其概率分布如公式（3.8）所示。

$$P(X=k)=\frac{\lambda^k}{k!}\mathrm{e}^{-\lambda} \tag{3.8}$$

泊松分布的期望 $E(X)$和方差 $D(X)$均为 λ，如公式（3.9）所示。

$$E(X)=D(X)=\lambda \tag{3.9}$$

泊松分布可以描述单位时间（或空间）内随机事件发生的次数。

举例：某个景区平均每天有 3 万名游客，预测景区每天的游客人数的分布情况。

解答：这是泊松分布问题。将景区平均每天的游客数量看成单位时间内事件发生的平均次数，假如把每到达 1 万名游客称为一次事件，则每天发生的事件为 3，即得到参数 $\lambda=3$。通过泊松分布公式，可以计算出景区游客人数的概率分布。具体计算过程：将 $\lambda=3$ 代入公式（3.8），得到景区每天的游客数量的概率分布函数。该函数图像如图 3.9 所示，图中的横坐标表示每天的游客人数，纵坐标表示发生的概率。

6. 指数分布

指数分布是泊松分布的逆过程。泊松分布预测的是单位时间内事件发生次数对应的概率，而指数分布预测的是到下一个事件发生时的等待时间所对应的概率，如两个婴儿出生的时间间隔对应的概率。

指数分布只有一个参数 λ，为单位时间内事件发生的平均次数的倒数，其分布如图 3.10 所示。图中的横坐标是等待时间，纵坐标是事件发生的概率，λ 是事件平均发生次数的倒数。

假设随机变量 X 服从指数分布，其概率分布如公式（3.10）所示。

$$f(X)=\begin{cases}\lambda\mathrm{e}^{-\lambda X} & X\geqslant 0\\ 0 & X<0\end{cases} \tag{3.10}$$

指数分布的期望 $E(X)$和方差 $D(X)$的计算方法分别如公式（3.11）和公式（3.12）所示。

$$E(X)=\frac{1}{\lambda} \tag{3.11}$$

$$D(X)=\frac{1}{\lambda^2} \tag{3.12}$$

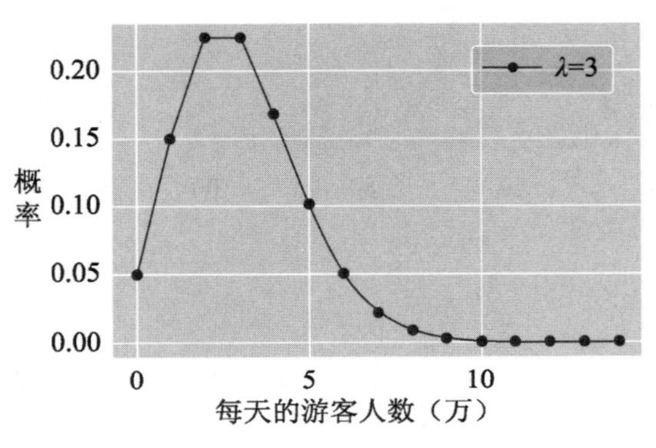

图 3.9　景区每天的游客人数分布

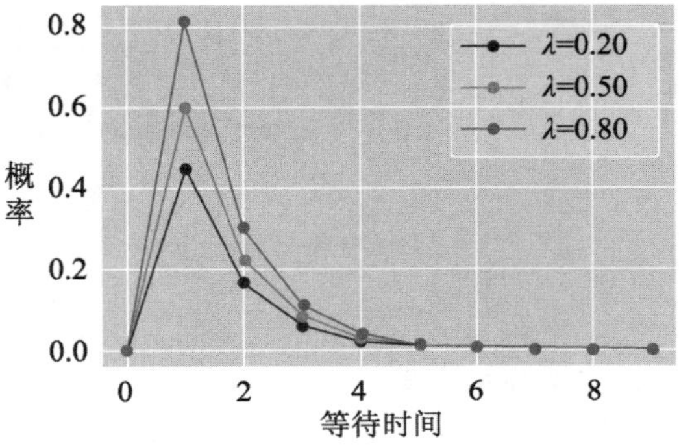

图 3.10　指数分布

举例：设备在重新启动前，平均可运行 5000h，假设将设备每稳定运行 1000h 看成是一个事件，预测设备可稳定运行时长所对应的概率分布。

解答：由于设备在重新启动前可运行 5000h，即事件发生（设备稳定运行）的次数是 5，得到参数 λ=1/5=0.20，通过指数分布公式可以计算出设备运行时长的概率分布。计算过程：将 λ=0.20 代入公式（3.10），得到设备稳定运行时长的概率分布函数，如图 3.11 所示。图中，横坐标表示运行时长（h），纵坐标表示对应的概率。

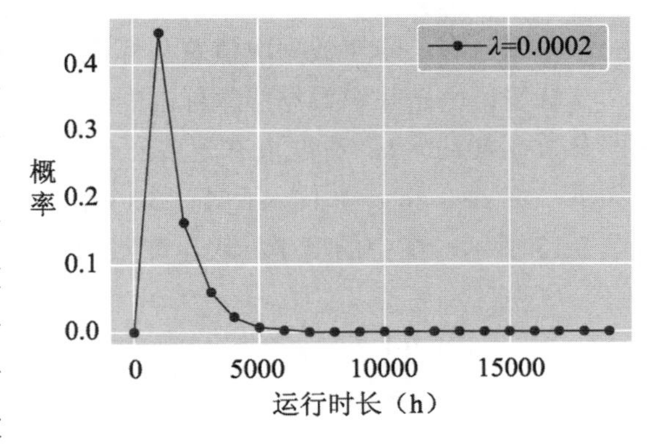

图 3.11　设备发生故障的概率分布

7．正态分布

正态分布（Normal Distribution）又名高斯分布（Gaussian Distribution），是一个常见的概率分布，如学生的身高、考试的成绩、人类的智商等统计数据都服从正态分布规律。正态分布是机器学习领域最重要的数据分布，许多机器学习算法都是在正态分布的基础上演变而来的。

正态分布的函数图像如图 3.12 所示，横坐标表示变量，纵坐标表示概率，μ 是均值，σ 是标准差。

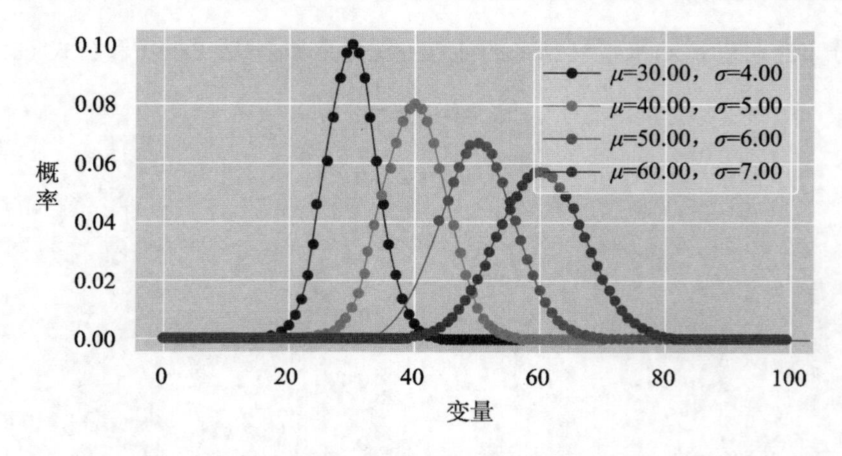

图 3.12　正态分布

正态分布有两个参数，分别为均值 μ 和标准差 σ，概率分布如公式（3.13）所示，把均值为 0、标准差为 1 的正态分布称为标准正态分布。

$$f(X)=\frac{1}{\sigma\sqrt{2\pi}}\mathrm{e}^{-\frac{(X-\mu)^2}{2\sigma^2}} \tag{3.13}$$

举例：有一噪声数据取值服从标准正态分布，判断一个数据是否噪声。

解答：由于噪声数据服从标准的正态分布，所以噪声数据的均值为 0，标准差为 1，即参数 $\mu=0$，$\sigma=1$。通过正态分布公式，可以计算出一个噪声数据的概率分布。计算过程如下：将 $\mu=0$ 和 $\sigma=1$ 代入公式（3.13），得到该噪声数据的概率分布函数。该函数图像如图 3.13 所示，图中的横坐标表示变量的值，纵坐标表示该变量是噪声的概率。

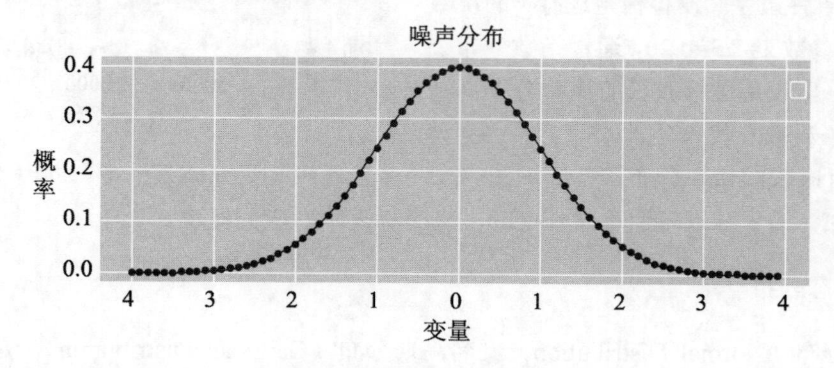

图 3.13　噪声数据概率分布

8．数据分布总结

以上共介绍了 7 种常见的数据分布及其概率的计算方法。在实际工程应用中，只需要理解这些公式中相关参数的含义及适用场景，就可以直接使用开源库进行计算。以下是常见的数据分布及其应用场景总结。

（1）伯努利分布

典型应用：作为其他分布的基础，一般不直接使用。

参数：事件发生的概率 p。

概率分布计算函数：scipy.stats.bernoulli.pmf(x,p)。

（2）二项分布

典型应用：针对有放回采样，如抛硬币和接电话等，预测事件发生的总次数。

参数：实验次数 n 和事件发生概率 p。

概率分布计算函数：scipy.stats.binom.pmf(x,n,p)。

（3）几何分布

典型应用：预测事件首次发生在第几次实验，如抛几次硬币才出现正面朝上的概率。

参数：事件发生的概率 p。

概率分布计算函数：scipy.stats.geom.pmf(x,p)。

（4）超几何分布

典型应用：针对无放回采样，如员工分组和从抽奖箱抽奖等，预测事件发生的总次数。

参数：总样本量 M，正例样本数量 n 和每次采样数量 N。

概率分布计算函数：scipy.stats.hypergeom.pmf(x,M,n,N)。

（5）泊松分布

典型应用：预测单位时间内随机事件发生的次数，如每天某个车站的客流量。

参数：单位时间内事件发生的平均次数 lambda。

概率分布计算函数：scipy.stats.poisson.pmf(x,lambda)。

（6）指数分布

典型应用：预测下一个事件发生时的等待时间，如下一个婴儿在多久后出生。

参数：单位时间内事件发生的平均次数的倒数 lambda。

概率分布计算函数：scipy.stats.expon.pmf(x,lambda)。

（7）正态分布

典型应用：它是最重要的数据分布，也是很多算法的基础，如残次品检测、误差估计和假设检验等。

参数：分别为均值 μ 和标准差 σ。

概率分布计算函数：scipy.stats.norm.pmf(x,μ,σ)。

3.1.2　探索性数据分析简介

探索性数据分析（Exploratory Data Analysis，EDA）的目的是熟悉样本，了解样本有什么特点，数据之间有什么关系，能否满足建模需要等。在探索性数据分析阶段，不需要使用复杂的模型算法，使用的主要手段是数据可视化。通过统计图，分析人员可以直观地了解数据本身的特性。

探索性数据分析是建模前一个非常重要的步骤。分析人员对数据越熟悉，了解的数据特性越多，建模效率就越高。一般来说，探索性数据分析的内容如图 3.14 所示。

- 熟悉样本结构：对数据集有一个初步印象，如数据集的规模有多大，数据结构是否复杂等。常用的方法是查看样本数量、数据结构和数据类型等。
- 检查样本质量：检查样本是否合格，样本数据是否可靠等。常用的方法是检查缺失值、数据可信度和异常数据等。
- 了解数据分布范围：快速了解数据的分布情况及数据的变化范围。常用的方法是查看统计信息，如平均值、标准差、最大值、最小值、中位数和百分位数等。

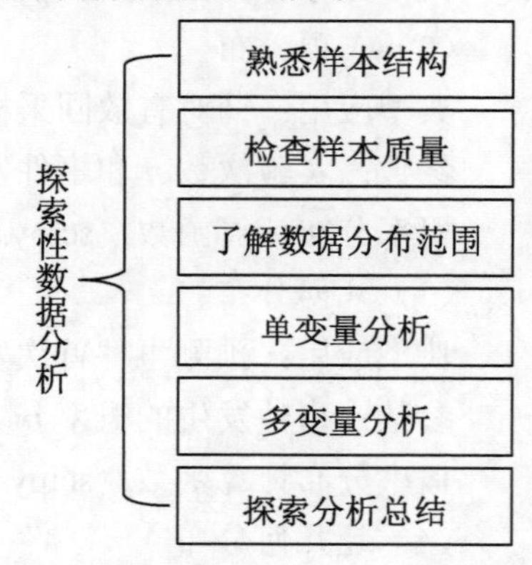

图 3.14　探索性数据分析

- 单变量分析：发现一些重要变量的变化情况和分布规律。常用的方法有方差分析、趋势图、计数图、直方图及散点图等。
- 多变量分析：它是单变量分析的延伸，目的是发现变量之间的相互关系。多变量分析是统计学中的一个重要方法，在实际场景中，大部分数据都是多变量数据。常用的多变量分析方法有协方差、关联系数和假设检验等手段。
- 探索分析总结：总结探索分析的结果，形成结论性的输出，以指导后续的工作。如果样本数量不够，则需要收集更多的样本，如果样本数量太大，则需要使用高性能的硬件设备等。

与数据预处理不同，探索性数据分析不对原始数据进行过多处理，而是直接对原始数据进行分析，主要的手段是可视化。下面结合实例来介绍探索性数据分析的完整流程。

3.1.3　对美国新冠病毒感染数据进行探索性分析

1. 样本介绍

本小节使用的数据集是美国新冠病毒感染数据，该数据集由《纽约时报》提供，共包括国家级的汇总数据（us.csv）、州级的汇总数据（states.csv）和县级的汇总数据（counties.csv），每一级汇总数据包括每天的感染人数和死亡人数（数据集的网址是 https://github.com/ nytimes/covid-19-data）。

2. 导入开发包并进行初始化

```
 1 import matplotlib.pyplot as plt
 2 import numpy as np
 3 import pandas as pd
 4 import seaborn as sns
 5 from warnings import filterwarnings
 6 plt.style.use({'figure.figsize':(8, 4)})          #设置画布大小与中文字体
 7 plt.rcParams['font.sans-serif']=['SimHei']        #设置中文字体
   #关闭 Pandas 科学记数法
 8 pd.set_option('display.float_format',lambda x : '%.2f' % x)
 9 sns.set_style('darkgrid', {'grid.color': 'red'}) #设置 Seaborn 风格与字体
10 sns.set(font_scale=1.5)                           #设置 Seaborn 字体
```

3. 读取样本

使用 Pandas 的 read_csv()方法分别读取全国的日汇总数据（us.csv）、州级的日汇总数据（states.csv）和县级的日汇总数据（counties.csv）。

```
 1 df_us = pd.read_csv('./dataset/covid/us.csv')
 2 df_state = pd.read_csv('./dataset/covid/us-states.csv')
 3 df_county = pd.read_csv('./dataset/covid/us-counties.csv')
```

原始样本中的日期为字符串格式，为了方便处理，将其转换为 datetime 类型，然后再将数据按照日期进行排序。

```
 1 df_us['date'] = pd.to_datetime(df_us['date'])
 2 df_us['date'] = df_us['date'].apply(lambda x: x.strftime('%Y-%m-%d'))
 3 df_state['date'] = pd.to_datetime(df_state['date'])
 4 df_state['date'] = df_state['date'].apply(lambda x: x.strftime
('%Y-%m-%d'))
 5 df_county['date'] = pd.to_datetime(df_county['date'])
 6 df_county['date'] = df_county['date'].apply(lambda x: x.strftime
('%Y-%m-%d'))
 7 df_us.sort_values('date',ascending=True,inplace=True)
 8 df_state.sort_values('date',ascending=True,inplace=True)
 9 df_county.sort_values('date',ascending=True,inplace=True)
```

4. 查看数据结构

使用 Pandas 的 DataFrame 对象的 size()和 info()函数，查看数据集中的样本数量和数据结构。

```
 1 print("国家汇总数据(%d)"%df_us.size)
 2 print("时间范围:",df_us['date'].min(),df_us['date'].max())
 3 df_us.info()
 4 print("州汇总数据(%d):"%df_state.size)
 5 print("时间范围:",df_state['date'].min(),df_state['date'].max())
 6 df_state.info()
 7 print("县汇总数据(%d):"%df_county.size)
```

```
8 print("时间范围:",df_county['date'].min(),df_county['date'].max())
9 df_county.info()
```

通过以上代码，得到数据集的基本信息：国家汇总数据共 1 014 条，时间范围为 2020-1-21 至 2020-12-23，其结构如表 3.1 所示。

表 3.1　国家汇总数据结构

字　段	说　明
date	上报日期
cases	感染人数
deaths	死亡人数

州汇总数据共 81 470 条，时间范围为 2020-1-21 至 2020-12-23，其结构如表 3.2 所示。

表 3.2　州汇总数据结构

字　段	说　明
date	上报日期
state	州名称
fips	联邦编码
cases	感染人数
deaths	死亡人数

县汇总数据共 5 153 142 条，时间范围为 2020-1-21 至 2020-12-23，其结构如表 3.3 所示。

表 3.3　县汇总数据结构

字　段	说　明
date	上报日期
county	县名称
state	州名称
fips	联邦编码
cases	感染人数
deaths	死亡人数

5．样本质量检查

由于在样本的采集或录入环节可能会存在疏忽，导致样本不可用，因此这一步的任务就是检查样本的质量，以判断当前样本能否用于建模。以下代码先通过 isnull()函数检查是否有空值字段，然后再检查是否有缺失的记录。

```
1 print(df_us.isnull().sum())
```

```
 2 print(df_state.isnull().sum())
 3 print(df_county.isnull().sum())
 4 sample_ts = pd.to_datetime(df_us['date'])
 5 sample_ts = sample_ts.apply(lambda x: x.strftime('%Y-%m-%d'))
 6 idx = pd.date_range(df_us.date.min(), df_us.date.max(),freq='d')
 7 idx = idx.format(formatter=lambda x: x.strftime('%Y-%m-%d'))
 8 for dt in idx:
 9     if not dt in sample_ts.tolist():
10         print("缺失记录日期: ",dt)
```

上述代码的输出结果如图 3.15 所示。其中，国家级和州级的数据没有空值，在县级的数据中，fips 和 deaths 字段有较多空值，因此后续分析应尽量使用国家级和州级的数据。

```
国家数据空值检查        州数据空值检查          县数据空值检查
date      0           date      0           date          0
cases     0           state     0           county        0
deaths    0           fips      0           state         0
dtype: int64          cases     0           fips       8091
                      deaths    0           cases         0
                      dtype: int64          deaths    18137
                                            dtype: int64
```

图 3.15 空值检查结果

除了要检查空值的情况外，还需要检查数据是否正确。可以通过相互验证的方法来检验数据是否正确。在这个例子中，州数据是县数据的汇总结果，国家数据又是州数据的汇总结果，可以分别统计国家、州和县的每天感染人数和死亡人数，然后再判断数据是否一致。

6. 熟悉数据分布范围

熟悉数据分布范围是为了感性地了解数据的分布情况，可以使用 Pandas 的 describe() 函数进行统计。下面的代码分别对国家、州和县的数据进行统计，并分别计算出感染人数和死亡人数的取值范围、标准差和中位数等统计指标，输出结果如图 3.16 所示。

```
1 print("国家数据统计")
2 print(df_us.describe())
3 print("州数据统计")
4 print(df_state.describe())
5 print("县数据统计")
6 print(df_county.describe())
```

```
国家数据统计                           州数据统计                                   县数据统计
            cases     deaths                fips       cases    deaths                fips      cases     deaths
count      338.00     338.00       count 16294.00   16294.00  16294.00       count 850766.00 858857.00 840720.00
mean   4653359.52 129366.81       mean     31.90   96528.51   2683.56       mean   31254.15   1831.31     52.01
std    4736052.41  95359.33       std      18.63  177937.61   5174.56       std    16294.56   9479.94    447.98
min          1.00      0.00       min       1.00       1.00      0.00       min     1001.00      0.00      0.00
25%     618217.25  30006.00       25%      17.00    3734.00     83.00       25%    18181.00     34.00      0.00
50%    3041909.50 131764.00       50%      31.00   27844.00    657.00       50%    29213.00    211.00      4.00
75%    7252219.50 206608.50       75%      46.00  112574.25   2901.50       75%    46099.00    923.00     20.00
max   18512479.00 326413.00       max      78.00 2013188.00  36454.00       max    78030.00 664193.00  24790.00
```

图 3.16 数据分布

7. 单变量分析

单变量分析的任务是观察一些重要变量的变化趋势，如本例中的感染人数和死亡人数是重要的变量，在感染人数和死亡人数的基础上，可以计算出感染人数和死亡人数的增长量，这样就得到了 4 个关键变量。

下面的代码先计算出感染人数和死亡人数的增长量，然后再使用趋势图绘制出感染人数、死亡人数及其增长量的变化趋势，结果如图 3.17 所示。可以看出，感染人数、死亡人数及其对应的增长量都呈同步变化的趋势。

```
 1 df_us['case_increase'] = df_us['cases'].diff()
 2 df_us['death_increase'] = df_us['deaths'].diff()
 3 fig,axes=plt.subplots(2,2,figsize=(16,8))
 4 ax = sns.lineplot(x=df_us.index, y="cases",data=df_us,ax=axes[0,0])
 5 ax.set_title('感染人数趋势图')
 6 ax.ticklabel_format(style='plain')
 7 ax = sns.lineplot(x=df_us.index, y="case_increase",data=df_us,ax=
axes[0,1])
 8 ax.set_title('感染人数增长趋势图')
 9 ax = sns.lineplot(x=df_us.index, y="deaths",data=df_us,ax=axes[1,0])
10 ax.set_title('死亡人数趋势图')
11 ax = sns.lineplot(x=df_us.index, y="death_increase",data=df_us,ax=
axes[1,1])
12 ax.set_title('死亡人数增长趋势图')
```

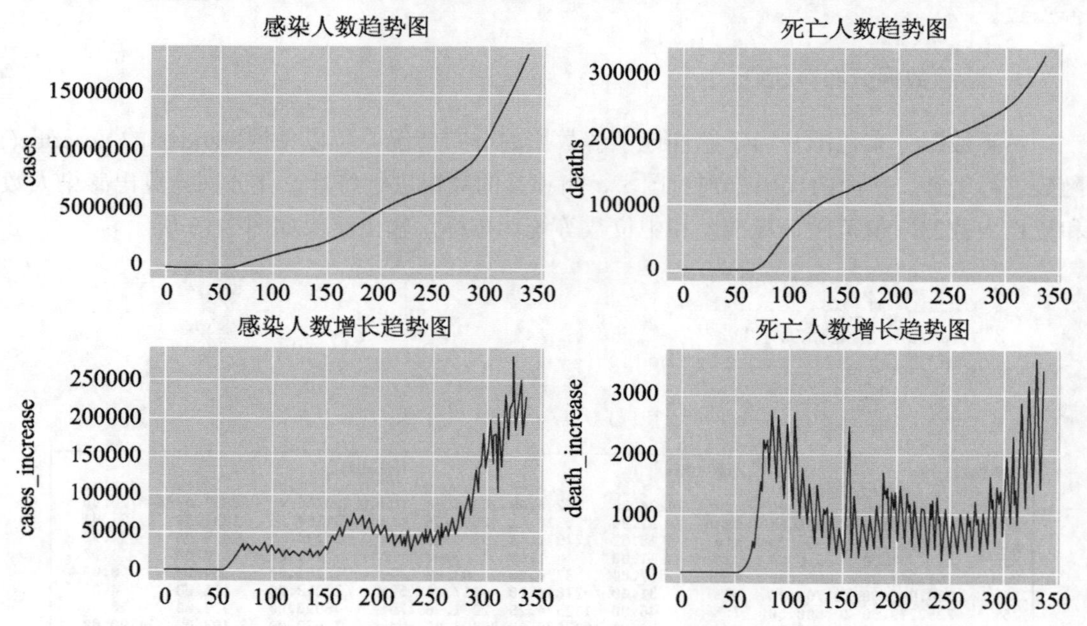

图 3.17　感染人数和死亡人数变化趋势图

8．多变量分析

多变量分析用于分析变量之间的关系，常用的方法有关联系数、透视表和热力图等。关联系数分析是指分别计算变量之间的相关系数，形成相关系数矩阵，然后根据矩阵中的值判断变量之间的关系紧密程度（在本书的第3章中会介绍关联系数的计算与使用方法）。

透视表和热力图方法先对数据进行多维度统计，然后再通过透视表或热力图的方式展现出来。热力图中的颜色深浅表示数据的集中程度。

下面的代码先按月统计不同州的日平均感染人数，从而形成透视表，再将透视表通过热力图的方式展现出来，结果如图3.18所示。

```
1 df_state['month'] = pd.to_datetime(df_state['date']).dt.month
2 pt = df_state.pivot_table(index='state',columns='month',values=
'cases',aggfunc=np.mean)
3 plt.style.use({'figure.figsize':(16, 6)})
4 cmap = sns.cubehelix_palette(start = 1, rot = 30, gamma=0.8, as_cmap
= True)
5 sns.heatmap(pt,cmap=cmap,linewidths=0.01,annot=False)
```

图 3.18 中的横坐标表示月份，纵坐标表示美国的各个州，颜色深度表示病毒感染人数，通过热力图可以很容易发现大部分州的颜色都在加深，说明病毒呈现蔓延趋势。

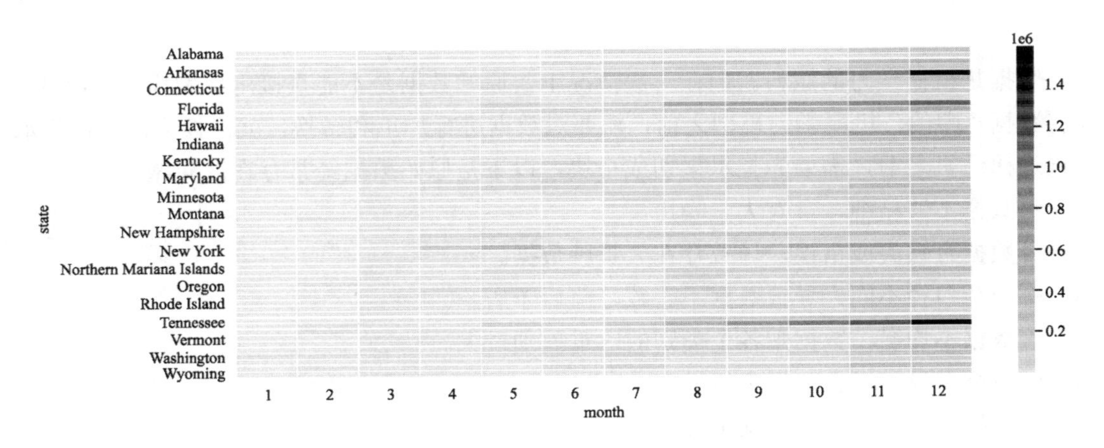

图 3.18　州感染人数热力图

9．探索性数据分析总结

探索性数据分析总结是指将分析的结果进行汇总，并对汇总结果进一步分析，从而加深对数据集的理解。表3.4总结了本实例中用到的探索性数据分析方法。

表 3.4　实例中用到的分析方法

目　　标	实 现 方 法
读取样本	使用《纽约时报》整理好的CSV文件
熟悉样本结构	查看样本数量、结构和数据类型
检查样本质量	检测样本的空值、缺失值和数据可信度
熟悉数据分布范围	查看感染人数和死亡人数的统计指标（均值和标准差等）
单变量分析	观察感染人数、死亡人数及新增人数的趋势图
多变量分析	通过热力图观察感染人数在不同州的变化情况

经过以上分析，可对样本产生以下认知：

- 国家和州的汇总样本质量较高，可以用来建模。
- 数据集规模在 10 万级，特征数量小于 10 个，不需要特别高的硬件支持。
- 感染人数、死亡人数及其增长量相关程度较高。
- 不同州的病毒暴发过程没有明显的共性。

3.2　数据预处理

数据是机器学习的原料。但在一般情况下，原始数据是不能直接用来做模型训练的。在将数据“喂给”机器学习模型之前，需要对数据进行加工和转换，就像榨果汁，在将水果投进榨汁机之前，需要先把水果切成小块。以下是原始数据经常存在的问题：

- 数据不够精细，含有大量噪声。
- 数据有缺失或错误，导致存在大量脏数据。
- 统计口径不同，导致数据不一致，前后矛盾。
- 数据不均衡，数据中各个类别的比重差别过大。
- 数据奇异性过大，异常值过多。
- 数据重复，相同的数据出现多次。

原始数据的加工过程被称为数据预处理，其目标是将原始数据转换为可以用来训练的数据。探索性数据分析与数据预处理的主要区别在于：探索性数据分析的目标是通过对原始数据的检查和统计等只读操作，对数据产生认知；数据预处理的目标是通过对原始数据的调整和转换等操作，生成适合机器学习的数据。

下面的代码为本章的公共部分，在使用本章的其他代码前，请先调用以下代码：

1）导入开发包。

```
1 #引用以下包做数据处理
2 import numpy as np
```

```
3 import pandas as pd
4 from sklearn import preprocessing
5 from scipy.stats import norm,skewnorm
6 #引用以下包做数据可视化
7 import matplotlib.pyplot as plt
8 import seaborn as sns
```

2）初始化开发环境。

```
1 pd.set_option('display.float_format',lambda x:'%.2f'%x)#不使用科学记数法
2 sns.set(font_scale=1.5)                                  #设置统计图字体大小
3 plt.rcParams['font.sans-serif']=['SimHei']               #在统计图上显示中文
4 plt.style.use({'figure.figsize':(24, 8)})                #设置画布大小
```

3.2.1　归一化和标准化

1. 归一化

由于样本数据的量纲（单位）不同，其数值的差别可能非常大，这些数值的差别会给数据处理带来很大麻烦。例如，收入统计报表中员工数量的量纲是个，而销售收入的量纲是元，员工数量和销售收入在数值上的差别较大，统计图上的人员变化曲线会被淹没在销售额的变化曲线里。

这时候就需要对人员数量和销售收入进行归一化（Normalization）处理，如图 3.19（b）所示。在进行归一化处理后的统计图里可以同时观察到人员的变化与销售额的变化曲线。

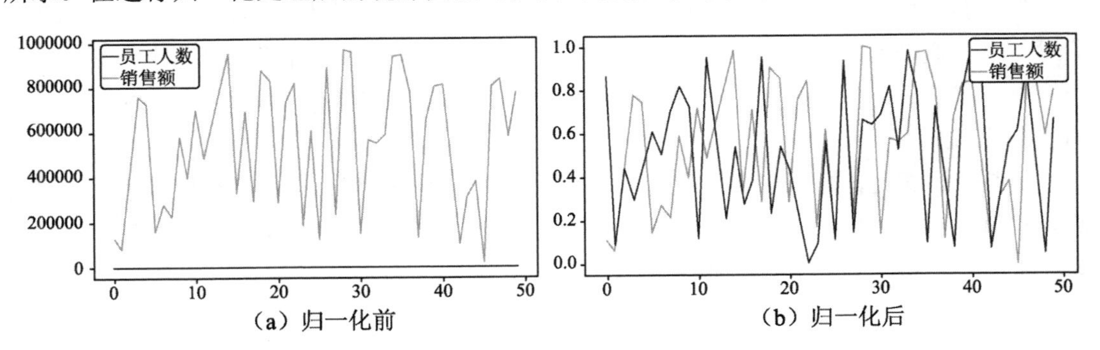

图 3.19　员工数量与销售额变化趋势图

归一化是通过将数据压缩在 0～1 或者-1～1 的方法，将量纲去掉，从而消除由于样本中量纲的不同所带来的影响。常用的归一化方法有最大-最小值归一化和均值归一化。

（1）最大-最小值归一化

最大-最小值归一化将数据压缩在[0,1]区间，其计算方法是用当前值 X 与最小值 X_{min} 的差除以最大值 X_{max} 与最小值的差，如公式（3.14）所示。

$$X_{\text{norm}} = \frac{X - X_{\min}}{X_{\max} - X_{\min}} \tag{3.14}$$

（2）均值归一化

均值归一化将数据压缩在[-1,1]区间，其计算方法是用当前值 X 与平均值 $\bar{X}$ 的差除以最大值 $X_{\max}$ 与最小值 $X_{\min}$ 的差，如公式（3.15）所示。

$$X_{\text{norm}} = \frac{X - \bar{X}}{X_{\max} - X_{\min}} \tag{3.15}$$

在实际工程中，可以直接调用 Sklearn 的 preprocess 库提供的 MinMaxScaler()函数进行归一化操作。下面的代码演示了对员工人数和销售额进行归一化处理的方法。

```
1 #随机产生 50 组数，分别代表员工人数 x1(1～50)，销售额 x2(1～1 000 000)
2 x1 = np.random.randint(1, 50, (50,1))
3 x2 = np.random.randint(1, 1000000, (50,1))
4 #使用最大-最小归一化进行转换
5 maxmin = preprocessing.MinMaxScaler()
6 x1_scaled = maxmin.fit_transform(x1)                    #归一化后的员工人数
7 x2_scaled = maxmin.fit_transform(x2)                    #归一化后的销售额
```

2．标准化

归一化是根据数据中的最大值和最小值，将数据压缩在[0,1]或[-1,1]区间。这种方法有两个缺陷：一是当数据的最大值或最小值发生变化时，需要重新进行归一化运算；二是如果数据中有异常值，会使得大部分数据被压缩在很小的空间里。

除了归一化方法外，标准化也可以起到去量纲的作用。标准化更符合统计学的假设，即对一组数值来说，很大可能它是服从正态分布的，标准化的设计隐含了这个假设，如果一个数据服从正态分布，标准化后会把它转换为标准的正态分布（均值为 0，标准差为 1 的正态分布）。

与归一化相比，标准化的用途更广，除了有去量纲的作用以外，标准化还可以用来检测异常值。Z-标准化是最常用的一种方式，其计算方法如公式（3.16）所示，公式中的 μ 为样本的平均值，σ 为样本的标准差。

$$X_{\text{stand}} = \frac{X - \mu}{\sigma} \tag{3.16}$$

理论上，标准化后的数据分布在$(-\infty, \infty)$区间，同时会以很大的概率分布在$(-3, 3)$的区间。在实际工程中，可以直接调用 Sklearn 的 preprocess.scale 对象进行归一化操作。下面的代码演示了对员工人数和销售额进行标准化的处理过程，输出结果如图 3.20 所示。

```
1 #随机产生 50 组数，分别代表员工人数 x1(1～50)，销售额 x2(1～1 000 000)
2 x1 = np.random.randint(1, 50, (50,1))
3 x2 = np.random.randint(1, 1000000, (50,1))
4 #进行标准化转换
5 x1_scaled = preprocessing.scale(x1)
```

```
 6 x2_scaled = preprocessing.scale(x2)
 7 #NumPy 生成的是二维数组，需要使用 squeeze()函数将数组的空维去掉
 8 df = pd.DataFrame()
 9 df['员工人数(标准化前)']= pd.Series(x1.squeeze())
10 df['销售额(标准化前)'] = pd.Series(x2.squeeze())
11 df['员工人数(标准化后)'] = x1_scaled.squeeze()
12 df['销售额(标准化后)'] = x2_scaled.squeeze()
13 #显示标准化前后的对比
14 fig,axes=plt.subplots(1,2)
15 axes[0].plot(df.index,df['员工人数(标准化前)'],df['销售额(标准化前)'])
16 axes[1].plot(df.index,df['员工人数(标准化后)'],df['销售额(标准化后)'])
17 axes[0].set_title('标准化前')
18 axes[1].set_title('标准化后')
```

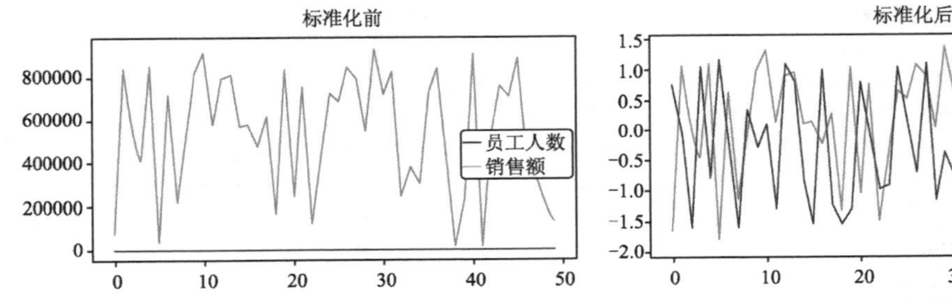

图 3.20　数据在标准化前后的对比

3.2.2　异常值检测

通过 Pandas 提供的函数可以很容易地检测出样本中的缺失值或空值，但是很难发现异常值，因为异常值常混杂在正常数据中。在通常情况下，异常值不受开发者欢迎，其被检测出后会被删除或替换成其他的值。但有些时候，异常值反而更有意义，例如在对疾病、网络攻击及诈骗电话检测时得到的异常值通常都包含重要的信息。

在数据预处理阶段，及时发现异常值并对其进行处理非常重要。异常值的检测没有统一的标准，需要依赖专业知识，以下是几种常用的异常值检测方法。

（1）基于规则的方法

基于规则的方法是指通过人工经验来判断数据是否异常值，例如在身高样本中出现的负数很明显就是一个异常值。基于规则的方法，其优点是准确率高，其缺点是会受限于专家的知识，尤其是对于复杂的数据，很难发现其中的异常值。

（2）基于统计的方法

基于统计的方法是指假设数据服从某种分布，通过数据可视化的方法发现偏离这种分布太大的样本点。比如：在服从均匀分布的样本中出现了偏离均值太大的样本点；在服从

正态分布的样本中出现了偏离均值超过 3 个标准差（3σ 准则）的样本点。

下面的代码演示了使用 Pandas 分别通过常规统计、散点图分布和直方图分布对异常数据进行检测，输出结果如图 3.21 所示。

```
1 #随机产生 50 个 1～100 的数，并设置两个异常数据-500 和 1000
2 x  = np.random.normal(50,1,50)
3 x[27] = -500                                        #设置为异常数据
4 x[39] = 1000                                        #设置为异常数据
5 df = pd.DataFrame()
6 df['测试数据'] = pd.Series(x)
7 #通过常规统计指标检测
8 print(df.describe())
9 #通过散点图分布检测
10 plt.style.use({'figure.figsize':(12, 4)})
11 fig,axes=plt.subplots(1,2)
12 sns.scatterplot(x=df.index, y='测试数据',s=200,data=df,ax=axes[0])
13 #通过直方图分布检测
14 sns.distplot(df['测试数据'],bins=10,kde = False,ax=axes[1])
```

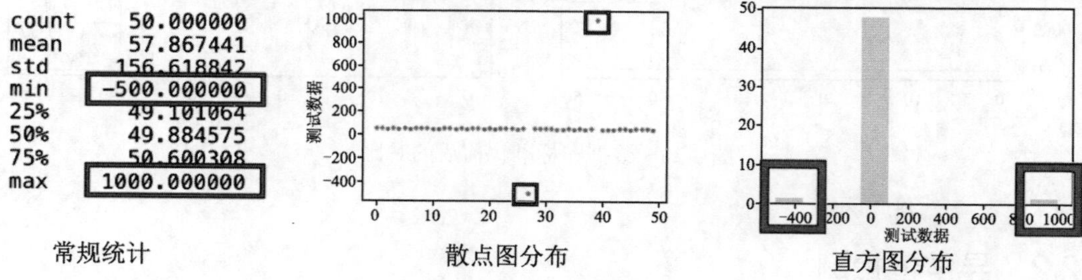

图 3.21　异常数据检测结果

可以发现，在常规统计中，最大值和最小值偏离均值太大，散点图分布有两个异常点，直方图分布也有两个异常的数据。基于统计方法的优点是，开发人员可以很直观地发现异常点，其缺点是不适合高维数据。

（3）基于机器学习的方法

上述两种方法均适用于简单数据，而不适用于高维等复杂数据。可以使用机器学习模型对复杂数据进行检测，如 SVM、KNN 和 K-mean 等。基于机器学习的算法会在模型部分进行详细介绍。

3.2.3　数据清洗

数据清洗（Data Cleansing）是指检查原始数据集中缺失或异常的值，并进行补齐或丢弃等操作。数据的缺失或异常由下面 3 个原因导致：

- 随机丢失，如停电或硬件故障导致摄像头在一段时间内采集不到图像。

- 数据自身的原因，如在进行调查的时候，很多人可能不愿意填写收入和体重等信息。
- 数据取决于其他属性，如很多低收入者无法填写奢侈品的价格等。

数据清洗的任务是对缺失或异常的数据进行处理，从而提高样本的质量。如图 3.22 所示，第 2 条记录中有缺失值，第 5 条记录中有异常值，常见的处理方法有丢弃、重新采集和手工填充等。

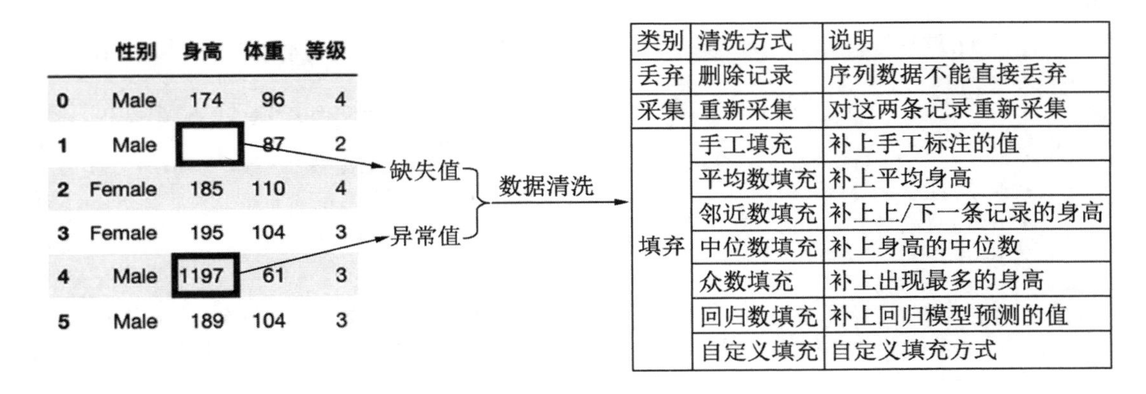

图 3.22　数据清洗

1. 重新采集或手工填充

在缺失或异常值不多的情况下，可通过人工对缺少的数据进行补齐，对异常的数据进行纠正，或者重新采集缺失或异常数据。

2. 丢弃数据

如果样本量够用，缺失或异常数据也不是特别多，可以直接把这些数据丢弃。需要注意的是，有一些数据，尤其是序列数据（前后有依赖的数据）不能简单地将其丢弃，例如病毒感染人数，今天的人数与昨天的人数有很强的关联性，如果训练时缺少某几天的数据，模型会产生较大的误差。

3. 自动填补

自动填补是指使用一定的方法将缺失或异常的数据填充上，常用的填充方法有以下几种：

- 均值填充：使用样本中的平均值进行填充。
- 邻近值填充：使用缺失或异常数据的前一个或者后一个数据进行填充。

- 中位数填充：使用样本中的中位数填充。
- 众数填充：使用样本中出现次数最多的数据进行填充。
- 回归数填充：使用模型预测的结果进行填充。

4．使用Pandas进行数据清洗

对于空值和异常值的处理，Pandas 提供了填充空值函数 fillna()和删除空值函数 dropna()，可在工程中直接使用。以下代码演示了这两个函数的使用。

```
1 #读取样本，并设置第二条记录的身高数值和第四条记录的体重数值为空值，第 5 条记录的身高数值为异常值
2 df = pd.read_csv("./dataset/bmi/500_Person_Gender_Height_Weight_Index.csv")
3 df = df.rename(columns={'Gender':'性别','Height':'身高','Weight':'体重','Index':'等级'})
4 df['身高'][1]=np.nan
5 df['体重'][3]=np.nan
6 df['身高'][5]=1197
7 df['身高'][5] = df['身高'].mean()      #将第 5 个身高异常值替换成样本的平均值
8 df['体重'].fillna(method='ffill',inplace=True)  #将体重空值替换成前近邻值
9 df.dropna(inplace=True)                          #删除有空值的行
```

3.2.4　数据转换

数据转换（Data Transformation）就是通过平滑处理、统计转换、数据抽象、类型转换、归一化处理和特征构造等方式将原始数据集转换为新的数据集，与原始数据集相比，新的数据集有更高的质量和更好的辨识度，更有利于模型的训练，如图 3.23 所示。

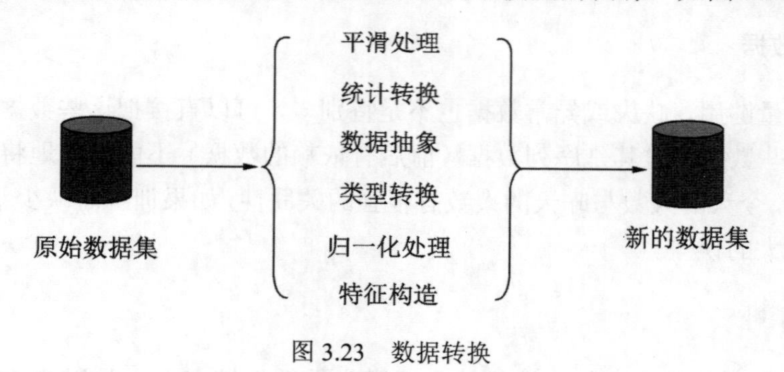

图 3.23　数据转换

1．平滑处理

平滑处理可以用来降低数据中的噪声，常用 bin 方法进行平滑处理。bin 平滑方法如图 3.24 所示，先把待平滑的数据划分为若干个区块，每个区块称为一个 bin 或桶（Bucket），

然后使用每个区块中的平均值、最大值或最小值取代 bin 中的数据。可以看出，经过平滑处理后的数据分布更加均匀。如果需要提高数据的对比度，可以使用每个 bin 中的最大值或最小值取代原始数据。

原始数据									
身高	10	20	24	30	36	40	50	60	70

❶ 划分为多个bin

bin	bin1			bin2			bin3		
身高	10	20	21	30	38	40	50	60	70

❷ 计算每个bin的均值

bin的平均值	bin1	bin2	bin3
平均身高	17	36	60

❸ 用均值代替原始值

转换后的数据									
身高	17	17	17	36	36	36	60	60	60

图 3.24　使用 bin 平滑处理方法

除了 bin 平滑处理方法外，还可以使用机器学习方法对数据进行平滑处理，如采用聚类或回归方法等（在本书的模型部分会做进一步说明）。使用 bin 方法进行平滑处理的示例代码如下：

```
 1 df = pd.DataFrame({'原始数据':[10,13,11,19,25,32,24,9,46]})
 2 #调用 qcut，将数据划分为 3 个不同的分箱（区间），并为每个区间设置对应的标签
 3 bin_count = 3
 4 categoris=[]
 5 for i in range(bin_count):
 6     categoris.append('category_'+str(i+1))
 7 new_data=pd.qcut(df['原始数据'],bin_count,labels=categoris)
 8 df['类别']=new_data                    #为每条原始数据设置类别，表示属于哪个分箱
 9 #根据类别，将每个类别下的所有数据替换成平均数
10 df['平滑后数据']=np.nan
11 for cate in categoris:
12     ft = df['类别']== cate
       #使用平均数替换该类别下的所有数
13     df.loc[ft,'平滑后数据']=df[ft]['原始数据'].mean()
14 df                                     #显示样本
```

2. 类型转换

类型转换是指将数据类型转换为可以运算的数值型，并将类别数据改为编码形式。由于样本可能有多个来源，其数据类型可能不统一，例如有的身高被写成 170 厘米，有的身高被写成 1.70 米，有的身高被写成一米七，这时就需要进行统一类型转换，如图 3.25 所

示。通过类型转换，原始数据中的内容被统一转换为数值型，并采用相同的单位。

数据来源	身高	身高等级
网络爬虫	1米8	较高
人工采集	175cm	中等
其他	1.7米	中等偏下
…	…	…

原始数据集

类型转换

数据来源	身高（cm）	身高等级
1	180	4
2	175	3
3	170	2
…	…	…

转换后的数据集

图 3.25　数据类型转换

3．独热编码

在数据处理中，经常会碰到一类数值型数据，只用数字来代表某个类别，例如分别用 0、1、2、3 表示样本中年龄为儿童、少年、青年和老年 4 个类别，这些数字本身没有特别的含义。

为避免这些无意义的数值对模型训练带来干扰，通常将这一类数据转换为独热编码的形式。独热编码也称为 one-hot 编码，该编码会将一个特征转换为多个特征，其转换过程如图 3.26 所示。

年龄
0
1
2
3

独热编码转换

年龄_1	年龄_2	年龄_3	年龄_4
0	0	0	1
0	0	1	0
0	1	0	0
1	0	0	0

图 3.26　独热编码转换示意

独热编码转换会增加样本的特征数量，例如在图 3.26 中，转换前只有年龄一个特征，转换后变成 4 个特征（年龄_1、年龄_2、年龄_3 和年龄_4）。下面使用 Pandas 实现独热编码的转换。

```
1 df = pd.DataFrame()
2 df['年龄']=pd.Series([1,2,3,3,4])
3 dummy = pd.get_dummies(df['年龄'],prefix="年龄")
4 dummy
```

4．统计转换

统计转换是指对样本进行不同角度的统计操作，从而形成新的数据集。例如，对现有按照每天统计的病毒感染人数的样本分别按照周、月、季度和年进行统计转换，从而得到多个样本，并从多个角度对样本进行分析。

5．数据抽象

数据抽象是指用更抽象（或更高层次）的概念来取代低层次的数据对象。如图 3.27 所示，将原始数据中的年龄（岁数）替换成儿童、少年、青年、中年和老年五个类别。通过数据抽象，原始数据中的年龄被划分成颗粒度更粗的年龄分类。

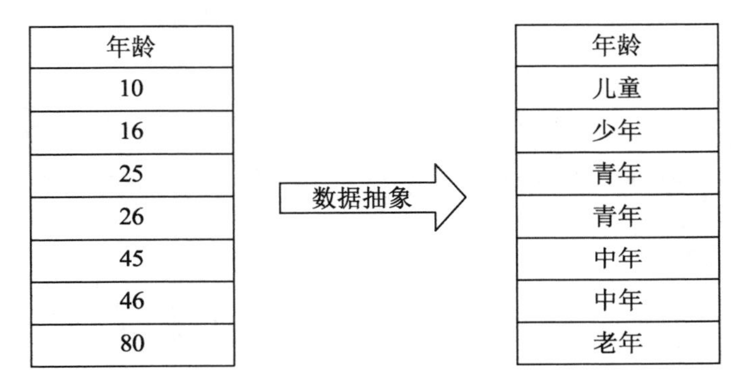

图 3.27　数据抽象示意

6．规格化处理

规格化处理是指使用归一化或标准化对原始数据进行转换。归一化和 Z-标准化均是线性变化。如图 3.28 所示，在经过规格化处理后，数据虽然在数值上有所改变，但是数据之间的相互关系没有变化。

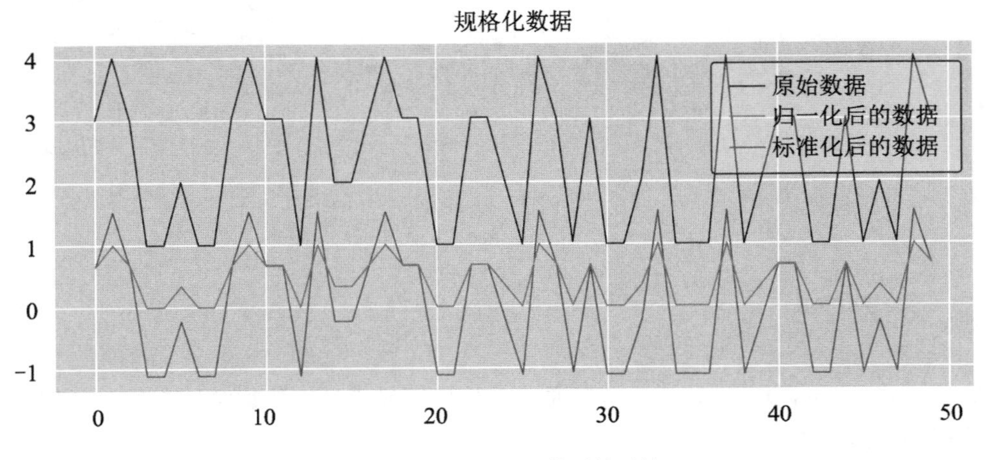

图 3.28　规格化处理前后的对比

7. 特征构造

特征构造是指根据数据的原始特征生成新的特征。例如，样本中已经有了身高和体重特征，那么可以用体重除以身高，得到体重身高比，并将体重身高比作为一个新特征来使用。特征构造需要一定的专家知识，通过对数据的深入分析之后才能构造出合理的特征。

下面的代码使用 Pandas 进行特征构造，输出结果如图 3.29 所示，颜色越深表示肥胖等级越高。可以发现，体重身高比对数据的区分度比体重或身高单一的特征要好，可以作为一个新特征使用。

```
1 df = pd.read_csv("./dataset/bmi/500_Person_Gender_Height_Weight_Index.csv")
2 df = df.rename(columns={'Gender':'性别','Height':'身高','Weight':'体重','Index':'等级'})
3 df['比值'] = df['体重']/df['身高']
4 plt.style.use({'figure.figsize':(32, 8)})
5 fig,axes=plt.subplots(1,3)
6 sns.scatterplot(x=df.index, y='体重',hue='等级',s=300,data=df,ax=axes[0])
7 sns.scatterplot(x=df.index, y='身高',hue='等级',s=300,data=df,ax=axes[1])
8 sns.scatterplot(x=df.index, y='比值',hue='等级',s=300,data=df,ax=axes[2])
```

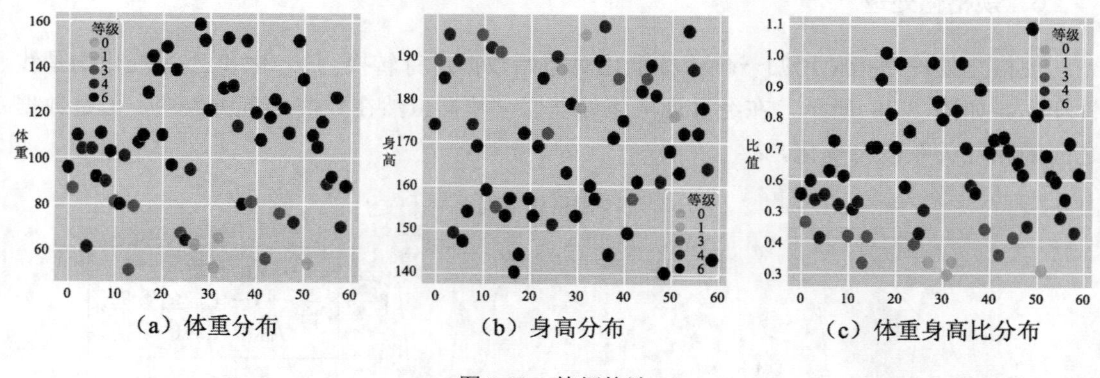

图 3.29 特征构造

3.2.5 数据描述

数据描述（Data Description）是指通过统计指标或模型来描述数据集的总体情况。常用的数据描述方法如表 3.5 所示。

表 3.5　常用的数据描述方法

描 述 方 法	指 标 说 明
最值（max/min）	数据的最大值或最小值，描述数据的取值区间，可以检验是否有异常数据
平均值（mean）	数据的平均值，描述数据的整体水平和聚集区间
方差（variance）	数据的方差，描述数据偏离平均值的程度或离散程度
标准差（std）	数据的标准差，描述数据的离散程度
中位数（Median）	数据排序后处于中间的数，样本数据偏差较大时，代替平均值描述整体水平
25百分位数	数据升序排列后，处于第25%的数，描述样本的分布情况
75百分位数	数据升序排列后，处于第75%的数，描述样本的分布情况
四分位距（IQR）	75百分位数减去25百分位数，描述数据的离散程度
峰度（Kurtosis）	数据的标准四阶中心矩，描述数据分布在均值处的陡峭程度
偏度（Skewness）	数据的标准三阶中心矩，描述数据分布在均值处的对称程度
变异系数（CV）	标准差除以平均值，描述数据的离散程度。样本的数值差别较大时，可以用变异系数代替标准差，描述数据的离散程度
分布模型	如正态分布、泊松分布或几何分布等，描述数据的分布方式

1．偏度

偏度（Skewness）用来度量随机变量分布的不对称性，其取值范围为(−∞,+∞)。其计算方法如公式（3.17）所示，其中 μ 是样本的均值，σ 是样本的标准差。偏度的几何意义如图 3.30 所示。

$$S=\frac{1}{n}\sum_{i=1}^{n}\left(\frac{X_i-\mu}{\sigma}\right)^3 \tag{3.17}$$

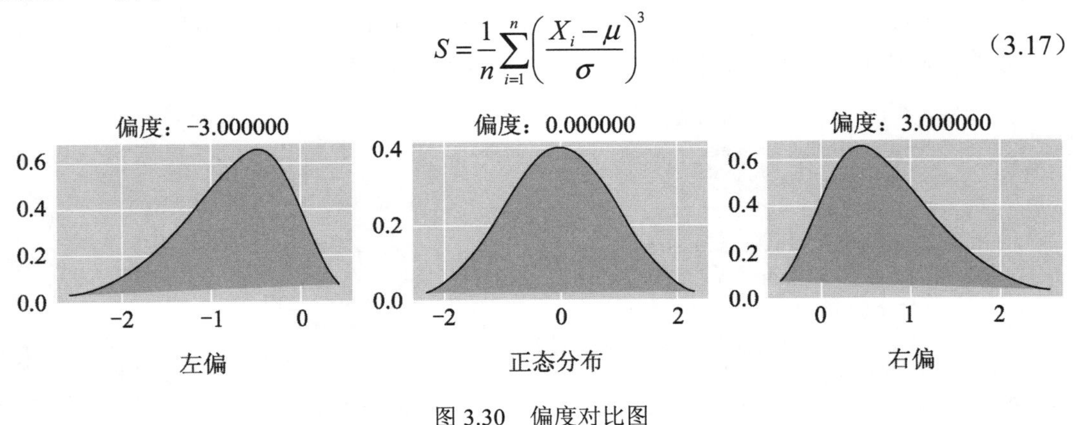

图 3.30　偏度对比图

- 当偏度小于 0 时，大部分数据分布在均值的左边。
- 当偏度等于 0 时，数据以相对均匀的概率分布在平均值两侧。
- 当偏度大于 0 时，大部分数据分布在均值的右边。

2．峰度

峰度（Kurtosis）用来度量随机变量分布的陡峭程度，其取值范围为[1,+∞)。其计算方法如公式（3.18）所示，其中 μ 是样本的均值，σ 是样本的标准差。峰度的几何意义如图 3.31 所示。

$$K=\frac{1}{n}\sum_{i=1}^{n}\left(\frac{X_i-\mu}{\sigma}\right)^4 \tag{3.18}$$

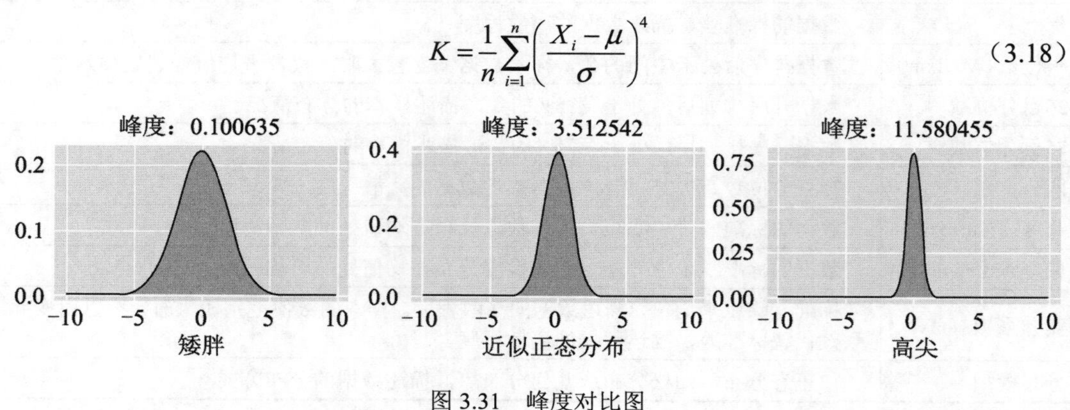

图 3.31　峰度对比图

完全服从正态分布的数据其峰度值为 3，将峰度值减去 3，也被称为超值峰度（Excess Kurtosis）。峰度值越大，概率分布图越高尖；峰度值越小，概率分布图越矮胖。

3．使用Pandas生成数据描述

在实际工程中可以使用 Pandas 提供的方法对样本进行统计并生成数据描述。下面的代码演示了使用 Pandas 生成数据描述的方法，输出结果如图 3.32 所示。

```
 1 #随机生成一组正态分布的数据
 2 X = np.random.normal(0,0.1,10000)
 3 ds = pd.Series(X)
 4 #常见统计指标
 5 base_stat = ds.describe()
 6 for item,values in base_stat.items():
 7     print(item,":",values)
 8 print('Skewness',":",ds.skew())                              #计算偏度
 9 print('Kurtosis',":",ds.kurt())                              #计算峰度
10 print('IQR',":",(base_stat['75%']-base_stat['25%']))         #计算 IQR
11 print('CV',":",ds.std()/ds.mean())                           #计算变异系数
12 print('Variance',":",ds.std()*ds.std())                      #计算方差
13 #显示数据分布
14 print('Distribution',":","正态分布")
15 sns.distplot(X,bins=50)
```

```
count : 10000.0
mean : 0.0014975958312293076
std : 0.09969927472080577
min : -0.3420952051132226
25% : -0.06673591996884091
50% : 0.0012677033931707674
75% : 0.06952427498887452
max : 0.3649471780159541
Skewness : 0.03229866915320307
Kurtosis : -0.023852819635458822
IQR : 0.13626019495771544
CV : 66.57288478091397
Variance : 0.0099399453798547
Distribution : 正态分布
```

图 3.32　使用 Pandas 生成数据描述

3.3　特征选择

随着大数据技术的发展，获取数据变得越来越容易，海量的数据极大地提高了机器学习模型的性能。但是，这些数据可能存在大量的噪声和无价值的信息，这些无价值的信息不仅会影响模型预测的准确度，还会浪费大量的计算资源。

特征选择是机器学习的一个关键过程，其目的是去除不相关的、冗余的或者包含太多噪声的特征，而只保留一小部分有价值的特征。使用这些有价值的特征训练模型会使模型的预测效果更好，在挑选特征时，需要同时考虑波动性和相关性两个方面的因素。

1．波动性

波动性反映特征数据取值的变化情况。常使用方差来衡量波动性，如果方差很小，表示该特征的数据很稳定，可以认为该特征包含的信息量有限，对模型的训练几乎没有帮助。例如，在一个数据集中，性别特征对应的样本全部是女性，那么使用性别这个特征进行学习就没有任何意义。一般说来，方差大表示特征的波动性强，则优先选择该特征。

2．相关性

在进行特征选择时，只考虑波动性因素是不全面的，例如噪声的波动可能很大，但不利于模型的训练。因此，除了波动性因素之外，还需要考虑相关性因素。相关性是指输入特征的数据和预测目标之间的关联性大小，如身高（特征）和性别之间的关联度就比较高，如果以性别作为预测目标，则优先选择身高作为输入特征。

特征选择就是对数据集中特征的波动性和相关性进行度量，并挑选出有利于模型训练的特征的过程。特征选择的方法有以下 3 种：

- 过滤法（Filter）特征选择。

- 包装法（Wrapper）特征选择。
- 嵌入法（Embedded）特征选择。

3. 代码演示前的准备

下面的代码为本节的公共代码，在编写本节的后续代码前，请先调用以下代码。

1）导入开发库。

```
 1 #引用以下包做数据处理
 2 import numpy as np
 3 import pandas as pd
 4 from sklearn.linear_model import Lasso
 5 from sklearn import preprocessing
 6 from sklearn.feature_selection import SelectFromModel
 7 from sklearn.datasets import make_regression,make_blobs
 8 from sklearn.ensemble import RandomForestClassifier
 9 from sklearn.feature_selection import SelectKBest,VarianceThreshold,
chi2,f_classif
10 from mlxtend.feature_selection import SequentialFeatureSelector,
ExhaustiveFeatureSelector
11 #引用以下包做数据可视化
12 import seaborn as sns
13 import matplotlib.pyplot as plt
```

2）初始化开发环境。

```
1 pd.set_option('display.float_format',lambda x:'%.2f'%x)#不使用科学记数法
2 sns.set(font_scale=1.5)                              #设置统计图的字体大小
3 plt.rcParams['font.sans-serif']=['SimHei']    #在统计图上显示中文
4 plt.style.use({'figure.figsize':(24, 8)})     #设置画布大小
```

3.3.1 使用过滤法进行特征选择

过滤法是从数据集中独立地筛选有价值的特征，筛选出来的特征有良好的波动性和相关性，可以用于任意机器学习算法。过滤法的功能强大，而且使用简单，有利于快速筛选出有价值的特征，它通常作为特征选择的第一步。如图 3.33 所示，原始数据有身高、体重、年龄和性别 4 个特征，在经过过滤后只保留体重和年龄 2 个有效特征。

1. 单变量过滤与多变量过滤

过滤法特征选择包括单变量过滤和多变量过滤两种。单变量过滤根据一定的准则对每个原始特征进行评价和排序，然后再选择排名靠前的某些特征。单变量过滤可能会选择到冗余特征，因为它没有考虑特征之间的相互关系。多变量过滤不仅考虑单一特征的影响，还考虑特征之间的相互关系，对整个特征空间进行评价，再通过组合来确定特征的重要程度，多变量过滤能够减少冗余特征。

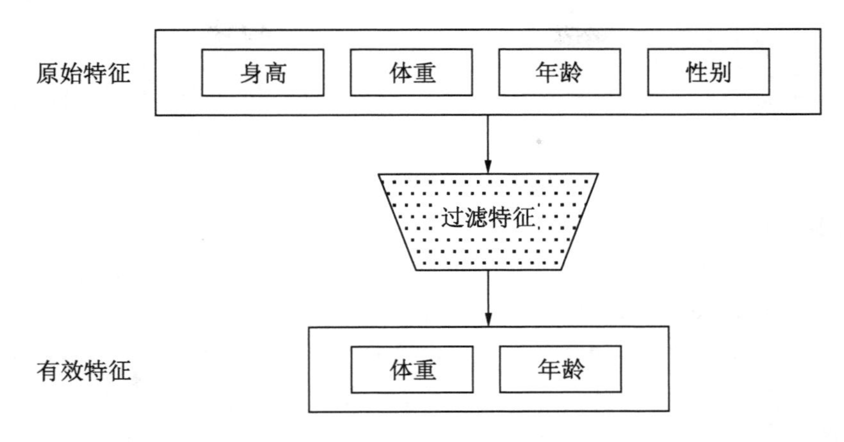

图 3.33　用过滤法进行特征选择

2. 基本特征过滤法

基本特征过滤方法是检验特征的常量属性，即根据特征数据的波动性进行选择。基本特征过滤包括常量检查、准常量占比检查和重复特征检查三种。

（1）常量检查

常量检查先计算每个特征的方差，然后通过方差评估特征数据的波动性。方差小于阈值的特征，说明数据波动性很差，需要丢弃该特征，可使用 Sklearn 提供的 VarianceThreshold 对象进行操作。示例代码如下：

```
  1 df=pd.read_csv("./dataset/bmi/500_Person_Gender_Height_Weight_
Index.csv")
  2 df.replace({"Male":1,"Female":0},inplace=True)
  3 #常量检查演示：选取身高和体重为待选特征，丢弃方差小于阈值 100 的特征
  4 X=df.to_records(index=False).tolist()
  5 variance = VarianceThreshold(threshold=100)     #选择方差超过 100 的特征
  6 newX = variance.fit_transform(X)
  7 print("特征数量：%d(过滤前),%d(过滤后)"%(df.shape[1],newX.shape[1]))
```

（2）准常量占比检查

准常量占比检查用来计算特征数据中的最大占比（特征中最多的值出现的次数÷总记录数），如果占比超过阈值，说明在样本中特殊的值占了绝大多数，数据的波动性较差，应该丢弃该特征。示例代码如下：

```
  1 df=pd.read_csv("./dataset/bmi/500_Person_Gender_Height_Weight_
Index.csv")
  2 df.replace({"Male":1,"Female":0},inplace=True)
  3 #准常量占比检查演示：丢弃准常量占比超过阈值 0.5 的特征
  4 drop_feature = []
  5 for feature in df.columns:
  #计算最大占比：不同值个数/总记录数
  6    diff_values = df[feature].value_counts()
```

```
 7     row_count = np.float(len(df))
 8     max_percent = max(diff_values/row_count)
 9     if max_percent >= 0.5:                          #准常量占比超过阈值 0.5
10         drop_feature.append(feature)
11 df1=df.drop(labels=drop_feature, axis=1)
12 print("特征数量：%d(过滤前),%d(过滤后)"%(df.shape[1],df1.shape[1]))
```

（3）重复特征检查

重复特征检查用来检查样本中的特征是否重复，并丢弃样本中重复的特征，可以通过 Pandas 自带的 duplicated()函数进行操作。示例代码如下：

```
1 df=pd.read_csv("./dataset/bmi/500_Person_Gender_Height_Weight_
Index.csv")
2 df.replace({"Male":1,"Female":0},inplace=True)
3 #重复特征检查演示：丢弃掉重复特征
4 df['Height1'] = df['Height']                    #设置重复特征 Height1
5 df_T = df.T                                     #转置操作，将行变成列，将列变成行
6 d_columns = df_T[df_T.duplicated()].index.values    #得到重复特征列名
7 df1=df.drop(labels=d_columns, axis=1)
8 print("特征数量：%d(过滤前),%d(过滤后)"%(df.shape[1],df1.shape[1]))
```

3．相关系数过滤法

通过基本特征过滤法可以清理掉重复的特征。但在通常情况下，特征可能会非常相似而不会完全相同，例如样本中有两个身高特征，一个单位是 m，另一个是 cm，这两个特征意义相同，训练时只需要使用一个即可。

通过相关系数可以将相似的特征筛选出来并清理掉。相关系数的计算方法有多种，目前最常用的是皮尔森相关系数（Pearson Correlation Coefficient）和斯皮尔曼等级相关系数（Spearman's Rank Correlation Coefficient）。

（1）皮尔森相关系数

皮尔森相关系数用来计算两组连续数据的关联程度，计算方法如公式（3.19）所示。其中，x_i和 y_i 为第 i 行的特征数据（见表 3.6），$\overline{x}$ 和 $\overline{y}$ 为特征数据的平均值，r_{xy} 为特征 x 和 y 的关联程度，取值在[-1,1]区间。

$$r_{xy}=\frac{\sum_{i=1}^{n}(x_i-\overline{x})(y_i-\overline{y})}{(\sqrt{\sum_{i=1}^{n}(x_i-\overline{x})^2}\sqrt{\sum_{i=1}^{n}(x_i-\overline{x})^2})} \tag{3.19}$$

表 3.6　特征数据

特征 1(x)	特征 2(y)
x_1	y_1
x_2	y_2
…	…
x_i	y_i

皮尔森相关系数适用于两个正态分布（或接近正态分布）的连续特征的关联度计算。当 $r_{xy}>0$ 时，表示 x 和 y 正相关；当 $r_{xy}<0$ 时，表示 x 和 y 负相关；当 $r_{xy}=0$ 时，表示 x 和 y 不相关。

（2）斯皮尔曼等级相关系数

斯皮尔曼等级相关系数用来计算两组离散数据的关联程度。假设样本数据如表 3.7 所示，则计算斯皮尔曼等级相关系数有以下 3 步。

表 3.7　原始样本数据

X	Y
1	11
3	23
2	12
5	15
8	28

1）以 X 升序进行排列（也可以选择其他排序方式，如 X 降序、Y 升序或 Y 降序等）并分别根据 X 和 Y 的大小设定等级，得到表 3.8。

表 3.8　排序后的样本数据

X	X等级	Y	Y等级
1	1	11	1
2	2	12	2
3	3	23	4
5	4	15	3
8	5	28	5

2）根据 X 和 Y 的等级计算 d^2 得到表 3.9。d^2 的计算方法如公式（3.20）所示。

$$d^2=(X\text{等级}-Y\text{等级})^2 \tag{3.20}$$

表 3.9　计算等级差后的样本数据

X	X等级	Y	Y等级	d=X等级-Y等级	d^2
1	1	11	1	0	0
2	2	12	2	0	0
3	3	23	4	-1	1
5	4	15	3	1	1
8	5	28	5	0	0

3）斯皮尔曼等级相关系数的计算方法如公式（3.21）所示。其中，n 为样本个数，在

本例中 n 为 5，d_i^2 为表 3.9 中的值。将二者代入计算公式（3.21），得到斯皮尔曼等级相关系数 ρ=0.9，ρ 的取值范围是[-1,1]。

$$\rho = 1 - \frac{6\sum_{i=1}^{n} d_i^2}{n(n^2-1)} \tag{3.21}$$

当斯皮尔曼等级相关系数大于 0 时表示 x 和 y 正相关，小于 0 时表示 x 和 y 负相关，等于 0 时表示 x 和 y 不相关。

斯皮尔曼等级相关系数对数据的要求没有皮尔森相关系数严格。只要两个变量的观测值是成对出现的，不论两个变量的总体分布形态和样本容量的大小如何，都可以用斯皮尔曼等级相关系数来进行计算。

4．使用Pandas计算相关系数并进行特征过滤

使用 Pandas 计算皮尔森和斯皮尔曼等级相关系数，并过滤相关系数大于阈值的特征。示例代码如下：

```
 1 df=pd.read_csv("./dataset/bmi/500_Person_Gender_Height_Weight_
Index.csv")
 2 #为了方便演示，增加一个年龄特征（0～100 随机的整数）
 3 df['Age']=np.random.randint(0,100,500)
 4 pear_matrix = df.corr()                    #计算皮尔森相关系数
 5 #如果相关系数大于 0.5，则认为两个特征相似，需要丢弃一个
 6 corr_features = set()
 7 for i in range(len(pear_matrix .columns)):
 8    for j in range(i):
 9       if abs(pear_matrix.iloc[i, j]) > 0.5:
10           colname = pear_matrix.columns[i]
11           corr_features.add(colname)
12 df1=df.drop(labels=corr_features, axis=1)
13 print("特征数量：%d(过滤前),%d(过滤后)"%(df.shape[1],df1.shape[1]))
```

5．通过统计量过滤

统计量过滤采用假设检验的方法生成特征的统计量，如卡方值等，然后根据统计量出现的概率判断是保留还是丢弃该特征。常用的统计量过滤方法有单因素方差分析（ANOVA）和卡方检验等。下面以单因素方差分析为例，详细介绍统计量在特征选择中的应用。

假设现有如表 3.10 所示包含身高和性别的样本，如果根据身高来预测性别，就需要判断身高是否一个有效特征，有以下两种情况：

- 如果男女的平均身高均是 1.7m，则身高特征没有好的辨识度，应当丢弃。
- 如果男性的平均身高是 1.8m，女性的平均身高是 1.6m，则身高特征有较好的辨识度，应当保留。

表 3.10　身高与性别样本

身　　高	性　　别
1.75	男
1.72	女
1.68	女
1.78	男
1.68	男
…	…

单因素方差分析又称变异数分析，它是一种假设检验，适用于诸如身高等连续型特征的分析。方差分析为假设检验的一种，主要包括以下几步：

1）假设所有男女的身高均值相同，即 H0 假设。

2）计算样本的总方差、组间方差和组内方差。

假设 k 表示类别数量（在本例中为 2），n 表示每个组内的样本个数（在本例中为男性人数和女性人数），$\overline{x}$ 表示样本整体的平均数（在本例中是所有人的平均身高），$\overline{x}_j$ 表示某个类别的平均数（在本例中是男性或女性的平均身高）。

总方差（SST）为样本的整体方差，计算方法如公式（3.22）所示。

$$\mathrm{SST}=\sum_{j=1}^{k}\sum_{i=1}^{n_j}(x_{ij}-\overline{x})^2 \tag{3.22}$$

组内方差（SSE）为男性组方差加上女性组方差，计算方法如公式（3.23）所示。

$$\mathrm{SSE}=\sum_{j=1}^{k}\sum_{i=1}^{n_j}(x_{ij}-\overline{x}_j)^2 \tag{3.23}$$

组间方差（SSB）为总方差减去组内方差，计算方法如公式（3.24）所示。

$$\mathrm{SSB}=\mathrm{SST}-\mathrm{SSE}=\sum_{j=1}^{k}n_j(\overline{x}_j-\overline{x})^2 \tag{3.24}$$

3）统计量 F 的计算方法如公式（3.25），根据 F 的分布表求得 P 值，P 值越大，越支持 H0 假设（男女身高均值相等）。

$$F=\frac{\text{组间平均方差}}{\text{组内平均方差}}=\frac{\mathrm{MSB}}{\mathrm{MSE}}=\frac{\mathrm{SSB}/(k-1)}{\mathrm{SSE}/(n-k)} \tag{3.25}$$

可以使用 Sklearn 的 feature_selection 模块进行方差分析。示例代码如下：

```
1 df=pd.read_csv("./dataset/bmi/500_Person_Gender_Height_Weight_
Index.csv")
2 le = preprocessing.LabelEncoder()   #将类别转换为编码进行表示
3 df['Gender'] = le.fit_transform(df['Gender'])
4 df1 = df[['Height','Weight']] #将身高和体重作为输入向量，将性别作为输出向量
5 X = np.array(df1.to_records(index=False).tolist())
6 y = np.array(df['Gender'].tolist())
```

```
 7 #定义特征选择器，使用方差分析 f_classif(卡方检验使用 chi2)，只选择一个特征 k=1
 8 sel = SelectKBest(f_classif, k=1)
 9 sel.fit(X, y)
10 X_new = sel.transform(X)
11 print("特征得分:%r,P 值:%r"%(sel.scores_,sel.pvalues_))
12 print("特征数量: %d(过滤前),%d(过滤后)"%(X.shape[1],X_new.shape[1]))
```

单因素方差分析只能处理连续数据，如果是离散数据，如类别数据，则可以使用卡方检验。卡方检验与单因素方差分析方法类似：将上述代码中第 8 行的 SelectKBest()函数中使用的参数 f_classif 改为 chi2 即可。

6．过滤法特征选择的特点

过滤法特征选择的特点包括以下三点：

- 特征选择与模型无关，选定的特征可用于任何机器学习算法。
- 计算成本低，可以快速处理多个特征。
- 对于消除了冗余、不变或重复的特征效果较好。

3.3.2　使用包裹法进行特征选择

上一节介绍了使用过滤法对特征进行筛选。过滤法常用于特征选择的开始阶段，对消除不相关的、重复的、相关的以及不变的特征有明显的效果，但这些方法只关注某个特征的作用，而忽略了特征组合的作用。有时候，我们需要根据一系列特征组合才能做出判断，如只通过体重一个特征很难判断一个人的肥胖程度，而通过体重和身高两个特征则很容易判断。

作为过滤法特征选择的补充，包裹法（Wrapper）可以从原始特征中寻找出最佳的特征组合。包裹法的工作原理如图 3.34 所示，先组合出可能的特征子集，再分别使用这些特征子集训练模型，最后根据模型的预测效果进行评估，找出最优特征组合。

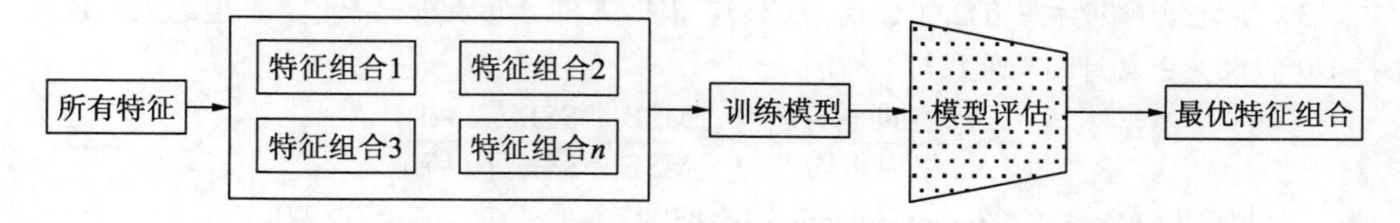

图 3.34　使用包裹法进行特征选择

包裹法的缺点是比较耗时，因为它需要对多种特征组合进行训练和评估。为了提高包裹法的效率，需要预先定义终止训练的条件。一般使用以下两种方法作为终止训练的条件：

- 模型的性能出现下降，例如预测误差变大。
- 特征组合数量超过阈值。

1. 工作模式

根据特征组合的方法不同，包裹法的工作模式分为以下 4 种，我们结合实例进行深入的探讨（实例中会用到开发包 mlxtend，在开始之前，请先安装 mlxtend，安装命令是 pip install mlxtend）。

- 前向特征选择：从没有特征开始，一次添加一个特征。
- 向后特征消除：从所有存在的特征开始，一次删除一个特征。
- 穷举特征选择：尝试所有可能的特征组合。
- 双向搜索：同时进行前向和后向特征选择。

2. 前向特征选择

前向特征选择也称为正向特征选择或顺序前向特征选择（简称 SFS）。SFS 是一种迭代方法，包括以下三步：

1）单独评估所有的特征，选择一个性能最佳的特征。

2）测试该特征与其余特征所有可能的组合，并保留最佳的特征组合。

3）循环上述两步，在每次迭代中添加一个特征来评估，直到模型表现达到预设的标准。SFS 示例代码如下：

```
  1 #随机生成训练数据：100 个样本，5 个特征，样本分布有 3 个中心
  2 features = 5
  3 X, y_train = make_blobs(n_samples=100,n_features=features,centers=3)
  4 x_train=pd.DataFrame(X,columns=['F{:d}'.format(i) for i in range
(features)])
  5 #定义特征选择对象，使用随机森林作为评估模型
  6 rf=RandomForestClassifier()
  7 sfs=SequentialFeatureSelector(rf,k_features=2,forward=True,scoring=
'accuracy',cv=2)
  8 sfs = sfs.fit(x_train, y_train)                #进行特征选择
    #输出最佳特征组合和模型得分
  9 selected_features = x_train.columns[list(sfs.k_feature_idx_)]
 10 print(selected_features,sfs.k_score_)
```

在上述代码的第 7 行中，通过 SequentialFeatureSelector 对象进行特征组合和评估。其中，参数 k_features 表示特征组合的最大数量，forward 表示前向或后向特征选择，scoring 表示模型评估方式，cv 表示几折交叉验证（0 表示不使用交叉验证）。

3. 向后特征消除

向后特征消除也称为逐步向后特征选择或顺序向后特征选择（简称 SBS）。与 SFS 方法类似，SBS 也有以下三步：

1）从数据集中的所有特征开始评估算法的性能。

2）在每次迭代中，从特征组合中减少一个特征后评估模型的表现。

3）循环上述两步，直到模型表现达到预设的标准。

向后特征消除的实现与前向特征选择类似，只要将第 7 行的 forward 设置为 False 即可。示例代码如下：

```
 1 #随机生成训练数据：100 个样本，5 个特征，样本分布有 3 个中心
 2 features = 5
 3 X, y_train = make_blobs(n_samples=100,n_features=features,centers=3)
 4 x_train=pd.DataFrame(X,columns=['F{:d}'.format(i) for i in range
(features)])
 5 #定义特征选择对象，使用随机森林作为评估模型
 6 rf=RandomForestClassifier()
 7 sfs=SequentialFeatureSelector(rf,k_features=2,forward=False,scoring=
'accuracy',cv=2)
 8 sfs = sfs.fit(x_train, y_train)                #进行特征选择
   #输出最佳特征组合和模型得分
 9 selected_features = x_train.columns[list(sfs.k_feature_idx_)]
10 print(selected_features,sfs.k_score_)
```

4．穷举特征选择

穷举特征选择方法尝试所有可能的特征组合，可以认为是对特征子集的暴力破解。这种方法首先创建 1～N 的所有特征组合（N 是特征的总数），对每个组合构建一个机器学习算法并评估其性能。示例代码如下：

```
 1 #随机生成训练数据：100 个样本，5 个特征，样本分布有 2 个中心
 2 features = 5
 3 X, y_train = make_blobs(n_samples=100,n_features=features,centers=2)
 4 x_train=pd.DataFrame(X,columns=['F{:d}'.format(i) for i in range
(features)])
 5 #定义特征选择对象，使用随机森林作为评估模型
 6 rf=RandomForestClassifier()
 7 efs=ExhaustiveFeatureSelector(rf,min_features=2,max_features=3,
scoring='roc_auc',cv=2)
 8 efs = efs.fit(x_train, y_train)                        #进行特征选择
   #输出最佳特征组合和模型得分
 9 selected_features = list(efs.best_feature_names_)
10 print(selected_features,efs.best_score_)
```

在这个代码示例中使用了一个名为 ExhativeFeatureSelection 的对象，该对象的参数与前面的对象 SequentialFeatureSelector 的参数类似。区别在于，这种方法可以指定特征组合的最小特征数量和最大特征数量（min_features 和 max_features）。

5. 双向搜索

综合前几种特征选择方法，它们都有自身的缺点：

- 前向特征选择在每次迭代中都会添加特征，一旦某个特征被添加，在后续训练中，就没有办法移去这个特征。
- 后向特征选择在每次迭代中都会删除特性，一旦某个特征被删除，在后续训练中，就没有办法再使用这个特征。
- 穷举特征选择的计算成本很高，不适合处理高维数据。

双向搜索（LRS）试图通过一些回溯功能来弥补以上方法的缺点，它使用两个参数 L 和 R（L 和 R 都是整数）同时实现特征的添加和删除操作，双向搜索的处理逻辑如下：

- 如果 L 大于 R，则 LRS 从空集开始，重复添加 L 个特征，重复删除 R 个特征。
- 如果 L 小于 R，则 LRS 从特征的全集开始，重复删除 R 功能，重复添加 L 功能。

3.3.3　使用嵌入法进行特征选择

嵌入法（Embedded）特征选择的思想是在模型训练中包含特征选择过程，以便能在短时间内为该模型提供更好的特征。嵌入法结合过滤法和包裹法的优点，既有过滤法快速的特点，也考虑了多个特征之间的相互关系。嵌入法主要有正则化和决策树两种。在进行嵌入法特征选择时，有以下几个步骤：

1）使用全部特征训练机器学习模型。

2）根据模型的表现，从这个模型中得出每个特征的重要程度。

3）根据每个特征的重要程度，保留重要的特征，清除不重要的特征。

1. 正则化方法

正则化方法是针对模型的不同参数增加惩罚项，从而降低模型的自由度。例如，在训练的过程中，使用 L_1 正则项会使某些特征的系数变为零，这意味着这些特征对最终的预测没有贡献。

典型的带有 L_1 正则化的模型有 LASSO 回归和弹性网络(ElasticNet)，可以通过 Sklearn 提供的 SelectFromModel 实现特征选择（这两种模型的原理会在下一节中做详细介绍）。下面的代码演示了如何使用 LASSO 回归模型实现特征选择。

```
1 #随机生成训练数据：500 个样本，10 个特征，样本分布有 3 个中心
2 features = 10
3 X, y_train = make_blobs(n_samples=500,n_features=features,centers=3)
4 x_train=pd.DataFrame(X,columns=['F{:d}'.format(i) for i in range
(features)])
```

```
 5 #选用岭回归模型进行特征选择
 6 selection = SelectFromModel(Lasso(alpha=1.5))
 7 selection.fit(x_train, y_train)
 8 #得到选择后的特征
 9 selected_features = x_train.columns[(selection.get_support())]
10 print("原始特征:",x_train.columns.tolist(),"选择后的特征: ",selected_
features)
```

2. 基于树的方法

基于决策树和随机森林的算法与模型都相对成熟，它们不仅可以提供良好的预测能力，而且还可以提供特征选择功能。下面的代码演示如何使用随机森林提取特征（随机森林模型的原理会在 3.5 节中的决策树模型部分进行介绍）。

```
 1 #随机生成训练数据：500 个样本，10 个特征，样本分布有 3 个中心
 2 features = 10
 3 X, y_train = make_blobs(n_samples=500,n_features=features,centers=3)
 4 x_train=pd.DataFrame(X,columns=['F{:d}'.format(i) for i in range
(features)])
 5 #选用随机森林模型（300 颗树）进行特征选择
 6 model = RandomForestClassifier(n_estimators=340)
 7 model.fit(x_train, y_train)
 8 #得到每个特征的重要分值
 9 importances = model.feature_importances_
10 print("特征",x_train.columns, "重要分值",importances)
```

3.4　线性回归模型与实例

线性回归模型是常见的相对简单的模型，通常用来对数据进行解释性分析。常见的线性回归模型有一元线性回归、多元线性回归、LASSO 回归、岭回归、弹性网络回归和多项式回归 6 种。这些模型是逐步递进的关系，常用来处理回归任务。本节重点介绍这几种模型的原理和使用。

下面的代码为本节的公共部分，在使用本节的后续代码前，请先调用以下代码。

1）导入开发库。

```
 1 #引用以下包做数据处理
 2 import numpy as np
 3 import pandas as pd
 4 from sklearn import preprocessing
 5 from sklearn.linear_model import LinearRegression
 6 from sklearn.datasets import make_regression
 7 from sklearn.linear_model import Ridge,Lasso,ElasticNet
 8 from sklearn.preprocessing import PolynomialFeatures
 9 #引用以下包做数据可视化
10 import matplotlib.pyplot as plt
```

```
11 from mpl_toolkits.mplot3d import Axes3D
12 import seaborn as sns
```

2）初始化开发环境。

```
1 pd.set_option('display.float_format',lambda x:'%.2f'%x)#不使用科学记数法
2 sns.set(font_scale=1.5)                              #设置统计图字体大小
3 plt.rcParams['font.sans-serif']=['SimHei']           #在统计图上显示中文
4 plt.style.use({'figure.figsize':(24, 8)})            #设置画布大小
```

3.4.1 正则化

根据奥卡姆剃刀“如无必要，勿增实体”的简单有效原则，在机器学习中，如果泛化误差相同，优先选用相对简单的模型，下面通过一个例子对正则化思想进行说明。

假如有学生A和B的考试成绩如表3.11所示，学生A的成绩可以描述为“A的平均分是90分，各科成绩相同”，而学生B则需要分别说明语文、数学和英语的成绩，可以看出描述学生A的成绩分布更简单，描述学生B的成绩分布相对更复杂点儿。

表3.11 学生成绩分布

学生	语文	数学	英语	平均分
A	90	90	90	90
B	85	90	95	90

对于机器学习模型也一样，模型本身包含很多参数，如表3.12所示，就像表3.11中的各科成绩一样，从参数的分布来看，模型A比模型B更简单，在预测准确率相同的情况下，优先选择模型A。

表3.12 模型参数分布

模型	参数1	参数2	参数3	预测准确率
A	90	90	90	90%
B	85	90	95	90%

在机器学习中，正则化常被用来定量描述模型的复杂度，正则化在数学领域常称为范数，计算方法如公式（3.26）所示，p等于1时称为L_1正则（或L_1范数），p等于2时称为L_2正则（或L_2范数）。

$$L_p = (|x_1|^p + |x_2|^p + \cdots + |x_n|^p)^{\frac{1}{p}} = \left(\sum_{i=1}^{n}|x_i|^p\right)^{\frac{1}{p}} \tag{3.26}$$

在机器学习中，正则化就是在常规机器学习算法后加上正则项，不仅让机器学习模型参数，同时使这些参数的分布符合正则化的要求，从而最终得到更简单的模型。在机器学习中常用到的是L_1和L_2正则，它们的作用如下：

（1）L_1 正则表示元素的绝对值之和，L_1 正则会使模型某些参数为 0，可用于特征选择。

（2）L_2 正则表示元素的平方和再开方，L_2 正则会使模型参数更均匀，可防止模型过拟合。

3.4.2　一元线性回归与最小二乘法

一元线性回归可以说是最简单的模型，下面是一元回归模型的例子。假如样本中的数据分布如图 3.35（a）所示，现要预测当 x 等于 6 时 y 等于几。

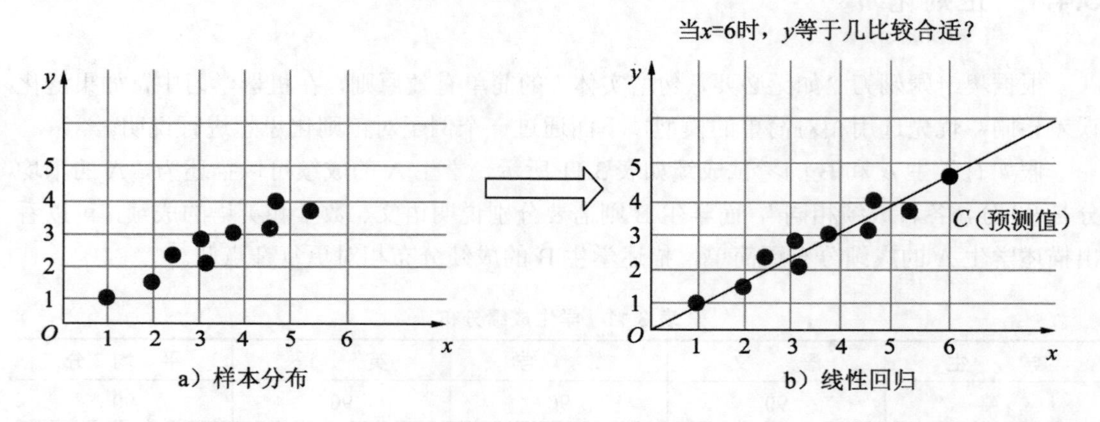

图 3.35　一元线性回归示意

通过观察样本的分布，直觉告诉我们当 x 为 6 时，y 应该在 4 和 5 之间。仔细分析我们的思考过程：首先作一条直线，让样本点均匀地分布在直线的两边，然后找到该直线与 x 等于 6 的交点 C，C 点对应的值 y 即为预测值。

1．一元线性回归算法

一元线性回归就是通过计算机实现上述思考过程，通过最小二乘法找到该直线。实现流程如下：

1）定义直线的范式为 $\hat{y}=\omega x+b$，这时只要求出参数 ω 和 b 即可确定直线。

2）预测值为 $\hat{y}_i$，真实值为 y_i，通过预测值与真实值之间的误差定义损失函数。

由于样本中真实值 y_i 已知，则预测值 $\hat{y}_i$ 为 ωx_i+b，误差为真实值减去预测值的平方，可以定义一个衡量总体误差大小的函数（损失函数）如公式（3.27）所示。

$$J\left(\omega,b\right)=\frac{1}{2}\sum(y_i-(\omega x_i+b))^2 \tag{3.27}$$

在公式（3.27）中，i 表示第几个样本，y_i 表示第 i 个样本的真实值，ωx_i+b 表示第 i 个样本的预测值，ω 和 b 表示直线的参数（待求的值）。

（3）求当损失函数（总体误差）取最小值时，ω 和 b 对应的值。

损失函数 J 为关于参数 ω 和 b 的凸函数，函数图像如图 3.36 所示。根据凸函数性质：总误差最小处于 M 点，分别令偏导数 $\frac{\partial J}{\partial \omega}=0$，$\frac{\partial J}{\partial b}=0$，可以求出 ω 和 b 的值。

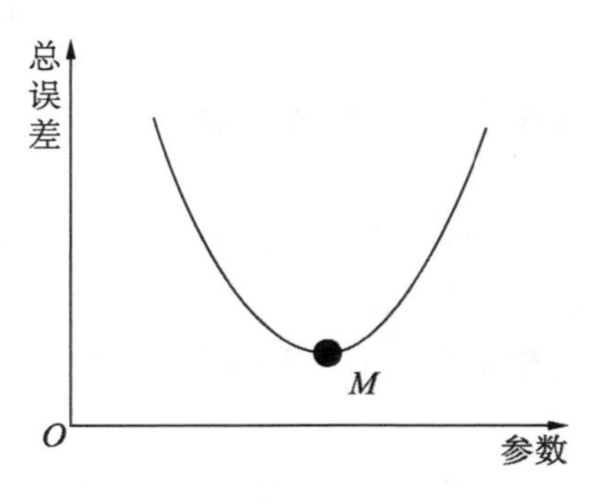

图 3.36　损失函数图像

4）在得到 ω 和 b 的值之后，可以将 $x=6$ 代入方程 $\hat{y}=\omega x+b$，计算出 $\hat{y}$ 作为预测值。

2．一元线性回归实例

上面介绍了一元线性回归模型预测的原理，在工程中，可以按如下方式直接调用 Sklearn 里集成的模型 LinearRegression，输出结果如图 3.37 所示。

```
 1 #随机生成 100 个带噪声的样本（一维 X 和一维 y）
 2 X,y=make_regression(n_samples=100, n_features=1,n_targets=1,noise=15,
random_state=0)
 3 model = LinearRegression()       #选择线性回归模型进行训练
 4 model.fit(X, y)
 5 df=pd.DataFrame()                #使用 Pandas 保存预测结果（为了可视化方便）
 6 df['变量(X)']=X.squeeze()
 7 df['真实值(Y)']=y
 8 df['预测值(Y)']=model.predict(X)
 9 #使用散点图显示真实值，折线图显示预测值
10 sns.scatterplot(x='变量(X)',y='真实值(Y)',data=df)
11 sns.lineplot(x='变量(X)',y='预测值(Y)',data=df,color='red')
```

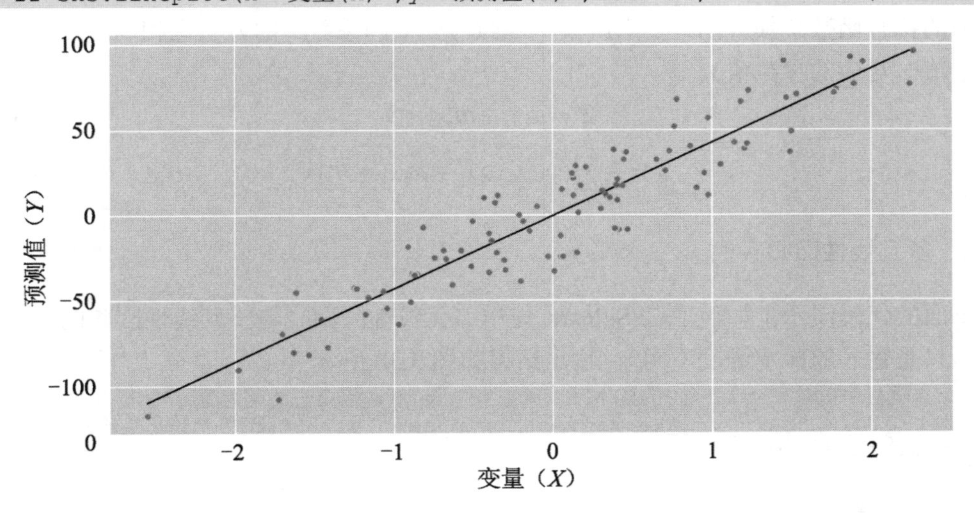

图 3.37　一元线性回归的输出

3.4.3　多元线性回归

一元线性回归是通过一个变量进行预测，多元线性回归是通过多个变量进行预测。以房价 y 的预测为例，表 3.13 只根据面积 x 一个变量进行预测，是一元线性回归，表 3.14 是根据面积 x_1 和房间数 x_2 两个变量进行预测，是二元线性回归。

表 3.13　一元线性回归样本

面积（x）	房价（y）
80	240
90	270
100	300
95	285

表 3.14　二元线性回归样本

面积（x_1）	房间数（x_2）	房价（y）
90	2	270
90	3	280
100	3	310
95	2	285

1．多元线性回归算法

多元线性回归与一元线性回归类似，公式（3.28）和公式（3.29）分别是二元线性回归模型的拟合函数和损失函数，求解模型参数（变量的系数）的方法也相同（求损失函数取最小值时对应的参数值）。

$$Y = \omega_1 x_1 + \omega_2 x_2 + b \tag{3.28}$$

$$J = \frac{1}{2}\sum (y_i - (\omega_1 x_1^i + \omega_2 x_2^i + b))^2 \tag{3.29}$$

2．多元线性回归实例

下面的代码演示了如何通过 Sklearn 使用二元线性回归（与一元线性回归的模型部分相同，只是输入的样本维度不同），输出结果如图 3.38 所示。

```
  1 #随机生成 300 个带噪声的样本（二维 X 和一维 y），需要三维坐标显示输出
  2 train_x,train_y=make_regression(n_samples=300,n_features=2,
n_targets=1,noise=50)
  3 model = LinearRegression()                          #定义和训练模型
  4 model.fit(train_x, train_y)
```

```
  5 xe, ye = np.meshgrid(train_x[:,0],train_x[:,1])     #生成网格矩阵点
    #根据网格矩阵点生成测试数据（共 300×300 个）
  6 test_x = np.dstack((np.ravel(xe),np.ravel(ye)))
  7 ze = model.predict(test_x.squeeze())           #使用模型对测试数据进行预测
  8 ze = ze.reshape((xe.shape))
  9 #显示结果，散点图为原始数据，平面为拟合的图像
 10 fig = plt.figure(figsize=(6, 6))
 11 ax = Axes3D(fig)
 12 ax.scatter(train_x[:,0],train_x[:,1],train_y,c='b',s=50)
 13 ax.plot_surface(xe,ye,ze,alpha=0.02,linewidth=0,color='g',
shade=False)
```

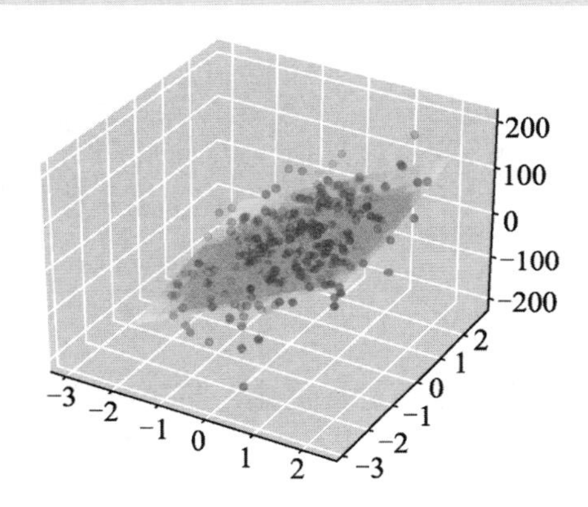

图 3.38　二元线性回归的输出

3.4.4　LASSO 回归

使用一元或多元线性回归方程去拟合数据，可以得到多组参数。如果最终选取的参数很大，输入数据有一点儿变化就会对预测结果造成很大影响（预测结果不稳定）；如果最终选取的参数很小，数据的微小变化就不会对预测结果产生太大影响（预测结果稳定）。基于此原理，在标准线性模型上增加正则项，对训练生成的模型参数进行约束，可以使模型的预测结果更加稳定。

1. LASSO原理

LASSO（Least Absolute Shrinkage and Selection Operator，最小绝对值收敛和选择算子）算法也叫套索算法。LASSO 算法是在标准线性模型的基础上增加了 L_1 正则项。LASSO 回归模型的拟合函数如公式（3.30）所示，损失函数如公式（3.31）所示，其中 λ 为惩罚系数，是模型的超参数。

$$Y = \omega_1 x_1 + \omega_2 x_2 + \cdots + \omega_n x_n + b \tag{3.30}$$

$$J = \frac{1}{2}\sum(y_i - (\omega_1 x_1 + \omega_2 x_2 + \cdots + \omega_n x_n + b))^2 + \lambda(\omega_1 + \omega_2 + \cdots + \omega_n) \tag{3.31}$$

在训练过程中，最小化 LASSO 回归模型的损失函数会使部分参数（系数 ω）变为 0，当系数变为 0 时，该特征就不会对预测产生作用。例如当 ω_1 为 0 时，$\omega_1 x_1$ 这一项也为 0，这意味着特征 x_1 被丢弃，因此 LASSO 算法可以起到特征选择的作用。

2. LASSO回归实例

下面的代码演示了使用 Sklearn 中的 LASSO 算法进行训练和预测的过程，代码中的第 2 行 alpha 是 LASSO 的超参数，表示正则项的处罚系数。

```
 1 train_x,train_y=make_regression(n_samples=300,n_features=2,
n_targets=1,noise=50)
 2 model = Lasso(alpha=1)
 3 model.fit(train_x, train_y)
 4 pred_y = model.predict(train_x)
 5 pred_y
```

3.4.5 岭回归

LASSO 算法是通过 L_1 正则对模型进行优化，与之类似，岭回归（Ridge Regression）算法是在一元或多元线性回归方程中增加 L_2 正则项，通过 L_2 正则对模型进行优化，公式（3.32）和公式（3.33）分别为岭回归模型的拟合函数和损失函数，其中 λ 为惩罚系数，是模型的超参数。

$$Y=\omega_1 x_1+\omega_2 x_2+\cdots+\omega_n x_n+b \tag{3.32}$$

$$J=\frac{1}{2}\sum(y_i-(\omega_1 x_1+\omega_2 x_2+\cdots+\omega_n x_n+b))^2+\lambda\left(\omega_1^{\ 2}+\omega_2^{\ 2}+\cdots+\omega_n^{\ 2}\right) \tag{3.33}$$

在 Sklearn 中，岭回归模型的使用与 LASSO 相似，在上述的 LASSO 演示代码中，只需将 Lasso 换成 Ridge 即可。

3.4.6 弹性网络回归

与 LASSO 和岭回归算法类似，弹性网络（Elastic Network）回归同时使用 L_1 和 L_2 正则对模型进行优化。公式（3.34）和公式（3.35）分别是弹性网络回归算法的拟合函数和损失函数，其中，λ_1 和 λ_2 为模型的超参数，分别是 L_1 和 L_2 正则项的处罚系数。

$$Y=\omega_1 x_1+\omega_2 x_2+\cdots+\omega_n x_n+b \tag{3.34}$$

$$J=\frac{1}{2}\sum(y_i-(\omega_1 x_1+\cdots+\omega_n x_n+b))^2+\lambda_1\left(\omega_1+\cdots+\omega_n\right)+\lambda_2\left(\omega_1^{\ 2}+\cdots+\omega_n^{\ 2}\right) \tag{3.35}$$

弹性网络回归模型的使用与 LASSO 相似，只要把上述 LASSO 演示代码中的 Lasso

换成 ElasticNet 即可，该模型有两个重要的超参数 alpha 和 l1_ratio，alpha 表示处罚系数，l1_ratio 表示 L_1 正则项的处罚系数所占的比例。

3.4.7　多项式回归

上面介绍的几种回归模型是线性回归模型，拟合出来的图像是一组平坦的超平面（一维是一条直线，二维是一个平面），实际环境中，数据的分布不会这么规则，这就需要模型能有更好的表达能力，如在一维上可以拟合出曲线，在二维上可以拟合出曲面等。

1．多项式回归原理

多项式回归是先将样本数据进行多项式转换，再使用线性回归模型进行训练，这时模型拟合的函数中就有了高次项，从而提高了模型的表达能力。

样本数据的多项式转换其实就是一个升维的过程，如图 3.39 所示，在对数据进行二次项转换后，样本数据从 2 维上升到 5 维。

图 3.39　数据的多项式转换

2．多项式回归实例

使用 Sklearn 中的 PolynomialFeatures 对象可以对数据进行多项式转换，下面的代码演示了多项式回归的实现方法，输出结果如图 3.40 所示。

```
  1 train_x,train_y=make_regression(n_samples=500000,n_features=1,
n_targets=1,noise=3000)
  2 test_x,test_y=make_regression(n_samples=100,n_features=1,
n_targets=1,noise=30)
    #使用多项式对训练数据进行展开，最高使用 30 次项
  3 poly = PolynomialFeatures(degree=30)
  4 new_train_x = poly.fit_transform(train_x)
  5 print("原始数据结构:",train_x.shape,"多项式转换后结构:",new_train_x.shape)
  6 model = Ridge()                              #使用岭回归模型进行训练预测
  7 model.fit(new_train_x, train_y)
  8 new_test_x = poly.fit_transform(test_x) #对测试数据进行多项式转换
  9 pred_y = model.predict(new_test_x)       #对测试数据进行预测
 10 df=pd.DataFrame()
 11 df['变量(X)']=test_x.squeeze()
 12 df['真实值(Y)']=test_y
 13 df['预测值(Y)']=pred_y
 14 sns.scatterplot(x='变量(X)',y='真实值(Y)',data=df)   #使用散点图显示真实值
    #使用折线图显示预测值
 15 sns.lineplot(x='变量(X)',y='预测值(Y)',data=df,color='red')
```

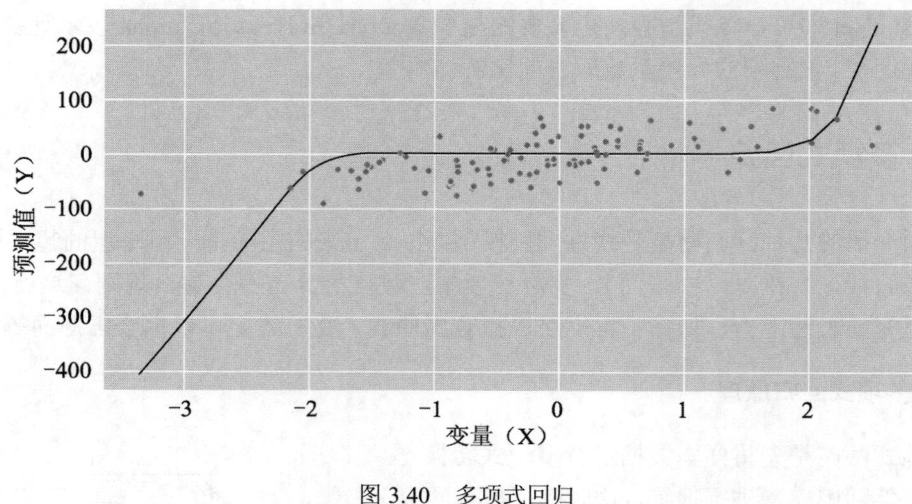

图 3.40　多项式回归

3.4.8　线性回归模型总结

上面介绍的是几种常见的线性回归模型，总体来说，一元或多元线性回归、LASSO 回归、岭回归和弹性网络回归的拟合函数是相似的，主要区别在于损失函数：

- 在一元或多元线性回归的损失函数上，添加 L_1 正则项是 LASSO 回归模型。
- 在一元或多元线性回归的损失函数上，添加 L_2 正则项就是岭回归模型。
- 在一元或多元线性回归的损失函数上，同时添加 L_1 和 L_2 正则项就是弹性网络回归模型。
- 在对样本进行多项式转换后，再使用线性回归模型进行训练就是多项式回归模型。

3.5　决策树模型与实例

在编程过程中，程序员经常会用到条件判断语句，如 if…else、switch…break 等，通过条件判断语句实现程序分支的跳转。决策树的思想与这些条件判断语句类似：通过构建判断分支对数据进行划分，并将最终划分的结果作为模型的输出。

但是，如果有多个条件判断分支，应该明确：先判断哪个条件，后判断哪个条件；是否需要判断完所有的条件才能得到最终结果；决策树模型通过算法来确定使用哪些条件，以及以什么样的顺序进行判断。

线性回归模型的结构相对简单，各种线性模型的原理也比较类似，而决策树模型的结构相对复杂，各种决策树模型的原理的差别也比较大，其应用范围也更广。决策树模型主要包括单棵决策树模型、随机森林模型和提升树模型等。有的模型用来处理回归任务，称为回归树；有的模型用来处理分类任务，称为分类树。本节将重点介绍各种决策树模型的原理和使用。

下面的代码是抽取出来的公共代码，在使用本节的演示代码前，请先调用以下代码。

1）导入开发库。

```
 1 #引用以下包做数据处理
 2 import numpy as np
 3 import pandas as pd
 4 from sklearn import preprocessing
 5 from sklearn.feature_extraction import DictVectorizer
 6 from sklearn.model_selection import train_test_split
 7 from sklearn.tree import DecisionTreeClassifier
 8 #引用以下包做数据可视化
 9 import matplotlib.pyplot as plt
10 import seaborn as sns
```

2）初始化开发环境。

```
1 pd.set_option('display.float_format',lambda x:'%.2f'%x)#不使用科学记数法
2 sns.set(font_scale=1.5)                             #设置统计图字体大小
3 plt.rcParams['font.sans-serif']=['SimHei']          #在统计图上显示中文
4 plt.style.use({'figure.figsize':(24, 8)})           #设置画布大小
```

3.5.1　决策树结构

决策树是以树的形式描述，可由人类解释并应用于知识系统中的规则，换句话说，决策树是以树结构的形式对分类函数或回归函数进行编码描述。如图 3.41 所示，简历的筛选过程可通过决策树的形式进行表达，一棵决策树由以下几个部分组成：

- 非叶子节点：又称决策节点，表示一个特征或划分条件，如图 3.41 中标记为椭圆的节点。
- 分支：连接节点的边，如图 3.41 中的箭头。
- 叶子节点：表示一个输出，如图 3.41 中标记为长方块的节点。

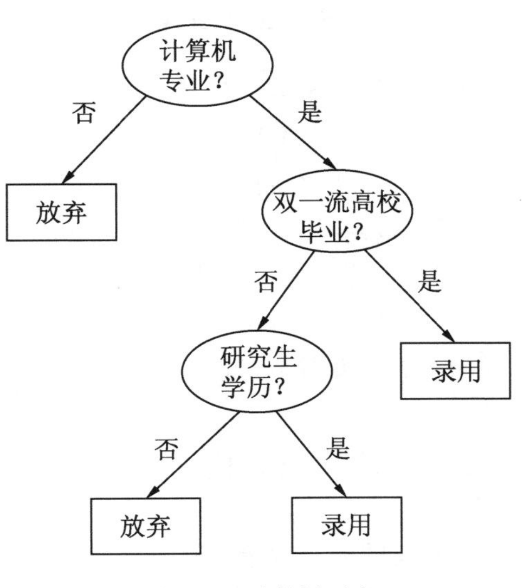

图 3.41　决策树示意

1．决策树的类型

根据模型输出类型或应用场景的不同，决策树模型分为分类树和回归树。分类树输出离散的值，通常表示某个类别，如预测未来几天是晴天还是雨天；回归树输出连续的值，如预测未来几天的气温是多少度。

根据生成决策树的算法不同，决策树又可分为 ID3、C4.5 和 CART 三种。其中 ID3 和 C4.5 属于分类树，只能用来处理分类任务；CART 既是分类树也是回归树，既可以处理分类任务，也可以处理回归任务。

2．决策树的预测过程

当一棵决策树被创建好以后，可以使用这棵树进行预测。预测的过程是从树的根节点开始的，搜索符合条件的所有路径，直到最后找到输出节点（叶子节点），输出节点的值即为预测值。如果有多个输出节点，则通常取平均数或众数作为预测值。

3．节点的分裂

当一个节点所代表的特征无法给出明确的判断时（如图 3.41 中的“双一流高校毕业？”节点），需要进一步增加判断条件，这意味着该节点会被分裂出多个子节点（二分类树会分裂出两个子节点），这个过程被称为节点的分裂。

4．决策树的生成过程

决策树的生成过程其实就是节点的分裂过程，一棵决策树的生成流程有以下几步：

1）将所有的样本看成一个节点。

2）挑选一个特征或根据判断条件将节点分裂成多个子节点。

3）搜索每个子节点，如果满足停止分裂的条件，则进入下一步，否则，返回步骤 2。

4）设置该节点为叶子节点，输出为叶子节点占比最大的类别或平均值。

从上面的流程可以看出，生成决策树的关键是步骤 2，即使用哪一个特征或采用什么样的判断条件对节点进行分裂。

3.5.2　分类决策树

常见的分类决策树有 ID3、C4.5 和 CART 三种，其中 CART 既属于分类决策树，也属于回归决策树。

1．ID3算法说明

ID3 算法由 Quinlan 在 1979 年提出，该算法出现后不久，决策树很快就成为机器学习的主流算法，决策树的研究也引起大家的关注。ID3 算法思想的基础是信息论，使用信息熵和信息增益作为节点分裂好坏的衡量标准，以实现对数据的归纳分类（关于信息熵和信息增益，请参考 2.2.3 节的说明）。

ID3 算法根据信息增益 $I(X, Y)$的大小判断当前节点应该使用哪个特征进行分裂。例如样本有两个特征 A 和 B，ID3 算法的实现步骤如下：

1）计算使用特征 A 进行分类所产生的信息增益。

2）计算使用特征 B 进行分类所产生的信息增益。

3）使用产生信息增益大的特征进行节点分裂。

2．示例样本

假设有样本如表 3.15 所示，现需要建立一个分类决策树模型，对肥胖等级进行分类。该模型的输入为性别、身高和体重，输出为肥胖等级。

表 3.15　肥胖等级

性　别	身　高	体　重	肥 胖 等 级
女	高	轻	瘦
女	矮	轻	瘦
男	矮	轻	胖
女	矮	重	胖
女	高	重	中
女	矮	重	胖
男	矮	轻	胖
男	高	重	胖

3．决策树的创建过程

1）将所有的样本数据看成一个节点（根节点），并计算当前数据的信息熵。

如图 3.42 所示，当前节点中共有 8 个人，其中 2 人瘦，5 人胖，1 人适中，代入信息熵的计算公式得到当前总信息熵约为 1.30。计算过程如公式（3.36）所示。很显然，根节点中包含所有样本，无法通过这一个节点判断出肥胖等级，需要对该节点进行分裂。

$$H_{\text{total}} = -\left(\frac{2}{8}\times\log_2\frac{2}{8}+\frac{5}{8}\times\log_2\frac{5}{8}+\frac{1}{8}\times\log_2\frac{1}{8}\right)\approx 1.30 \tag{3.36}$$

2）使用不同的特征对样本进行分类，并统计分类后的样本分布。

以体重特征为例，将轻的分为一类，重的分为另一类，两类总人数正好是样本中的总人数。同样使用性别和身高特征对样本数据进行分类后，得到的结果如图 3.43 所示。

3）根据不同特征对样本进行分类，然后计算信息熵。

根据体重、身高和性别特征进行分类后，样本被划分成左树和右树两类，使用信息熵的计算公式，分别计算左树和右树的信息熵，计算结果如图 3.44 所示。

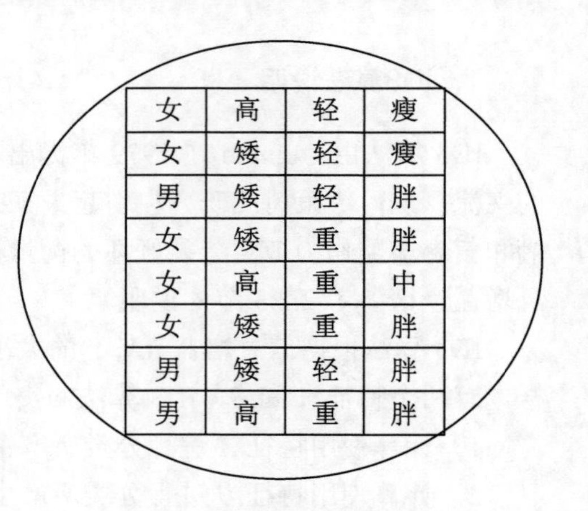

女	高	轻	瘦
女	矮	轻	瘦
男	矮	轻	胖
女	矮	重	胖
女	高	重	中
女	矮	重	胖
男	矮	轻	胖
男	高	重	胖

图 3.42　分类决策树的根节点

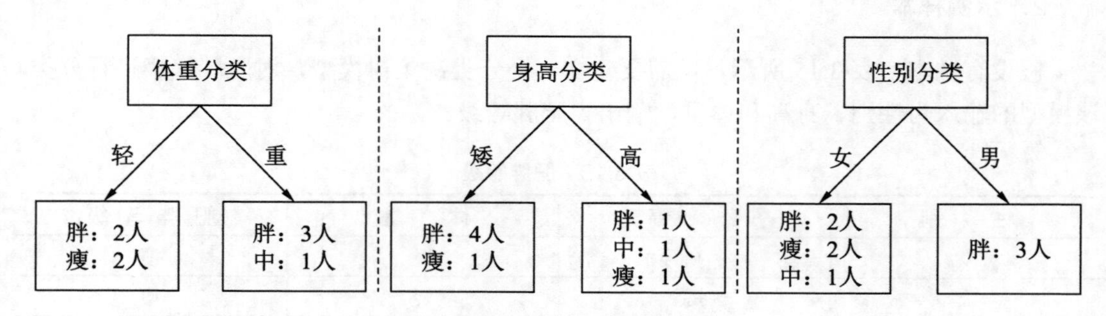

图 3.43　根据特征将样本分为两类

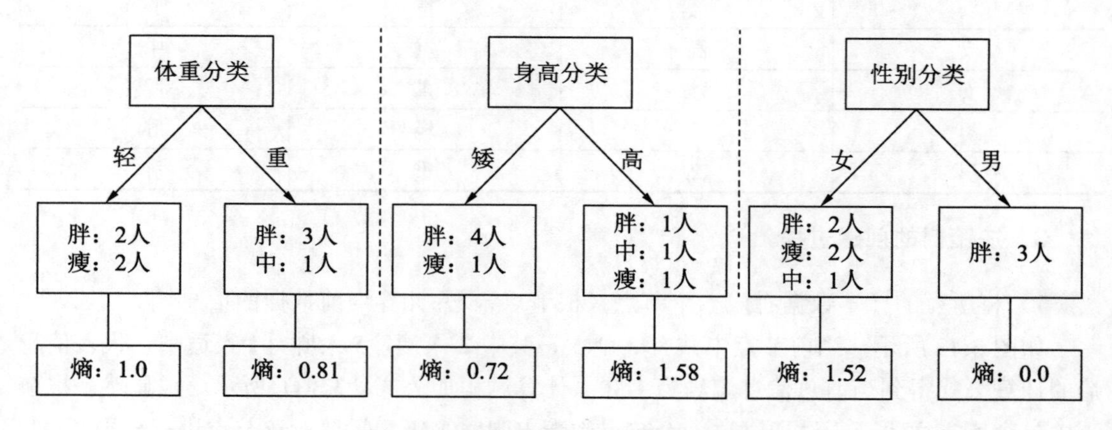

图 3.44　分类后的左、右树的信息熵

4）计算不同分类后的总信息熵。

总信息熵的计算方法是左树和右树的信息熵加权求和（权重为样本所占的比率），以体重分类为例，总信息熵的计算方法如公式（3.37）所示。

$$H=-\left(\frac{4}{8}\times1.0+\frac{4}{8}\times0.81\right)\approx0.91 \tag{3.37}$$

使用同样的方法，计算出使用身高和性别特征分类后的总信息熵，结果如图3.45所示。

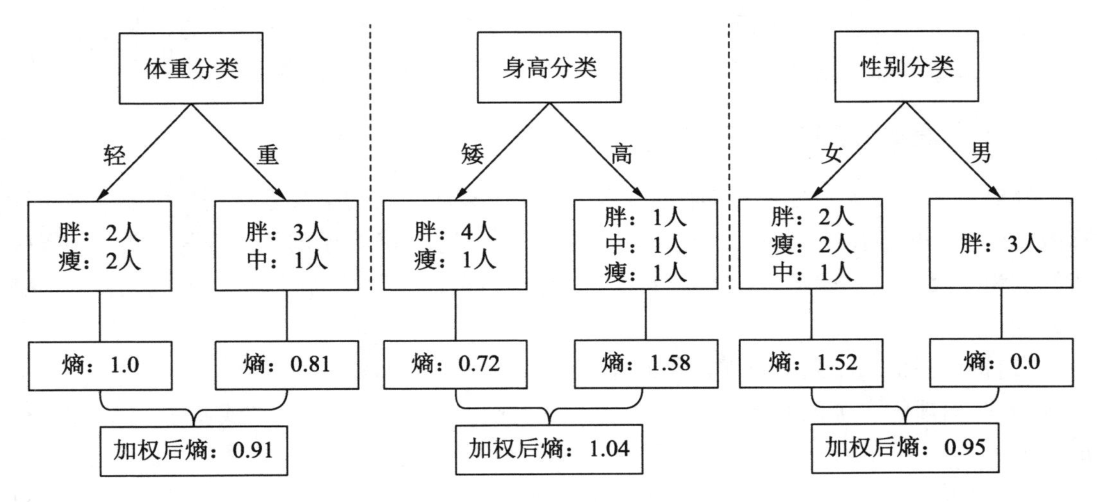

图3.45　分类后的总信息熵

5）计算信息增益。

信息增益的计算方式是用使用分类前的总信息熵（约为1.30）减去分类后的总信息熵，计算结果如表3.16所示。可以看出，以体重进行分类得到的信息增益最大，所以选择体重作为分裂特征。

表3.16　信息增益

分类特征	分类后信息熵	信息增益
体重	0.91	1.30−0.91=0.39
身高	1.04	1.30−1.04=0.26
性别	0.95	1.30−0.95=0.35

6）持续分裂。

采用类似的方法，对分类后的左树和右树进一步分裂，直到节点下只有一种类别（表示结果已经确定，可以用来预测了），或满足退出训练的条件，如树的最大深度或节点下的样本数量超过设定的阈值等。

4．ID3算法的不足

ID3算法虽然可以对节点进行分裂，但是有两个明显的缺点：

- ID3 算法不能处理连续特征，这个缺点限制了 ID3 的应用。
- ID3 优先选择信息增益最大的特征对节点进行分裂，这会使得算法倾向于选择取值比较多的特征。

举一个极端的例子：如果有数据不重复的特征（如学生表中的学号）参与训练，使用这个唯一的特征（学号）进行分裂得到的信息增益最大，很显然这种分类方法是没有意义的。针对 ID3 算法的这两个缺点，Quinlan 在 C4.5 算法中进行了改进。

5．连续特征离散化

针对 ID3 算法无法处理连续特征的缺点，C4.5 算法给出的解决方法是对特征数据进行离散化处理。离散化策略就是二分法，即找到一个阈值，将大于阈值的划为一类，小于阈值的划为一类，这样就把连续特征转换为二分类特征。例如身高有 m 个不同的值，C4.5 的离散化过程如下：

1）将这些值从小到大排序，得到序列（$A_1, A_2,\cdots, A_m$）。

2）取相邻的两个值的平均数作为划分点（阈值），就得到 $m-1$ 个划分点（B_1, $B_2,\cdots$, B_{m-1}）。

3）使用每个划分点对数据进行划分，并计算信息增益，选择信息增益最大的划分点作为分类使用的阈值点。

4）根据阈值点将数据划分为两类，大于阈值的为一类，小于等于阈值的为一类。

6．信息增益比

针对 ID3 算法偏向于取值较多特征的缺点，C4.5 算法使用信息增益比代替信息增益，作为选择最优特征的评价标准。

信息增益比是信息增益和特征熵的比值，计算方法如公式（3.38）所示，其中 D 表示样本集合，A 表示某个特征，$I(A, D)$表示使用特征 A 划分样本带来的信息增益，$H_A(D)$表示特征熵。

$$I_{\mathrm{R}}(D,A)=\frac{I(A,D)}{H_A(D)} \tag{3.38}$$

特征熵 $H_A(D)$的计算方法如公式（3.39）所示，其中 n 表示特征 A 的类别数量，$\lfloor D_i \rfloor$表示特征 A 的第 i 个取值对应的样本数量，$\lfloor D \rfloor$表示样本总数量。

$$H_A(D)=-\sum_{i=1}^{n}\frac{\lfloor D_i \rfloor}{\lfloor D \rfloor}\log\frac{\lfloor D_i \rfloor}{\lfloor D \rfloor} \tag{3.39}$$

信息增益比其实就是将信息增益乘以一个惩罚系数，惩罚系数为特征熵的倒数。取值越多的特征对应的特征熵越大，信息增益比越小。将特征熵作为分母，可以校正信息增益偏向于取值较多的特征的问题。

与信息增益相反，信息增益比偏向取值较少的特征，因为当特征取值较少时，其特征熵（分母）也较小，信息增益比会比较大。针对这个缺点，C4.5 在选择特征时，并不是直接选择信息增益比最大的特征，而是先在候选特征中找出信息增益高于平均水平的特征，然后在这些特征中再选择信息增益比最高的特征。

7. CART分类回归树

ID3 和 C4.5 都是使用熵模型作为度量方法，大量的对数运算增加了算力的消耗，在应用中，一般使用基尼系数来代替信息增益（或信息增益比）作为选择分裂特征的评价标准。

基尼系数的计算方法如公式（3.40）所示，其中 k 表示类别个数，p_k 表示第 k 个类别出现的概率。从公式可以看出，基尼系数的计算比 C4.5 简单很多，实验表明基尼系数可作为 C4.5 算法的一个近似替代算法。

$$\text{Gini}(p) = -\sum_{i=1}^{k} p_k(1-p_k) = 1-\sum_{i=1}^{k} {p_k}^2 \tag{3.40}$$

为了进一步简化计算过程，CART 在生成决策树过程中，只将节点分裂成两个子节点，而不是多个子节点，即生成二叉树。用基尼系数生成的二叉树模型称为 CART 模型，也称为分类回归树模型。

8. 分类决策树的预测过程

分类决策树的预测过程其实就是树的搜索过程，从树的根节点开始搜索符合条件的路径，最终得到叶子节点，叶子节点的输出即为预测值。

3.5.3　回归决策树

最常见的回归树是 CART 模型（全称是分类回归树模型），CART 模型既可以用来处理分类任务，也可以用来处理回归任务，这一节主要讲述 CART 回归树的原理。

1. CART的连续特征离散化

与 C4.5 算法类似，在面对连续特征时，CART 也需要进行离散化处理。CART 的离散化策略是使用自顶向下贪婪二分的方式找到一个划分点，使得划分后的数据集 A 和 B 在各自集合内的均方差最小，同时使数据集 A 和 B 的均方差之和最小。假如样本为学生的成绩表，如表 3.17 所示。

表 3.17　学生成绩

学　　号	分　　数
1	67
2	65
3	89
4	90
5	95
6	67
7	76

使用 CART 对学生成绩离散化的过程如图 3.46 所示，离散化过程分为 4 步。

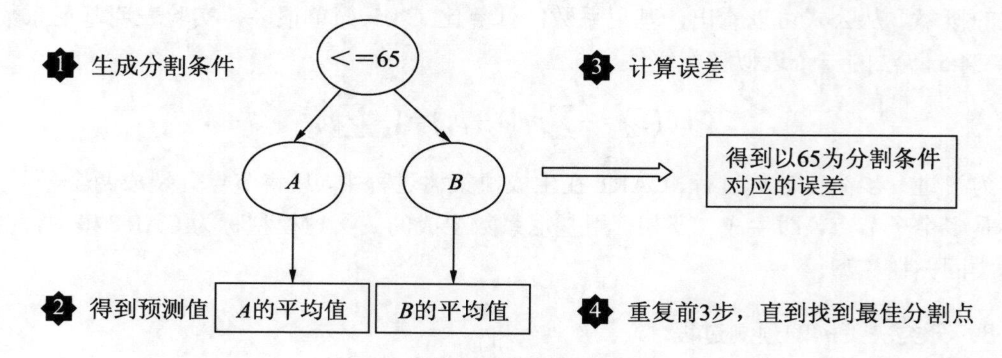

图 3.46　学生成绩离散化

1）使用学生成绩中的某一个值作为分割条件。

2）根据分割条件，将样本划分为两类（大于或小于等于分割值）。

3）计算该分类方法产生的均方误差 MSE，计算方法如公式（3.41）所示，其中 $\hat{y}_i$ 为预测值，y_i 为实际值。

4）遍历学生成绩，分别使用不同的取值作为分割值，重复以上三步，使用当误差最小时的成绩作为最佳分割点的值，在使用最佳分割点的值对所有成绩进行划分后，实现成绩数据的离散化。

$$\mathrm{MSE}=\sum_{i=1}^{N}(\hat{y}_i-y_i)^2 \tag{3.41}$$

2．回归树的生成

使用上述方法可以对某一个特征进行离散化处理，如果样本中有多个连续特征，需要分别对每个特征进行离散化处理，并找到误差最小的点作为最佳分割点。

通过最佳分割点将数据集分成两类（两个子节点），再使用同样的方法对两个子节点进行划分，直至满足停止条件，如树的最大深度或节点下的样本数量超过设定的阈值等。

3．回归树的预测

与分类树的预测过程类似，CART 也是从树的根节点开始搜索符合条件的路径，最终得到最后的叶子节点，预测值为叶子节点下样本的平均值。

3.5.4　决策树模型实例

1．决策树模型总结

ID3、C4.5 和 CART 模型的主要区别体现在节点分裂算法上，其中 ID3 和 C4.5 只能用来处理分类任务，CART 既可以处理分类任务又可以处理回归任务，表 3.18 总结了这几种算法的不同。

表 3.18　决策树生成算法比较

算　　法	支 持 任 务	树　结　构	特 征 选 择	连续特征离散化
ID3	分类	多叉树或二叉树	信息增益	不支持
C4.5	分类	多叉树或二叉树	信息增益比	支持
CART	分类	二叉树	基尼系数	支持
CART	回归	二叉树	均方误差	支持

决策树的思想简洁，计算效率高，在决策树基础上，可以构建出随机森林和梯度上升树等组合分类器，同时也可以用来做特征选择。在工程中，可以直接使用 Sklearn 来建立决策树，下面将通过一个例子来演示决策树的创建。

2．问题描述

现有样本格式如表 3.19 所示，健康等级从小到大分为非常虚弱、虚弱、正常、过重、肥胖和极端肥胖六个级别，分别用 0、1、2、3、4、5 表示。现需要训练一个决策树，根据性别、身高和体重信息对健康等级进行分类预测。

表 3.19　健康信息

性　　别	身高/cm	体重/kg	健 康 等 级
男	174	96	4
男	189	87	2
女	185	110	4
女	195	104	3

（续表）

性　别	身高/cm	体重/kg	健康等级
男	149	61	3
男	189	104	3
男	147	92	5
男	154	111	5
男	174	90	3
……	……	……	……

1）读取样本数据。

本例使用的样本来自Kaggle提供的竞赛数据集，样本为CSV文件格式，使用下面的代码从文件中读取样本（为了显示方便，将英文部分替换成中文）。

```
 1 df=pd.read_csv("./dataset/bmi/500_Person_Gender_Height_Weight_
Index.csv")
 2 df=df.rename(columns={'Gender':'性别','Height':'身高'})
 3 df=df.rename(columns={'Weight':'体重','Index':'等级'})
 4 df['性别']= df['性别'].str.replace("Male","男")
 5 df['性别']= df['性别'].str.replace("Female","女")
```

2）生成训练集和测试集。

数据集中的身高、体重和健康等级字段为数值型，可以直接用于模型训练，但性别字段为字符型，需要进行转换，下面的代码使用DictVectorizer将性别数据转换为输入向量，使用train_test_split将数据集划分成训练集（90%）和测试集（10%）。

```
 1 features=df[['性别','身高','体重']]   #使用性别、身高和体重作为输入特征
 2 labels=df['等级']                    #等级作为预测标签
 3 #使用DictVectorizer将特征转换成训练的输入向量
 4 #Sklearn需要NumPy格式数据进行训练，现将数据集转化为NumPy格式
 5 vec = DictVectorizer(sparse=False)
 6 X =  vec.fit_transform(features.to_dict(orient='records'))
 7 Y = np.array(labels)
 8 feature_names = vec.get_feature_names()
 9 #划分成训练集和测试集，测试集占总样本的10%，训练集占90%，不打乱顺序
10 X_train,X_test,Y_train,Y_test=train_test_split(X,Y,test_size=0.10,
shuffle=False)
```

3）选择算法训练模型，并评估性能。

下面的代码使用DecisionTreeClassifier进行C4.5和CART决策树的训练，并在测试集上评估模型的表现。

```
 1 #设置分裂条件，当树的最大深度是15层或节点下样本多于5个时停止分裂
 2 #使用C4.5算法训练决策树，如果使用CART算法，将criterion设置为cart
 3 dt = DecisionTreeClassifier(criterion='entropy',max_depth=15,min_
samples_split=5)
 4 #使用训练集训练模型
```

```
5 dt.fit(X_train,Y_train)
6 #在测试集上测试预测效果
7 print("模型得分:",dt.score(X_test,Y_test))
```

4）决策树可视化。

下面的代码将训练好的决策树模型输出至图像，通过图像可以方便地看清决策树的结构，了解决策树的各个分支的判断逻辑。输出结果如图 3.47 所示，以下代码用到开发包 Graphviz，该开发包需要通过 setup 文件安装，安装方法请参考第 1 章的说明。

```
 1 from sklearn.tree import export_graphviz
 2 import graphviz
 3 #可视化决策树，只显示两层子节点
 4 dot_data = export_graphviz(dt,filled=False,rounded=True,max_depth=2,
 5                            feature_names=feature_names,
 6                            class_names=['非常虚弱','虚弱','瘦弱','正常',
'过重','肥胖'])
 7 graph = graphviz.Source(dot_data)
 8 #保存和显示可视化结果
 9 graph.render(filename ="tree", directory ='./output/', format='plain')
10 graph.render(filename ="tree", directory ='./output/', format='jpg')
11 graph
```

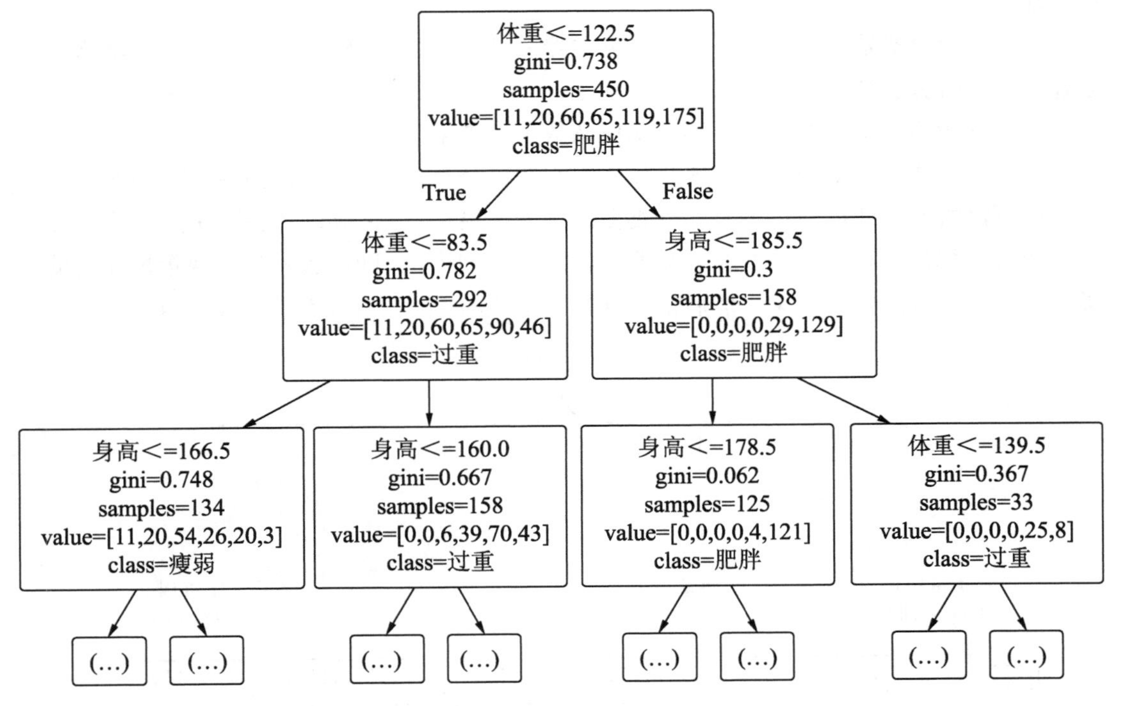

图 3.47　决策树模型结构

3.5.5　随机森林模型

前几节分别介绍了几种常见的决策树模型，这些模型均为单棵树模型（只有一棵决策树）。不论 ID3、C4.5 还是 CART，每种单棵树模型都有以下缺点：

- 对样本数据敏感，样本数据的微小变化可能会导致整棵决策树的重建。
- 容易过拟合，在进行预测时，搜索路径上任一个节点判断发生错误，都会导致整个预测出错。
- 大样本情况下，生成的树会很深，条件判断也非常复杂，这进一步增加了出错的概率。

1. 组合分类器

组合分类器是集成学习的一种，其思想是先同时训练多个分类器（称为弱分类器或基分类器），然后使用所有的弱分类器进行预测，最后将弱分类器的输出汇总到一起作为最终的输出。

由于组合分类器综合考虑了多个弱分类器的结果，因此可以有效提升预测的准确率。创建一个组合分类器需要解决以下几个问题：

- 采样策略，即每个弱分类器是如何从数据集中采样的。
- 组织方式，即多个弱分类器是如何组织的，分类器之间的相互关系是怎么样的。
- 预测机制，即如何将多个弱分类器的预测结果汇总到一起产生最终的预测输出。

随机森林是一种简单的组合分类器，如图 3.48 所示，随机森林使用决策树作为弱分类器，同时训练这些决策树，然后根据这些决策树的输出产生最终的预测结果。

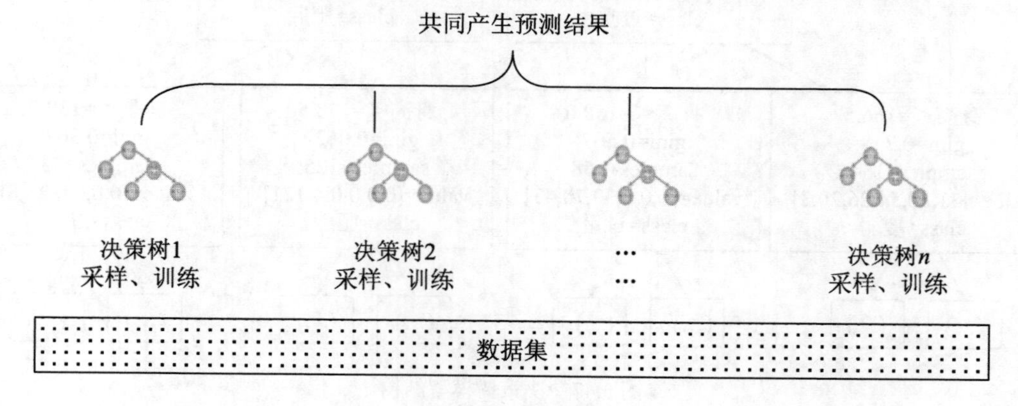

图 3.48　随机森林结构

2. 采样策略

随机森林中的每棵决策树从原始数据集中进行随机有放回的采样，独立构造各自的子数据集，子数据集和原始数据集的样本数量是相同的，不同子数据集的元素可能会重复，同一个子数据集中的元素也可能会重复。

3. 弱分类器组织方式

随机森林中的弱分类器（每棵决策树）是相互独立的，每棵决策树独自进行采样和训练，决策树的训练过程同步进行。

在节点分裂时，每棵决策树随机选取一定数量的特征（不一定用到所有的特征），然后再从中挑选出最优的特征作为分裂条件。

4. 预测机制

随机森林中的弱分类器（每棵决策树）是平等的，在预测时，通过投票采用少数服从多数原则，决策树预测结果最多的分类作为随机森林最终的预测输出。

5. 随机森林演示代码

下面的代码演示了 Sklearn 中的随机森林模型的使用（对 1000 组包含 2 个特征和 3 个类别的样本进行分类），输出结果如图 3.49 所示。

```
 1 from sklearn.ensemble import RandomForestClassifier
 2 from sklearn.datasets import make_blobs
 3 from sklearn.model_selection import train_test_split
 4 #随机生成样本（2 个特征，3 个分类）
 5 X,Y= make_blobs(n_samples=1000,n_features=2,centers=3)
 6 #划分成训练集和测试集，测试集占总样本的 30%，训练集占 70%
 7 X_train,X_test,Y_train,Y_test=train_test_split(X,Y,test_size=0.30)
 8 #定义、训练和评估模型(使用 5 棵决策树)
 9 model = RandomForestClassifier(n_estimators=5)
10 model.fit(X_train, Y_train)
11 score = model.score(X_test,Y_test)
12 print("模型得分:",score)
13 #模型输出可视化
14 plot_predict_curve(model,X_test, Y_test)
```

6. Bagging和Boosting

Bagging 和 Boosting 是两种不同的数据采样方式。Bagging 方式比较简单，如图 3.50 所示，它是从原始数据中进行有放回的采样和均匀的概率分布，得到和原始数据集相同样本数量的子数据集，子数据集中的样本可能会重复。

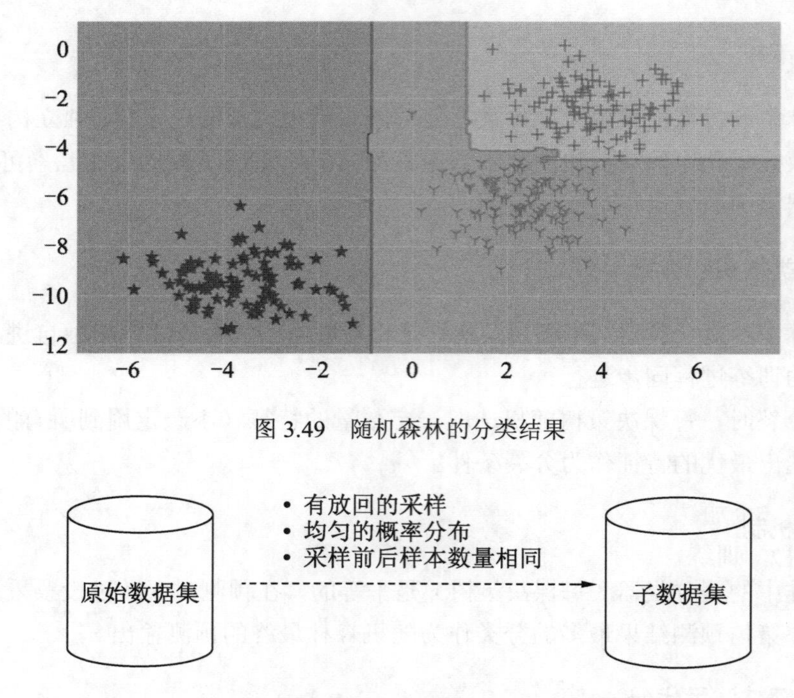

图 3.49　随机森林的分类结果

图 3.50　Bagging 采样

与 Bagging 采样方式不同，Boosting 不是采用均匀的概率分布方式，而是增加被错误分类的样本的采样权重，那些难以分类的样本会有更多的机会被抽中，并参与多次训练。这正是 Boosting 思想的本质，即每一轮训练都是改进上一轮训练的结果。

根据 Bagging 和 Boosting 采样方式的不同，Sklearn 里提供了不同类型的随机森林模型，如 BaggingClassifier 和 AdaBoostClassifier，可以使用以下代码导入这两个模型，模型的使用可参照随机森林部分的演示代码。

```
1 from sklearn.ensemble import BaggingClassifier
2.from sklearn.ensemble import AdaBoostClassifier
```

3.5.6　GBDT 模型

在随机森林中，弱分类器（每棵决策树）之间是平行结构，每棵决策树都是相互独立的。这样的结构比较简单，但是不能发挥集体学习的优势。如果按照 Boosting 的思想，每棵树学到的知识都是对上一棵树学到的知识的改进，就像背英语单词，先快速背一遍，然后把忘记的单词列出来重新背一遍，如此反复多轮地练习。

GBDT（Gradient Boosting Decision Tree，梯度提升决策树）使用 CART 回归树而不是分类树作为弱分类器，决策树之间采用串行结构。GBDT 的 Boosting（提升）功能体现在：

每一棵树学到的是之前所有树输出结果的残差（残差是指真实值与预测值之间的差）。如图 3.51 所示，第四棵树是在前三棵树的基础上学习得到的。

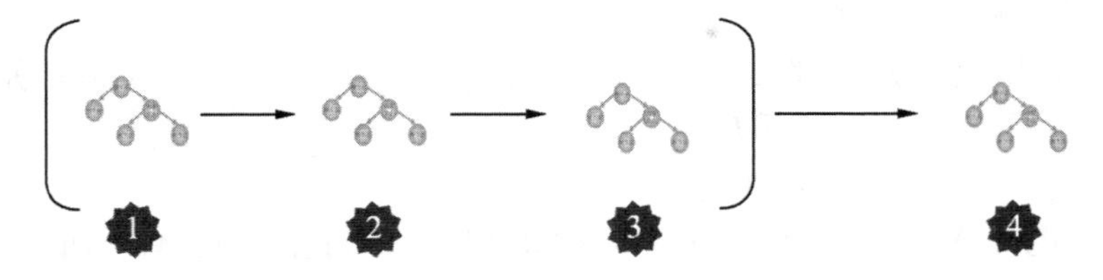

图 3.51　串行结构的决策树

1．模型的数学推导

1）训练 GBDT 模型，得到其输出。

GBDT 是一个加法模型，即每一轮训练都会在现有模型的基础上产生一个新的弱分类器（新决策树），训练过程其实就是生成新的弱分类器。

如公式（3.42）所示：x 表示输入样本，m 表示某一轮训练，$T(x)$表示新生成的决策树输出，$f_{m-1}(x)$ 表示上一轮模型的输出，$f_m(x)$表示当前模型的输出。

$$f_m(x)=f_{m-1}(x)+T(x) \tag{3.42}$$

2）定义 GBDT 模型的损失函数。

根据预测值和真实值之间的残差定义 GBDT 的损失函数，如公式（3.43）所示，N 表示样本数量，m 表示某一轮训练，$f_m(x_i)$表示使用这一轮模型得到的输出，$f_{m-1}(x_i)$ 表示使用上一轮的模型得到的输出，$T(x_i)$表示新生成的决策树输出，L 表示误差计算函数。

$$J=\frac{1}{N}\sum_{i=1}^{N}L\left(y_i,f_m\left(x_i\right)\right)=\frac{1}{N}\sum_{i=1}^{N}L(y_i,f_{m-1}\left(x_i\right)+T(x_i)) \tag{3.43}$$

3）使用泰勒展开式将损失函数一阶展开。

泰勒展开式（一阶展开）为 $f(x,y)=f(x,y_0+\Delta y)\approx f(x,y_0)+\Delta y\cdot\frac{\partial f}{\partial y}$，根据 GBDT 的加法模型，将公式（3.43）中的 $f_m(x_i)$看成 y，$f_{m-1}(x_i)$ 看成 y_0，$T(x)$看成 Δy，代入公式（3.43）得到公式（3.44）。

$$J=\frac{1}{N}\sum_{i=1}^{N}L\left(y_i,f_{m-1}\left(x_i\right)\right)+T(x_i)\cdot\frac{\partial L}{\partial f_{m-1}\left(x_i\right)} \tag{3.44}$$

4）选择均方误差作为误差计算函数。

MSE 的公式为 $L(x,y)=\frac{1}{2}(x-y)^2$，偏导数为 $\frac{\partial L(x,y)}{\partial x}=x-y$，$\frac{\partial L(x,y)}{\partial y}=y-x$。将 MSE 代入公式（3.44）得到损失函数公式，如公式（3.45）所示。

$$J = \frac{1}{N}\sum_{i=1}^{N}\frac{1}{2}\left[y_i - f_{m-1}(x_i)\right]^2 + \left[f_{m-1}(x_i) - y_i\right]\cdot T(x_i) \tag{3.45}$$

5）求当损失函数取最小值时 $T(x_i)$的取值。

损失函数 J 为凸函数，当取最小值时，其偏导数为 0，如公式（3.46）所示。

$$\frac{\partial J}{\partial f_m(x_i)} = f_{m-1}(x_i) - y_i + T(x_i) = 0 \tag{3.46}$$

求解公式（3.46），得到新生成决策树的拟合目标，如公式（3.47）所示。可以看出，新生成决策树的拟合目标是真实值与之前模型预测结果的残差。

$$T(x_i) = y_i - f_{m-1}(x_i) \tag{3.47}$$

2．GBDT模型说明

经过上面的推理，可以得出结论：GBDT 新生成的决策树输出为之前模型预测的残差，如图 3.52 所示。

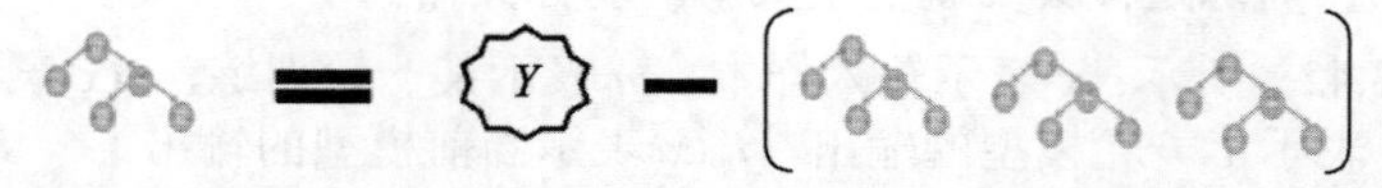

图 3.52　GBDT 生成的决策树输出

假如某个人的年龄是 20 岁，用 GBDT 构建组合分类器，训练时把上棵树的残差作为下一棵树的输入，预测时把每棵树的输出累加到一起作为预测结果，如图 3.53 所示。

- 第一棵树的输入为 20，预测输出是 15，残差为 5=20−5。
- 第二棵树的输入为 5，输出为 3，残差为 2=5−3。
- 第三棵树的输入和输出都为 2，残差为 0。

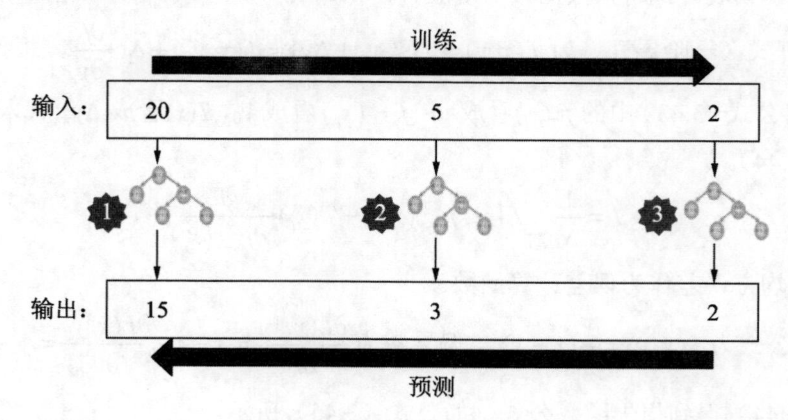

图 3.53　GBDT 组合分类器结构

3．模型的训练与预测

GBDT 与 CART 回归树的训练过程非常相似，区别在于 CART 回归树拟合的是样本的真实值，而 GBDT 中新生成的回归树拟合的是已有模型预测的残差。GBDT 输出的预测结果为每棵决策树预测结果的和。

4．GBDT演示代码

下面的代码随机生成 1000 组带噪声的样本（一维输入和一维输出），其中有 300 个测试样本，700 个训练样本，并使用 Sklearn 中提供的 GBDT 模型进行回归分析。

```
 1 from sklearn.ensemble import GradientBoostingClassifier
 2 from sklearn.datasets import make_regression
 3 from sklearn.model_selection import train_test_split
 4 #随机生成 1000 个带噪声的样本（一维 x 和一维 y）
 5 X,Y=make_regression(n_samples=1000,n_features=1,n_targets=1,noise=15)
 6 #划分成训练集和测试集，测试集占总样本的 30%，训练集占 70%
 7 X_train,X_test,Y_train,Y_test=train_test_split(X,Y,test_size=0.30)
 8 #定义、训练和评估模型(使用 100 棵决策树)
 9 model = GradientBoostingRegressor(n_estimators=100)
10 model.fit(X_train, Y_train)
11 #使用 Pandas 保存预测结果（为了可视化方便）
12 df=pd.DataFrame()
13 df['变量(X)']=X_test.squeeze()
14 df['真实值(Y)']=Y_test.squeeze()
15 df['预测值(Y)']=model.predict(X_test)
16 #使用散点图显示真实值，使用折线图显示预测值
17 sns.scatterplot(x='变量(X)',y='真实值(Y)',data=df)
18 sns.lineplot(x='变量(X)',y='预测值(Y)',data=df,lw=3,color='red')
```

模型在测试样本上的输出结果如图 3.54 所示（见彩插）。横轴是输入的变量 X，纵轴是输出的预测值 Y，图中的散点为样本的真实值，红色曲线为 GBDT 模型的预测值。

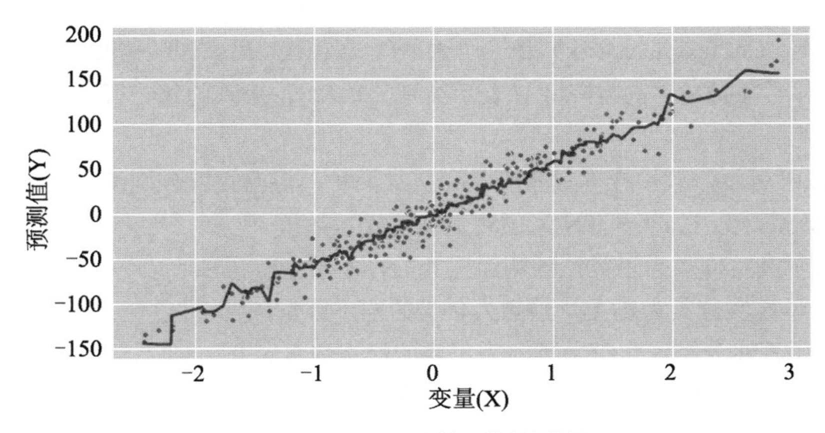

图 3.54　GBDT 回归预测的结果

3.6 模型评估

通过训练生成了模型后，还需要对模型的表现进行评估，以确定其是否可以在真实场景中使用。采用什么样的标准（衡量指标）进行评估，取决于模型的类型和应用场景。模型评估是综合分析模型的表现，有些模型追求高准确率，有些模型追求高处理速度，在模型评估时需要进行全面的考量。

很多时候，不能简单地根据准确率来衡量一个模型的好坏。比如在机场安装摄像头对恐怖分子进行识别，如何能使设计的识别算法达到 90%以上的准确率？很明显，只要把所有人都识别为正常人，就可以达到 90%以上的准确率，而这种算法是没有意义的。因此，需要从多个角度、使用多个评价标准对模型进行评估，综合分析各项指标才能最终确定模型能否被使用。

模型评估是一个动态的过程。模型是建立在训练数据基础上的。刚开始，训练数据和真实数据的分布差别不大，随着时间的推移，真实数据的分布可能会出现较大的变化，这种现象被称为数据分布的漂移（Distribution Drift）。这种时候就需要对模型进行持续的评估，当性能出现较大的下降时，说明该模型已经无法拟合当前数据，需要重新进行训练。

机器学习包含分类和回归两种任务，相应的评估方法也会不同，本节将详细地介绍这两种任务的评估方法。

3.6.1 分类模型评估

1. 混淆矩阵

混淆矩阵（Confusion Matrix）是一个误差统计矩阵，用来评估监督学习算法的性能。混淆矩阵是大小为 $M \times M$ 的方阵（M 表示类别的数量），矩阵的每一行表示预测值，每一列表示真实值。

如表 3.20 所示，假设样本只有正类和负类两种，混淆矩阵分别统计预测分类与真实分类的样本数量，其中 TP 和 TN 为预测正确的样本数量。

- TP 表示真实分类为正类，预测为正类的样本数量。
- FN 表示真实分类为正类，预测为负类的样本数量。
- FP 表示真实分类为负类，预测为正类的样本数量。
- TN 表示真实分类为负类，预测为负类的样本数量。

表 3.20　混淆矩阵

		真实值	
		正	负
预测值	正	TP	FP
	负	FN	TN

2. 准确率

如公式（3.48）所示，准确率（Accuracy）是指正确预测的样本数量占总样本数量的比值，它针对的是所有样本（包括正例和负例），反映的是模型算法的整体性能。

$$\text{Accuracy}=\frac{\text{TP+TN}}{\text{TP+FP+TN+FN}} \tag{3.48}$$

3. 精确率

如公式（3.49）所示，精确率（Precision）是指正确预测的正例样本数量占所有预测为正例样本数量的比值。与准确率不同，精确率只关注正例样本，反映的是预测为正例的样本中有多少真正的正例样本。

$$\text{Precision}=\frac{\text{TP}}{\text{TP+FP}} \tag{3.49}$$

4. 召回率

如公式（3.50）所示，召回率（Recall）是指正确预测的正例样本数量占真实正例样本总数的比值。召回率与精准率的分子相同，区别在于分母：

- 召回率的分母是真实样本中正例样本的数量，反映的是有多少个正例样本被成功预测了。
- 精准率的分母是预测结果中预测为正例的样本数量，反映预测结果中被成功预测的正例样本所占的比重。

$$\text{Recall}=\frac{\text{TP}}{\text{TP+FN}} \tag{3.50}$$

精准率的分母是检测到的物体总数量（正例），召回率的分母是实际物体总数量（正例），所以精准率又叫查准率，召回率又叫查全率。

5. F1分数

如公式（3.51）所示，F1 分数（F1_Score）是统计学中用来衡量二分类模型精确度的一种指标，定义为精确率和召回率的调和平均数，取值范围在 0 和 1 之间，反映模型的综合表现。

$$\text{F1\_Score}=\frac{2\ \text{Precision}\ \ \text{Recall}}{\text{Precision+Recall}} \tag{3.51}$$

6．真阳率

如公式（3.52）所示，真阳率（True Positive Rate，TPR）等同于召回率，是指在所有实际为阳性的样本中，被正确地判断为阳性的比率：

$$\text{TPR}=\frac{\text{TP}}{\text{TP+FN}} \tag{3.52}$$

7．假阳率

如公式（3.53）所示，假阳率（False Positive Rate，FPR）是指在所有实际为阴性的样本中，被错误地判断为阳性的比率。

$$\text{FPR}=\frac{\text{FP}}{\text{FP+TN}} \tag{3.53}$$

8．ROC曲线（二分类）

ROC（Receiver Operating Characteristic）曲线，又被称为受试者工作特征曲线。如图 3.55 所示，ROC 曲线以 FPR 假阳率为横坐标，以 TPR 真阳率为纵坐标，曲线越靠近左上角则说明模型的表现越好，越靠近右下角则说明模型的表现越差。

在分类任务里，模型的输出通常为一个预测概率。需要设定一个阈值，当预测的概率超过这个阈值就判断为某一类，否则判定为另一类。不同的阈值对应不同的真阳率和假阳率，通过 ROC 曲线可以确定最终选中的阈值。

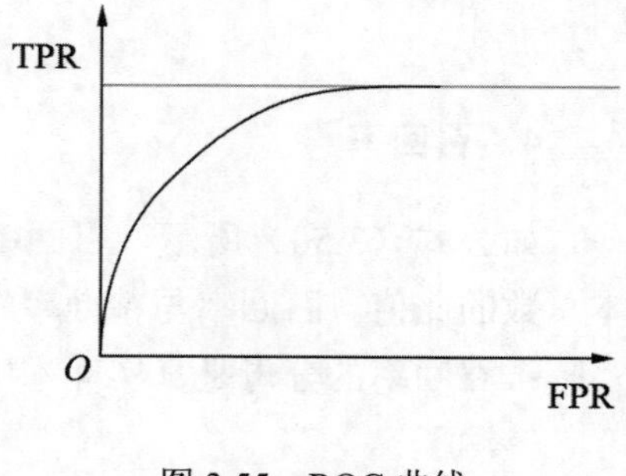

图 3.55　ROC 曲线

9．AUC值

AUC（Area Under Curve）值是指 ROC 曲线下的面积，其值越大说明模型的表现越好，其值为 0.5 时说明模型的预测呈随机猜测状态，其值为 1 时说明模型的表现达到理想状态。

10．使用Sklearn计算模型评估指标

Sklearn 里集成了以上评估指标的计算，下面的代码演示如何使用 Sklearn 对模型进行评估。

1）导入用到的开发库。

```
1 from sklearn.ensemble import GradientBoostingClassifier
2 from sklearn.model_selection import train_test_split
3 from sklearn.datasets import make_classification
4 from sklearn.metrics import confusion_matrix,accuracy_score,
classification_report
5 from sklearn.metrics import precision_score,recall_score,f1_score,
roc_curve,auc
6 import matplotlib.pyplot as plt
7 import numpy as np
```

2）随机生成 500 组二分类样本，400 组训练样本，100 组测试样本，并训练 GBDT 模型。

```
1 X, Y  = make_classification(n_samples=500, n_features=50, n_classes=2)
2 X_train,X_test,Y_train,Y_test=train_test_split(X,Y,test_size=0.20,
shuffle=False)
3 model = GradientBoostingClassifier()                #训练决策树模型
4 model.fit(X_train,Y_train)
5 pred_y=model.predict(X_test)                        #得到模型的预测值
```

3）调用 Sklearn 中的常用评估函数。

```
1 print("混淆矩阵(Confusion Matrix):\n",confusion_matrix(Y_test, pred_y))
2 print("准确率(Accuracy):",accuracy_score(Y_test,pred_y))
3 print("精准率(Precision):",precision_score(Y_test,pred_y))
4 print("召回率(Recall):",recall_score(Y_test,pred_y))
5 print("F1 分值(F1-Score):",f1_score(Y_test,pred_y))
6 print("分类报告:\n",classification_report(Y_test,pred_y,target_names=
['1','0']))
```

4）绘制 ROC 曲线并计算 AUC 值，输出结果如图 3.56 所示。

```
1 proba_y=model.predict_proba(X_test)        #使用模型预测输出分类的概率
2 scores = proba_y[:,1]                      #scores 为正例（标签为 1）的概率
  #调用函数，得到 fpr、tpr 和对应的阈值
3 fpr, tpr, thresholds = roc_curve(Y_test,scores)
4 roc_auc = auc(fpr, tpr) #根据 fpr 和 tpr 计算 AUC 值（ROC 曲线下方的面积）
  #可视化计算结果
5 plt.plot(fpr, tpr, label='AUC (area = {0:.2f})'.format(roc_auc))
```

11. ROC曲线（多分类）

一般情况下，ROC 曲线只能对二分类问题进行评估，对于多分类问题，需要将其转换为二分类问题后再使用 ROC 曲线进行分析。Sklearn 里提供的 macro-average（macro 法）和 micro-average（micro 法）可以对多分类问题进行 ROC 分析。

假设有 M 个样本，共 N 个分类，可得到一个 $M \times N$ 的标签矩阵 $\boldsymbol{L}$，矩阵 $\boldsymbol{L}$ 中的值为 0 或 1（1 表示属于某个类别，0 表示不属于某个类别）。根据预测结果得到一个 $M \times N$ 的预测矩阵 $\boldsymbol{P}$，矩阵 $\boldsymbol{P}$ 中的值为属于某个分类的概率，如图 3.57 所示。

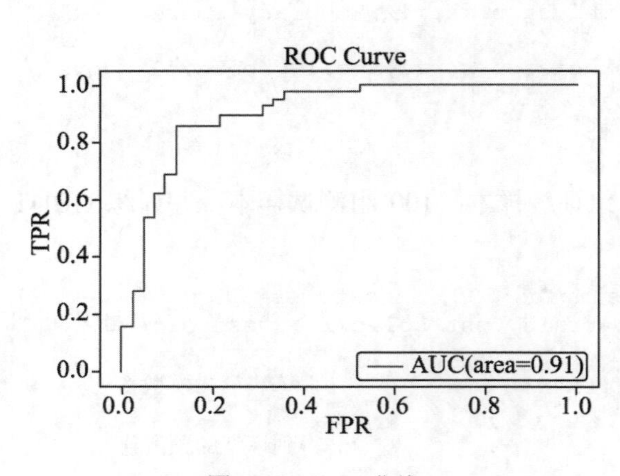

图 3.56　ROC 曲线

	类别(1)	类别(2)	…	类别(*N*)
样本(1)	0	0	…	0
样本(2)	1	0	…	0
…	0	1	…	0
样本(*M*)	0	0	…	1

标签矩阵（***L***矩阵）

	类别(1)	类别(2)	…	类别(*N*)
样本(1)	0.15	0.25	…	0.1
样本(2)	0.6	0.2	…	0.1
…	0.1	0.05	…	0.7
样本(*M*)	0.05	0.8	0	0.5

预测矩阵（***P***矩阵）

图 3.57　标签矩阵和预测矩阵

macro 法：分别取 ***L*** 矩阵和 ***P*** 矩阵中对应的列，进行 *N* 次 ROC 分析，得到 *N* 条 ROC 曲线，然后取平均作为最终的 ROC 曲线。

micro 法：如图 3.58 所示，将 ***L*** 矩阵和 ***P*** 矩阵分别按行展开，得到两个长度为 $M \times N$ 的数组，将数组中的元素看成标签值和预测值，这样将多分类转化为二分类问题，然后再使用 ROC 进行分析。

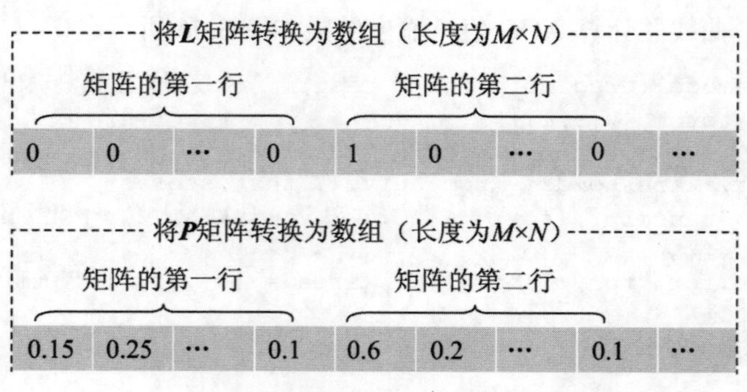

图 3.58　将 ***L*** 矩阵和 ***P*** 矩阵转换为数组

3.6.2　回归模型评估

1．平均绝对误差

平均绝对误差（Mean Absolute Error，MAE）为预测值与真实值之间的绝对误差的均值，也被称为 L_1 范数，计算方法如公式（3.54）所示，MAE 值越小表示模型的拟合效果越好。

MAE 的优点：可以避免正负误差相互抵消的情况，同时对异常值有更好的鲁棒性。

MAE 的缺点：函数图像不光滑，很难根据 MAE 函数对模型参数进行优化。

$$\text{MAE}=\frac{1}{N}\sum_{i=1}^{N}\left|y-\hat{y}\right| \tag{3.54}$$

2．均方误差

均方误差（Mean Squared Error，MSE）为预测值和真实值误差平方和的均值，计算方法如公式（3.55）所示，MSE 值越小表示模型的拟合效果越好。

MSE 的优点：函数连续可导，可根据 MSE 函数对模型参数进行优化，常用作回归模型的损失函数。

MSE 的缺点：MSE 对误差取了平方，会进一步增大误差，对异常值敏感。

$$\text{MSE}=\frac{1}{N}\sum_{i=1}^{N}(y-\hat{y})^2 \tag{3.55}$$

3．均方根误差

均方根误差（Root Mean Squared Error，RMSE）为均方误差的平方根，RMSE 的计算方法如公式（3.56）所示。由于 MSE 对误差取了平方，对误差的反映不直观，比较而言，RMSE 对误差的反映在数量级上更直观，假如 RMSE 为 2，可以近似认为模型预测值与真实值平均相差 2。

RMSE 的优点：修正 MSE 的缺点，可以直观反映误差的大小。

RMSE 的缺点：与 MSE 类似，RMSE 也有平方操作，从而增大了误差，对异常值敏感。

$$\text{RMSE}=\sqrt{\text{MSE}}=\sqrt{\frac{1}{N}\sum_{i=1}^{N}(y-\hat{y})^2} \tag{3.56}$$

4．决定系数

决定系数（Coefficient of Determination）为综合评估指标，也被称为 R^2，用来描述因变量 y 中的变异性（不同数值间的差异性）能够被回归方程解释的比例。

R^2 的优点：综合考虑到了预测值、真实值与样本自身的差异，是一个全面的度量指标。

R^2 的缺点：数据集的样本越多，R^2 值越大。同一个模型在不同数据集上的 R^2 值差别较大。

决定系数计算方法如公式（3.57）所示，其中 $\hat{y}_i$ 为预测值，$\bar{y}$ 为样本的平均值，y_i 为样本真实值。

$$R^2(y,\hat{y})=\frac{\text{SSR}}{\text{SST}}=1-\frac{\text{SSE}}{\text{SST}}=1-\sum_{i=0}^{N}\frac{(y_i-\hat{y}_i)^2}{(y_i-\overline{y})^2} \tag{3.57}$$

公式（3.57）中的 SSR（Sum of Squared Regression，回归平方和）为预测值与平均值误差的平方和，反映样本整体与预测结果的关联程度，计算方法如公式（3.58）所示。

$$\text{SSR}=\sum_{i=0}^{N}(\hat{y}_i-\overline{y})^2 \tag{3.58}$$

公式（3.57）中的 SSE（Sum of Squared Error，残差平方和）为真实值与预测值误差的平方和，反映模型对样本的拟合程度，计算方法如公式（3.59）所示。

$$\text{SSE}=\sum_{i=0}^{N}(y_i-\hat{y}_i)^2 \tag{3.59}$$

公式（3.57）中的 SST（Sum of Squared Total，总平方和）为真实值与平均值误差的平方和，反映样本自身与其期望之间的偏离程度，计算方法如公式（3.60）所示。

$$\text{SST}=\sum_{i=0}^{N}(y_i-\overline{y})^2 \tag{3.60}$$

决定系数的分母表示样本的离散程度，分子表示预测误差，理论上取值范围为（-∞，1]，一般情况下取值范围为[0，1]，越接近 1，说明模型的拟合效果越好，越接近 0，说明模型拟合效果越差。

5．校正决定系数

决定系数受自变量个数影响较大，一般情况下自变量个数越多，R^2 值越大。矫正决定系数（Adjusted R-Square）是在决定系数的基础上再给变量的个数加惩罚项。

矫正决定系数的计算方法如公式（3.61）所示，其中 n 是样本数量，p 是变量个数

$$\overline{R}^2=1-(1-R^2)\frac{n-1}{n-p-1} \tag{3.61}$$

矫正决定系数用来判断模型里是否有无用的变量，如果矫正决定系数（$\overline{R}^2$）和决定系数（R^2）相差较大，说明模型里有较多无用的变量。

6．使用Sklearn计算模型评估指标

下面的代码演示了通过 Sklearn 使用上述指标对回归模型进行评估的方法，输出结果如图 3.59 所示。

1）导入用到的开发库。

```
1 from sklearn.metrics import mean_absolute_error
2 from sklearn.metrics import mean_squared_error
```

```
3 from sklearn.metrics import r2_score
4 from sklearn.datasets import make_regression
5 from sklearn.linear_model import LinearRegression
6 from sklearn.model_selection import train_test_split
7 import math
```

2）随机生成 5000 组回归样本，4500 组训练样本，500 组测试样本，训练线性回归模型。

```
1 X,Y=make_regression(n_samples=5000,n_features=10,n_targets=1,noise=0.25)
2 X_train,X_test,Y_train,Y_test=train_test_split(X,Y,test_size=0.10,
shuffle=False)
3 #训练线性回归模型，并在测试集上进行预测
4 model = LinearRegression()
5 model.fit(X_train, Y_train)
6 pred_y = model.predict(X_test)
```

3）使用上述指标评估模型的表现。

```
1 print("平均绝对值误差(MAE):",mean_absolute_error(Y_test,pred_y))
2 print("均方误差(MSE):",mean_squared_error(Y_test,pred_y))
3 print("均方根误差(RMSE):",math.sqrt(mean_squared_error(Y_test,pred_y)))
4 r_square=r2_score(Y_test,pred_y)
5 print("决定系数(R²)",r_square)
6 n,p = X_train.shape
7 print("校正决定系数(adjusted R square)",(1-((1-r_square)*(n-1))/(n-p-1)))
```

```
平均绝对值误差(MAE): 0.1968613293368366
均方误差(MSE): 0.061432162000513074
均方根误差(RMSE): 0.24785512300639073
决定系数(R²) 0.9999985065714221
校正决定系数(adjusted R square) 0.9999985032445596
```

图 3.59　回归模型评估结果

3.7　其他常见模型与统一调参

在机器学习中，除了线性回归和决策树系列模型以外，还有许多经典的模型和算法，如逻辑回归和 SVM 等，这些模型都会有一些超参数，在建模时需要手工指定这些超参数的值。超参数的不同取值对模型的训练有很大的影响。

本节将先介绍这些常见模型或算法的原理，然后通过代码演示管道机制和网格搜索的使用，借助 Sklearn 提供的管道机制和网格搜索，简化模型的训练过程，实现模型超参数的调整。

3.7.1　其他常见模型简介

1. KNN算法

KNN（K-Nearest Neighbor）是最简单的监督学习算法之一，可用于分类或回归任务。以分类任务为例，KNN 算法在判断一个未知样本时，是在该样本附近寻找 K 个最相似样本，选择最多的类别作为当前样本的分类。

假设有已知分类的样本 $a_0, a_1, a_2, \cdots, a_n$ 和待分类数据 x，使用 KNN 算法做分类任务（预测 x 的分类），共有如下 4 步：

1）分别计算待分类数据（x）与每个已知样本 $a_0, a_1, a_2, \cdots, a_n$ 的距离。

2）将距离由小到大按升序排列，得到距离序列$(d_0, d_1, d_2, \cdots, d_n)$。

3）选取离待分类数据（x）最近的 K 个样本（在距离序列中，前 K 个距离所对应的样本，K 是需要手工指定的超参数）。

4）在选取的 K 个样本中，统计不同类别出现的次数，选择次数最多的类别作为 x 的分类。

假设有已知样本 $a_0, a_1, a_2, \cdots, a_n$ 和待预测数据 x，使用 KNN 算法做回归任务有如下 4 步：

1）计算待预测数据（x）与其他已知样本 $a_0, a_1, a_2, \cdots, a_n$ 的距离。

2）将距离由小到大按升序排序，得到距离序列$(d_0, d_1, d_2, \cdots, d_n)$。

3）选取离待预测数据（x）最近的 K 个样本。

4）计算 K 个样本对应标签的平均数，并使用该平均数作为 x 的预测输出。

2. 逻辑回归

逻辑回归（Logistic Regression，LR）是常见的监督学习算法，是一种二分类模型算法（虽然被称为逻辑回归，但实际上是一个分类算法），常用来作为分类任务的基准模型（Baseline）。

如图 3.60 所示，逻辑回归是在线性回归基础上增加一个 Sigmoid 函数，见公式(3.62)，将线性回归的输出压缩在(0, 1)区间，并根据阈值 0.5 将结果分为两类。

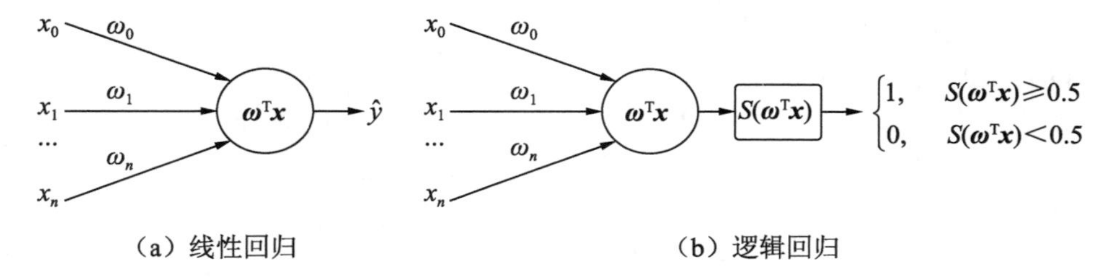

图 3.60　线性回归与逻辑回归

$$\mathrm{Sigmoid}(x)=\frac{1}{1+\mathrm{e}^{-x}} \tag{3.62}$$

本质上逻辑回归还是一个线性分类模型，它有实现简单、可解释性强和使用容易等优点，但当样本有复杂的特征时，其表现较差。

3．朴素贝叶斯模型

朴素贝叶斯是一种有监督学习的分类模型，其基础是贝叶斯公式，见公式（3.63），根据对已知样本的统计得到事件发生的概率，然后根据概率对样本进行分类。

$$P\left(B \mid A\right)=\frac{P\left(A \mid B\right)P(B)}{P(A)} \tag{3.63}$$

贝叶斯公式描述在条件 A 的情况下事件 B 发生的概率，在机器学习中，可以将特征看作条件 A，样本所属的类别看作事件 B，得到公式（3.64）。

$$P\left(\text{类别} \mid \text{特征}\right)=\frac{P\left(\text{特征} \mid \text{类别}\right)P(\text{类别})}{P(\text{特征})} \tag{3.64}$$

假设表 3.21 中为某个商品的单击数据，已经知道前 6 个历史用户的行为（买或不买），现在要预测第 7 条数据（特征为男、中年、频繁单击）的客户行为是什么。

这个例子其实是求概率 P(买|男,中年,频繁单击)和概率 P(不买|男,中年,频繁单击)，如果前者的概率大于后者则预测输出为“买”，否则预测输出为“不买”。

表 3.21　商品的单击量

序号	性别	年龄	单击商品的次数	购买
1	男	青年	较多单击	买
2	女	中年	较多单击	不买
3	女	中年	频繁单击	买
4	女	老年	很少单击	买
5	男	老年	频繁单击	不买
6	女	青年	频繁单击	买
7	男	中年	频繁单击	?

由于无法直接求出客户行为（买或者不买）的概率，可使用贝叶斯公式进行转换得到公式（3.65）和公式（3.66）。

$$P(\text{买}|\text{男},\text{中年},\text{频繁单击})=\frac{P(\text{男},\text{中年},\text{频繁单击}|\text{买})P(\text{买})}{P(\text{男},\text{中年},\text{频繁单击})} \tag{3.65}$$

$$P(\text{不买}|\text{男},\text{中年},\text{频繁单击})=\frac{P(\text{男},\text{中年},\text{频繁单击}|\text{不买})P(\text{不买})}{P(\text{男},\text{中年},\text{频繁单击})} \tag{3.66}$$

由于公式（3.65）与公式（3.66）的分母相同，只需要比较分子的大小即可。设 P_1 为公式（3.65）的分子，P_2 为公式（3.66）的分子，则有

$$P_1=P(\text{男}|\text{买})P(\text{中年}|\text{买})P(\text{频繁单击}|\text{买})P(\text{买}) \tag{3.67}$$

$$P_2=P(\text{男}|\text{不买})P(\text{中年}|\text{不买})P(\text{频繁单击}|\text{不买})P(\text{不买}) \tag{3.68}$$

对样本进行统计得到的概率如表 3.22 所示，可以看出 $P_1<P_2$，该模型最终输出为“不买”。

表 3.22　样本中买与不买的概率

买的概率	不买的概率
P(男|买)=1/4	P(男|不买)=1/2
P(中年|买)=1/4	P(中年|不买)=1/2
P(频繁单击|买)=1/2	P(频繁单击|不买)=1/2
$P_1=\frac{1}{4}\times\frac{1}{4}\times\frac{1}{2}=\frac{1}{32}$	$P_2=\frac{1}{2}\times\frac{1}{2}\times\frac{1}{2}=\frac{1}{8}$

朴素贝叶斯模型的优点是运算逻辑简单、实现容易且运算开销小，其缺点是要求各变量之间相互独立，这在实际应用中很难做到。同时，在小样本的情况下，该模型很容易出现统计概率为 0 的情况。在实际使用中，该模型一般用来对样本进行探索性分析，而不是用来做分类。

4．支持向量机

支持向量机（Support Vector Machine，SVM）是常用的监督学习模型。以二维数据为例，如图 3.61 所示，圆点和方块点分别代表两种不同的类别，SVM 就是寻找一个分隔超平面将这两类数据分隔开，其中点 A、点 B 和点 C 为边缘区上的点，被称为支持向量（离分隔超平面最近的点），分隔超平面的选择只与支持向量有关。

一个超平面由法向量 $\boldsymbol{\omega}$ 和截距 b 决定，其方程如公式（3.69）所示，可以规定法向量指向的一侧为正类，另一侧为负类（也可以规定法向量指向的一侧为负类，另一侧为正类）。

$$\boldsymbol{x}^{\mathrm{T}}\boldsymbol{\omega}+b=0 \tag{3.69}$$

如图 3.62 所示，支持向量所在的超平面分别为 $\boldsymbol{x}^{\mathrm{T}}\boldsymbol{\omega}+b=-1$ 和 $\boldsymbol{x}^{\mathrm{T}}\boldsymbol{\omega}+b=1$ 两个平行超平

面，SVM 需要求解的分隔超平面 $\boldsymbol{x}^{\mathrm{T}}\boldsymbol{\omega}+b=0$ 介于这两个平行超平面的中间，这两个平行超平面之间的区域被称为间隔（Margin），SVM 的优化目标就是使间隔尽可能的大，优化方法有硬间隔优化，软间隔优化和非线性支持向量机三种。

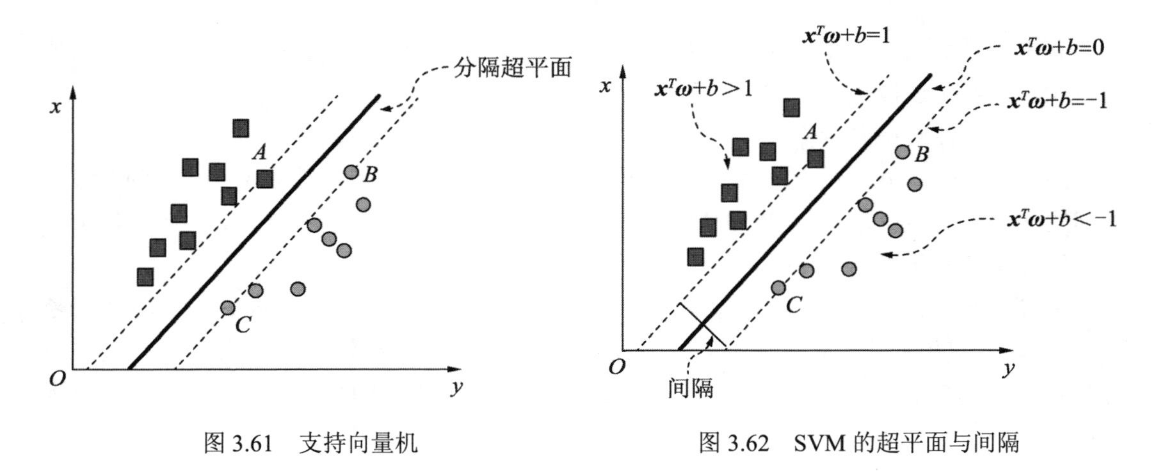

图 3.61　支持向量机　　　　图 3.62　SVM 的超平面与间隔

（1）硬间隔优化

硬间隔优化是以超平面的间隔最大为优化目标，求解出最优的分隔超平面。使用硬间隔优化方法要求数据完全线性可分，即满足公式（3.70）的约束条件（y 只有+1 或−1 两种取值）。

$$\begin{cases}\boldsymbol{x}_i^{\mathrm{T}}\boldsymbol{\omega}+b\geqslant+1 & (\text{当}y_i=+1\text{时})\\ \boldsymbol{x}_i^{\mathrm{T}}\boldsymbol{\omega}+b\leqslant-1 & (\text{当}y_i=-1\text{时})\end{cases} \tag{3.70}$$

超平面之间的距离计算方法如公式（3.71）所示。其中，$\|\boldsymbol{\omega}\|$为 $\boldsymbol{\omega}$ 的 L_2 范数，如公式（3.72）所示。

$$\text{margin}=\rho=\frac{2}{\|\boldsymbol{\omega}\|} \tag{3.71}$$

$$\|\boldsymbol{\omega}\|=\sqrt{\omega_1^{\ 2}+\omega_2^{\ 2}+\cdots+\omega_n^{\ 2}} \tag{3.72}$$

求超平面间的距离最大，等同于求 $\frac{1}{2}\|\boldsymbol{\omega}\|^2$ 最小（加上 $\frac{1}{2}$ 是为了运算方便），当公式（3.73）取最小值时的参数 $\boldsymbol{\omega}$ 和 b 即为硬间隔优化的解。

$$J(\boldsymbol{\omega},b)=\frac{1}{2}\|\boldsymbol{\omega}\|^2 \tag{3.73}$$

（2）软间隔优化

硬间隔优化要求数据严格线性可分，即存在一个超平面可以将样本完全分开。然而在真实场景中，数据往往不是完全线性可分的，这就需要容忍少量分类错误，即允许少量样本不满足约束的情况。这种情况就要用到软间隔优化，其实现方法是在硬间隔的基础上增加一个惩罚项，如公式（3.74）所示。

$$J(\omega,b)=\frac{1}{2}\|\omega\|^2+C\sum_{i=1}^{N}\max\left(0,1-y_i\left(\boldsymbol{x}_i^{\mathrm{T}}\omega+b\right)\right) \tag{3.74}$$

其中 C 称为惩罚系数。取值越小对误差惩罚越小，越容易欠拟合；取值越大对误差惩罚越大，越容易过拟合，当 C 取正无穷时就变成了硬间隔优化。

（3）非线性支持向量机

硬间隔和软间隔优化方法都要求数据是线性可分的，而实际场景中经常会遇到非线性的问题（例如异或问题），这时需要使用核函数对数据进行转换，将线性支持向量机推广到非线性支持向量机。

如图 3.63 所示，非线性支持向量机的思路为：先使用一个变换函数，如高斯核函数，将原数据映射到新空间（通常为更高维的空间），然后在新空间里用线性方法从训练数据中学习到模型。不仅是 SVM，其他模型也经常使用这种方法将线性模型应用到非线性领域。

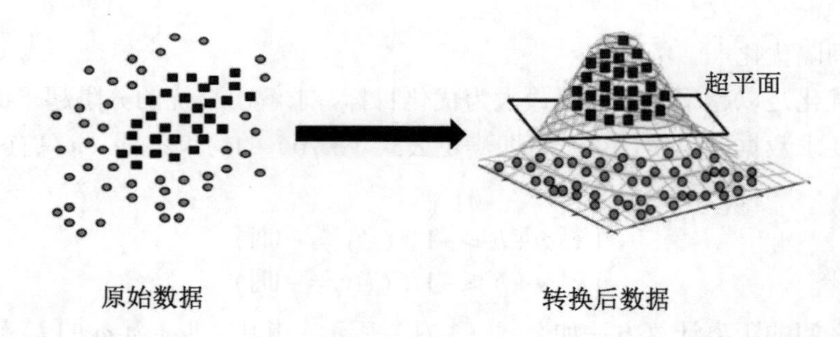

图 3.63　核函数转换示意

3.7.2　使用管道机制简化训练过程

在进行模型训练时，经常需要对数据进行各种处理，比如数据标准化或归一化、降维和提取特征等。另外，在测试集上测试模型和使用模型进行预测时都需要进行同样的处理。

为了避免重复操作，Sklearn 提供了管道机制（Pipeline），该机制可以有效地减少代码量，提高编程效率。

1．Sklearn中的评估器种类

- 转换器（Transformer）：Sklearn 中对数据进行转换的算法或模型，如标准化、降维等。

- 分类器（Classifier）：Sklearn 中进行分类分析的算法或模型，如决策树等。
- 回归器（Regressor）：Sklearn 中进行回归分析的算法或模型，如线性回归等。

2. Sklearn中的管道机制

如图 3.64 所示，Sklearn 提供的管道机制可将多个算法串联起来，形成一个完整的机器学习工作流。管道的最后一个评估器可以是任意类型（转换器、分类器或回归器），而除最后一个外，其他的评估器必须是转换器，如果最后一个评估器是分类器，则管道作为分类器使用，如果最后一个评估器是个回归器，则管道作为回归器使用。

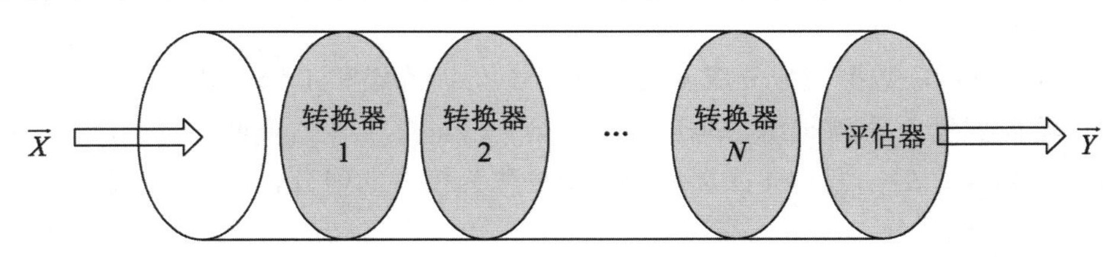

图 3.64　Sklearn 中的管道机制

3. 创建Sklearn中的管道

下面的代码创建了一个包含标准化（SC）、特征选择（FE）和分类器（SVM）的管道，样本在进入管道后，先进行标准化和特征选择等转换处理，再经过分类器处理并输出结果。

1）导入用到的开发库。

```
1 from sklearn.feature_selection import f_classif,SelectKBest
2 from sklearn.svm import SVC
3 from sklearn.preprocessing import StandardScaler
4 from sklearn.pipeline import Pipeline
5 from sklearn.datasets import make_blobs
6 from sklearn.model_selection import train_test_split
```

2）调用管道进行标准化、提取特征、训练、评估和预测。

```
 1 X, Y = make_blobs(n_samples=1000,n_features=10,centers=2)  #准备样本
 2 X_train,X_test,Y_train,Y_test=train_test_split(X,Y,test_size=0.10)
 3 pipe_list =[]
 4 pipe_list.append(("SC",StandardScaler()))              #增加标准化转换器
 5 pipe_list.append(("FE",SelectKBest(f_classif, k=2)))#增加特征选择转换器
 6 pipe_list.append(("SVM",SVC(C=15)))                    #增加 SVM 分类器
 7 pipe = Pipeline(steps=pipe_list,verbose=True)          #创建管道
 8 pipe.set_params(SVM__C=10)                             #设置管道参数
 9 pipe.fit(X_train,Y_train)                              #训练模型
10 pipe.score(X_test,Y_test)                              #评估
11 pipe.predict(X_test)                                   #进行预测
12 pipe.get_params()                                      #获取管道中的参数
```

3.7.3　使用网格搜索进行调参

1. 交叉验证

在小样本情况下，为了充分利用样本数据，可以使用交叉验证方法。交叉验证是指保持测试集不变，先将数据集平均分为若干份，再挑选其中的一份作为验证集，其他的作为训练集，然后分别在每一份训练集上训练模型，在验证集上评估模型，最后使用平均得分作为模型的得分。

如图 3.65 所示，数据集被分成 4 份（包括 3 份训练集和 1 份验证集，称为 4 折交叉验证），每轮训练包含 4 次训练，每次训练都会在验证集上评估模型的得分，在完成一轮训练（4 次训练）之后，取这 4 次训练的平均分作为模型的得分。需要注意的是，交叉验证是对训练集进行拆分，而测试集保持不变，交叉验证一般与网格搜索同时使用。

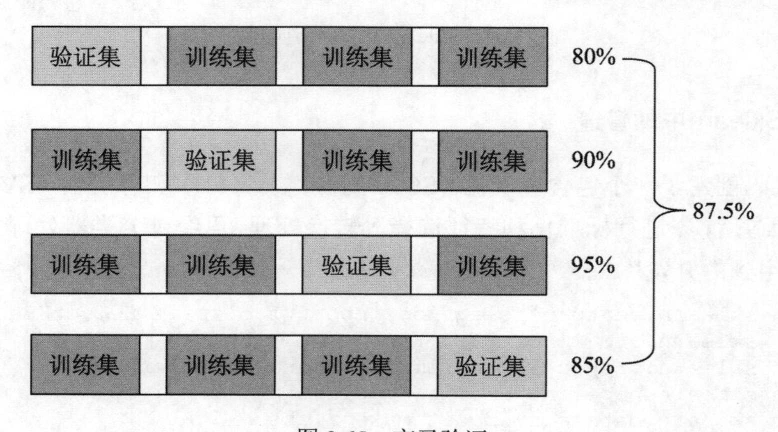

图 3.65　交叉验证

2. 网格搜索

网格搜索是一种寻找最优超参数的方法，其本质是一种穷举法。网格搜索的原理是先将模型可能用到的超参数全部枚举出来，然后由机器依次尝试这些参数并寻找到最优组合。随着超参数个数的增多，网格搜索的计算量呈几何级上升，一般情况下，网格搜索适用于超参数较少（3 个以内）的模型，如 SVM 和决策树等。

3. 交叉验证与网格搜索实例

下面的代码演示了使用网格搜索对管道选择最优参数组合的方法。Sklearn 中的网格搜索不仅可以作用在管道上，也可以作用在单一模型上，其作用的实现方法类似。

1）导入用到的开发库。

```
1 from sklearn.feature_selection import f_classif,SelectKBest
2 from sklearn.svm import SVC
3 from sklearn.preprocessing import StandardScaler
4 from sklearn.pipeline import Pipeline
5 from sklearn.datasets import make_classification
6 from sklearn.model_selection import train_test_split,GridSearchCV
```

2）随机生成 1000 组样本（100 个测试样本，900 个训练样本），使用管道和网格搜索寻找最优参数。

```
1 X, Y = make_classification(n_samples=1000,n_features=20,n_classes=2)
2 X_train,X_test,Y_train,Y_test=train_test_split(X,Y,test_size=0.10)
3 #创建管道
4 pipe_list =[]
5 pipe_list.append(("SC",StandardScaler()))
6 pipe_list.append(("FE",SelectKBest(f_classif, k=10)))
7 pipe_list.append(("SVM",SVC(C=15)))
8 pipe = Pipeline(steps=pipe_list,verbose=False)
  #设置管道的候选参数
9 param_grid = {'FE__k':[1,2,3],'SVM__C': [1,5, 15, 30, 45, 64]}
10 search = GridSearchCV(pipe, param_grid,cv=4)       #使用 4 折交叉验证
11 search.fit(X_train, Y_train)
12 print("最佳模型:得分=%0.3f，参数=%s" %(search.best_score_,search.best_
params_))
13 print('在测试集上得分:',search.best_estimator_.score(X_test,Y_test))
```

3.8　小　　结

机器学习的完整流程包括多个环节，本章详细地介绍了每个环节的作用和实现方法。本章的内容主要围绕以下 4 个问题进行说明。

1）如何对数据进行探索，并从中产生洞察？

在 3.1 节中介绍了常见的数据分布和应用场景、探索性数据分析方法以及如何使用 Pandas 和 Seaborn 进行探索性数据分析。通过对样本进行探索性分析，可以对样本的质量、分布形态和特征的重要程度有全面的了解。

2）如何对数据进行处理，并产生高价值的特征？

3.2 节和 3.3 节分别介绍了数据预处理和特征选择的方法。使用标准化、数据清洗和数据转换等数据预处理手段，可以将原始数据转换为更有利于识别的数据；使用过滤法、包裹法和嵌入法等特征选择手段，可以从众多特征中挑选出最具代表性的、更有价值的特征。

3）如何选择机器学习模型，并使用模型进行训练？

3.4 节和 3.5 节重点介绍了线性回归模型和决策树模型，其中线性回归模型包括 6 种，决策树模型包括 5 种。除此之外，3.7 节还介绍了逻辑回归、KNN、SVM 以及朴素贝叶斯等常见模型。在这几节中，分别通过代码演示了使用 Sklearn 进行模型训练的方法。

4）如何评估模型的性能，并使用模型进行预测？

3.6 节先介绍了模型的评估方法，包括分类模型和回归模型的评估指标。然后通过代码演示了如何计算这些指标。在 3.7 节先介绍了 Sklearn 的管道机制、交叉验证和网格搜索等方法，然后通过代码演示了模型的训练和预测过程。

第2篇 计算机视觉基础

第 4 章　计算机视觉概述

与人类的视觉系统类似，计算机视觉（Computer Vision，CV）是研究如何让计算机理解图像的学科，即计算机从图像或者视频中提取出图像信息，并对这些信息进行分析，从而实现对目标的检测、识别和跟踪等具体应用。简单来说，计算机视觉的目标是让计算机能看懂和理解图像。

计算机视觉涉及的范围很广，在现阶段，其应用更多集中在图像分类、目标检测、语义分割、实例分割和目标追踪五大领域。其中，图像分类与目标检测是最基础的应用，在此基础上派生出了语义分割、实例分割和目标跟踪等相对高级的应用。这几个应用的目标如下：

- 图像分类：根据图像自身的特性，通过定量分析将其划分成不同的类别。
- 目标检测：检索到图像中的物品并进行分类，然后通过边界框标记出物品的位置坐标。
- 语义分割：将图像中每个像素点进行对应的分类并找到目标区域，从而实现图像前景和背景的分离。语义分割不区分同一个类别的不同个体。
- 实例分割：在语义分割的基础上区分出每个类别的不同个体。
- 目标追踪：跟踪图像序列或视频中的目标，从而定位目标在图像帧中的运行轨迹。

4.1　图像与计算机视觉

图像是计算机视觉的基础。与传统的图像处理相比，计算机视觉更关注图像中的高层语义，即机器对图像的理解，其输入的是图像或图像序列，如视频，输出的是对图像或图像序列的理解，比如检测到的人脸、识别出的车牌和猫狗图像的分类等。

在计算机中，图像就是一组数字，图像处理就是对这组数字进行转换、切割、重组及过滤等过程。本节将介绍数字图像的结构、常见类型及完整的计算机视觉工作流程。

4.1.1　图像的结构与常见类型

数字图像又称数码图像。一幅二维图像的本质是一系列像素点的组合，这些像素点可以用一个数组或矩阵来表示。如图 4.1 所示，人眼看到的是数字 0，计算机“看”到的则是一个由像素点组成的矩阵，矩阵中的每个值为像素值，表示该像素点的色彩或明亮程度。

（a）人眼看到的图像

[224]	[255]	[255]	[255]	[255]	[255]	[255]	[255]	[255]	[255]	[255]	[225]
[255]	[255]	[255]	[255]	[255]	[251]	[245]	[255]	[255]	[255]	[255]	[255]
[255]	[255]	[255]	[255]	[32]	[32]	[32]	[32]	[255]	[255]	[255]	[255]
[255]	[255]	[255]	[27]	[32]	[32]	[33]	[32]	[34]	[255]	[255]	[255]
[255]	[255]	[255]	[32]	[33]	[255]	[255]	[31]	[32]	[255]	[255]	[255]
[255]	[255]	[255]	[32]	[33]	[255]	[255]	[231]	[32]	[255]	[255]	[255]
[255]	[255]	[255]	[32]	[51]	[255]	[255]	[255]	[32]	[254]	[255]	[255]
[255]	[255]	[255]	[32]	[176]	[255]	[255]	[255]	[32]	[254]	[255]	[255]
[255]	[255]	[255]	[32]	[178]	[255]	[255]	[255]	[32]	[252]	[255]	[255]
[255]	[255]	[255]	[32]	[53]	[255]	[255]	[255]	[32]	[254]	[255]	[255]
[255]	[255]	[255]	[32]	[30]	[255]	[255]	[173]	[32]	[255]	[255]	[255]
[255]	[255]	[255]	[32]	[32]	[255]	[255]	[28]	[32]	[255]	[255]	[255]
[255]	[255]	[255]	[28]	[32]	[32]	[32]	[32]	[43]	[255]	[255]	[255]
[255]	[255]	[255]	[255]	[32]	[32]	[32]	[32]	[255]	[255]	[255]	[255]
[255]	[255]	[255]	[255]	[255]	[255]	[255]	[255]	[255]	[255]	[255]	[255]
[242]	[255]	[255]	[255]	[255]	[255]	[255]	[255]	[255]	[255]	[255]	[236]

（b）计算机看到的图像

图 4.1　数字图像的结构

像素值可以有多种形式，分别代表不同类型的图像，常见的图像类型有灰度图、二值图、RGB 图和 HSV 图等。

- 灰度图和二值图的每个像素点只有一个值，称为单通道图。
- RGB 图和 HSV 图的每个像素点有三个值，称为三通道图。

1．图像函数

如图 4.2 所示，可以将数字图像看成一个二维函数 $f(x, y)$，其中，x 和 y 表示空间（平面）的坐标，函数值 $f(x, y)$为图像在该点处的像素值。

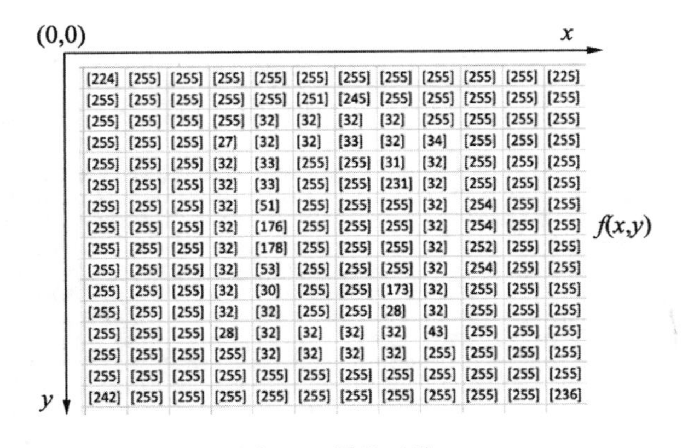

[224]	[255]	[255]	[255]	[255]	[255]	[255]	[255]	[255]	[255]	[255]	[225]
[255]	[255]	[255]	[255]	[255]	[251]	[245]	[255]	[255]	[255]	[255]	[255]
[255]	[255]	[255]	[255]	[32]	[32]	[32]	[32]	[255]	[255]	[255]	[255]
[255]	[255]	[255]	[27]	[32]	[32]	[33]	[32]	[34]	[255]	[255]	[255]
[255]	[255]	[255]	[32]	[33]	[255]	[255]	[31]	[32]	[255]	[255]	[255]
[255]	[255]	[255]	[32]	[33]	[255]	[255]	[231]	[32]	[255]	[255]	[255]
[255]	[255]	[255]	[32]	[51]	[255]	[255]	[255]	[32]	[254]	[255]	[255]
[255]	[255]	[255]	[32]	[176]	[255]	[255]	[255]	[32]	[254]	[255]	[255]
[255]	[255]	[255]	[32]	[178]	[255]	[255]	[255]	[32]	[252]	[255]	[255]
[255]	[255]	[255]	[32]	[53]	[255]	[255]	[255]	[32]	[254]	[255]	[255]
[255]	[255]	[255]	[32]	[30]	[255]	[255]	[173]	[32]	[255]	[255]	[255]
[255]	[255]	[255]	[32]	[32]	[255]	[255]	[28]	[32]	[255]	[255]	[255]
[255]	[255]	[255]	[28]	[32]	[32]	[32]	[32]	[43]	[255]	[255]	[255]
[255]	[255]	[255]	[255]	[32]	[32]	[32]	[32]	[255]	[255]	[255]	[255]
[255]	[255]	[255]	[255]	[255]	[255]	[255]	[255]	[255]	[255]	[255]	[255]
[242]	[255]	[255]	[255]	[255]	[255]	[255]	[255]	[255]	[255]	[255]	[236]

图 4.2　图像函数

2．灰度图

图 4.1 是一幅灰度图，其像素值为 0～255 的某个整数，表示该像素点的明亮程度，

像素值越大，亮度越高，像素值为 255 表示全白，为 0 表示全黑。灰度图中的像素值也被称为灰度等级。

3．二值图

如图 4.3 所示，二值图的像素点只有 0 和 255 两种灰度等级，分别代表纯黑色和纯白色。也就是说，二值图的像素值要么是 0，要么是 255，二值图只有纯黑和纯白两种颜色。

0	0	0	0	0	0	0	0	0	0	0	0
0	0	0	0	0	0	0	0	0	0	0	0
0	0	0	0	255	255	255	255	0	0	0	0
0	0	0	255	255	255	255	255	255	0	0	0
0	0	0	255	255	0	0	255	255	0	0	0
0	0	0	255	255	0	0	0	255	0	0	0
0	0	0	255	255	0	0	0	255	0	0	0
0	0	0	255	0	0	0	0	255	0	0	0
0	0	0	255	0	0	0	0	255	0	0	0
0	0	0	255	255	0	0	0	255	0	0	0
0	0	0	255	255	0	0	0	255	0	0	0
0	0	0	255	255	0	0	255	255	0	0	0
0	0	0	255	255	255	255	255	255	0	0	0
0	0	0	0	255	255	255	255	0	0	0	0
0	0	0	0	0	0	0	0	0	0	0	0
0	0	0	0	0	0	0	0	0	0	0	0

图 4.3　二值图

4．RGB与BGR图

RGB 色彩模式是工业界的一种颜色标准，它通过对红（Red）、绿（Green）、蓝（Blue）三种基本的颜色进行组合，形成几乎所有的其他颜色。RGB 图是最基本也是最常用的彩色图格式。

RGB 图为三通道图，每个像素值由 RGB 色彩空间组成。如图 4.4 所示，图中的每个像素值由三个值组成，其顺序为[R, G, B]，分别代表红色、绿色和蓝色分量的强度。

[224 224 224]	[255 255 255]	[255 255 255]	[255 255 255]	[255 255 255]	[255 255 255]	[255 255 255]	[255 255 255]	[255 255 255]	[255 255 255]	[255 255 255]	[225 225 225]
[255 255 255]	[255 255 255]	[255 255 255]	[255 255 255]	[255 255 255]	[251 251 251]	[245 245 245]	[255 255 255]	[255 255 255]	[255 255 255]	[255 255 255]	[255 255 255]
[255 255 255]	[255 255 255]	[255 255 255]	[255 255 255]	[32 31 35]	[32 31 35]	[32 31 35]	[32 31 35]	[255 255 255]	[255 255 255]	[255 255 255]	[255 255 255]
[255 255 255]	[255 255 255]	[255 255 255]	[27 27 27]	[32 31 35]	[32 31 35]	[33 31 36]	[32 31 35]	[34 33 37]	[255 255 255]	[255 255 255]	[255 255 255]
[255 255 255]	[255 255 255]	[255 255 255]	[32 31 35]	[33 32 36]	[255 255 255]	[255 255 255]	[31 30 34]	[32 31 35]	[255 255 255]	[255 255 255]	[255 255 255]
[255 255 255]	[255 255 255]	[255 255 255]	[32 31 35]	[33 32 36]	[255 255 255]	[255 255 255]	[231 230 234]	[32 31 35]	[255 255 255]	[255 255 255]	[255 255 255]
[255 255 255]	[255 255 255]	[255 255 255]	[32 31 35]	[51 50 54]	[255 255 255]	[255 255 255]	[255 255 255]	[32 31 35]	[255 254 255]	[255 255 255]	[255 255 255]
[255 255 255]	[255 255 255]	[255 255 255]	[32 31 35]	[176 175 178]	[255 255 255]	[255 255 255]	[255 255 255]	[32 31 35]	[254 253 255]	[255 255 255]	[255 255 255]
[255 255 255]	[255 255 255]	[255 255 255]	[32 31 35]	[178 177 180]	[255 255 255]	[255 255 255]	[255 255 255]	[32 31 35]	[253 252 253]	[255 255 255]	[255 255 255]
[255 255 255]	[255 255 255]	[255 255 255]	[32 31 35]	[53 52 56]	[255 255 255]	[255 255 255]	[255 255 255]	[32 31 35]	[255 254 255]	[255 255 255]	[255 255 255]
[255 255 255]	[255 255 255]	[255 255 255]	[32 31 35]	[30 29 33]	[255 255 255]	[255 255 255]	[173 172 176]	[32 31 35]	[255 255 255]	[255 255 255]	[255 255 255]
[255 255 255]	[255 255 255]	[255 255 255]	[32 31 35]	[32 31 35]	[255 255 255]	[255 255 255]	[28 27 31]	[32 31 35]	[255 255 255]	[255 255 255]	[255 255 255]
[255 255 255]	[255 255 255]	[255 255 255]	[28 28 28]	[32 31 35]	[32 31 35]	[32 31 35]	[32 31 35]	[43 42 46]	[255 255 255]	[255 255 255]	[255 255 255]
[255 255 255]	[255 255 255]	[255 255 255]	[255 255 255]	[32 31 35]	[32 31 35]	[32 31 35]	[32 31 35]	[255 255 255]	[255 255 255]	[255 255 255]	[255 255 255]
[255 255 255]	[255 255 255]	[255 255 255]	[255 255 255]	[255 255 255]	[255 255 255]	[255 255 255]	[255 255 255]	[255 255 255]	[255 255 255]	[255 255 255]	[255 255 255]
[242 242 242]	[255 255 255]	[255 255 255]	[255 255 255]	[255 255 255]	[255 255 255]	[255 255 255]	[255 255 255]	[255 255 255]	[255 255 255]	[255 255 255]	[236 236 236]

图 4.4　RGB 图

与 RGB 图类似，BGR 图中的像素值也由三个值组成，其顺序为[B, G, R]，分别代表蓝色、绿色和红色分量的强度。

RGB 颜色空间使用三个基本颜色的组合来表示颜色，颜色的改变意味着这三个分量也同时改变，当颜色连续变化时，RGB 值的变化没有连续性。同时，RGB 中的三个分量都与亮度相关，只要亮度发生改变，这三个分量就会随之改变，因此 RGB 图像对亮度敏感。

由于 RGB 颜色空间中的三个分量的变化没有规律，对于某一种颜色，人眼很难判断出其三个分量的数值是多少，因此 RGB 图常用于显示，而不适合用于图像的色彩处理。

5．HSV图

与 RGB 相比，HSV 颜色空间更接近人们对彩色的感觉，可更直观地表达颜色的色调、鲜艳程度和明暗程度，因此在做色彩的相关处理时，使用较多的是 HSV 图。

HSV 图也是三通道图，每个像素值由 HSV 颜色空间组成。HSV 颜色空间包括色调（Hue）、饱和度（Saturation）和亮度（Value）三个分量。

如图 4.5 所示，HSV 图中的每个像素点由三个值组成，分别表示 HSV 颜色空间的色调（H）、饱和度（S）和亮度（V）的分量强度。

[0 0 224]	[0 0 255]	[0 0 255]	[0 0 255]	[0 0 255]	[0 0 255]	[0 0 255]	[0 0 255]	[0 0 255]	[0 0 255]	[0 0 255]	[0 0 225]
[0 0 255]	[0 0 255]	[0 0 255]	[0 0 255]	[0 0 255]	[0 0 251]	[0 0 245]	[0 0 255]	[0 0 255]	[0 0 255]	[0 0 255]	[0 0 255]
[0 0 255]	[0 0 255]	[0 0 255]	[0 0 255]	[173 29 35]	[173 29 35]	[173 29 35]	[173 29 35]	[0 0 255]	[0 0 255]	[0 0 255]	[0 0 255]
[0 0 255]	[0 0 255]	[0 0 255]	[0 0 27]	[173 29 35]	[173 29 35]	[168 35 36]	[173 29 35]	[173 28 37]	[0 0 255]	[0 0 255]	[0 0 255]
[0 0 255]	[0 0 255]	[0 0 255]	[173 29 35]	[173 28 36]	[0 0 255]	[0 0 255]	[173 30 34]	[173 29 35]	[0 0 255]	[0 0 255]	[0 0 255]
[0 0 255]	[0 0 255]	[0 0 255]	[173 29 35]	[173 28 36]	[0 0 255]	[0 0 255]	[173 4 234]	[173 29 35]	[0 0 255]	[0 0 255]	[0 0 255]
[0 0 255]	[0 0 255]	[0 0 255]	[173 29 35]	[173 19 54]	[0 0 255]	[0 0 255]	[0 0 255]	[173 29 35]	[150 1 255]	[0 0 255]	[0 0 255]
[0 0 255]	[0 0 255]	[0 0 255]	[173 29 35]	[170 4 178]	[0 0 255]	[0 0 255]	[0 0 255]	[173 29 35]	[165 2 255]	[0 0 255]	[0 0 255]
[0 0 255]	[0 0 255]	[0 0 255]	[173 29 35]	[170 4 180]	[0 0 255]	[0 0 255]	[0 0 255]	[173 29 35]	[150 1 253]	[0 0 255]	[0 0 255]
[0 0 255]	[0 0 255]	[0 0 255]	[173 29 35]	[173 18 56]	[0 0 255]	[0 0 255]	[0 0 255]	[173 29 35]	[150 1 255]	[0 0 255]	[0 0 255]
[0 0 255]	[0 0 255]	[0 0 255]	[173 29 35]	[173 31 33]	[0 0 255]	[0 0 255]	[173 6 176]	[173 29 35]	[0 0 255]	[0 0 255]	[0 0 255]
[0 0 255]	[0 0 255]	[0 0 255]	[173 29 35]	[173 29 35]	[0 0 255]	[0 0 255]	[173 33 31]	[173 29 35]	[0 0 255]	[0 0 255]	[0 0 255]
[0 0 255]	[0 0 255]	[0 0 255]	[0 0 28]	[173 29 35]	[173 29 35]	[173 29 35]	[173 29 35]	[173 22 46]	[0 0 255]	[0 0 255]	[0 0 255]
[0 0 255]	[0 0 255]	[0 0 255]	[0 0 255]	[173 29 35]	[173 29 35]	[173 29 35]	[173 29 35]	[0 0 255]	[0 0 255]	[0 0 255]	[0 0 255]
[0 0 255]	[0 0 255]	[0 0 255]	[0 0 255]	[0 0 255]	[0 0 255]	[0 0 255]	[0 0 255]	[0 0 255]	[0 0 255]	[0 0 255]	[0 0 255]
[0 0 242]	[0 0 255]	[0 0 255]	[0 0 255]	[0 0 255]	[0 0 255]	[0 0 255]	[0 0 255]	[0 0 255]	[0 0 255]	[0 0 255]	[0 0 236]

图 4.5　HSV 图

如图 4.6 所示（见彩插），在 HSV 图中，色调是用角度表示的色彩信息。从红色开始按逆时针方向旋转，Hue=0 表示红色，Hue=120 表示绿色，Hue=240 表示蓝色。色调的取值范围为 0～360（在 OpenCV 中的取值范围为 0～180）。

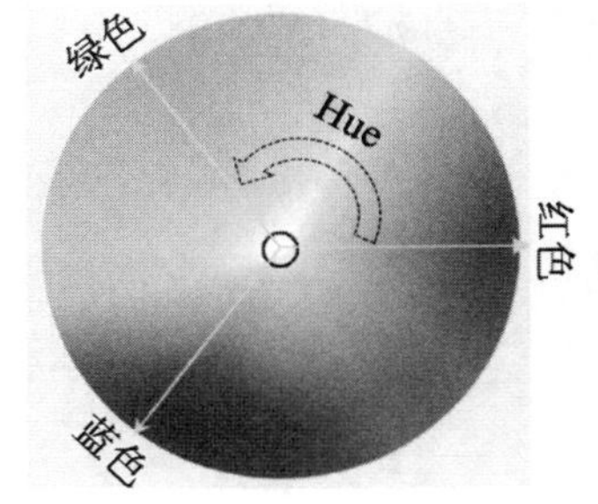

图 4.6　色调

饱和度表示接近光谱色的程度，取值范围为 0～100，值越高，表示颜色越深，值越低，表示颜色越浅，饱和度为 0 时表示纯白色。例如，当 Hue=0，Saturation=100 时表示标准红色，当 Hue=120，Saturation=100 时表示标准绿色。

亮度表示颜色的明亮程度，取值范围为 0～100，值越高，表示颜色越明亮，值越低，表示颜色越暗，亮度为 0 时表示纯黑色。

表 4.1 列举了 HSV 颜色空间中三个分量不同的取值范围所对应的颜色。

表 4.1　HSV分量范围对应的颜色

<table>
<tr><th></th><th>黑</th><th>灰</th><th>白</th><th>红</th><th>红</th><th>橙</th><th>黄</th><th>绿</th><th>青</th><th>蓝</th><th>紫</th></tr>
<tr><td>H_{min}</td><td>0</td><td>0</td><td>0</td><td>0</td><td>156</td><td>11</td><td>26</td><td>35</td><td>78</td><td>100</td><td>125</td></tr>
<tr><td>H_{max}</td><td>180</td><td>180</td><td>180</td><td>10</td><td>180</td><td>25</td><td>34</td><td>77</td><td>99</td><td>124</td><td>155</td></tr>
<tr><td>S_{min}</td><td>0</td><td>0</td><td>0</td><td colspan="2">43</td><td>43</td><td>43</td><td>43</td><td>43</td><td>43</td><td>43</td></tr>
<tr><td>S_{max}</td><td>255</td><td>43</td><td>30</td><td colspan="2">255</td><td>255</td><td>255</td><td>255</td><td>255</td><td>255</td><td>255</td></tr>
<tr><td>V_{min}</td><td>0</td><td>46</td><td>221</td><td colspan="2">46</td><td>46</td><td>46</td><td>46</td><td>46</td><td>46</td><td>46</td></tr>
<tr><td>V_{max}</td><td>46</td><td>220</td><td>255</td><td colspan="2">255</td><td>255</td><td>255</td><td>255</td><td>255</td><td>255</td><td>255</td></tr>
</table>

在色调一定的情况下：减小饱和度相当于添加白色，意味着稀释光谱色，当饱和度减小到 0 时，只剩下白色；减小亮度相当于添加黑色，意味着光谱色变暗，当亮度减小到 0 时，整个颜色为黑色。

如图 4.7 所示（见彩插），HSV 的黄色用一个色调值 H 就可以表示，当色彩发生变化时，色调值的变化是连续的，因此可以很容易地发现色调值 H 的变化规律，而 RGB 的黄色需要用(255,255,0)三个值来表示，当色彩发生变化时，很难发现其变化规律。由此可见，在色彩处理方面，HSV 比 RGB 更有优势。在计算机视觉中，当需要进行色彩处理时，通常先将图像转换为 HSV 格式，然后再进行处理。

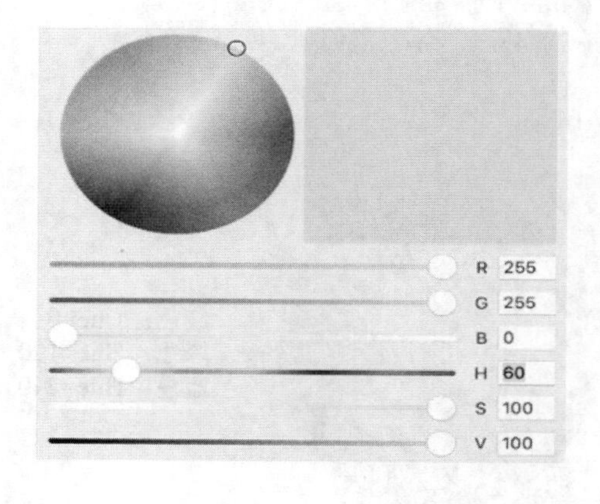

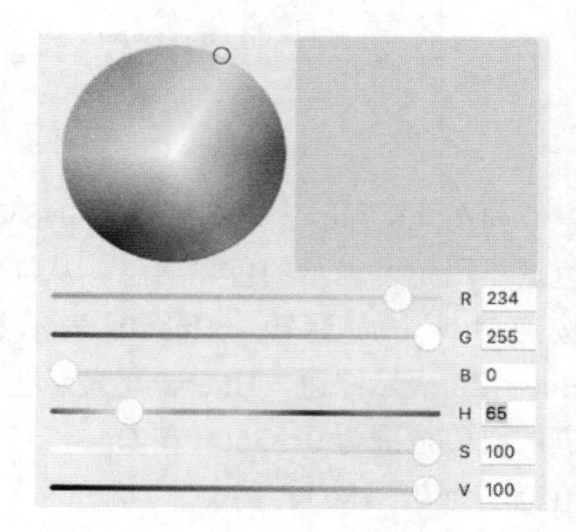

图 4.7　HSV 与 RGB 颜色空间的对比

4.1.2　计算机视觉的工作流程

如图 4.8 所示，一个完整的计算机视觉任务通常需要经过图像读取、图像预处理、目标区域定位、特征提取和应用处理 5 个步骤。

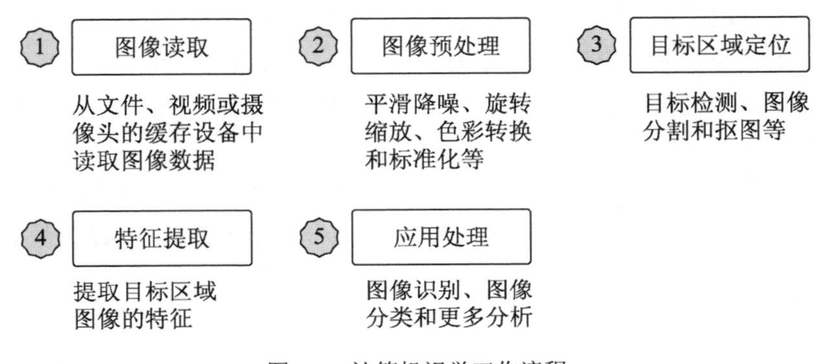

图 4.8　计算机视觉工作流程

1. 图像读取

一般情况下，图像或视频以文件的形式存储在硬盘中，或者以数据流的形式存储于摄像头的缓存设备上，这些图像数据可能有多种格式。在图像处理前，需要将这些图像数据读取到内存中，并转换为图像数组的形式，以便进一步处理。

2. 图像预处理

图像质量越好，识别算法越容易获得好的精度，因此在图像分析（特征提取、分割、匹配和识别等）前，需要对图像进行预处理。图像预处理的目的是消除图像中与目标分析无关的信息，增强有用信息，最大限度地简化数据。图像预处理的手段主要有降噪、缩放、标准化和颜色空间转换等。

3. 目标区域定位

一幅图像包含多个区域，其中大部分区域与图像分析的目标无关。为了避免图像中的无关区域对分析结果造成影响，需要先找到目标区域，然后将目标区域从原始图像中分离出来，而只对该区域进行分析。例如在做人脸识别时，首先要将人脸从图像中分离出来，然后再进行特征提取等后续工作。定位目标区域的方法有基于传统的图像处理方法和基于深度学习的图像处理方法两大类。

- 基于传统的图像处理方法的优点是实现过程简单、计算量小，缺点是鲁棒性差，常用在图像的前期处理阶段。

- 基于深度学习的图像处理方法的优点是鲁棒性和准确率高，缺点是计算量大、实现过程复杂，常用在目标检测和图像识别等具体应用中。

4．特征提取

图像的特征提取是指使用技术手段提取更多有用的图像信息，得到能反映图像本质的特征子空间，如颜色特征、形状特征、纹理特征、空间关系特征和统计特征等。

常用的图像特征提取方法有基于统计的方法和基于深度学习的方法两大类。当前，基于深度学习的方法是图像特征提取的主流方法。

- 基于统计的方法先定义特征的格式，然后根据统计结果得到图像的特征描述。
- 基于深度学习的方法通过机器学习算法（如卷积神经网络等）生成图像的特征描述。

5．应用处理

在定位到目标区域和提取图像特征后，可以针对具体应用进行后续处理。目前典型的计算机视觉应用包括以下几个方面：

- 图像分类：通过图像的特征比对，将图像分成不同的类别，如垃圾分类等。
- 目标检测与追踪：在图像或视频中定位目标或进行目标跟踪，如行人追踪等。
- 图像分割：将目标对象从原图中分割出来，如抠图等。
- 风格迁移：将一幅图像的风格叠加到另外一幅图像上。
- 图像重构：如超分辨率重构，将低分辨率转换为高分辨率，从而得到更清晰的图像。
- 图像生成：通过训练让计算机拥有“想象”的能力，可以“创造”出新的图像。
- 身份认证：通过人脸和体型等特征识别身份，如人脸识别和客流量统计等。

4.2　使用 OpenCV 处理图像和视频

OpenCV（Open Source Computer Vision Library）是一个开源的计算机视觉库，它对计算机视觉的操作进行封装，可以非常高效地实现计算机视觉中常用的操作。OpenCV 提供 C/C++、Python、Java 和 MATLAB 等多种语言的开发接口，可以运行在 Windows、Linux、Mac OS、Android 和 iOS 等多个操作系统上。

图像的常见操作包括图像文件的读写、摄像头的操作、图像的预处理、图像去噪和 ROI（感兴趣区域）提取等。本章将以 Python 版的 OpenCV 为例，介绍使用 OpenCV 进行以上操作的方法。

4.2.1 操作图像、视频文件和摄像头

1. 图像数组

图像数组也称为图像矩阵。在 OpenCV 中，图片对象其实是一个类型为 numpy.ndarray 的二维数组。当图片为三通道图像时，如 RGB 图或 HSV 图，这个数组的每个像素值为 RGB 或 HSV 值；当图片为单通道图像时，如灰度图或二值图，这个数组的每个像素值为灰度值。可以认为对图像的操作就是对图像数组进行加工处理。

2. 导入用到的开发库

```
1 from matplotlib import pyplot as plt          #用来显示图像
2 import cv2                                    #导入 OpenCV 开发包
```

3. 图像文件常见的操作

OpenCV 提供 imread()和 imwrite()函数对静态图像文件进行读写操作，支持 BMP、PNG、JPFG 和 TIFF 等多种常见文件格式。

下面的代码演示图像文件的读取、显示和存储等操作。需要注意的是，OpenCV 中的 imread()函数返回的图像数组为 BGR 格式，显示时需要将其转换为 RGB 格式。

```
1 #读取图片文件，得到图像数组，默认是 BGR 格式
2 bgr_img= cv2.imread('./images/qian_dao_hu.jpg')
3 rgb_img= cv2.cvtColor(bgr_img.copy(),cv2.COLOR_BGR2RGB)#转换为 RGB 格式
4 plt.imshow(rgb_img)                           #显示图像
5 cv2.imwrite('./output/img.jpg',rgb_img)       #将图像数组保存为文件
```

4. 读取视频文件

视频文件可以看作一组图像的组合，视频的每一帧都是一幅图像。OpenCV 提供的 VideoCapture 对象可以读取视频文件。下面的代码演示如何读取视频文件中的帧。

```
1 cap = cv2.VideoCapture("./images/da_feng_che.mp4")      #打开视频文件
2 while True:
3     ret,frame = cap.read()                    #读取视频的帧
4     if not ret:                               #视频文件读取结束
5         break
      #将视频的帧转换为 RGB 格式
6     rgb_img= cv2.cvtColor(frame.copy(),cv2.COLOR_BGR2RGB)
7     plt.imshow(rgb_img)                       #显示视频的帧
8     plt.show()
```

5．访问摄像头

OpenCV 提供的 VideoCapture 对象不仅可以读取视频文件，还可以访问摄像头。下面的代码演示访问本地摄像头的方法。

```
1 cap = cv2.VideoCapture(0)                                  #打开摄像头
2 for i in range(10):
3     ret,frame = cap.read()                                 #读取视频的帧
4     if not ret:                                            #视频文件读取结束
5         break
      #将视频的帧转换为 RGB 格式
6     rgb_img= cv2.cvtColor(frame.copy(),cv2.COLOR_BGR2RGB)
7     plt.imshow(rgb_img)                                    #显示视频的帧
8     plt.show()
9 cap.release()                                              #关闭摄像头
```

4.2.2　图像预处理

1．导入用到的开发库

```
1 from matplotlib import pyplot as plt                      #用来显示图像
2 import cv2                                                 #导入 OpenCV 开发包
3 import numpy as np
4 plt.rcParams['font.sans-serif']=['SimHei']                 #使用中文字体
```

2．图像的灰度化、二值化与色彩变换

灰度图、二值图、RGB 图和 HSV 图分别有不同的应用场景。在通常情况下，灰度图适用于形状或轮廓的分析；二值图可用来增加图像的对比度，用来做图像增强；HSV 图用来进行色彩相关的处理；RGB 图常用来显示图像。在开发中，针对不同的场景需要对图像的格式进行转换。常见的格式转换方法有以下几种：

- 灰度化：将彩色图像转换为单通道灰度图，目的是降低运算的复杂度。
- 二值化：将灰度图转换为只有黑白两种颜色的图，目的是增强对比度，突出图像的特征。
- 色彩变换：实现彩色图像之间的相互转换，目的是进行色彩处理，如根据颜色进行抠图等。

下面的代码演示如何使用 OpenCV 对图像进行格式转换。

```
  #读取图像文件，得到图像数组，默认是 BGR 格式
1 bgr_img= cv2.imread('./images/qian_dao_hu.jpg')
2 rgb_img= cv2.cvtColor(bgr_img.copy(),cv2.COLOR_BGR2RGB)#转换为 RGB 格式
  #灰度化，转换为灰度图
```

```
3 gray = cv2.cvtColor(rgb_img.copy(),cv2.COLOR_RGB2GRAY)
4 #二值化，转换为二值图，灰度值在 80～255 的图像设为纯白(255)，其他的设为纯黑(0)
5 ret, binary = cv2.threshold(gray.copy(), 80, 255, cv2.THRESH_BINARY)
6 binary = cv2.bitwise_not(binary)
  #色彩变换，将 RGB 格式转换为 HSV 格式
7 hsv = cv2.cvtColor(rgb_img, cv2.COLOR_BGR2HSV)
```

以下代码用来显示不同格式的图像，输出结果如图 4.9 所示（见彩插）。

```
1 fig,ax = plt.subplots(2,2,figsize=(20,10)) #创建 4 个子画布
2 plt.subplot(2,2,1)                         #第 1 个画布显示 RGB 图
3 plt.imshow(rgb_img)
4 plt.subplot(2,2,2)                         #第 2 个画布显示 HSV 图
5 plt.imshow(hsv)
6 plt.subplot(2,2,3)                         #第 3 个画布显示灰度图
7 plt.imshow(gray,cmap='gray')
8 plt.subplot(2,2,4)                         #第 4 个画布显示二值图
9 plt.imshow(binary,cmap=plt.get_cmap('binary'))
```

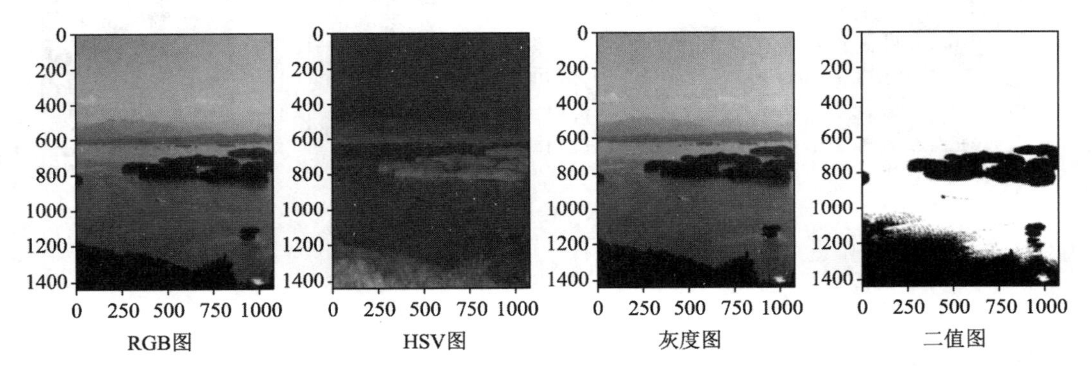

图 4.9　RGB 图、HSV 图、灰度图与二值图

注：图中数值为像素值。

3. 图像的几何变换

几何变换又称为空间变换，是将一幅图像中的坐标位置映射到新的坐标位置，在变换的过程中不改变图像的像素值，而只对像素点的位置进行变换。

通过几何变换可实现图像的平移、旋转、镜像、转置和缩放等操作，几何变换可以用来修正由于图像采集带来的误差，如摄像头的角度等。以下是常见的几何变换方式：

- 平移：将图像中所有的点进行水平或者垂直移动。
- 旋转：将图像围绕某一点旋转一定的角度。
- 水平镜像：将图像的左半部分和右半部分以图像的竖直中轴线为中心轴进行对换。
- 竖直镜像：将图像的上半部分和下半部分以图像的水平中轴线为中心轴进行对换。
- 转置：将图像的像素 x 和 y 坐标互换，以实现图像的高和宽的互换。

- 缩放：将图像按照指定的比率放大或者缩小。

4．图像的翻转操作

使用 OpenCV 提供的 flip()函数可以直接实现图像的镜像翻转，演示代码如下，翻转后的图像如图 4.10 所示。

```
1 bgr_img= cv2.imread('./images/qian_dao_hu.jpg')      #读取并显示原始图像
2 rgb_img= cv2.cvtColor(bgr_img.copy(),cv2.COLOR_BGR2RGB)
3 dst1=cv2.flip(rgb_img.copy(),1)                        #水平翻转
4 dst2=cv2.flip(rgb_img.copy(),0)                        #垂直翻转
5 dst3=cv2.flip(rgb_img.copy(),-1)                       #对角翻转
```

图 4.10　图像的水平、垂直和对角翻转

5．图像的平移、旋转和缩放操作

OpenCV 提供的仿射变换函数 warpAffine()可实现图像的平移、旋转和缩放等操作。仿射变换的计算方法如公式（4.1）所示，其中 x 和 y 为变换前的坐标，x'和 y'为变换后的新坐标，矩阵 $\begin{pmatrix} a_{11} & a_{12} & a_{13} \\ a_{21} & a_{22} & a_{23} \\ 0 & 0 & 1 \end{pmatrix}$ 为仿射矩阵。可以通过设置仿射矩阵中不同的值来实现图像的平移、旋转和缩放等操作。

$$\begin{pmatrix} x' \\ y' \\ 1 \end{pmatrix} = \begin{pmatrix} a_{11} & a_{12} & a_{13} \\ a_{21} & a_{22} & a_{23} \\ 0 & 0 & 1 \end{pmatrix} \begin{pmatrix} x \\ y \\ 1 \end{pmatrix} \tag{4.1}$$

- 平移操作：使用仿射矩阵 $\begin{pmatrix} 1 & 0 & p_x \\ 0 & 1 & p_y \\ 0 & 0 & 1 \end{pmatrix}$ 作为参数，调用函数 warpAffine()后，图像中

的像素点（x, y）横向平移 p_x 个像素，纵向平移 p_y 个像素，像素点的新坐标为($x+p_x$，$y+p_y$)。

- 缩放操作：使用仿射矩阵$\begin{pmatrix} s_x & 0 & 0 \\ 0 & s_y & 0 \\ 0 & 0 & 1 \end{pmatrix}$作为参数，调用函数 warpAffine()后，图像中的像素点（x, y）在水平方向放大 s_x 倍，在竖直方向放大 s_y 倍，像素点的新坐标（为 $s_x \times x$，$s_y \times y$）。
- 旋转操作：使用仿射矩阵$\begin{pmatrix} \cos(\alpha) & -\sin(\alpha) & 0 \\ \sin(\alpha) & \cos(\alpha) & 0 \\ 0 & 0 & 1 \end{pmatrix}$作为参数，调用函数 warpAffine()后，图像中的像素点（x, y）顺时针旋转 α 角度，像素点的新坐标为（$\cos(\alpha) \times x - \sin(\alpha) \times y$，$\sin(\alpha) \times x + \cos(\alpha) \times y$）。

以下代码使用 OpenCV 中的 warpAffine()函数分别对图像进行平移、缩放和旋转等操作，输出结果如图 4.11 所示。

```
 1 bgr_img= cv2.imread('./images/qian_dao_hu.jpg')      #读取并显示原始图像
 2 rgb_img= cv2.cvtColor(bgr_img.copy(),cv2.COLOR_BGR2RGB)
 3 [height,width]=rgb_img.shape[0:2]                     #得到图像的高和宽
 4 #图像平移：水平移动 200 个像素，垂直移动 200 个像素
 5 mt = np.float32([[1,0,200],[0,1,200]])
 6 dst=cv2.warpAffine(rgb_img.copy(),mt,(width+50,height+100))
 7 #图像缩放+平移：缩小为原来的一半，并向右、向下平移 200 个像素
 8 mt = np.float32([[0.5,0,200],[0,0.5,200]])
 9 dst=cv2.warpAffine(rgb_img.copy(),mt,(width,height))
10 #图像旋转+平移：顺时针旋转 45°，并向右、向下平移 200 个像素
11 mt = np.float32([[0.7,-0.7,200],[0.7,0.7,200]])
12 dst=cv2.warpAffine(rgb_img.copy(),mt,(width,height))
```

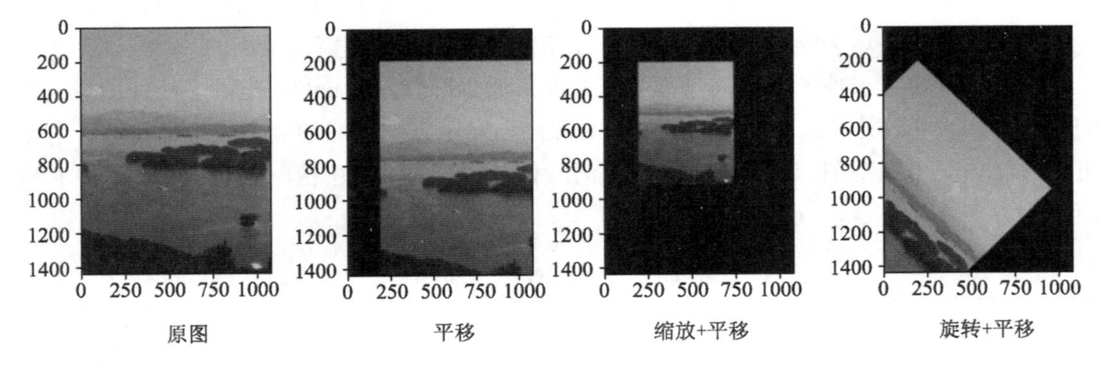

图 4.11　图像的平移、缩放与旋转

6．图像的高频与低频部分

高频信号是指频率较高的信号，低频信号是指频率较低的信号。如图 4.12 所示，正弦波的变换比较缓慢，属于低频信号，而在正弦波上有个局部扰动，这个局部扰动的变换很快，属于高频信号。

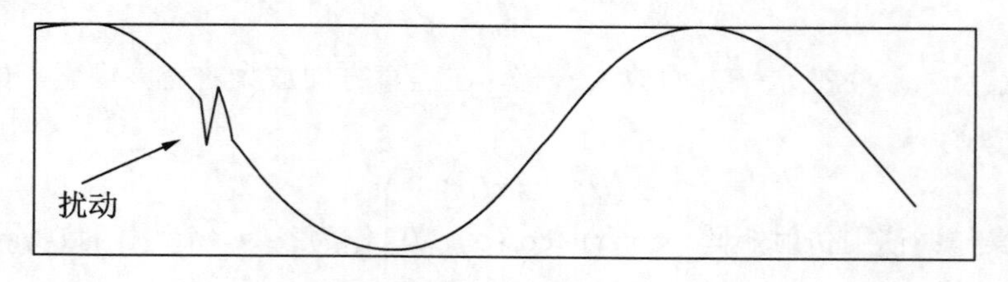

图 4.12　高频信号与低频信号

与此类似，图像中的低频部分是指像素值变化缓慢的区域，高频部分是指像素值变化较快的区域。在通常情况下，图像的轮廓的像素值变化缓慢，为低频部分，图像中的噪声和边缘的像素值变化较快，为高频部分。

7．图像去噪

图像去噪是指减少数字图像中的噪声的过程。在图像的数字化或传输过程中，图像中常出现成像设备与外部环境带来的噪声。图像的噪声有多种不同的形态，其中最常见的是高斯噪声与椒盐噪声。

- 高斯噪声：噪声服从正态分布，即不同强度的噪声点的数量分布呈现钟形对称结构，噪声点集中在噪声的平均值附近，离平均值越近，数量越多，离平均值越远，数量越少。
- 椒盐噪声：也称为脉冲噪声，表现为图像上随机出现黑色或白色像素点，就像电视里的雪花，这类噪声就像把椒盐撒在图像上，因此称为椒盐噪声。

图像去噪通常去掉图像的高频部分，而保留低频部分。OpenCV 提供了几种图像去噪的方法，如表 4.2 所示。通常情况下：在清除高斯噪声方面，双边滤波表现最优秀，它既可清除噪声又可保持图像的边缘结构；在清除椒盐噪声方面，中值滤波表现最优秀，它可清除绝大多数噪声点。

表 4.2　常见的图像去噪方法

去噪方法	OpenCV函数	优　点	缺　点
均值滤波	blur	适合清除高斯噪声	不适合清除椒盐噪声
高斯滤波	GaussianBlur	适合清除高斯噪声	不适合清除椒盐噪声

（续表）

去 噪 方 法	OpenCV函数	优　　点	缺　　点
中值滤波	medianBlur	适合处理椒盐噪声	不适合清除高斯噪声
双边滤波	bilateralFilter	适合清除高斯噪声	不适合清除椒盐噪声

下面的代码演示使用 OpenCV 进行图像去噪的方法。原图中有椒盐噪声，在对原图进行去噪后，输出结果如图 4.13 所示。可以发现，中值滤波对噪声的处理效果最好。

```
1 #读取图像
2 raw_img = cv2.imread('./images/noise-gray.jpg')                    #原图
3 #几种常见的图像去噪方法
4 median_img = cv2.medianBlur(raw_img, 9)                            #中值滤波
5 gau_img = cv2.GaussianBlur(raw_img, (9,9), 0)                      #高斯滤波
6 mean_img = cv2.blur(raw_img, (9,9))                                #均值滤波
7 blur_img = cv2.bilateralFilter(raw_img,9,68,68)                    #双边滤波
```

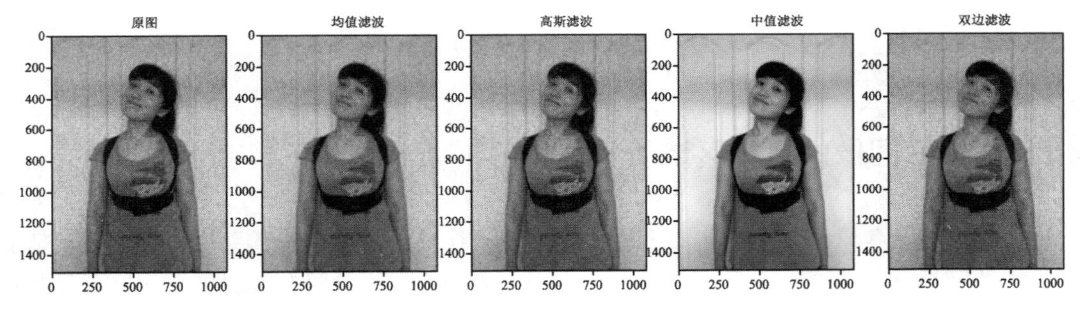

图 4.13　几种图像去噪方法比较

8. 图像增强

在图像的采集或压缩过程中，部分信息可能会丢失，或者噪声的影响导致图像的清晰度与可读性变差。图像增强是指通过对图像进行加工，使其有更好的对比度、更丰富的细节和更好的可读性，更有利于后续的分析。

图像增强主要是指通过调整图像的亮度、对比度、饱和度和色调等，增加图像的清晰度，减少噪声。图像增强的方法有很多种，在预处理阶段常用直方图均衡化和二值化对图像进行增强。

以下代码演示 OpenCV 采用直方图均衡化和二值化进行图像增强，输出结果如图 4.14 所示。

```
1 #读取图像，并将其转换为灰度图
2 raw_img = cv2.imread('./images/noise-gray.jpg')
3 gray_img= cv2.cvtColor(raw_img.copy(),cv2.COLOR_BGR2GRAY)
4 equ_img = cv2.equalizeHist(gray_img)                         #直方图均衡化
```

```
5 ret, binary = cv2.threshold(gray_img.copy(), 120, 255, cv2.THRESH_
BINARY)                                                      #二值化
```

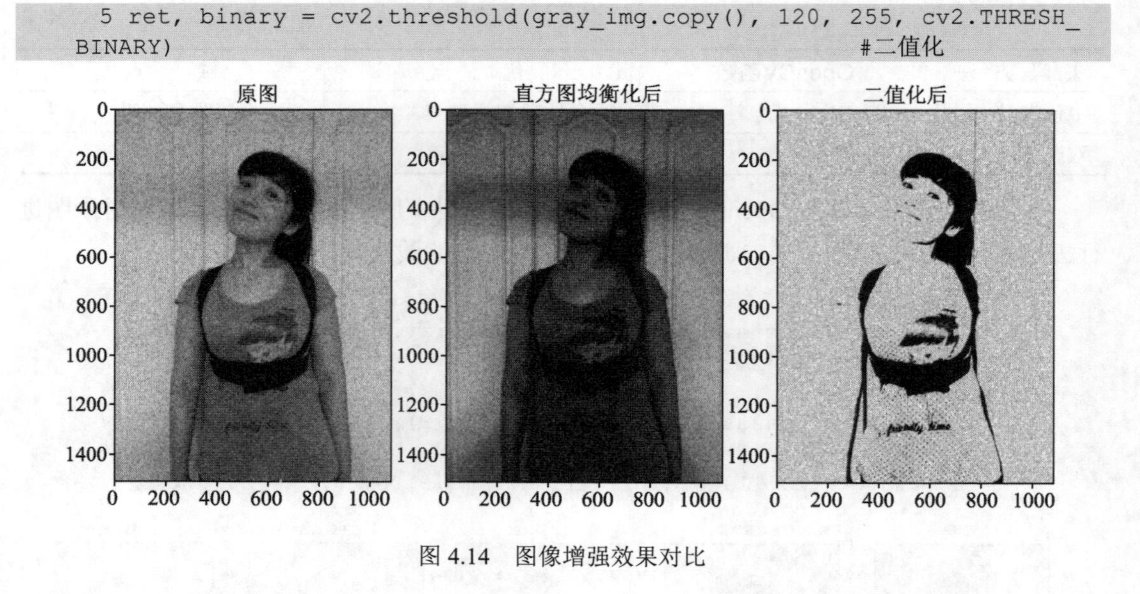

图 4.14　图像增强效果对比

4.2.3　截取图像的目标区域

一幅图像会包含很多内容，而需要关注的地方往往只是图像中的某个部分，通常把需要关注的区域称为 ROI。做图像分析时，往往先将 ROI 从图像中截取出来，然后只针对 ROI 进行分析，这样可以有效地屏蔽图像中其他无关部分的影响。

ROI 区域的截取也就是所谓的抠图。在传统的图像处理中，常用的抠图方法有根据颜色截取和根据轮廓截取两种。

1. 导入用到的开发库

```
1 from matplotlib import pyplot as plt          #用来显示图像
2 import cv2                                    #导入 OpenCV 开发包
```

2. 根据颜色截取ROI

一幅图像可能有多种颜色，如果目标区域可以通过颜色进行区分，那么就可通过颜色截取 ROI 区域。该方法分以下几步：

1）将图像转换为 HSV 格式。

2）根据颜色设置过滤条件，即设置目标区域颜色的取值范围。

3）调用 OpenCV 的 inRange()方法，将取值范围之内的像素值设为 255，将范围之外的像素值设为 0，从而得到二值图。

4）在第 3 步得到的二值图中，像素值为 255 的区域即为 ROI 区域。

以下代码演示使用 OpenCV 进行 ROI 提取的方法，输出结果如图 4.15 所示（见彩插），其中白色区域为 ROI。

```
1 #读取图像，并将其转换为 RGB 格式
2 bgr_img=cv2.imread('./images/color_shapes.jpg')
3 rgb_img= cv2.cvtColor(bgr_img.copy(),cv2.COLOR_BGR2RGB)
4 hsv=cv2.cvtColor(bgr_img,cv2.COLOR_BGR2HSV)  #将 RGB 格式转换为 HSV 格式
5 #根据颜色设置过滤条件，只保留黑色部分
6 lower=np.array([0,0,0])
7 upper=np.array([180,255,46])
8 #inRange()函数将位于区间的值设置为 255，将位于区间外的值设置为 0
9 mask = cv2.inRange(hsv,lower, upper)
```

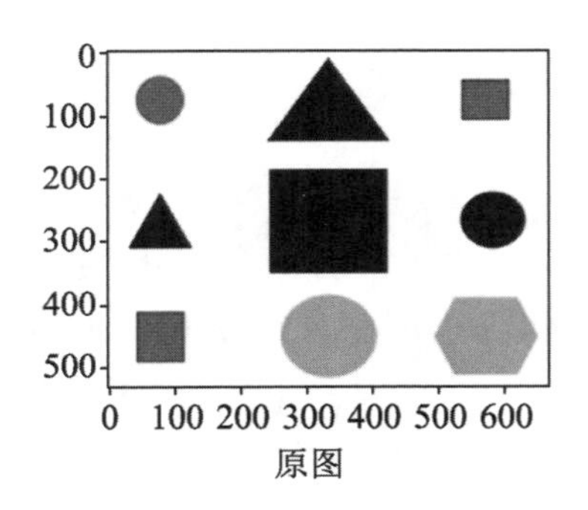

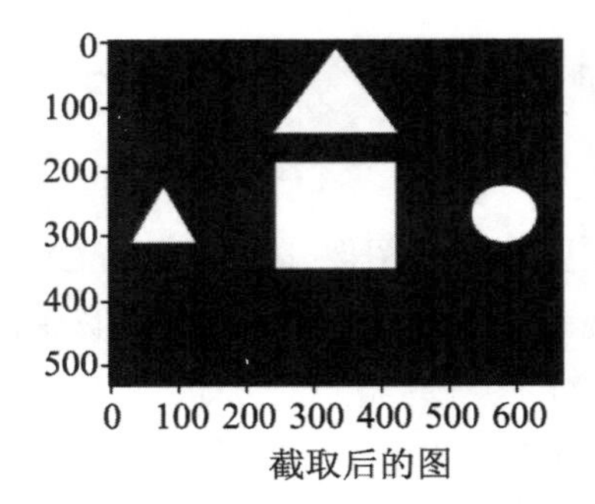

图 4.15 根据颜色截取 ROI

3. 根据轮廓截取ROI

根据人类的视觉感知可知，一幅图像中像素值剧烈变化的部分（图像的高频部分）通常为目标区域的边缘。基于此原理，OpenCV 提供了 findContours()函数，该函数通过像素的变化确定 ROI 区域。以下代码演示该函数的使用方法，输出结果如图 4.16 所示（见彩插），其中框出的区域为 ROI。

```
1 #读取图像文件，得到图像数组，默认是 BGR 格式
2 bgr_img= cv2.imread('./images/sample_shapes.jpg')
3 rgb_img= cv2.cvtColor(bgr_img.copy(),cv2.COLOR_BGR2RGB)#转换为 RGB 格式
4 #灰度化，转换为灰度图
5 gray = cv2.cvtColor(rgb_img.copy(),cv2.COLOR_RGB2GRAY)
6 #检测图像中物体的轮廓，并标记检测到的物体
7 contours,_ = cv2.findContours(gray,cv2.RETR_TREE,cv2.CHAIN_APPROX_NONE)
8 cv2.drawContours(rgb_img,contours,-1,(255,0,0),thickness=5)
9 #显示结果
10 plt.imshow(rgb_img)
```

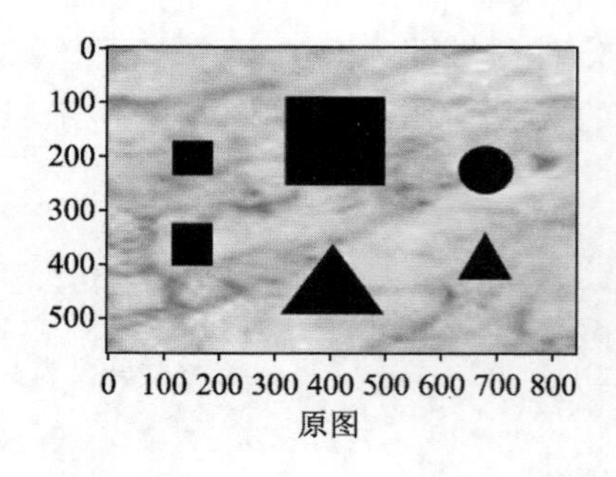

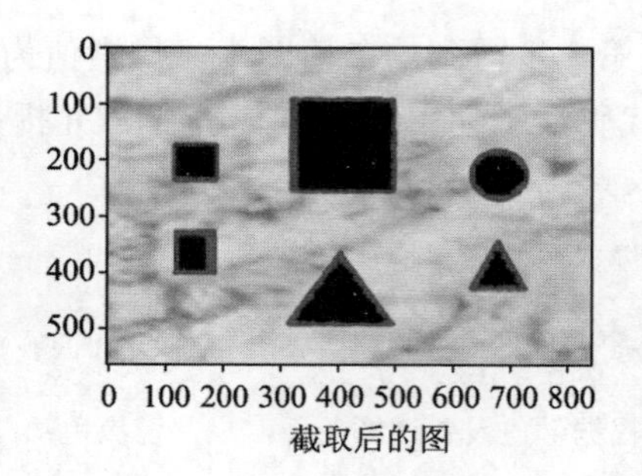

图 4.16　根据轮廓截取 ROI

4.3　小　　结

本章主要介绍了图像开发包 OpenCV 的使用方法。本章共分两个部分，通过代码演示了图像和视频的读取、格式转换、色彩变换、图像翻转、仿射变换、去噪与 ROI 截取等一系列常见操作。

4.1 节首先介绍了图像的数据结构与常见类型，然后介绍了计算机视觉的处理流程和常见的应用场景。在计算机内存中，图像是一个二维数组，数组中的值为像素值。如果像素值是一维的，则称为单通道图，如灰度图和二值图；如果像素值是三维的，则称为三通道图，如 RGB 和 HSV 图。图像处理就是对二维数组中的像素点进行处理。

4.2 节首先介绍了图像文件和摄像头缓存的操作方法，然后介绍了图像预处理的实现，最后介绍了 ROI 的截取方法。在操作图像文件和摄像头缓存部分，使用了 OpenCV 进行图像和视频操作，如图像文件的读写和摄像头缓存的读取等；在图像预处理部分，分别介绍了色彩变换方法、图像翻转方法、仿射变换的原理与应用、常见的图像去噪方法和应用等；在 ROI 截取部分，介绍了 ROI 的概念，以及根据颜色截取和根据轮廓截取 ROI 的方法。

第5章　使用传统方法进行图像分类

图像分类是计算机视觉领域的核心问题之一，它的目标是根据图像的特征，将图像划分为不同的类别，实现最小的分类误差。图像分类是一个基本应用，是计算机视觉的基础，除了可以进行图像识别外，还可以应用在目标检测、目标分割及目标追踪等方面。

图像分类方法有传统方法和深度学习方法两种。前者通过人工采集图像的特征，使用传统的分类模型对特征进行分类；后者则使用深度学习模型自动提取图像的特征并进行分类。由于深度学习对样本和计算量要求较高，在许多场景下，传统的图像分类方法仍然有着不可替代的优势。

5.1　图像分类概述

从早期 10 个分类的手写数字识别（MNIST），到后来 100 个分类的普适物体识别（CIFAR-100），再到 1000 个大类的常见物体识别（ImageNet），图像分类在经过多年的发展之后，其准确率在许多领域已经超过人类，可以达到工程应用的要求。

图像分类是根据图像的不同特征，通过计算机进行处理，给不同的图像分配不同的类别标签。图像分类是计算机视觉里最核心的应用，也是目前最成熟的应用。本节将介绍图像分类的内容、流程和实现方法。

5.1.1　单标签、多标签和无监督分类

如图 5.1 所示，图像分类的目标是给输入图像分配合适的分类标签（汽车或直升机）。根据分类任务的不同，图像分类有 3 种类型：单标签图像分类、多标签图像分类和无监督分类。

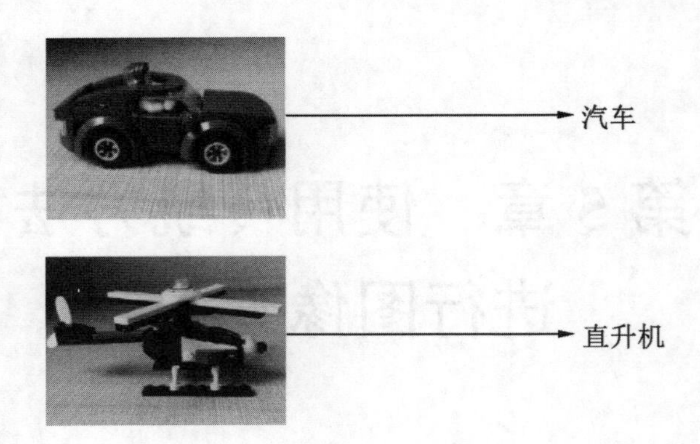

图 5.1　图像分类示意

1. 单标签图像分类

单标签图像分类是指每张图片对应一个类别标签。根据类别的数量，单标签图像分类又分为二分类和多分类两种。例如：根据性别，将图像划分成男性和女性两类，此为二分类问题；根据图像中的数字，将图像划分成 0～9 共 10 个不同的类别，此为多分类问题。

单标签图像分类可分成跨物种语义级别图像分类、子类细粒度级别图像分类和实例级别图像分类 3 种类型。

（1）跨物种语义级别图像分类

跨物种语义级别图像分类是指在不同物种的层次上识别对象的类别，如猫狗分类，车辆与行人分类等。这类图像的不同类别对应不同的分组，组与组之间有较大的方差，在组内部有较小误差，典型的数据集如 CIFAR-10 等。

（2）子类细粒度级别图像分类

子类细粒度级别图像分类是指在一个大类中对其子类别进行划分。例如，将汽车分为不同的型号，将人群分为亚洲人、欧美人或非洲人等，典型的数据集如 Caltech-UCSD Birds-200-2011 等。

（3）实例级别图像分类

有时候不仅要知道物种的类别或者子类，还需要区分不同的个体。例如，对图中的每个人脸进行身份验证，一幅图中有多辆车，对特定的车进行追踪等。这类数据集一般为私有数据集，如考勤打卡和人脸解锁等系统。

2. 多标签图像分类

现实中的图片往往包含多个类别的物体，如图 5.2 所示。图中包含白云、大桥和山脉等多种物体，这类图像对应多个标签。通过多标签图像分类可以知道图像中同时包含哪些物体。

可以使用一些技巧，将多标签图像分类问题转换为单标签图像分类问题。常用的转换方法有基于标签转换和基于数据转换两种。

（1）基于标签转换

如图 5.3 所示，针对每个标签，将属于这个标签的所有实例分为一类，将不属于这个标签的所有实例分为另一类，这样就能将多标签数据转换为多个单标签数据。

图 5.2　多标签图像

基于标签转换需要为每个标签训练一个二分类模型，用来判断图像是否属于某一个分类，然后再分别使用这些二分类模型对图像进行分类，这样就能得到多个标签，最后将这些模型的输出合并，确定图像所属的所有标签。

图像	标签
I_1	L_2, L_3
I_2	L_1
I_3	L_3, L_4
I_4	L_1, L_3

标签	正例	负例
L_1	I_2, I_4	I_1, I_3
L_2	I_1	I_2, I_3, I_4
L_3	I_1, I_3, I_4	I_2
L_4	I_3	I_1, I_2, I_4

图 5.3　基于标签的多标签转换示意

（2）基于数据转换

基于数据转换是指将多标签图像分解成多个单标签图像。如图 5.4 所示，图像 I_1 对应标签 L_2 和 L_3，通过该方法将 I_1 分解成两个单标签 L_2 和 L_3，然后对每一个标签进行单独预测。分类模型输出图像属于每个分类（标签）的概率，概率大于设定的阈值，则分类组合即为图像所属的类别（标签）。

3．无监督分类

单标签图像分类和多标签图像分类属于监督学习，需要准备带标签的样本进行模型训练。当只有图像而没有对应的标签时，可以通过无监督分类将图像划分为不同的类别。例如，相册中的人脸分类功能，虽然不能确定人脸所对应主人的身份，但是可以将不同的人脸划分成不同的主人。

最常见的无监督分类是图像的聚类分析，它根据图像的特征，计算图像之间的相似度并根据相似度进行分组，每一组称为一个聚类。在进行无监督分类后，同一组内的图像比组间的图像更加相似。常用的聚类算法有 KNN 和 K-means 等。

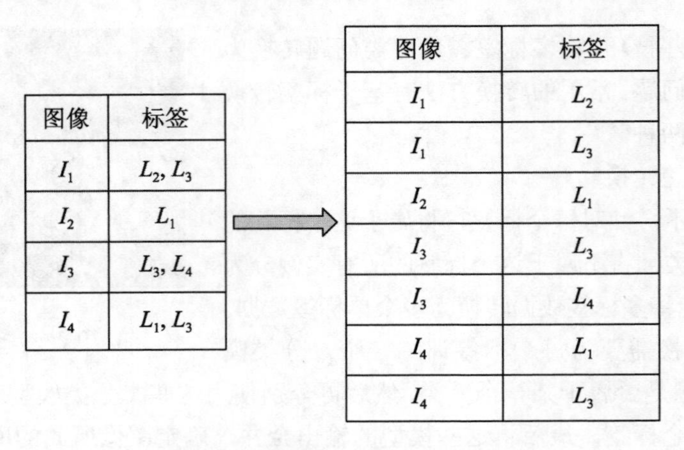

图像	标签
I_1	L_2, L_3
I_2	L_1
I_3	L_3, L_4
I_4	L_1, L_3

图像	标签
I_1	L_2
I_1	L_3
I_2	L_1
I_3	L_3
I_3	L_4
I_4	L_1
I_4	L_3

图 5.4　基于数据的多标签转换示意

5.1.2　图像分类的方法

1. 图像分类流程

如图 5.5 所示，一个经典的图像分类流程和机器学习流程类似，包括图像预处理、图像特征提取、分类器选择、模型训练、模型评估和分类预测 6 个步骤。

① 图像预处理

灰度化、降噪、图像增强、尺寸调整和ROI区域截取等

② 图像特征提取

提取具有代表性和有辨识度的特征组合，如HOG和SIFT特征等

③ 分类器选择

选择用于分类的机器学习算法，如决策树和SVM等

④ 模型训练

使用机器学习算法和样本进行训练，得到预测模型

⑤ 模型评估

通过量化指标（如ROC曲线和混淆矩阵等）对模型进行评估，选取最优的模型

⑥ 分类预测

使用模型对输入图像进行预测（即分类）

图 5.5　图像分类流程

- 图像预处理：使用传统图像处理方法对原图像进行灰度化、降噪、图像增强和感兴趣区域（ROI）的截取等操作。
- 图像特征提取：使用特定的算法或模型获取图像的特征并生成特征向量，如 HOG（梯度直方图）和 SIFT（尺度不变特征变换）特征等。

- 分类器选择：选择合适的分类算法或模型，如 SVM、决策树和 Adaboost 等。
- 模型训练：将训练样本输入分类器进行训练。
- 模型评估：对模型的表现进行定量分析，找到最佳的模型和参数。
- 分类预测：使用训练好的模型对一幅新图像进行分类。

2. 传统的图像分类方法

如图 5.6 所示，基于传统的图像分类方法首先提取图像特征，然后生成特征描述符（特征向量），最后由分类模型判断该图像属于哪个类别。一般来说，传统的图像分类方法效率高、速度快，常用于一些简单图像的分类，但是对于复杂图像的分类效果不佳。

在传统的图像分类方法中，特征向量的生成过程（特征提取）是非常关键的步骤，提取的特征质量高低决定最终的分类效果。由于没有统一的图像特征定义方式，需要结合具体场景选择图像特征的提取算法，因此传统的图像分类方法有较高的技术门槛。

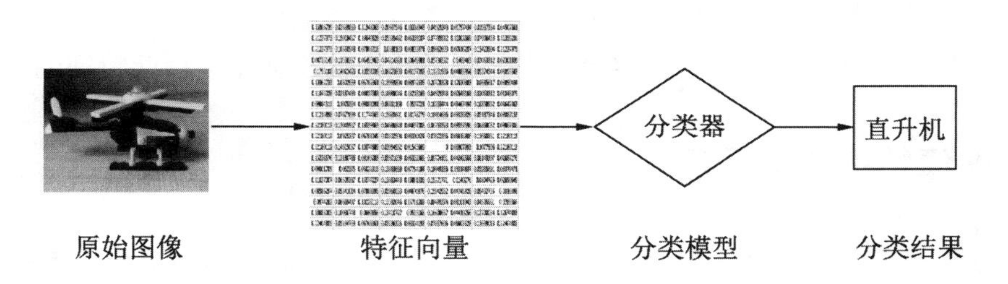

图 5.6　基于传统方法的图像分类示意

3. 深度学习图像分类方法

诸如卷积神经网络等深度学习模型在图像的特征提取与分类方面有较好的表现。如图 5.7 所示，在将图像输入深度学习模型之后，深度学习算法可以根据样本自动调整参数，并生成分类结果。

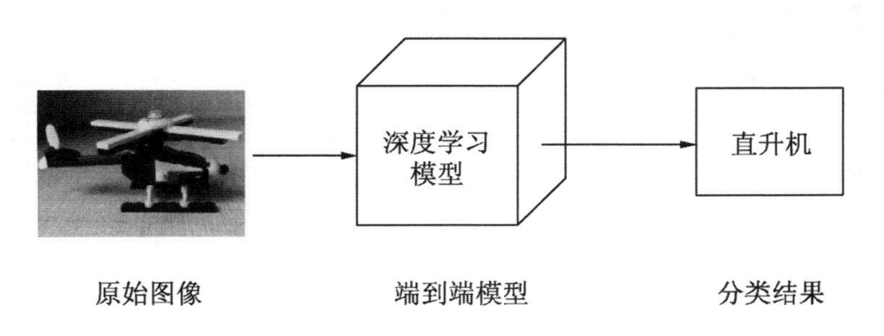

图 5.7　基于深度学习的图像分类示意

深度学习模型可以实现端到端的图像分类，可以避开图像特征提取的难点，并且可以从复杂的图像中提取优质的特征，从而极大地降低图像分类的门槛。目前，以卷积神经网络为代表的深度学习模型已成为图像分类领域的主流方法。

5.2　使用传统方法提取特征

图像特征是数字图像最具代表性的信息，是区别于其他图像的属性组合。图像特征没有统一的定义方式，需要根据具体场景给出定义，比如根据色彩的变化定义图像的色彩特征，根据形状的不同定义轮廓特征等。图像特征提取是计算机视觉的基础，是图像分析的起点，图像分析算法是否成功往往取决于它所使用的特征。在通常情况下，提取的图像特征需要满足以下要求：

- 可重复性：特征能够在同类图像中重复出现。
- 可区分性：特征有良好的辨识度，能代表图像特有的属性。
- 稳定性：特征需要有一定的容错能力，图像微小的变化不会引起特征的突变。

5.2.1　图像特征提取原理

如图 5.8 所示，一幅图像往往会包含一些基本的特征信息，如边缘和角点等。图像特征提取就是检测出这些基本特征信息，并对它们进行转换和数学描述，从而得到特征向量的过程。它包括特征检测和特征描述两个过程。

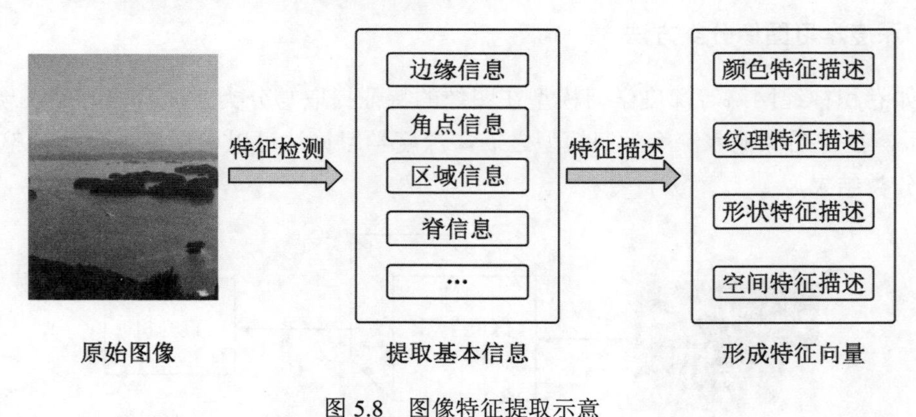

图 5.8　图像特征提取示意

1. 特征检测

如图 5.9 所示，图像通常包含边缘、角点、区域和脊等基本特征信息。图像特征检测环节就是找到包含这些基本特征信息的像素点集合。

- 边缘：图像中两个对象的交界处。从像素层面来看，边缘常出现在像素值突变的区域。
- 角点：某方面属性特别突出的点。在图像中，角点通常为两条或多条连接线的交点。
- 区域：一幅图像中对象的位置，比如图像中的人脸区域、行人或车辆区域等。
- 脊：图像中长条形的物体，可以看作代表对称轴的一维曲线，如图像中的道路和河流等。

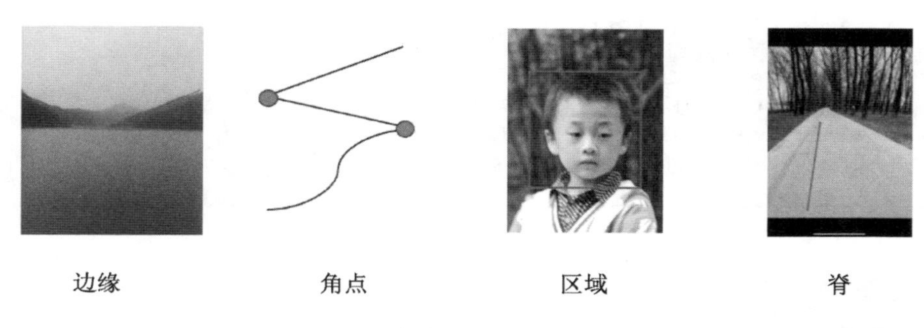

图 5.9　边缘、角点、区域和脊

OpenCV 提供了一系列特征检测函数，常用的有边缘检测函数 cv2.Canny()、角点检测函数 cv2.cornerHarris()和区域形状检测函数 cv2.findContours()等，以下代码演示这些函数的使用。

1）导入用到的开发库。

```
1 from matplotlib import pyplot as plt            #用来显示图像
2 import cv2                                      #导入 OpenCV 开发包
3 plt.rcParams['font.sans-serif']=['SimHei']      #使用中文字体
```

2）读取图像并转换为灰度图。

```
1 img= cv2.imread('./images/helicopter.png')
2 image= cv2.cvtColor(img.copy(),cv2.COLOR_BGR2RGB)
3 gray = cv2.cvtColor(image.copy(),cv2.COLOR_RGB2GRAY)
```

3）检测图像的边缘。

```
1 #50 和 100 分别表示低阈值和高阈值，低阈值用来平滑连接高阈值部分，高阈值用来区分物体与背景
2 edge = cv2.Canny(gray.copy(),50,100)
```

4）检测图像中的角点。

```
1 blockSize=3                          #检测时使用的滑动窗口大小
2 apertureSize=3                       #计算像素梯度时使用的 sobel 算子大小
3 k=0.04                               #评分阈值，一般取值在[0.04,0.06]之间
4 dst = cv2.cornerHarris(gray.copy(),blockSize,apertureSize,k)
5 dst = cv2.dilate(dst,None)       #对图像进行膨胀，以方便显示，与检测本身无关
6 corner = image.copy()
7 corner[dst>0.01*dst.max()]=[0,255,255]        #将检测到的角点标记为红色
```

5）检测图像中的脊。

```
1 contours,_=cv2.findContours(gray,cv2.RETR_TREE,cv2.CHAIN_APPROX_NONE)
2 area = image.copy()
  #标记检测到的区域
3 cv2.drawContours(area,contours,-1,(0,255,255),thickness=25)
```

6）将检测结果可视化，输出结果如图 5.10 所示。

```
1 fig,ax = plt.subplots(2,2,figsize=(12,12))
2 def ShowImg(id,title,img,cm = None):
3     ax=fig.add_subplot(2,2,id)
4     ax.imshow(img,plt.get_cmap(cm))
5 ShowImg(1,'原图',image);ShowImg(2,'边缘信息',edge,"binary")
6 ShowImg(3,'角点信息',corner);ShowImg(4,'区域信息',area)
```

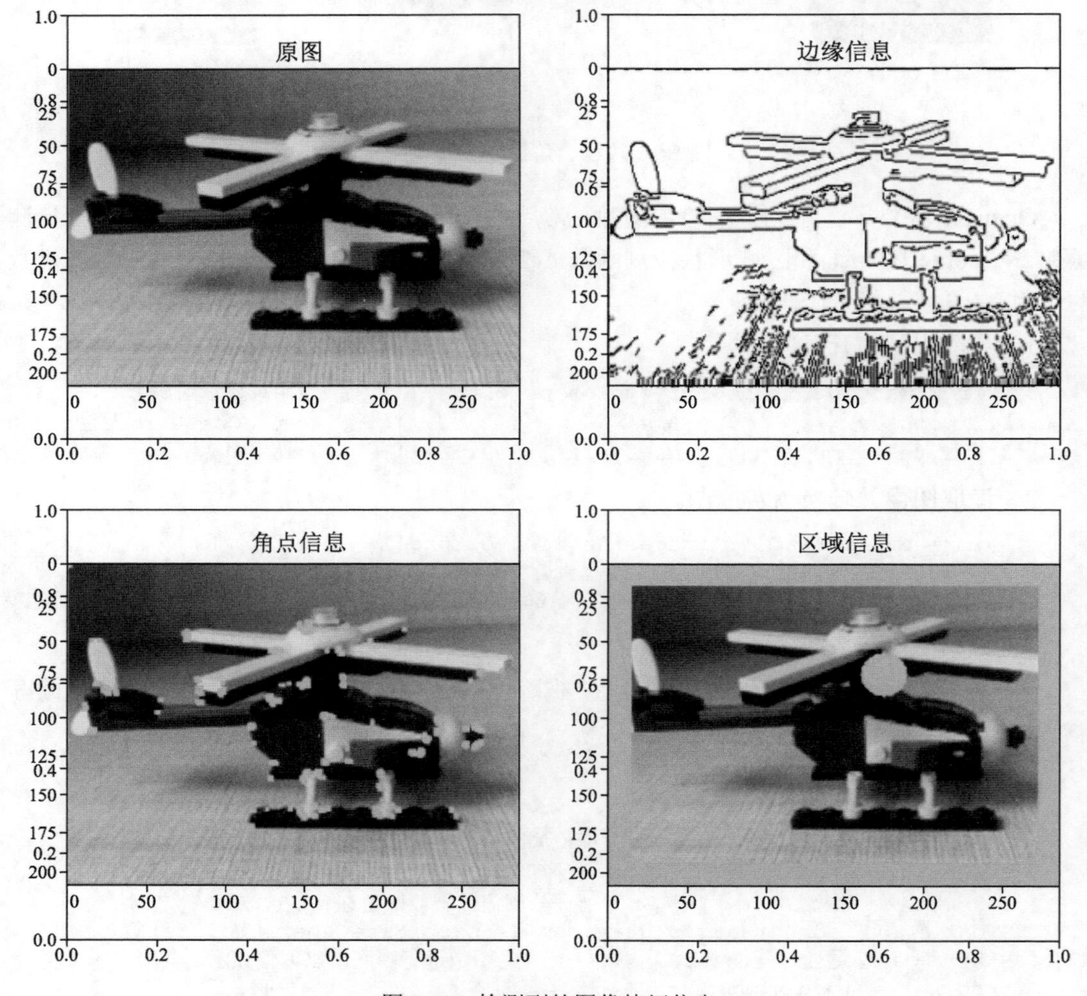

图 5.10 检测到的图像特征信息

2. 特征描述

完成图像的特征检测后，就已经从图像中提取了一些基础的特征信息，人眼就可以根据这些信息进行识别。例如在图 5.10 中，根据边缘特征信息，人眼可以很容易地区分一个直升机的形状，但计算机没有类似人的模糊分辨能力，它只能根据量化的指标来区分不同的对象。特征描述就是将这些特征信息表达出来，转换为可供计算机运算的特征向量。

由于图像会受到平移、旋转和光照等诸多因素的影响，因此要求生成的特征向量应尽可能地保持稳定。在通常情况下，图像的特征向量有以下 4 个要求：

- 尺度不变性：对于同一幅图像，尺寸的变化不会引起特征向量的剧烈变化。
- 旋转不变性：对于同一幅图像，采集角度的不同不会引起特征向量的剧烈变化。
- 亮度不变性：对于同一幅图像，光照亮度的不同不会引起特征向量的剧烈变化。
- 良好的辨识度：不同的图像对应的特征向量需要有良好的区分度。

可以根据图像的颜色、纹理、形状和空间关系等信息，对图像特征进行描述，常用的描述方法有 HOG 特征描述法和 SIFT 特征描述法。

5.2.2　HOG 特征描述与实例

1. 图像的梯度

在图像分析中，像素值的变化规律是非常重要的特征。图像梯度是指图像的像素值在 x 和 y 两个方向的变化率，常用来描述像素值的变化情况。

把图像看成一个二维函数 $f(x, y)$，函数值即为像素值，像素值的变化由两个分量组成，即横向（x 轴方向）的变化和纵向（y 轴方向）的变化，分别用横向梯度和纵向梯度表示这两个分量。如图 5.11 所示，横向梯度 g_x 的计算方法为原图中右边的像素值减去左边的像素值。

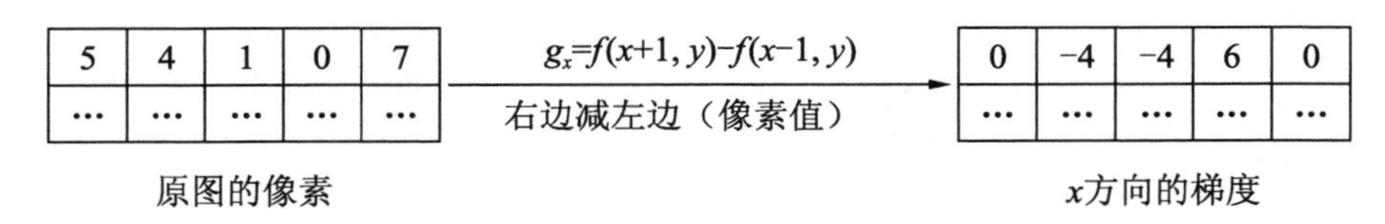

图 5.11　横向梯度计算示意

如图 5.12 所示，纵向梯度 g_y 的计算方法为原图中下边的像素值减去上边的像素值。

在得到横向梯度和纵向梯度后，可以计算出合梯度。合梯度包括幅值 g 和方向 θ 两个部分，其计算方法如图 5.13 所示。有时候为了计算方便，使用横向梯度和纵向梯度的绝

对值之和作为幅值 g，即 $g=|g_x|+|g_y|$。

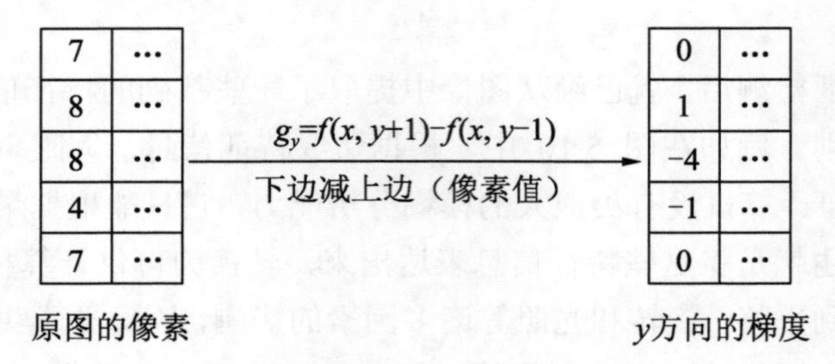

图 5.12 纵向梯度计算示意

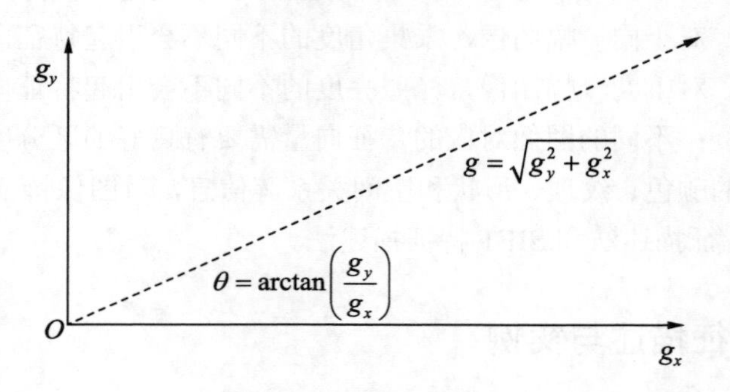

图 5.13 合梯度计算示意

下面的代码演示如何使用 OpenCV 的 Sobel 算子计算图像的梯度，输出结果如图 5.14 所示。

1）导入用到的开发库。

```
1 from matplotlib import pyplot as plt
2 import cv2
3 plt.rcParams['font.sans-serif']=['SimHei']                    #使用中文字体
```

2）读取图像并将其转换为灰度图。

```
1 img= cv2.imread('./images/helicopter.png')
2 image= cv2.cvtColor(img.copy(),cv2.COLOR_BGR2RGB)
3 gray = cv2.cvtColor(image.copy(),cv2.COLOR_RGB2GRAY)
```

3）使用 Sobel 算子计算梯度和方向。

```
1 dx = cv2.Sobel(gray, cv2.CV_32F, 1, 0, ksize=1)
2 dy = cv2.Sobel(gray, cv2.CV_32F, 0, 1, ksize=1)
3 gradient,angle = cv2.cartToPolar(dx,dy,angleInDegrees=True)
4 #将小于 0 的像素值设置为 0
5 dx=cv2.convertScaleAbs(dx)
6 dy=cv2.convertScaleAbs(dy)
7 gradient=cv2.convertScaleAbs(gradient)
```

4）显示梯度信息。

```
1 fig,ax = plt.subplots(1,5,figsize=(32,7))
2 def ShowImg(id,title,img,cm = 'binary'):
3     ax=fig.add_subplot(1,5,id)
4     ax.imshow(img,plt.get_cmap(cm))
5     plt.title(title,fontsize=32)
6 ShowImg(1,'原图',gray,'gray');ShowImg(2,'横向梯度图',dx);ShowImg(3,
'纵向梯度图',dy);
7 ShowImg(4,'合梯度幅值图',gradient);ShowImg(5,'方向图',angle)
```

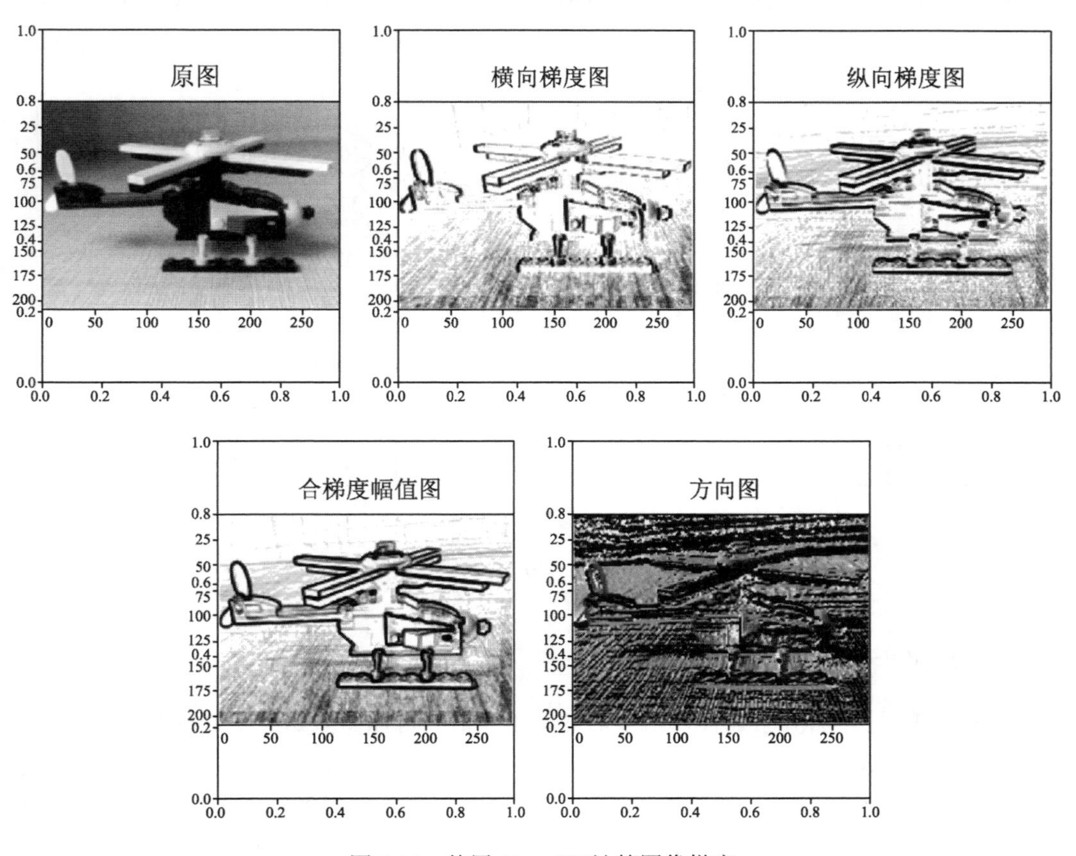

图 5.14　使用 OpenCV 计算图像梯度

2．计算梯度直方图

梯度直方图（HOG）是指使用直方图表示梯度信息，计算方法是先将图像划分为若干个 8×8 的小单元，每个单元称为一个 cell，然后计算每个 cell 的合梯度，最后根据合梯度的方向和幅值生成梯度直方图。

合梯度生成直方图的方法如下：

1）将方向角度平均分成 9 份，每一份称为一个 bin，共有 9 个 bin，对应的角度分别为 0°, 20°, 40°, ⋯, 160°。

2）将属于角度范围内的幅值进行累加，共得到 9 个数值，这 9 个数值组成的数组即为梯度直方图。

假设图像合梯度的方向和幅值如图 5.15 所示。对于方向为 40 的点，对应的幅值为 2，直接在梯度直方图 40° 的 bin 上增加 2；对于方向为 70 的点，对应的幅值为 10，由于 70° 介于 60° 和 80° 之间，所以在梯度直方图的 60° 和 80° 的 bin 上各加 5（按角度的分配比例增加幅值，如果角度大于 160°，则将该幅值按比例分给 0° 和 160° 对应的 bin）。

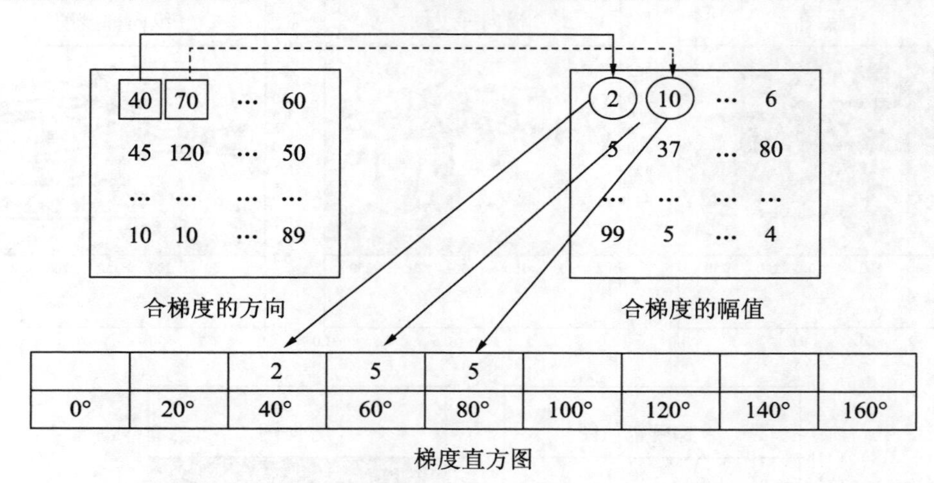

图 5.15　梯度直方图的计算方法

3．计算HOG特征

将 cell 中的所有幅值加到各自角度对应的 bin 中，可以得到这个 cell 的梯度直方图。再将 2×2 个 cell 作为一组，称其为一个 block，一个 block 有 4 个直方图，将这 4 个直方图拼接成长度为 36 的向量，然后对这个向量进行归一化，就得到该 block 的特征向量 $\boldsymbol{A}$。归一化方法如公式（5.1）所示，a_i 为梯度直方图中的值。

$$\boldsymbol{A}=\left(\frac{a_1}{\sqrt{\sum_{i=1}^{36}a_i^2}},\frac{a_2}{\sqrt{\sum_{i=1}^{36}a_i^2}},\frac{a_3}{\sqrt{\sum_{i=1}^{36}a_i^2}},\cdots,\frac{a_{36}}{\sqrt{\sum_{i=1}^{36}a_i^2}}\right) \tag{5.1}$$

如图 5.16 所示，block 在图像中进行横向和纵向滑动，每次滑动都会产生一个长度为 36 的特征向量，将所有的特征向量合并到一起就可以得到整幅图像的 HOG 特征描述符。

可以直接使用开发包提取图像的 HOG 特征。以下代码演示使用 OpenCV 和 skimage 进行 HOG 特征提取的方法，输出结果如图 5.17 所示。

1）导入用到的开发库。

```
  1 from skimage import feature, exposure
  2 from matplotlib import pyplot as plt
  3 import cv2
  4 plt.rcParams['font.sans-serif']=
['SimHei']                    #使用中文字体
```

2）使用 skimage 提取 HOG 特征。

```
  1 image= cv2.imread('./images/
helicopter.png')             #读取图像文件
  2 image= cv2.cvtColor(img.copy(),cv2.
COLOR_BGR2RGB)               #转换为 RGB 格式
    #提取图像的 HOG 特征
  3 fd,hog = feature.hog(image, orientations=9,visualize=True)
  4 #图像增强并显示
  5 hog_image = exposure.rescale_intensity(hog, in_range=(0, 10))
  6 plt.imshow(image);plt.show()
  7 plt.imshow(hog_image);plt.show()
```

图 5.16　HOG 特征计算示意

（a）原图

（b）HOG 特征

图 5.17　图像的 HOG 特征

5.2.3　SIFT 特征描述与实例

SIFT（Scale Invariant Feature Transform，尺度不变特征变换）是由加拿大教授 David G. Lowe 于 1999 年提出的，之后又进行了不断的优化。SIFT 是一种局部特征提取方法，在旋转、尺度缩放和亮度变化等情况下有良好的稳定性，在图像的特征提取领域有非常广泛的应用。

SIFT 特征提取的思想是，先将图像进行不同尺寸和不同程度的高斯模糊，其中变化较大的点为特征点，再使用梯度直方图对特征点进行描述，从而得到 SIFT 特征描述子。如图 5.18 所示，SIFT 特征提取有以下 6 个步骤：

1）生成图像金字塔，即对原图进行缩放，生成一组不同大小的图像。

2）生成高斯尺度空间，即对图像金字塔进行高斯模糊，生成一组大小不等、模糊程度不同的图像。

3）生成高斯差分图（Difference of Gaussian，DoG），即计算高斯尺度空间中相邻图像的差值。

4）检测 DoG 空间极值点，即在高斯差分图上寻找极值点（最大值点和最小值点）。

5）计算特征点方向，即将极值点看成特征点并计算其方向。

6）生成特征描述符，即生成特征向量——SIFT 描述子。

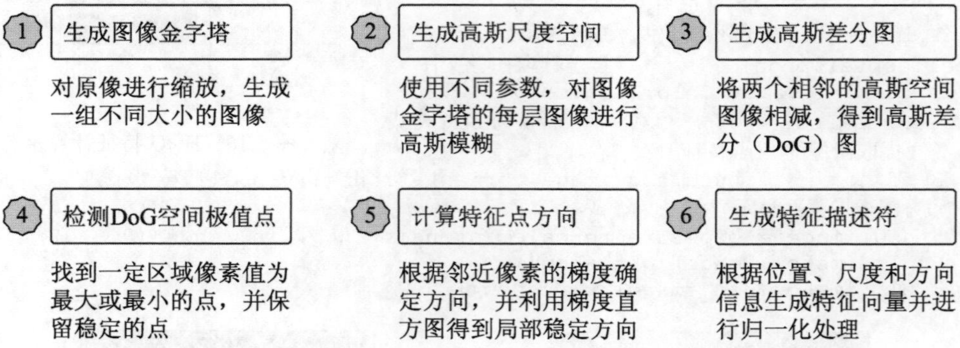

① 生成图像金字塔

对原像进行缩放，生成一组不同大小的图像

② 生成高斯尺度空间

使用不同参数，对图像金字塔的每层图像进行高斯模糊

③ 生成高斯差分图

将两个相邻的高斯空间图像相减，得到高斯差分（DoG）图

④ 检测DoG空间极值点

找到一定区域像素值为最大或最小的点，并保留稳定的点

⑤ 计算特征点方向

根据邻近像素的梯度确定方向，并利用梯度直方图得到局部稳定方向

⑥ 生成特征描述符

根据位置、尺度和方向信息生成特征向量并进行归一化处理

图 5.18　SIFT 特征提取流程

1．尺度空间

在通常情况下，同一个目标在不同的图像中会有不同的尺寸。例如，同样一辆汽车在远景图或特写图中的大小是不同的，这就需要提取的特征能够在不同的尺寸下保持相对的稳定性。

尺度空间是指在图像处理时引入一个被视为尺度的参数，然后通过连续变化尺度参数，获得在不同尺度下的处理信息，最后再综合这些信息挖掘出图像的本质特征。

2．生成图像金字塔

如图 5.19 所示，把一张图像缩放成大小不等的多张图像，然后将这些大小不等的图像堆砌在一起，这些图像的集合称为图像金字塔。

图 5.19　图像金字塔

OpenCV 提供了两个采样函数 pyrDown()（下采样）和 pyrUp（上采样），可以通过这两个函数生成图像金字塔。以下代码演示使用 pyDown()生成图像金字塔的方法。

1）导入用到的开发库。

```
1 import cv2
2 from matplotlib import pyplot as plt
```

2）生成图像金字塔。

```
1 img = cv2.imread('./images/bridge.jpg')
2 image= cv2.cvtColor(img.copy(),cv2.COLOR_BGR2RGB)
3 fig,ax = plt.subplots(1,4,figsize=(36,8))
4 for i in range(4):                          #每次循环，图像缩小为原来的一半
5     ax=fig.add_subplot(1,4,i+1)
6     ax.imshow(image)
7     title = "尺寸:%dx%d"%(img.shape[1],img.shape[0])
8     plt.title(title,fontsize=32)
9     image = cv2.pyrDown(image)
```

3. 生成高斯尺度空间

人的视觉有个特点，即离物体不同的距离会看到不同尺寸和不同模糊程度的图像。使用高斯卷积核可以对这一个特点进行模拟：在保持分辨率不变的情况下，对图像进行不同程度的模糊，得到高斯尺度空间（已经证明高斯卷积核是实现高斯尺度变换的唯一线性核）。

如公式（5.2）所示，变换前的原图像为 $I(x, y)$，变换后的图像为 $L(x, y, \sigma)$，随着 σ 取不同的值，可得到一组变换后的新图像 $L(x, y, \sigma)$，把这组变换后的新图像放到一起就构成了高斯尺度空间。其中，$G(x, y, \sigma)$为高斯卷积核，σ 为尺度空间因子。

$$L(x,y,\sigma)=G(x,y,\sigma)*I(x,y) \tag{5.2}$$

高斯卷积核 $G(x, y, \sigma)$的计算方法如公式（5.3）所示。其中，尺度空间因子 σ 是正态分布的标准差，表示图像被模糊的程度，其值越大，图像越模糊，对应的高斯尺度也就越大。

$$G(x,y,\sigma)=\frac{1}{2\pi\sigma^2}\mathrm{e}^{-\frac{x^2+y^2}{2\sigma^2}} \tag{5.3}$$

使用不同尺度的空间因子 σ 对图像金字塔中的每一幅图像进行高斯模糊操作，并将其展开为一系列大小相同、模糊参数不同的多张图像，这些图像被称为高斯金字塔，如图 5.20 所示。

与图像金字塔的每层只有一张图像不同，高斯金字塔有多组和多层。不同的组表示不同大小的图像，不同的层表示在同一组中使用不同的参数 σ 进行高斯模糊后的图像。

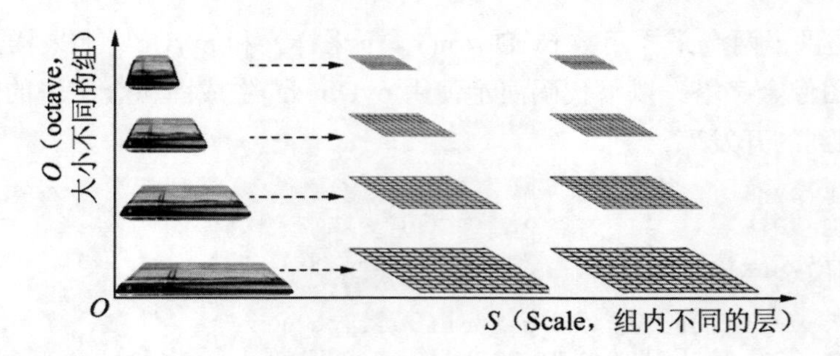

图 5.20　高斯金字塔

4．生成高斯差分图像

高斯金字塔构建成功后进行高斯差分运算，即将同一组中相邻层的图像对应的像素值相减可以得到高斯差分图。高斯差分运算如图 5.21 所示。

图 5.21　高斯差分运算示意

在对所有图像都进行高斯差分运算后，可以得到由这些高斯差分图组成的高斯差分金字塔，即 DoG 金字塔，如图 5.22 所示。

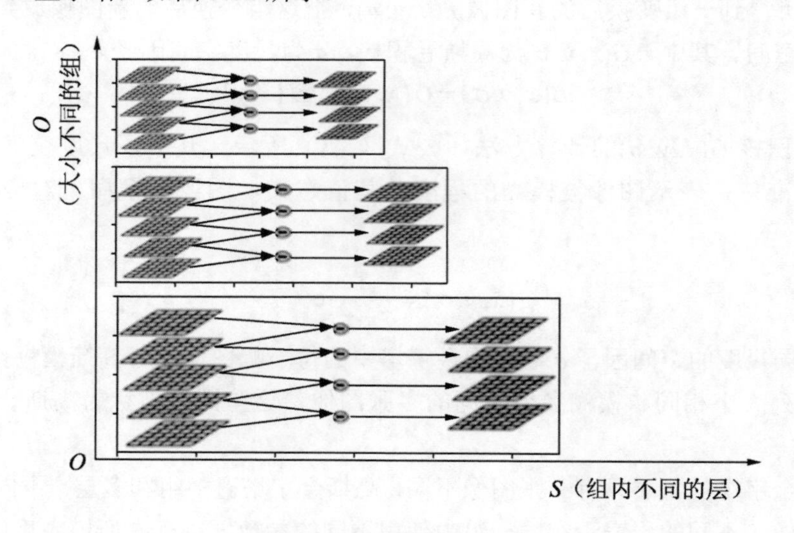

图 5.22　高斯差分金字塔

可以使用 OpenCV 进行高斯差分运算，示例代码如下，输出结果如图 5.23 所示。

```
1 import cv2
2 from matplotlib import pyplot as plt
3 img = cv2.imread('./images/raw2.jpg')
4 image= cv2.cvtColor(img.copy(),cv2.COLOR_BGR2RGB)
5 #使用 3×3 和 7×7 的高斯核进行模糊操作
6 low_sigma = cv2.GaussianBlur(image,(3,3),0)
7 high_sigma = cv2.GaussianBlur(image,(5,5),0)
8 #进行高斯差分运算
9 dog = low_sigma - high_sigma
10 plt.imshow(dog)
```

（a）原图

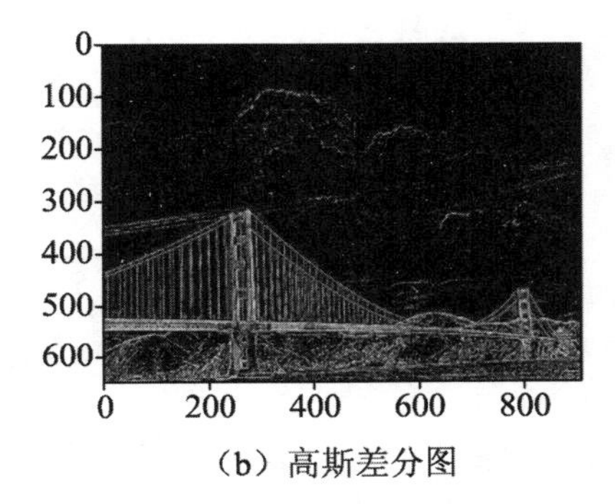

（b）高斯差分图

图 5.23　高斯差分结果

5．DoG空间极值点检测

DoG 空间极值点检测是指寻找像素值最大或最小的点，通过比较同一组内相邻的两幅图像来实现。例如，如果要判断图 5.24（b）图中黑色的点是否极值点，需要将这个点的像素值与前一层、当前层及后一层的 DoG 图像中虚线区域的点（共 26 个）进行比较。

在同一组中，由于第一层和最后一层的 DoG 图像无法使用这个方法取得极值点，需要对每一组中的 DoG 图像的第一层和最后一层图像继续使用高斯模糊生成额外 3 幅图像，所以高斯金字塔每组有 *S*+3 幅图像，DoG 金字塔每组有 *S*+2 幅图像（*S* 表示同一组中高斯模糊的次数，一般介于 3～5 之间）。

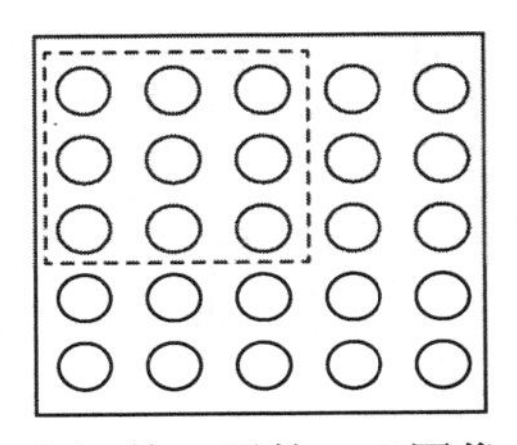
（a）前一层的DoG图像

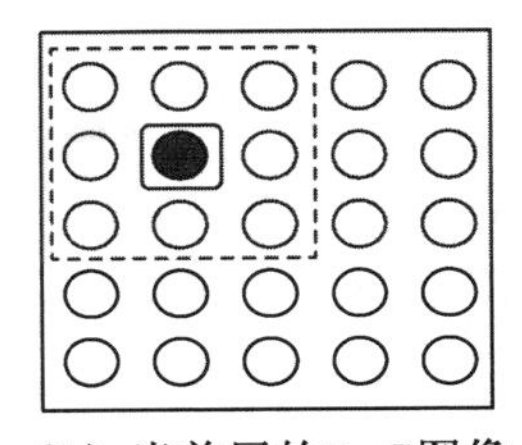
（b）当前层的DoG图像

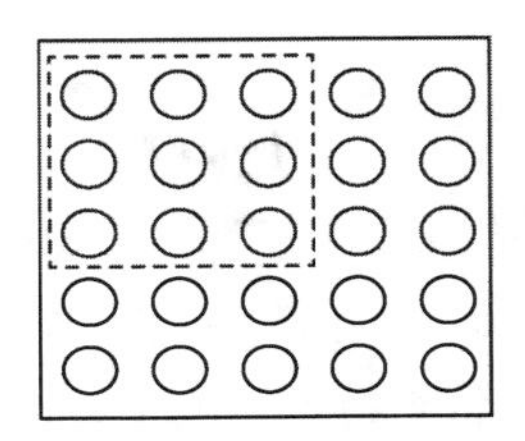
（c）后一层的DoG图像

图 5.24　DoG 极值点检测示意

检测出来的极值点是离散空间的极值点，分布在不同的尺度空间上。为了增加极值点的鲁棒性，需要对这些极值点进行拟合。如图 5.25 所示，对离散空间的极值点进行曲线拟合，并使用最小二乘法求偏导数为 0 的点，从而得到真正的极值点（黑点）。

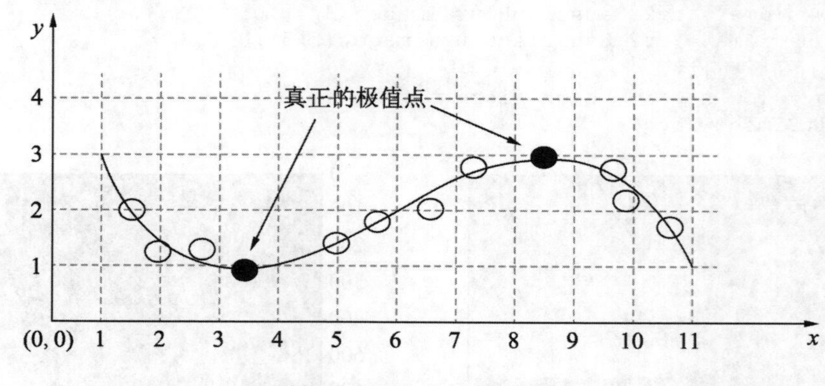

图 5.25　极值点的曲线拟合

最后再对真正的极值点进行修正得到特征点。修正方法有两种：一种是通过设置阈值将极值点与周围像素进行对比，删除低对比度的点；另一种是通过计算图像的梯度，删除边缘不明显的点。

6．计算特征点方向

完成 DoG 空间极值检测后得到图像的特征点，这一步的目标是确定特征点的方向。与计算梯度直方图的方法类似，SIFT 通过计算以特征点为中心，以 $3\times1.5\sigma$ 为半径区域的幅值和角度来确定特征向量。

设特征点坐标为(x, y)，像素值为 $L(x, y)$，该特征点的幅值 $M(x, y)$计算方法如公式（5.4）所示。

$$M\left(x,y\right)=\sqrt{\left[L\left(x+1,y\right)-L\left(x-1,y\right)\right]^{2}+\left[L\left(x,y+1\right)-L\left(x,y-1\right)\right]^{2}} \tag{5.4}$$

该特征点的方向角度 $\theta(x,y)$计算方法如公式（5.5）所示。

$$\theta\left(x,y\right)=\arctan\frac{L\left(x,y+1\right)-L\left(x,y-1\right)}{L\left(x+1,y\right)-L\left(x-1,y\right)} \tag{5.5}$$

在计算梯度直方图时，SIFT 将 0°～360° 的方向范围划分为 36 份，每份 10°。如图 5.26 所示，图中的横坐标为该区域每个特征点的方向，纵坐标为特征点方向的数量，图中的峰值方向代表特征点的主方向，如果该区域有多个方向，则只保留占比大于 80%的方向。

7．生成特征描述符

SIFT 的特征描述方法与梯度直方图类似：先根据特征点的位置，以特征点为中心划分出大小为 16×16 的区域块，并把这个区域划分为 4×4 个子区域，每个子区域的像素梯度都可以分到 8 个 bin 里面，再进行归一化，然后得到一个 128（4×4×8）维的特征向量（这个区域的特征向量），把所有区域的特征向量放到一起组成整幅图像的 SIFT 特征描述符。

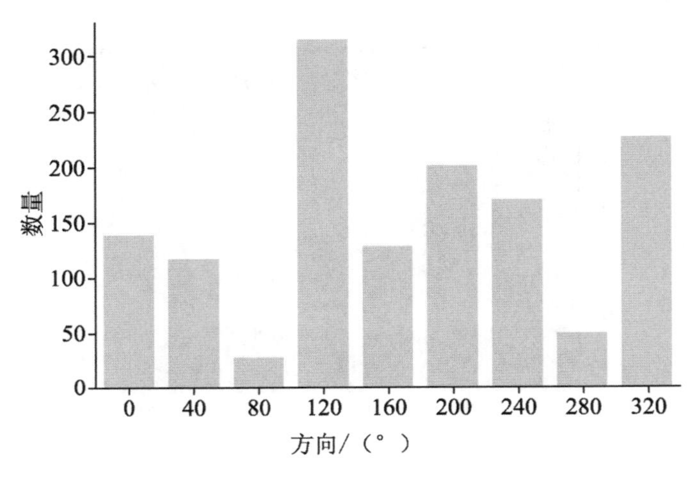

图 5.26　特征点的方向分布

8．使用OpenCV提取图像的SIFT特征

使用 OpenCV 可以直接提取图像的 SIFT 特征，以下代码演示其实现方法，输出结果如图 5.27 所示。由于 OpenCV 在 2020 年集成了 SIFT 特征提取模块，在运行下面的代码前，请确定已经安装了 opencv-contrib-python 模块，并且其版本在 4.5.1 或以上，如果没有安装，请使用命令 pip install opencv-contrib-python 进行安装。

1）导入用到的开发库。

```
1 import cv2
2 from matplotlib import pyplot as plt
```

2）使用 OpenCV 提取 SIFT 特征。

```
1 img= cv2.imread('./images/bridge.jpg')
2 image= cv2.cvtColor(img.copy(),cv2.COLOR_BGR2RGB)
3 gray = cv2.cvtColor(image.copy(),cv2.COLOR_RGB2GRAY)
4 #声明 SIFT 处理对象
5 sift = cv2.xfeatures2d.SIFT_create()
6 #找到关键点
7 keypoints = sift.detect(gray,None)
8 #得到关键点描述
9 keypoints,features = sift.compute(gray,keypoints)
10 #绘制关键点
11 img=cv2.drawKeypoints(image,keypoints,image,
12                    color=(0, 255, 0),
13                    flags=cv2.DRAW_MATCHES_FLAGS_DRAW_RICH_KEYPOINTS)
```

3）显示结果。

```
1 plt.imshow(img)
2 plt.show()
3 print("特征向量",features.shape)
```

图 5.27　SIFT 特征描述符

5.3　单标签图像分类演示

前面的两节分别介绍了图像分类的内容、流程、特征提取和描述方法，在应用中，可以借助开发包完成图像分类任务。本节将结合代码演示这些开发包的使用：使用 skimage 提取图像的 HOG 特征；使用 Sklearn 提供的分类模型进行训练、评估和分类。

5.3.1　演示数据集说明

本节演示程序使用的是 MNIST 数据集，它是面向机器学习初学者的数据集。该数据集全称为 Mixed National Institute of Standards and Technology Database，是美国国家标准与技术研究院收集并整理的大型手写数字数据库。

MNIST 数据集由 60 000 个样本的训练集和 10 000 个样本的测试集组成，数据集中的每个样本都是一张手写数字（0～9）的灰度图像，标签是图像对应的实际数字。该数据集中的部分样本如图 5.28 所示。

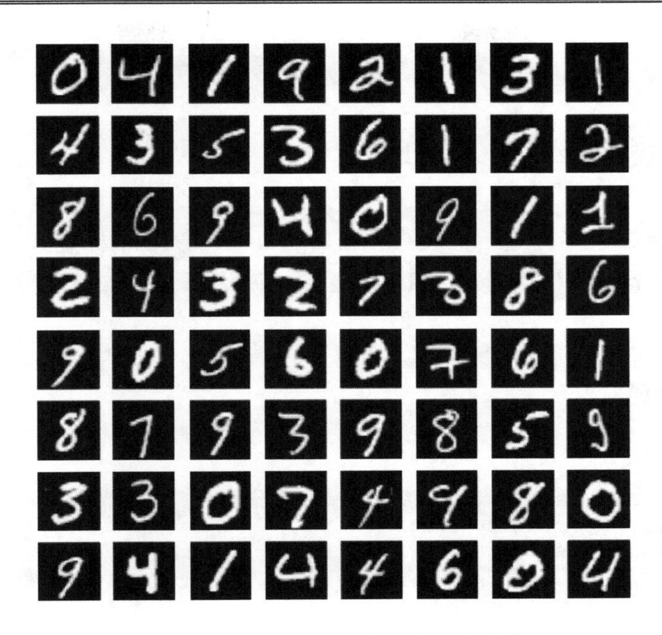

图 5.28　MNIST 数据集中的部分样本

MNIST 数据集的下载地址为 http://yann.lecun.com/exdb/mnist/，它共包含 4 个文件，文件名与内容如表 5.1 所示。

表 5.1　MNIST数据集中的文件清单

文　件　名	内　　容
train-images-idx3-ubyte.gz	训练集图片共有55 000张训练图片和5000张验证图片
train-labels-idx1-ubyte.gz	训练集图片对应的数字标签
t10k-images-idx3-ubyte.gz	测试集图片共有10 000张图片
t10k-labels-idx1-ubyte.gz	测试集图片对应的数字标签

将上述文件解压后，可以使用开源包 mlxtend 提供的方法访问 MNIST 数据集。如果没有安装 mlxtend，请使用 pip install mlxtend 命令进行安装。读取 MNIST 数据集的代码如下：

```
  1 from mlxtend.data import loadlocal_mnist
  2 #读取训练集和验证集样本，loadlocal_mnist 返回图像数据和对应的标签
  3 train_image,train_label=loadlocal_mnist(
  4                     images_path='./dataset/mnist/train-images-idx3-
ubyte',
  5                     labels_path='./dataset/mnist/train-labels-idx1-
ubyte')
  6 #读取测试集样本
  7 test_image,test_label=loadlocal_mnist(
  8                     images_path='./dataset/mnist/t10k-images-idx3-
ubyte',
```

```
  9                 labels_path='./dataset/mnist/t10k-labels-idx1-
ubyte')
```

5.3.2　图像分类演示

MNIST 数据集属于多标签单分类数据集（有 0~9 共 10 个标签）。为简单起见，本节的演示只使用 0 和 1 两个分类样本，即根据 0 和 1 两类样本训练一个只能识别 0 和 1 的分类模型。

1. 导入用到的包

导入包的代码如下：

```
1 from mlxtend.data import loadlocal_mnist
2 from skimage import feature
3 import numpy as np
4 import cv2
5 from matplotlib import pyplot as plt
6 plt.rcParams['font.sans-serif']=['SimHei']              #使用中文字体
```

2. 样本读取和预处理

以下代码从原始的 MNIST 数据集中提取以 0 和 1 为分类的图像和标签作为训练及测试的样本，将图像转换为标准的灰度图格式(28,28,1)，得到训练所需的样本（train_image）和标签（train_y），以及测试所需的样本（test_image）和标签（test_y），其中 train_y 和 test_y 只有 0 和 1 两个类别。预处理后的部分样本如图 5.29 所示。

1）定义从数据集中读取样本的函数，只保留标签为 0 和 1 的图像。

```
 1 def load_sample(img_file,label_file):
 2     #从 MNIST 文件中提取图像和标签数据
 3     raw_image,raw_label=loadlocal_mnist(images_path=img_file,labels_
path=label_file)
 4     #MNIST 数据集包含 0～9 共 10 个数字分类，这里只使用 0 和 1 两个分类
 5     #将样本和标签合并到一个 NumPy 数组里，根据标签过滤只保留 0 和 1 两个数字的数据
 6     raw_label = raw_label.reshape(-1,1)
 7     raw_sample = np.hstack((raw_image,raw_label))
 8     raw_sample.astype(raw_image.dtype)
 9     filter=np.where(raw_sample[:,-1]<=1)      #只保留 0 和 1 两个数字的数据
10     images = raw_sample[filter][:,:-1]
11     labels = raw_sample[filter][:,-1]
12     #MNIST 原始图像格式为(28,28)，这里转换为灰度图格式(28,28,1)
13     images = images.reshape(images.shape[0],28,28,1)
14     return images,labels
```

2）读取训练样本和测试样本。

```
1 train_image,train_y = load_sample('./dataset/mnist/train-images-idx3-ubyte',
2                                   './dataset/mnist/train-labels-idx1-ubyte')
3 test_image,test_y = load_sample('./dataset/mnist/t10k-images-idx3-ubyte',
4                                 './dataset/mnist/t10k-labels-idx1-ubyte')
```

3）显示转换后的样本。

```
1 fig,ax = plt.subplots(5,7,figsize=(12,8))
2 def ShowImg(id,title,img,cm = 'gray'):
3     x,y = divmod(id,7)
4     ax[x,y].imshow(img,plt.get_cmap(cm))
5     ax[x,y].axis('off')
6 count=0
7 for label,image in zip(train_y,train_image):
8     if count >= 5*7:
9         break
10    ShowImg(count,label,image.reshape(28,28))
11    count = count+1
```

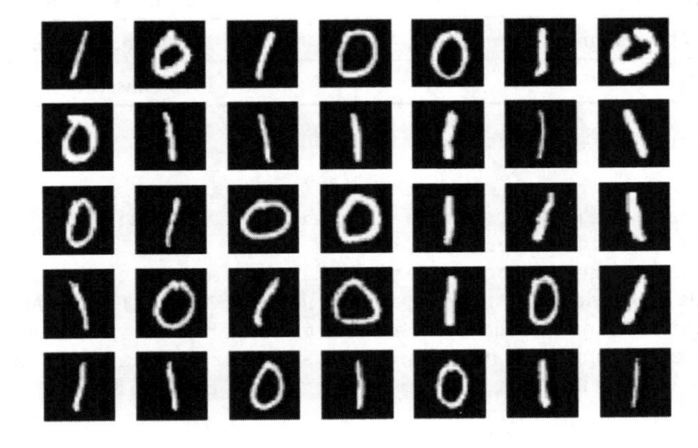

图 5.29　预处理后的部分样本

3. 提取图像特征

使用 skimage 的 feature 模块分别提取训练和测试样本的 HOG 特征，得到训练模型所需的特征向量（train_x）和测试模型所需的特征向量（test_x）。演示代码如下：

```
1 #提取训练图像的 HOG 特征
2 train_x = [feature.hog(x) for x in train_image]
3 train_x = np.array(train_x)
4 #提取测试图像的 HOG 特征
5 test_x = [feature.hog(x) for x in test_image]
6 test_x = np.array(test_x)
```

4．选择分类器

选择 Sklearn 中提供的常用分类器（共 10 个分类器，使用默认参数）进行训练。分类器的名称及其 Sklearn 模块如表 5.2 所示。

表 5.2　Sklearn中的常见分类器

分类器名称	Sklearn模块
逻辑回归（LR）	LogisticRegression
K-近邻（KNN）	KNeighborsClassifier
支持向量机（SVM）	SVC
决策树（DT）	DecisionTreeClassifier
随机森林（FR）	RandomForestClassifier
集成学习（AdaBoost）	AdaBoostClassifier
集成学习（GBDT）	GradientBoostingClassifier
线性判别（LDA）	LinearDiscriminantAnalysis
集成学习（Bagging）	BaggingClassifier
神经网络（MLP）	MLPClassifier

1）导入 Sklearn 的分类模型。

```
1 from sklearn.linear_model import LogisticRegression
2 from sklearn.neighbors import KNeighborsClassifier
3 from sklearn.svm import SVC
4 from sklearn.tree import DecisionTreeClassifier
5 from sklearn.ensemble import RandomForestClassifier, AdaBoostClassifier
6 from sklearn.ensemble import GradientBoostingClassifier, BaggingClassifier
7 from sklearn.discriminant_analysis import LinearDiscriminantAnalysis
8 from sklearn.neural_network import MLPClassifier
```

2）定义组合分类器（使用各分类器的默认参数）。

```
1 g_classifiers = [
2     ('Logistic Regression', LogisticRegression()),
3     ('KNN', KNeighborsClassifier()),
4     ('SVM', SVC()),
5     ('Decision Tree', DecisionTreeClassifier()),
6     ('Random Forest', RandomForestClassifier()),
7     ('AdaBoost', AdaBoostClassifier()),
8     ('GradientBoosting', GradientBoostingClassifier()),
9     ('Bagging', BaggingClassifier()),
10    ('LDA', LinearDiscriminantAnalysis()),
11    ('MLP', MLPClassifier())
12 ]
```

5．模型训练与评估

以下代码分别对 10 个分类器进行训练，生成 10 个分类模型，然后对每个模型进行评估，输出结果如表 5.3 所示。其中，逻辑回归、K-近邻和支持向量机的评分最高。

这个例子只使用分类器的默认参数进行训练，只使用判别系数对模型进行评估。在实际的工程应用中，需要针对不同的场景使用不同的模型参数进行训练，并使用多种评估方法（如 ROC 曲线和混淆矩阵等指标）进行评估，从而得到最佳模型。

```
1 import pandas as pd
2 df = pd.DataFrame()
3 models={}
4 for name, clf in g_classifiers:
5     print("Begin train", name)
6     clf.fit(train_x,train_y)
7     models[name] = clf
8     score = clf.score(test_x,test_y)
9     df=df.append({"Model":name,"Score":score},ignore_index=True)
10 #输出各分类器的评测结果
11 display(df)
```

表 5.3　分类模型性能评估结果

分 类 模 型	得　　分
逻辑回归（LR）	0.99905437
K-近邻（KNN）	0.99905437
支持向量机（SVM）	0.99905437
决策树（DT）	0.98723404
随机森林（FR）	0.99858156
集成学习（AdaBoost）	0.99669031
集成学习（GBDT）	0.99479905
集成学习（Bagging）	0.99054374
线性判别（）LDA）	0.99621749
神经网络（MLP）	0.99810875

6. 使用模型进行分类

通过模型训练和评估找到最佳模型后，就可以使用最佳模型对图像进行分类了。由于逻辑回归、K-近邻和支持向量机的评分相同，这里选择 SVM 模型对测试集中的前 35 幅图像进行分类，实现代码如下，输出结果如图 5.30 所示，图上方的数字为模型的分类结果。

```
1 fig,ax = plt.subplots(5,7,figsize=(12,10))
2 def ShowImg(id,title,img,cm = 'gray'):
3     x,y = divmod(id,7)
4     ax[x,y].imshow(img,plt.get_cmap(cm))
5     ax[x,y].set_title(title,fontsize=16)
6     ax[x,y].axis('off')
7 for i in range(35):
8     image_hog=test_x[i]
```

```
 9      label = models['SVM'].predict([image_hog])
10      ShowImg(i,label[0],test_image[i].reshape(28,28))
```

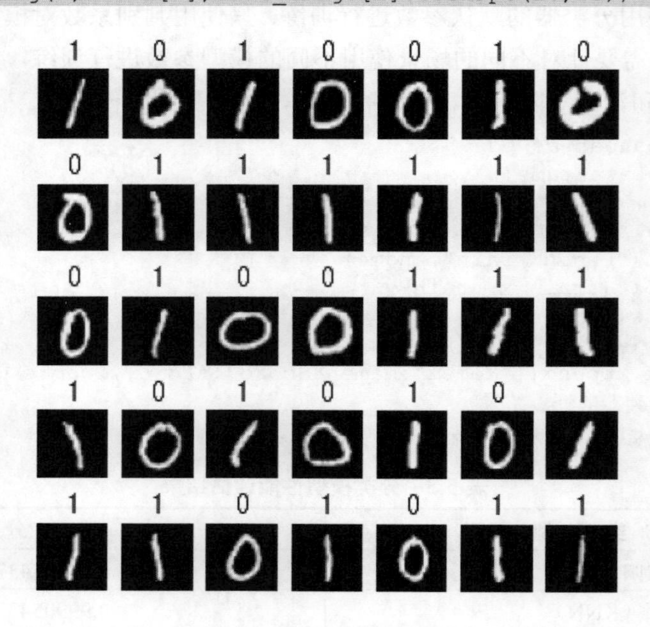

图 5.30　图像分类的结果

5.4　小　　结

本章主要介绍了如何使用传统方法对图像进行分类，共分为三个方面：图像分类的概念、图像特征提取的原理和图像分类实例分析。

5.1 节介绍了图像分类的概念、流程和实现方法。图像分类包括单标签分类、多标签分类和无监督分类 3 种。其中，单标签分类又包含跨物种语义级别图像分类、子类细粒度图像分类和实例级别图像分类 3 种。可以通过标签转换或数据转换将多标签分类转换为单标签分类。

5.2 节介绍了图像特征提取的原理（特征检测和特征描述方法）。首先介绍了如何通过对像素值的统计提取图像的特征，然后介绍了如何通过特征描述生成特征向量，最后重点介绍了图像梯度直方图和尺度不变特征变换的算法原理，并结合代码详细分析了 HOG 和 SIFT 的算法实现过程。

5.3 节结合代码，通过 MNIST 图像分类实例，演示了图像分类的完整过程：图像预处理→图像特征提取→机器学习模型的选择、训练与评估→使用训练好的模型对图像进行分类。

第3篇 深度学习模型与计算机视觉应用

第 6 章　神经网络理论与实例

深度学习是机器学习的一个分支，深度学习也可认为是更复杂的机器学习。与传统的机器学习相比，深度学习对算力和样本数量有更高的要求。21 世纪出现的云计算和 GPU 等技术进一步提高了计算能力，大数据和移动网络积累了海量的数据，为深度学习的深入发展提供了条件。

人工神经网络（Artificial Neural Network，ANN）是对生物神经网络系统的模拟而诞生的一种机器学习模型。近年来，神经网络在计算机视觉、语音识别和自然语言处理方面取得了很大的进展，逐渐成为机器学习领域的一个主流方向。目前，主流的深度学习系统都是基于神经网络结构搭建的，因此深度学习也常被称为深度神经网络。本章将重点介绍神经网络原理及其模型的创建和使用。

6.1　神经网络基础

在二十世纪三四十年代，生物学家发现人的思维活动是电子网络的运行结果。这个电子网络由神经元组成，并且每个神经元只有激活或非激活两种状态。神经网络是一类模型的统称，这类模型使用数字信号对神经元的活动进行模拟和组织，其中前馈神经网络与循环神经网络是两种最常用的模型。

6.1.1　感知机模型

感知机（Perceptron）是第一个真正意义上具有学习能力的模型，其运行机制也被借鉴到神经网络和深度学习系统中。理解感知机模型对理解神经网络和深度学习系统非常有帮助。

感知机模型用来模拟单个神经元的活动，使用权重强化或减弱输入信号，通过阈值函数表示激活或非激活状态。根据训练样本，感知机自动寻找到合适的权重参数，在确定权重参数后即完成了训练，可对新的数据进行预测。

1．问题描述

如图 6.1 所示，假设有两类数据 A 和 B，现要找到一条直线 $\omega \cdot x+b=0$ 将这两类数据划分开，直线的一边为类别 A，另一边为类别 B。感知机模型就是先根据已知样本找到这条直线，然后再使用这条直线对新的数据进行划分。

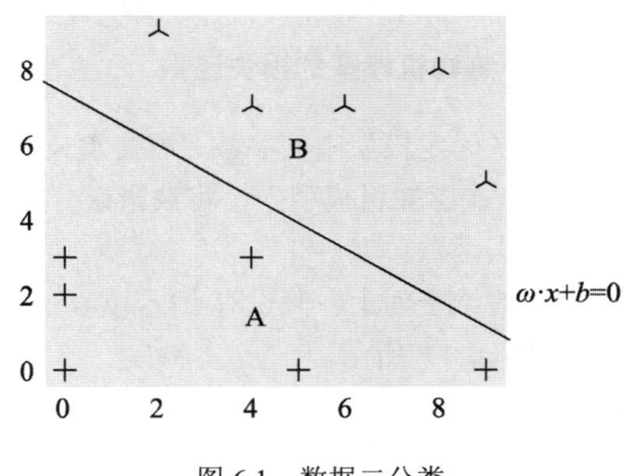

图 6.1　数据二分类

2．感知机模型的结构

感知机是一种二分类模型。该模型的结构如图 6.2 所示，每个输入信号 x_n 都有一个对应的权重参数 ω_n，在对输入信号进行加权求和后，根据得到的值进行分类，值小于设定阈值的划分为一类，其他的划分为另一类。

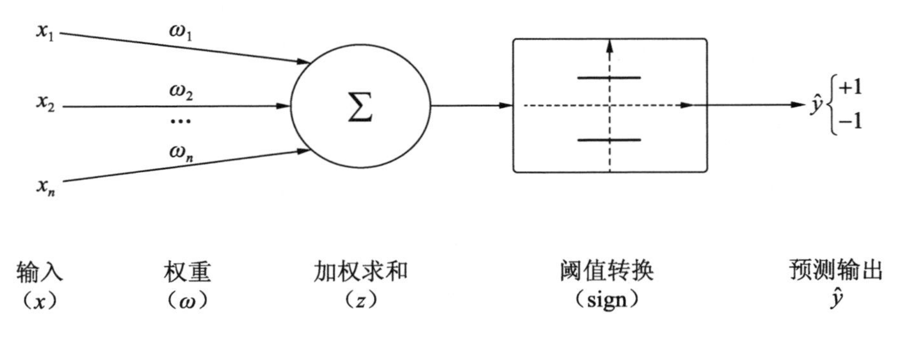

图 6.2　感知机模型的结构

3．感知机模型的数学描述

假设输入为一组 n 维的向量$(\boldsymbol{x}_1, \boldsymbol{x}_2, \boldsymbol{x}_3,\cdots, \boldsymbol{x}_n)$，输出为类别 $\hat{y}$ (+1 或−1)，从图 6.2 可以看出，感知机的工作流程主要包括加权求和和阈值转换两步。

1）加权求和，即输入向量乘以对应的权重，并求和得到 z，计算方法见公式（6.1）。

$$z = \boldsymbol{\omega}_1 \times \boldsymbol{x}_1 + \boldsymbol{\omega}_2 \times \boldsymbol{x}_2 + \cdots + \boldsymbol{\omega}_n \times \boldsymbol{x}_n + b = \boldsymbol{\omega}^{\mathrm{T}} \boldsymbol{x} + b \tag{6.1}$$

2）阈值转换，即使用阈值函数对 z 进行转换，得到输出 $\hat{y}$，阈值函数如公式（6.2）所示。

$$\operatorname{sign}(z) = \begin{cases} +1 & z \geqslant 0 \\ -1 & z < 0 \end{cases} \tag{6.2}$$

将公式（6.1）与公式（6.2）合到一起，得到感知机模型的输出计算方法，如公式（6.3）所示。

$$\hat{y} = \operatorname{sign}(\boldsymbol{\omega}^{\mathrm{T}} \boldsymbol{x} + b) \tag{6.3}$$

4．感知机模型的损失函数

为了确定模型中的参数，需要定义一个损失函数，并通过最小化损失函数求解出参数 ω 和 b。在感知机模型中，将被错误分类的样本与训练出来的分割超平面之间的距离之和作为损失函数。

在二维空间上，假设有点(x_0, y_0)，超平面为 $A \cdot x+B \cdot y+C=0$，点到面的距离计算方法如公式（6.4）所示。

$$D=\frac{\lfloor A \cdot x_0+B \cdot y_0+b \rfloor}{\sqrt{A^2+B^2}} \tag{6.4}$$

将公式（6.4）推广到任意维空间，得出点到超平面的距离计算范式，如公式（6.5）所示。

$$D=\frac{\lfloor \omega_i \cdot x_i+b \rfloor}{\|\omega\|} \tag{6.5}$$

其中，$\|\omega\|$为 ω 的 L_2 范数，计算方法如公式（6.6）所示。

$$\|\omega\|=\sqrt{\omega_1{}^2+\omega_2{}^2+\cdots+\omega_n{}^2} \tag{6.6}$$

由于感知机是一个二分类模型，其样本的真实值 y 和预测值 $\hat{y}$ 只有−1 和+1 两种，当样本被错误分类时，$y \cdot \hat{y}=-1$，因此，公式（6.5）可以写成公式（6.7），其中$(\omega \cdot x_i+b)$为预测值 $\hat{y}$。

$$D=\frac{-y_i \cdot (\omega_i \cdot x_i+b)}{\|\omega\|} \tag{6.7}$$

可以通过增加一个输入 x_0^0（常数 1）来代替偏置项 b（也就是把 b 替换为 $\omega_0 \cdot x_0^0$），这样就把参数 b 也看成一个权重 ω_0，同时令$\|\omega\|$为 1，即可得到化简后的距离计算公式（6.8）所示。

$$D=-y_i \cdot (\omega_i \cdot x_i) \tag{6.8}$$

公式（6.8）计算的是某一个样本到超平面的距离，对所有样本到超平面的距离进行求和，得到感知机模型的损失函数，如公式（6.9）所示。

$$J(\omega)=\sum_{i=0}^{N}-y_i \cdot (\omega_i \cdot x_i) \tag{6.9}$$

5．感知机模型的权重调整方法

感知机模型的损失函数是针对分类错误的样本而言的，因此其参数的优化过程只在错误分类的样本上进行。在训练时，感知机使用迭代的方法调整权重，即在上一轮训练生成的权重基础上得到下一轮训练使用的权重。权重调整过程包括以下两步：

1）计算上一轮训练的权重参数。

假设有个 N 样本，x_i 为输入值，y_i 为真实值，$L(\omega)$为损失函数，ω 为待求参数。根据最小二乘法，当损失函数 $J(\omega)$取最小值时，损失函数 $J(\omega)$相对于 ω 的偏导数为 0。结合感知机模型的损失函数（见 6.9），通过求解公式（6.10）可得到权重参数 ω。

$$\frac{\partial L(\omega)}{\partial \omega} = -\sum_{i=0}^{N}(y_i \bullet x_i) \tag{6.10}$$

2）根据上一轮训练的权重计算出下一轮训练使用的权重参数。

下一轮训练所用权重的计算方法如公式（6.11）所示。其中，α 被称为学习率，是一个超参数，表示每次权重调整的幅度，ω_{t-1} 表示上一轮训练的权重，ω_t 表示下一轮训练使用的权重。

$$\omega_t = \omega_{t-1} + \alpha \bullet \sum_{i=0}^{N}(y_i \bullet x_i) \tag{6.11}$$

每一轮训练中，模型中的参数都会被以上方法调整，直至整个模型的输出误差在可接受的范围内时，训练过程结束。

6. 使用感知机模型进行预测

模型被训练好之后，模型参数 ω 和 b 也就被确立了下来，将待分类数据输入模型后，模型根据参数计算出的结果即为预测值。

7. 感知机模型的价值

感知机模型的前身是 MCP 模型。MCP 模型的结构与感知机模型非常相似，只是模型的权重参数和阈值需要手工指定，因此不具备自我学习的能力。感知机模型可以根据样本自动调整模型的参数，是第一个具有自我学习功能的模型，其结构也非常简单。虽然当今感知机模型的应用不多，但是感知机模型是神经网络和深度学习的基础，对神经网络的发展有着非常重要的贡献。

- 感知机模型定义了神经元的基本结构，对其稍加改造即可作为神经元使用。
- 感知机模型奠定了神经网络的基本范式，包括激活函数、损失函数和迭代调整权重的方法。
- 感知机模型结构简单，初学者更容易理解。

8. 感知机模型的局限

感知机模型的激活函数是一个线性函数，因此感知机模型本质上还是一个线性模型，它无法对非线性数据进行分类，如著名的异或问题。如果数据分布呈异或状态，例如图 6.3 中的圆和方块，感知机模型是无法找到一条直线将圆和方块分开的。

9．感知机模型的使用示例

下面的代码演示了 Sklearn 中感知机模型的使用方法，输出结果如图 6.4 所示。

1）导入要用到的包。

```
1 import matplotlib.pyplot as plt
2 import numpy as np
3 from sklearn.datasets import make_blobs
4 from sklearn.model_selection import train_test_split
5 from sklearn.linear_model import Perceptron
6 plt.style.use({'figure.figsize':(12, 6)})                #设置画布大小
7 plt.rcParams['font.sans-serif']=['SimHei']               #使用中文字体
```

2）随机生成训练和测试数据。

```
1 #随机生成样本（2 个特征和 2 个分类）
2 X,Y= make_blobs(n_samples=100,n_features=2,centers=2)
3 #划分成训练集和测试集，测试集占总样本的 30%，训练集占总样本的 70%
4 X_train,X_test,Y_train,Y_test=train_test_split(X,Y,test_size=0.30)
```

3）训练感知机模型，并显示预测结果。

```
1 #定义感知机模型，并对其进行训练和评估
2 clf = Perceptron()
3 clf.fit(X_train,Y_train)
4 print("model score",clf.score(X_test,Y_test))
5 print("w=%s"%clf.coef_[0],"b=",clf.intercept_[0])
6 #显示分类结果
7 plt.scatter(X_test[Y_test==0][:,0],X_test[Y_test==0][:,1],marker=
'1',s=300)
8 plt.scatter(X_test[Y_test==1][:,0],X_test[Y_test==1][:,1],marker=
'+',s=300)
9 line_x = np.arange(-10,10)
10 line_y = line_x*(-clf.coef_[0][0]/clf.coef_[0][1])-clf.intercept_
11 plt.plot(line_x,line_y,color='g')
```

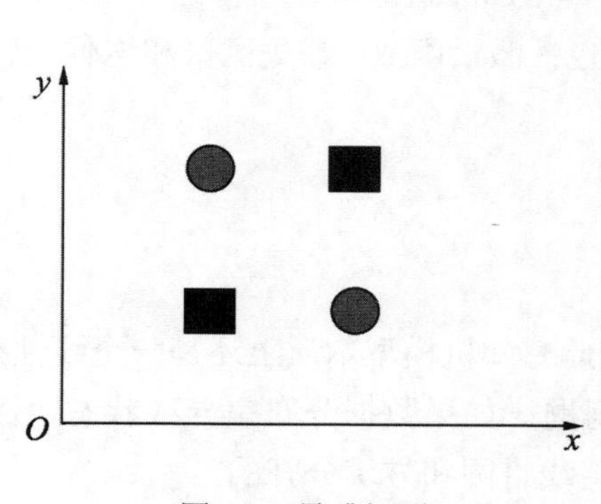

图 6.3　异或问题

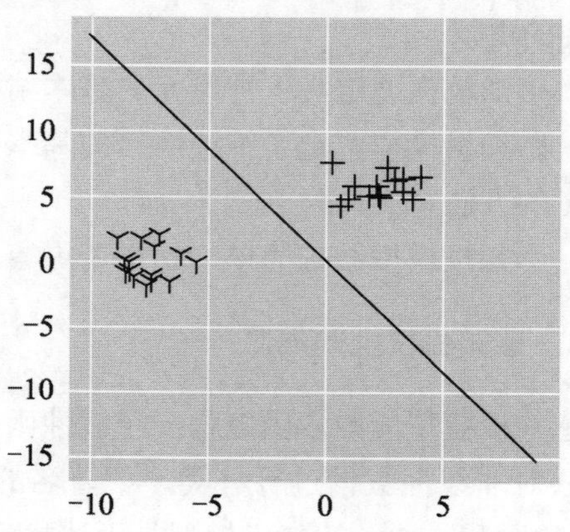

图 6.4　感知机模型的分类结果

6.1.2　神经元

神经元是神经网络的基本单元，其结构如图 6.5 所示。神经元接收输入向量，然后将这些输入和对应的权重进行加权求和，再通过激活函数转换得到预测输出。

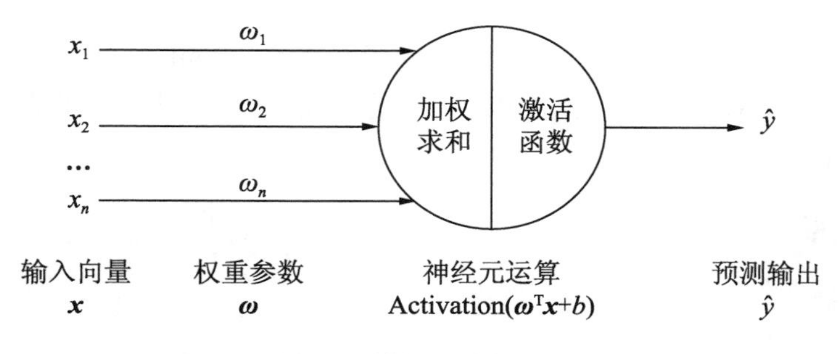

图 6.5　神经元节点结构

神经元的数学运算过程如公式（6.12）所示，其中函数 f 被称为激活函数。

$$\hat{y} = f\left(\boldsymbol{\omega}^{\mathrm{T}} \cdot \boldsymbol{x} + b\right) \tag{6.12}$$

在感知机模型中，激活函数是阈值函数，只能处理线性可分的数据，而神经网络常采用非线性函数进行转换，可以实现非线性数据的分类。非线性激活函数非常关键，因为现实中大部分数据都是非线性分布的，如果没有非线性激活函数，神经网络就只是多个线性分类器的简单叠加，最终只能完成线性分类任务。

6.1.3　常见激活函数

1．Sigmoid函数

Sigmoid 函数如公式（6.13）所示，它可以将整个实数范围的任意数字映射到(0,1)的范围。当输入值较大时，Sigmoid 函数将返回一个接近于 1 的值，而当输入值较小时，其返回值将接近于 0。

$$f(x) = \frac{1}{1+\mathrm{e}^{-x}} \tag{6.13}$$

Sigmoid 函数图像如图 6.6 所示。在使用中，Sigmoid 激活函数有以下缺点：

- 计算量较大，在反向传播中求误差梯度时，求导涉及除法运算，增加了计算量。
- 在反向传播中，容易出现梯度消失，无法完成深层网络的训练。
- 函数的敏感区间短，输入在(−1,1)时较为敏感，否则处于饱和状态，学习效率较低。

2．Tanh函数

Tanh 函数又叫双曲正切函数，该函数如公式（6.14）所示。Tanh 函数类似于幅度增大的 Sigmoid 函数，可以将输入值转换为(−1,1)区间，以减轻梯度消失的问题。

$$f(x)=\frac{e^{x}-e^{-x}}{e^{x}+e^{-x}} \tag{6.14}$$

Tanh 函数图像如图 6.7 所示。与 Sigmoid 函数相比，Tanh 函数有计算速度快、可以减轻梯度消失和关于原点对称等诸多优点，但是 Tanh 函数依然没有彻底解决梯度消失的问题。

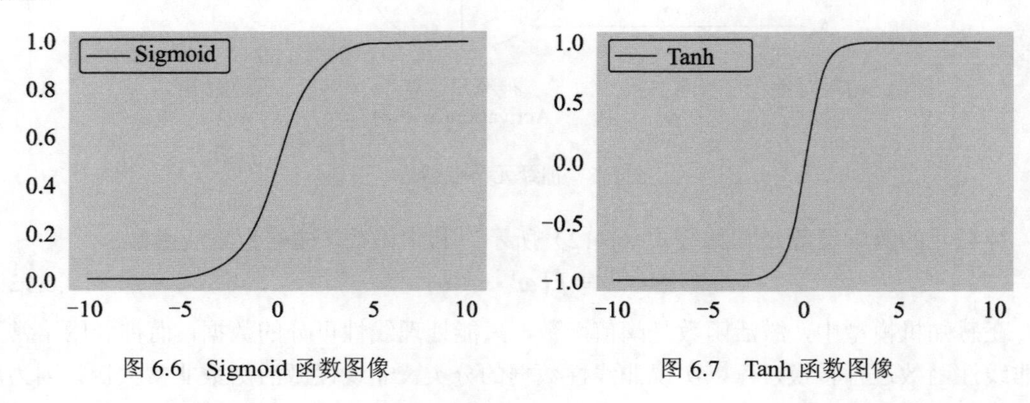

图 6.6　Sigmoid 函数图像　　　　图 6.7　Tanh 函数图像

3．ReLU函数

ReLU（Rectified Linear Units）函数又名修正线性单元，该函数如公式（6.15）所示。ReLU 是目前最常用的激活函数，当 $x<0$ 时，ReLU 函数输出 0，当 $x>0$ 时，ReLU 函数的输出为 x。

$$f(x)=\max(0,x) \tag{6.15}$$

ReLU 函数图像如图 6.8 所示。ReLU 函数的运行速度更快，并能够在 $x>0$ 时保持梯度不断衰减，从而解决梯度消失的问题。但是当 $x<0$ 时，ReLU 函数为定值，这会导致权重无法更新（神经元的死亡）。

4．LeakyReLU函数

为了解决 Relu 函数在 $x<0$ 时权重无法更新的问题，在 Relu 函数的负半区间引入一个 Leaky 值，称为 LeakyReLU 函数，该函数如公式（6.16）所示。

$$f(x)=\begin{cases} x & x>0 \\ a \cdot x & x\leqslant 0 \end{cases} \tag{6.16}$$

LeakyReLU 函数图像如图 6.9 所示。LeakyReLU 函数虽然可以缓解 ReLU 函数导致神经元死亡的问题，但是其负数的输出导致非线性的程度没有 ReLU 函数强大，同时在一些分类任务中其效果也没有 ReLU 函数好。

5. Softmax函数

Softmax 函数是对 Sigmoid 函数的进化。Sigmoid 函数常用来处理二分类问题，而 Softmax 函数常用来处理多分类问题，该函数如公式（6.17）所示，它可以将输出映射成概率的形式。

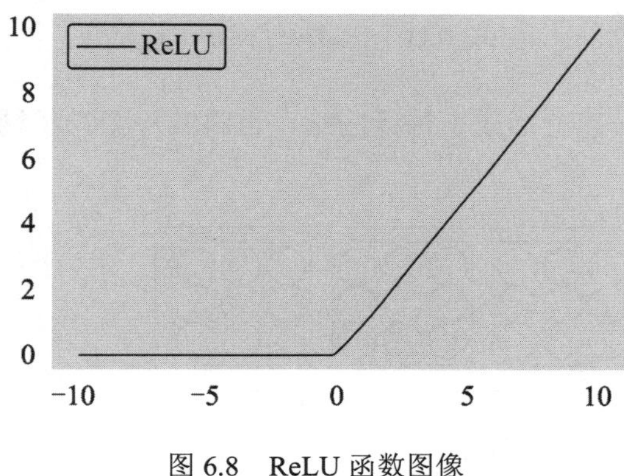

图 6.8　ReLU 函数图像

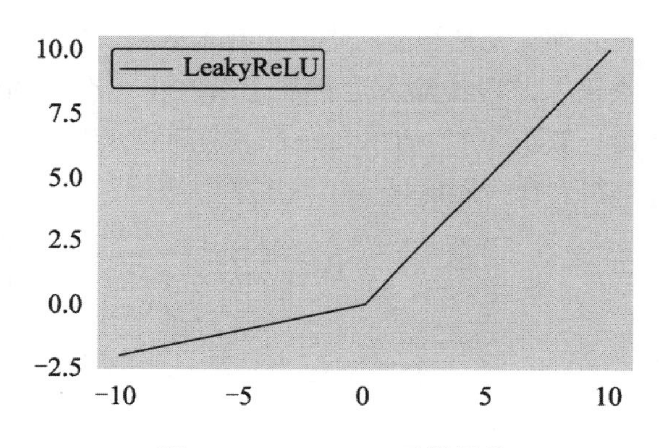

图 6.9　LeakyReLU 函数图像

例如输出为[1 2 3]，在经过 Softmax 函数转换后，输出变为[0.09003057 0.24472847 0.66524096]，分别对应属于 A、B 和 C 类别的概率，其和为 1。

$$f(x_i)=\frac{e^{x_i}}{\sum e^{x_i}} \tag{6.17}$$

Softmax 函数图像如图 6.10 所示。Softmax 函数的输出结果是 0～1 的概率值，对应的输入数据属于某个类别的概率，适用于多分类模型，它只能应用于输出层而不能用于隐含层。

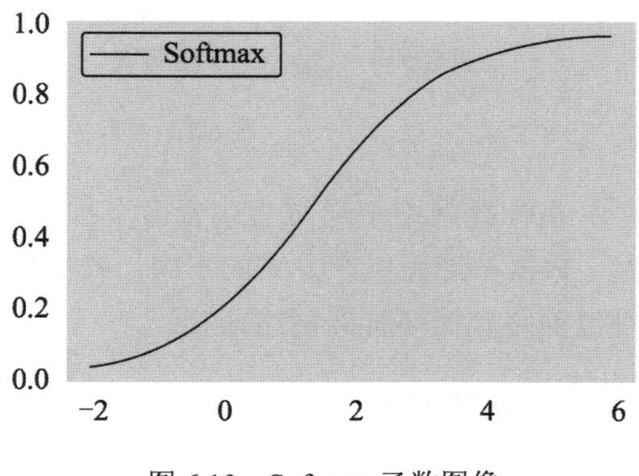

图 6.10　Softmax 函数图像

6.1.4　神经网络

感知机模型是对人脑神经元的模拟，通过训练，使得它得到输入的权重。但是感知机模型为线性模型，它只有一个神经元，对线性不可分的数据（如异或数据）无法进行分类。

神经网络的思想是使用多个神经元加上非线性激活实现对非线性数据的分类。如图 6.11 所示，使用两个神经元可以实现对感知机模型无法分类的异或数据进行分类（两条直线中间的圆点为一类，其他的方块为一类），从而解决线性不可分的问题。

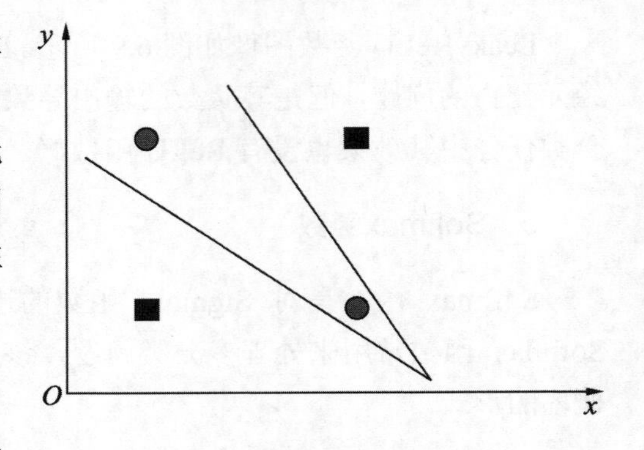

图 6.11　使用神经网络进行分类

1．神经元、神经网络与深度学习

神经元是神经网络的最基本单元，它用来接收输入，再将输入进行加工后产生一个新的输出。如图 6.12 所示，将若干个神经元组合在一起就形成了神经网络，再将若干个神经网络组合在一起就形成了深度学习系统。

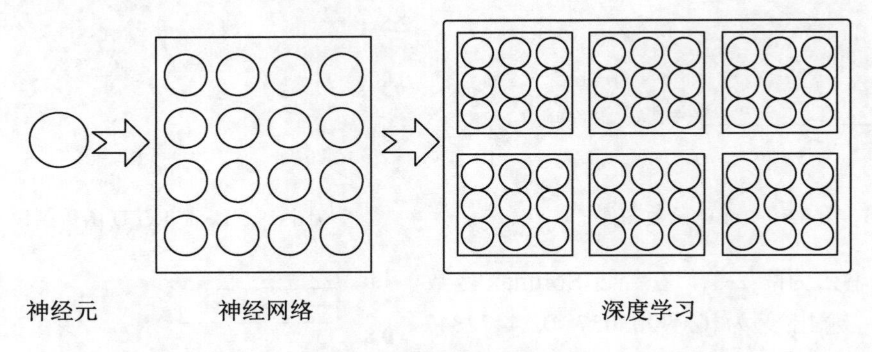

图 6.12　神经元、神经网络与深度学习的关系

在神经网络中通常会包含多个神经元，需要通过一定的结构将这些神经元组织到一起。根据神经元组织方式的不同，可将神经网络划分成不同的类别，目前最常见的有前馈神经网络和循环神经网络两种。

2．前馈神经网络

前馈神经网络是最常见也是最容易理解的一类神经网络模型，其结构如图 6.13 所示。前馈神经网络由一个输入层、一个输出层和若干个隐含层组成，如果隐含层数量较多，则称为深度神经网络。

在前馈神经网络中，前一层神经元的输出作为后一层神经元的输入，在同一层内的神经元不发生联系。训练时，数据正向流动，误差反向流动。

- 数据通过输入层进入神经网络，然后分别经过隐含层和输出层的运算得到最终的预测结果。

• 误差正好相反，从输出层进入网络，然后分别传递至隐含层和输入层。

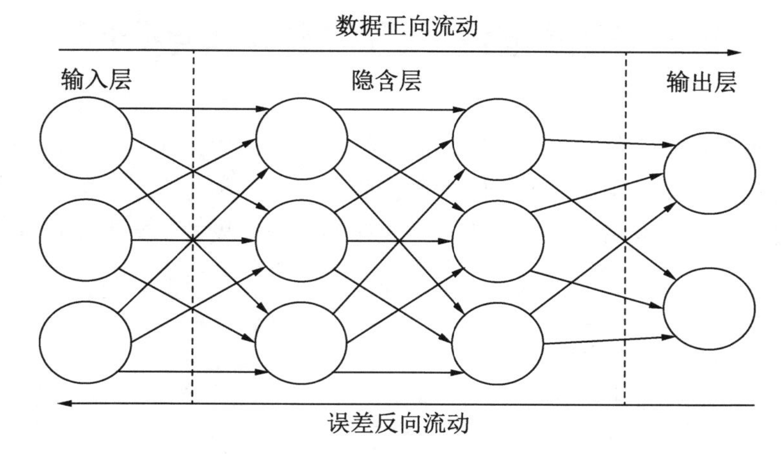

图 6.13　前馈神经网络

3．循环神经网络

前馈神经网络不考虑历史数据之间的关系，仅根据当前的输入数据得到预测输出结果。循环神经网络（Recurrent Neural Network，RNN）模型考虑样本之间的关联，更适合用于处理视频、语音和文本等与时序相关的数据。

如图 6.14 所示，在循环神经网络中，神经元不但可以接收上一层神经元的输出，还可以记住历史上的隐含状态信息，并将这些隐含状态信息作为输入一起参与后续的运算。

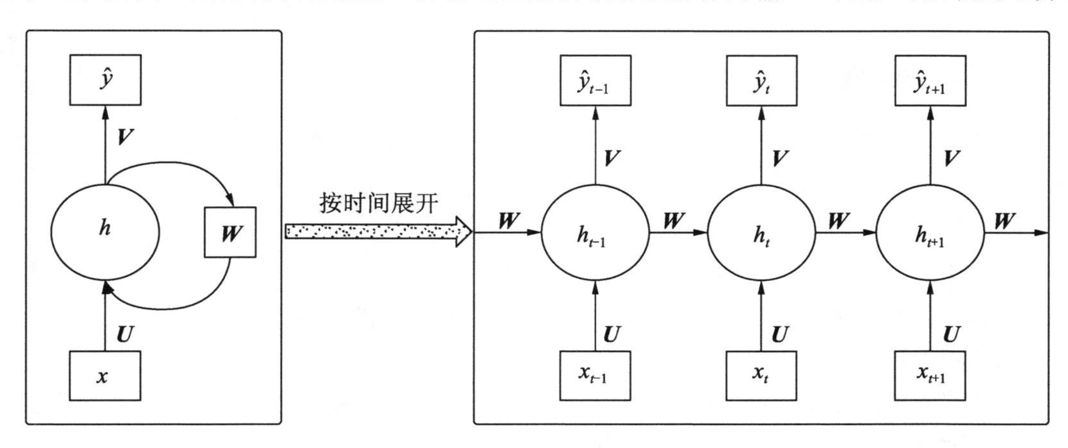

图 6.14　循环神经网络

6.2　前馈神经网络与循环神经网络

前馈神经网络是最简单的一种人工神经网络，其结构如图 6.15 所示。前馈神经网络由一个输入层、一个输出层和若干个隐含层组成，每一层都包含一个或多个神经元节点，相邻层之间的神经元节点相互连接，每一个连接都有一个权重用来表示连接的强度。

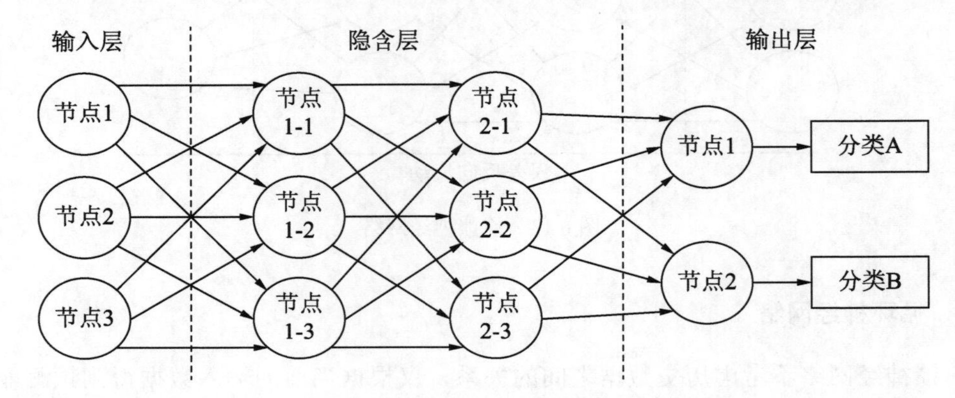

图 6.15　前馈神经网络结构

6.2.1　前馈神经网络结构

1．前馈神经网络结构说明

前馈神经网络的特点是数据从输入层进入，然后流向隐含层，最后通过输出层输出结果，数据是单向流动的，不存在循环或回路的情况。

（1）输入层

输入层的节点位于神经网络的入口，外部数据通过输入层的节点进入神经网络，该层节点不进行任何计算，而是直接将外部数据传递到隐含层的节点。

（2）隐含层

隐含层的节点位于神经网络的中间位置，这些节点不直接和外部数据联系，只负责接收上一层节点传入的数据，经过运算后传递给输出层。

隐含层是可选的，一个前馈神经网络可以有零个或多个隐含层。例如，单层感知机就是一个不包含隐含层的前馈神经网络，而多层感知机是一个包含多个隐含层的前馈神经网络。

（3）输出层

输出层的节点位于神经网络的出口，负责将隐含层的运算结果转换为最终的输出。

2．神经网络的训练

神经网络的训练过程（学习过程）其实就是确定每个神经元的参数 ω 和 b 的过程，常用的训练算法是误差反向传播（Back Propagation，BP）算法，即通过误差来确定每个参数的值。

3．使用神经网络进行预测

模型被训练好之后，模型中各个神经元的参数 ω 和 b 也就被确立了，预测的过程与训练的过程类似，将待处理的数据输入模型，然后模型根据参数计算出结果并作为预测值。

6.2.2　误差反向传播算法

神经网络的学习（训练）过程，就是通过不断地调整模型参数，使得神经网络的输出尽可能地逼近真实值的过程，该模型的参数包括神经元之间的连接权重和偏置项。

误差反向传播算法也称为 BP 算法，是根据模型预测的误差反过来调整模型参数的一种算法。BP 算法是迄今为止最成功的神经网络学习算法，不论是在神经网络的训练中，还是在深度学习的训练中，该算法都有着广泛的应用。下面以多层感知机为例，详细介绍 BP 算法的工作原理。

假设多层感知机的结构如图 6.16 所示。模型的输入层有三个输入，即样本输入 x_1 和 x_2，以及常数输入 1（常数输入 1 可以将模型的偏置项 b 也纳入加权求和的公式中，从而简化计算过程）；输出层有 y_1 和 y_2 两个输出，分别对应分类 A 和分类 B；一个隐含层中分别有两个神经元和常数输入 1。

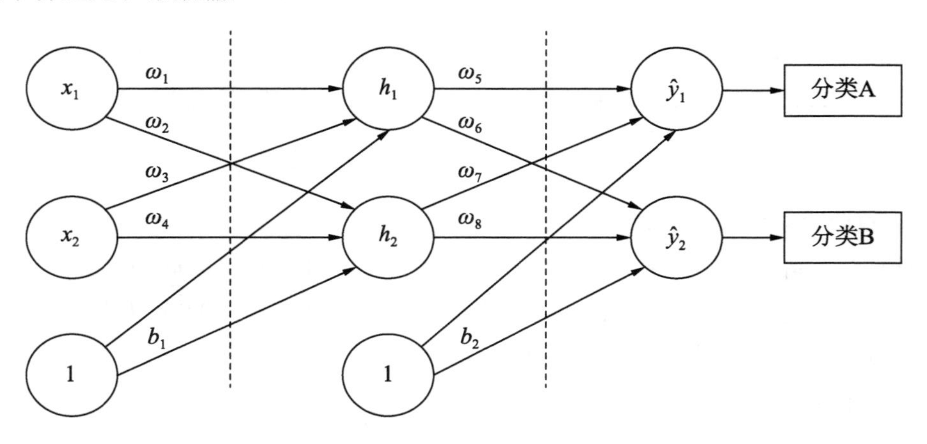

图 6.16　前馈神经网络示意

前馈神经网络训练的目的是确定一组 ω 和 b 的值，使得模型预测误差最小。假如输入和输出的数据如表 6.1 所示，激活函数采用 Sigmoid 函数，且使用 BP 算法进行训练，则其训练过程包括以下三步：

1）初始化参数。

2）数据正向传播。

3）误差反向传播并调整权重参数。

表 6.1　模型的输入和输出

x_1	x_2	y_1	y_2
0.49	0.26	0.66	0.21

1．初始化参数

使用 0 和 1 之间的随机数（不包括 0）初始化 ω 和 b 的值，如表 6.2 所示。

表 6.2　模型的权重和偏置参数

参数	ω_1	ω_2	ω_3	ω_4	ω_5	ω_6	ω_7	ω_8	b_1	b_2
初始值	0.64	0.31	0.86	0.34	0.49	0.18	0.19	0.48	0.06	0.66

2．数据正向传播

如图 6.17 所示，在前馈神经网络中，数据先通过输入层进入隐含层，经过隐含层激活函数转换后再进入输出层，然后经过输出层激活函数转换得到最终输出。

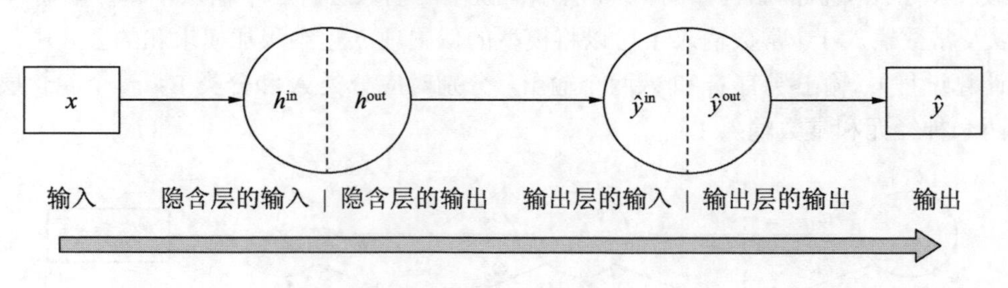

图 6.17　前馈神经网络数据流示意

1）计算隐含层的输入（输入值）。

h_1 的输入：$\omega_1 \cdot x_1+\omega_3 \cdot x_2+1 \cdot b_1=0.64\times0.49+0.86\times0.26+1\times0.06\approx0.60$。

h_2 的输入：$\omega_2 \cdot x_1+\omega_4 \cdot x_2+1 \cdot b_1=0.31\times0.49+0.34\times0.26+1\times0.06\approx0.30$。

2）计算隐含层的输出（神经元 h_1 和 h_2 的输出值）。

代入激活函数，得到 h_1 的输出：$\dfrac{1}{1+\mathrm{e}^{-x}}=\dfrac{1}{1+\mathrm{e}^{-0.60}}\approx0.65$。

代入激活函数，得到 h_2 的输出：$\frac{1}{1+e^{-x}}=\frac{1}{1+e^{-0.30}}\approx 0.57$。

3）计算输出层的输入（神经元 h_1 和 h_2 的输出值的加权求和）。

$\hat{y}_1$ 的输入：$\omega_5 \cdot h_1+\omega_7 \cdot h_2+1 \cdot b_2=0.49\times0.65+0.19\times0.57+1\times0.66\approx1.09$。

$\hat{y}_2$ 的输入：$\omega_6 \cdot h_1+\omega_8 \cdot h_2+1 \cdot b_2=0.18\times0.65+0.48\times0.60+1\times0.66\approx1.05$。

4）计算输出层的输出（神经元 y_1 和 y_2 的输出）。

代入激活函数，得到 $\hat{y}_1$ 的输出：$\frac{1}{1+e^{-x}}=\frac{1}{1+e^{-1.09}}\approx 0.75$。

代入激活函数，得到 $\hat{y}_2$ 的输出：$\frac{1}{1+e^{-x}}=\frac{1}{1+e^{-1.05}}\approx 0.74$。

3．进行误差反向传播并调整权重参数

1）根据输出层的输出计算总误差。

总误差为 $\frac{1}{2}\sum(y_i-\hat{y}_i)^2=\frac{1}{2}\times((0.66-0.75)^2+(0.21-0.74)^2)\approx 0.14$。

2）计算权重对整体损失的影响。

以权重参数 ω_5 为例，根据链式求导法则（如图 6.18 所示），用整体损失关于 ω_5 的偏导数表示 ω_5 对整体损失产生了多少影响。

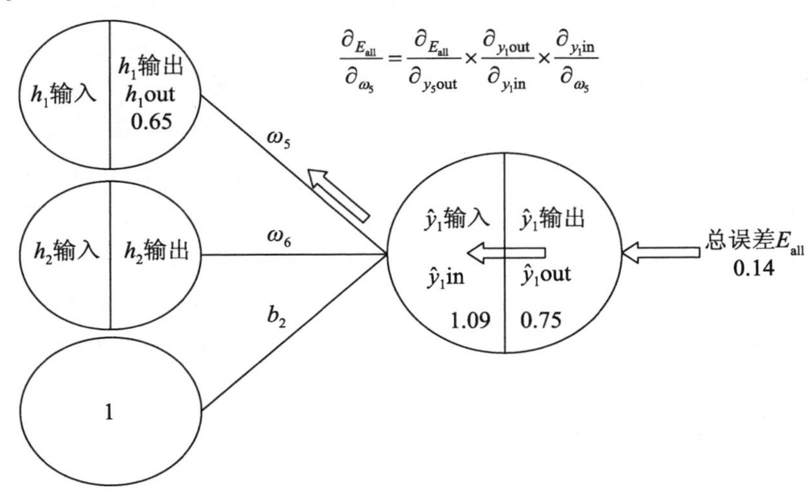

图 6.18　链式求导法则

$\frac{\partial_{E_{all}}}{\partial_{\hat{y}_1 out}}$ 是对损失函数求偏导数，等于 $-(\hat{y}_1 in-\hat{y}_1 out)=0.75-1.09=-0.34$。

$\frac{\partial_{\hat{y}_1 out}}{\partial_{\hat{y}_1 in}}$ 是对激活函数求偏导数，等于 $\hat{y}_1 out\times(1-\hat{y}_1 out)=0.75\times(1-0.75)\approx 0.19$。

$\frac{\partial_{\hat{y}_1\text{in}}}{\partial_{\omega_5}}$是对求和函数求偏导数，等于 $h_1$out=0.65。

根据链式求导法则$\frac{\partial_{E_{\text{all}}}}{\partial_{\omega_5}}$为以上三个偏导数的乘积，等于−0.34×0.19×0.65=−0.04，至此我们可以知道 ω_5 对整体误差的影响是−0.04。

3）根据对误差的影响调整权重。

根据公式（6.18）来确定权重 ω_5 的调整幅度，其中 η 为学习率，是手工指定的超参数，用来控制每次权重调整的幅度。将上述计算结果代入公式（6.18），可以计算出调整后的 ω_5 的值为 0.53（设 η 为 1）。

$$\omega_i = \omega_i - \eta \times \frac{\partial_{E_{\text{all}}}}{\partial_{\omega_i}} \tag{6.18}$$

对于前馈神经网络中的其他神经元参数，也分别使用类似的方法进行求解，在计算出模型的所有参数后，这一轮训练完成。不断迭代这个训练过程，直到预测误差在可接受的范围内，即可结束训练。

4．BP算法的缺点

BP 算法巧妙地利用了链式求导的方法，将误差由输出层反向传递到输入层，这可以极大地提高权重参数的调整效率。但是 BP 算法仍然有以下几个问题：

- 局部极小值问题：BP 算法逐级调整权重，其算法只考虑了上一级的权重调整，而没有考虑整体情况，结果很可能只是局部最优解而不是全局最优解。
- 梯度消失问题：BP 算法中的误差由输出层反向逐层向输入层传递，随着隐含层数的增加，有些误差会在传递过程中消失（变为 0），从而导致神经元的权重无法被更新。
- 训练速度问题：BP 算法在本质上还是梯度下降方法，如果优化的目标函数比较复杂，则需要经过多次迭代才能找到最优解，这时使用 BP 算法效率会比较低。

6.2.3　循环神经网络结构

前馈神经网络只能单独处理一批输入，每一批输入对应一个输出，前一批输入和后一批输入之间完全没有关系。但有一类数据样本之间是有关联的，这一类数据称为序列数据，如今天的病毒感染人数和昨天的感染人数有很强的关联性，在预测今天的感染人数时（当前样本的输出）如果不考虑昨天的感染人数（上一批样本的输出），显然是不合适的。

循环神经网络（Recurrent Neural Network，RNN）模型考虑了样本之间的关联性，更适合用于处理视频、语音和文本等与时序相关的问题。在循环神经网络中，神经元不但可以接收其他神经元的信息，还可以接收自身的历史信息，从而形成具有环路的网络结构。

1．RNN结构

循环神经网络（RNN）结构如图 6.19 所示。和前馈神经网络相比，RNN 也有输入层（I_1 和 I_2）、隐含层（h_1 和 h_2）和输出层（o_1 和 o_2）三个部分。输入层和输出层的运作方式和前馈神经网络完全相同，唯一的区别在于 RNN 多了一个 t-1 时刻的隐含层，上一轮训练的隐含层也会作为输入传递到下一轮训练的隐含层中。这种设计使得 RNN 的输出不仅和当前的输入相关，还和上一轮的输出相关，在处理时序数据时，具有短期记忆的能力。

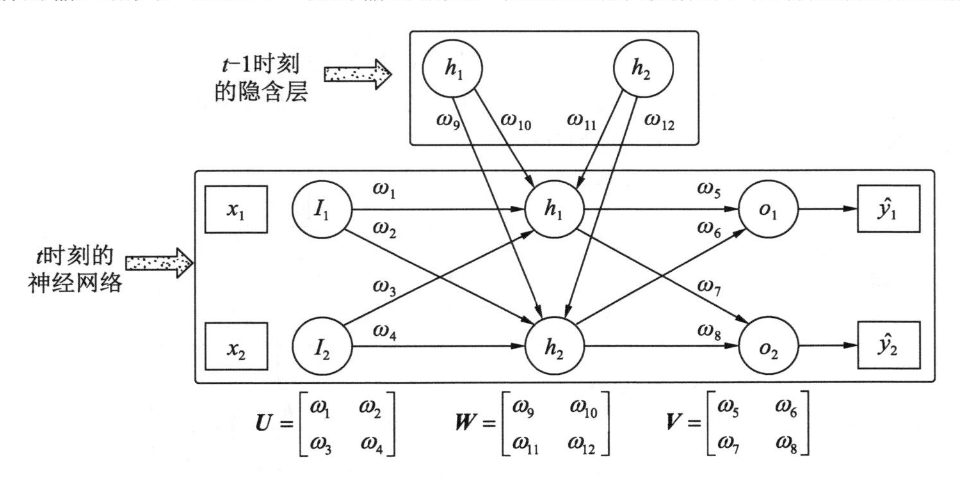

图 6.19　循环神经网络结构

2．RNN训练

在 RNN 中，分别用 $\boldsymbol{U}$、$\boldsymbol{W}$ 和 $\boldsymbol{V}$ 三个矩阵存储权重。RNN 的训练过程就是确定 $\boldsymbol{U}$、$\boldsymbol{W}$ 和 $\boldsymbol{V}$ 的参数过程。以下是图 6.19 中的 $\boldsymbol{U}$、$\boldsymbol{W}$ 和 $\boldsymbol{V}$ 矩阵的作用：

- $\boldsymbol{U}$ 矩阵保存输入层的神经元与隐含层的神经元之间的权重信息。
- $\boldsymbol{W}$ 矩阵保存上一轮训练中隐含层的神经元和当前隐含层的神经元之间的权重信息。
- $\boldsymbol{V}$ 矩阵保存隐含层的神经元和输出层的神经元之间的权重信息。

6.2.4　随时间误差反向传播算法

1．RNN的数据正向传输

如图 6.20 所示，RNN 的数据流与前馈神经网络相同，都是先通过输出层进入隐含层，经过隐含层激活函数转换后进入输出层，然后再经过输出层激活函数转换得到最终输出。

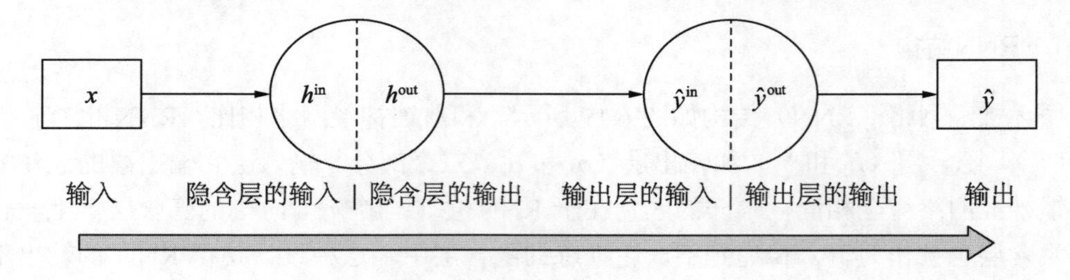

图 6.20　RNN 的数据正向传输示意

如图 6.21 所示，RNN 与前馈神经网络的主要区别有以下两点：

- RNN 的隐含层的输入除了来自输入层外，还包括上一轮训练的隐含层的输出。
- RNN 有多个输出（在每个时刻都会有一个输出）。

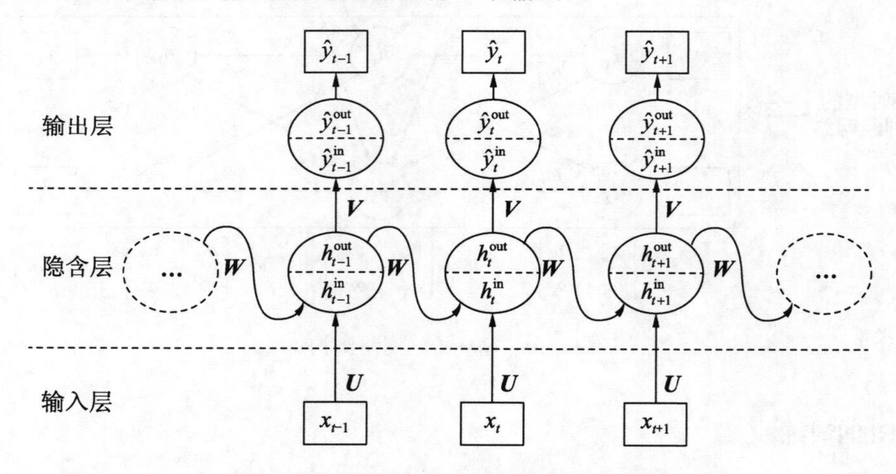

图 6.21　RNN 完整的数据正向传输示意

1）计算输入层的输出（隐含层输入）。

在 t 时刻隐含层的输入如公式（6.19）所示，输入包括 2 个部分：$\boldsymbol{U}\cdot x_t$ 为输入层的数据的加权求和；$\boldsymbol{W}\cdot h_{t-1}^{\text{out}}$ 为 t-1 时刻隐含层的神经元输入的加权求和。

$$h_t^{\text{in}} = \boldsymbol{U}\cdot x_t + \boldsymbol{W}\cdot h_{t-1}^{\text{out}} \tag{6.19}$$

2）计算隐含层的输出（输出层输入）。

在 t 时刻隐含层的输出如公式（6.20）所示。$\varnothing$ 为隐含层的激活函数，$f(h_t)$为隐含层的神经元的输出，$\boldsymbol{V}\cdot\varnothing(h_t)$ 为隐含层的神经元的输出值的加权求和，c 为偏置项参数。

$$h_t^{\text{out}} = \boldsymbol{V}\cdot\varnothing\left(h_t^{\text{in}}\right) = \boldsymbol{V}\cdot\varnothing\left(\boldsymbol{U}\cdot x_t + \boldsymbol{W}\cdot h_{t-1}^{\text{out}}\right) \tag{6.20}$$

3）计算输出层的输出（预测值）。

在 t 时刻的输出如公式（6.21）所示。φ 为输出层的激活函数（常称为变换函数），

$\boldsymbol{V}\bullet\varnothing\left(h_t^{\text{in}}\right)$ 为隐含层的神经元的输出值的加权求和。

$$\hat{y}_t^{\text{out}}=\varphi\left(\hat{y}_t^{\text{in}}\right)=\varphi(\boldsymbol{V}\bullet h_t^{\text{out}})=\varphi(\boldsymbol{V}\bullet\varnothing\left(\boldsymbol{U}\bullet x_t+\boldsymbol{W}\bullet h_{t-1}^{\text{out}}\right)) \tag{6.21}$$

4）选择 RNN 的函数。

在经典的 RNN 模型中，常选择 Sigmoid 作为隐含层的激活函数，选择 Softmax 作为输出层的激活函数，使用交叉熵（Cross Entropy）作为损失函数。

2. 损失函数

RNN 通常处理的是序列数据，在不同的时刻都有对应的输出和损失，将不同时刻的损失累积到一起作为 RNN 的总损失。

以交叉熵为例，在 t 时刻的损失函数如公式（6.22）所示。

$$\text{Loss}_t=L_t\left(\hat{y}_t,y_t\right)=-\left|y_t\log_2\hat{y}_t+\left(1-y_t\right)\log_2(1-\hat{y}_t)\right| \tag{6.22}$$

假设序列长度为 N，在 t 时刻的损失为 Loss_t，则 RNN 模型的总损失函数 Loss 如公式（6.23）所示。

$$\text{Loss}=\sum_{t=1}^{N}\text{Loss}_t \tag{6.23}$$

3. 误差反向传输与权重矩阵的更新

在 RNN 模型中有三个参数，即矩阵 $\boldsymbol{U}$、$\boldsymbol{W}$ 和 $\boldsymbol{V}$，它们在整个 RNN 模型中是共享的。在进行误差反向传输时，需要分开考虑不同矩阵的作用范围，并采用链式求导法进行权重参数的更新。

（1）$\boldsymbol{V}$ 矩阵的参数更新

$\boldsymbol{V}$ 矩阵的参数更新即为普通的误差反向传播算法（BP 算法）。图 6.22 表示 $\boldsymbol{V}$ 矩阵对 t 时刻损失的影响路径，其中 L_t 为 t 时刻的损失值，$\hat{y}_t^{\text{out}}$ 为 t 时刻输出层的预测值，$\hat{y}_t^{\text{in}}$ 为 t 时刻输出层的输入值，h_t^{out} 为 t 时刻隐含层的输出值。

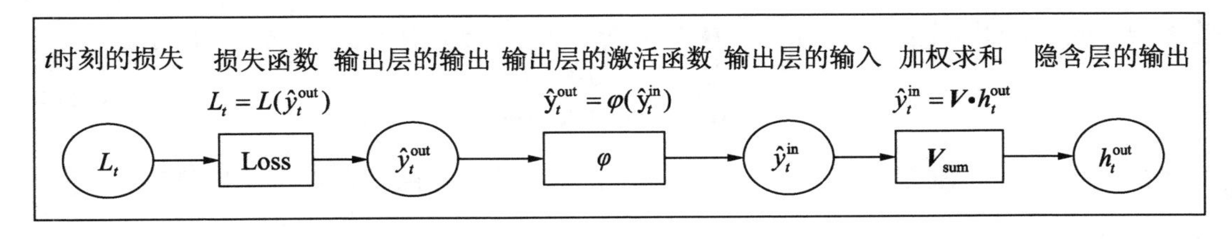

图 6.22　$\boldsymbol{V}$ 矩阵的作用示意

设 $L_t=L(\hat{y}_t^{\text{out}})$，$\hat{y}_t^{\text{out}}=\varphi(\hat{y}_t^{\text{in}})$，$\hat{y}_t^{\text{in}}=\boldsymbol{V}\bullet h_t^{\text{out}}$，根据链式求导法则，如公式（6.24）所示，通过偏导数表示 $\boldsymbol{V}$ 矩阵中权重参数对 t 时刻损失值的影响。

$$\frac{\partial L_t}{\partial \boldsymbol{V}}=\frac{\partial L_t}{\partial \varphi}\cdot\frac{\partial \varphi}{\partial \boldsymbol{V}} \tag{6.24}$$

$\boldsymbol{V}$ 矩阵中权重参数对对模型的总损失值的影响如公式（6.25）所示。

$$\frac{\partial L}{\partial \boldsymbol{V}}=\sum_{t=1}^{n}\frac{\partial L_t}{\partial \boldsymbol{V}}=\sum_{t=1}^{n}\frac{\partial L_t}{\partial \varphi}\cdot\frac{\partial \varphi}{\partial \boldsymbol{V}} \tag{6.25}$$

根据偏导数确定权重 $\boldsymbol{V}$ 的调整幅度，如公式（6.26）所示。其中，η 为学习率，是手工指定的超参数，用来控制每次权重调整的幅度。

$$\boldsymbol{V}=\boldsymbol{V}-\eta\times\frac{\partial L}{\partial \boldsymbol{V}} \tag{6.26}$$

（2）$\boldsymbol{W}$ 和 $\boldsymbol{U}$ 矩阵的参数更新

RNN 中的损失除了按照空间结构传播外，还沿着时间通道传播。$\boldsymbol{W}$ 和 $\boldsymbol{U}$ 矩阵参数的更新比较复杂。图 6.23 表示 $\boldsymbol{W}$ 矩阵对 t 时刻损失的影响路径，其中 L_t 为 t 时刻的损失值，$\hat{y}_t^{\text{in}}$ 和 $\hat{y}_t^{\text{out}}$ 分别为 t 时刻输出层的输入和输出值，φ 为输出层的激活函数，h_t^{in} 和 h_t^{out} 分别为 t 时刻隐含层的输入和输出值，Ø 为隐含层的激活函数。

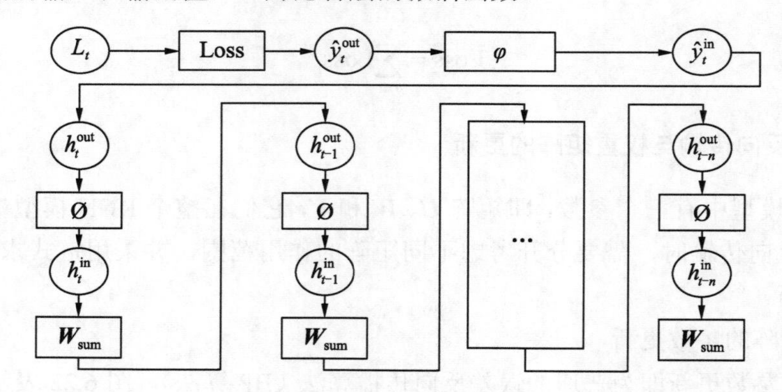

图 6.23　$\boldsymbol{W}$ 矩阵的作用示意

设 $L_t=L(\hat{y}_t^{\text{out}})$，$\hat{y}_t^{\text{out}}=\varphi(\hat{y}_t^{\text{in}})$，$h_t^{\text{out}}=Ø(h_t^{\text{in}})$，$h_t^{\text{in}}=\boldsymbol{W}\cdot h_{t-1}^{\text{out}}$，在不考虑 t-1 时刻隐含层的影响情况下，根据链式求导法则，$\boldsymbol{W}$ 矩阵对损失值的影响如公式（6.27）所示。

$$\frac{\partial L_t}{\partial \boldsymbol{W}}=\frac{\partial L_t}{\partial \varphi_t}\cdot\frac{\partial \varphi_t}{\partial Ø_t}\cdot\frac{\partial Ø_t}{\partial \boldsymbol{W}} \tag{6.27}$$

在考虑 t 时刻以前隐含层的影响情况下，使用链式求导法将 $\frac{\partial Ø}{\partial \boldsymbol{W}}$ 进一步展开，如公式（6.28）所示。

$$\frac{\partial Ø_t}{\partial \boldsymbol{W}}=\frac{\partial Ø_t}{\partial \boldsymbol{W}}+\frac{\partial Ø_t}{\partial Ø_{t-1}}\cdot\frac{\partial Ø_{t-1}}{\partial \boldsymbol{W}}+\frac{\partial Ø_t}{\partial Ø_{t-1}}\cdot\frac{\partial Ø_{t-1}}{\partial Ø_{t-2}}\cdot\frac{\partial Ø_{t-2}}{\partial \boldsymbol{W}}+\cdots \tag{6.28}$$

结合公式（6.27）和公式（6.28），得到 t 时刻 $\boldsymbol{W}$ 矩阵对损失值的影响，如公式（6.29）所示。

$$\frac{\partial L_t}{\partial \boldsymbol{W}}=\frac{\partial L_t}{\partial \varphi_t}\cdot\frac{\partial \varphi_t}{\partial \varnothing_t}\cdot\frac{\partial \varnothing_t}{\partial \boldsymbol{W}}=\frac{\partial L_t}{\partial \varphi_t}\cdot\frac{\partial \varphi_t}{\partial \varnothing_t}\sum_k^T\prod_{j=k+1}^T\frac{\partial \varnothing_t}{\partial \varnothing_{t-1}}\cdot\frac{\partial \varnothing_k}{\partial \boldsymbol{W}}\cdots \tag{6.29}$$

$\boldsymbol{W}$ 矩阵对模型的总损失值影响如公式（6.30）所示（T 表示回溯的时长）。

$$\frac{\partial L}{\partial \boldsymbol{W}}=\sum_{t=1}^n\left(\frac{\partial L_t}{\partial \varphi_t}\cdot\frac{\partial \varphi_t}{\partial \varnothing_t}\sum_k^T\prod_{j=k+1}^T\frac{\partial \varnothing_t}{\partial \varnothing_{t-1}}\cdot\frac{\partial \varnothing_k}{\partial \boldsymbol{W}}\right) \tag{6.30}$$

使用迭代的方法，根据公式（6.31）确定权重 $\boldsymbol{W}$ 的调整幅度。其中，η 为学习率，是手工指定的超参数，用来控制每次权重调整的幅度。

$$\boldsymbol{W}=\boldsymbol{W}-\eta\times\frac{\partial L}{\partial \boldsymbol{W}} \tag{6.31}$$

图 6.24 表示 $\boldsymbol{U}$ 矩阵对 t 时刻损失的影响路径。可以看出，$\boldsymbol{U}$ 矩阵与 $\boldsymbol{W}$ 矩阵损失的影响路径类似，可使用同样的方法对 $\boldsymbol{U}$ 矩阵的参数进行更新。

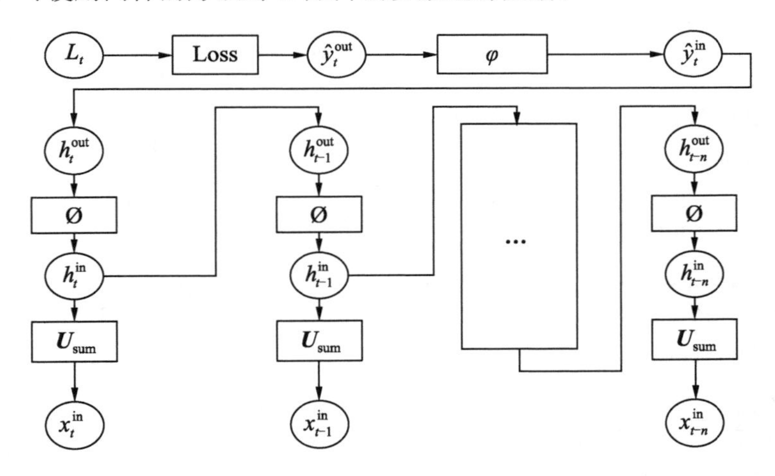

图 6.24　$\boldsymbol{U}$ 矩阵的作用示意

$\boldsymbol{U}$ 矩阵对损失值的影响如公式（6.32）所示。

$$\frac{\partial L}{\partial \boldsymbol{U}}=\sum_{t=1}^n\left(\frac{\partial L_t}{\partial \varphi_t}\cdot\frac{\partial \varphi_t}{\partial \varnothing_t}\sum_k^T\prod_{j=k+1}^T\frac{\partial \varnothing_t}{\partial \varnothing_{t-1}}\cdot\frac{\partial \varnothing_k}{\partial \boldsymbol{U}}\right) \tag{6.32}$$

$\boldsymbol{U}$ 矩阵的更新方法如公式（6.33）所示。其中，η 被称为学习率，它是一个超参数，用来控制每次权重调整的幅度。

$$\boldsymbol{U}=\boldsymbol{U}-\eta\times\frac{\partial L}{\partial \boldsymbol{U}} \tag{6.33}$$

6.2.5　神经网络应用实例

前面几节介绍了神经网络的原理。在工程中可以使用 Sklearn 集成的多层感知机模型

（MLP）实现一个前馈神经网络。Sklearn 中的 MLP 模型包括回归模型（MLPRegressor）和分类模型（MLPClassifier）两种。下面分别演示这两种模型的使用，运行结果如图 6.25 所示，蓝色点表示样本，红色曲线为模型的输出，具体效果见彩插。

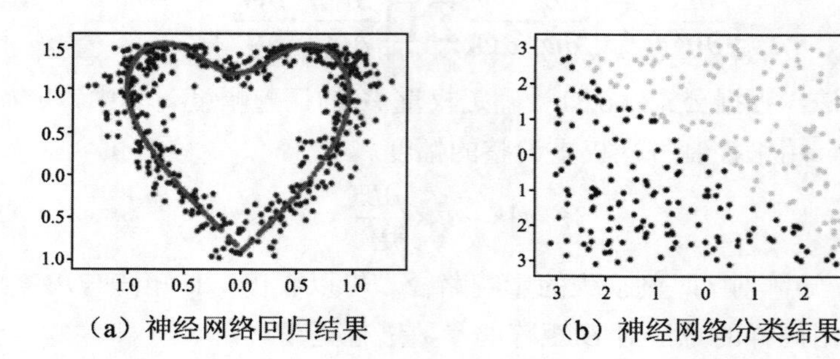

（a）神经网络回归结果　　（b）神经网络分类结果

图 6.25　神经网络模型的使用

在正式介绍回归实例之前，先调用以下代码。

导入用到的包：

```
1 import matplotlib.pyplot as plt
2 import numpy as np
3 import math
4 #从 sklearn 里引入 MLP 分类和回归模型
5 from sklearn.neural_network import MLPRegressor,MLPClassifier
```

初始化统计图样式：

```
1 plt.style.use({'figure.figsize':(12, 6)})                #设置画布大小
2 plt.rcParams['font.sans-serif']=['SimHei']               #使用中文字体
```

接着介绍回归模型实例的代码实现。

下面的代码演示使用 Sklearn 中的回归模型对笛卡儿心形方程进行拟合，包括生成样本、训练模型和显示结果三个部分。

1）生成训练样本和测试样本（随机产生 10 000 组训练样本和 500 组测试样本，并加入噪声）。

```
 1 #输入(x):一维数组，在正负π之间
 2 #输出(y):根据心形函数生成的二维数组
 3 def FakeData(n_samples):
 4     x = np.random.uniform(-math.pi, math.pi, (n_samples,))
 5     y1 = np.sin(x) + np.random.normal(0, 0.15, x.shape)
 6     y2 = np.cos(x) + np.power(abs( np.sin(x)), 2.0/3)
 7     return x.reshape(-1,1),np.array([y1,y2]).T
 8 train_x,train_y = FakeData(10000)
 9 test_x,test_y = FakeData(500)
10 print("输入样本维度:",train_x.shape,"输出样本维度:",train_y.shape)
```

2）训练模型（使用多层感知机模型——MLP，其中有 5 个隐含层，每个隐含层有 50

个神经元）：

```
1 #激活函数为 Tanh，学习率为 0.001，最多进行 100 000 次训练
2 model = MLPRegressor(hidden_layer_sizes=(50,50,50,50,50),activation=
'tanh',learning_rate_init=0.001)
3 model.fit(train_x, train_y)                          #训练模型
4 score = model.score(test_x, test_y)
5 print("在测试集上的模型得分：",score)
```

3）显示预测结果。

```
1 #预测并显示结果（蓝色为测试数据，红色线条为模型的预测结果）
2 predict_y = model.predict(test_x)
3 plt.scatter(test_y[:,0],test_y[:,1],c='b')
4 plt.scatter(predict_y[:,0],predict_y[:,1],c='r')
```

下面的代码演示使用 Sklearn 中的分类模型对随机生成的一组数进行分类（数学平均数大于 0 的为一类，小于等于 0 的为另一类），包括生成样本、训练模型和显示结果三个部分。

1）生成训练样本和测试样本（随机产生 1000 组训练样本和 300 组测试样本）。

```
 1 #输入：二维数组 x1 和 x2 （在正负π之间）
 2 #输出：当 x1 和 x2 的平均数大于 0 时，输出 y 为 1，否则输出-1
 3 def FakeData(n_samples):
 4     x1 = np.random.uniform(-math.pi, math.pi, (n_samples,))
 5     x2 = np.random.uniform(-math.pi, math.pi, (n_samples,))
 6     y = (x1+x2)/2
 7     y[[y>0]]=1
 8     y[[y<=0]] = -1
 9     return np.array([x1,x2]).T,y
10 train_x,train_y = FakeData(1000)
11 test_x,test_y = FakeData(300)
```

2）训练模型（使用多层感知机模型，其中有 3 个隐含层，每个隐含层有 10 个神经元）。

```
1 #激活函数为 Tanh，学习率为 0.001
2 model = MLPClassifier(hidden_layer_sizes=(10,10),activation='tanh',
learning_rate_init=0.001)
3 model.fit(train_x, train_y)
4 score=model.score(test_x,test_y)
5 print("在测试集上的模型得分：",score)
```

3）显示预测结果。

```
1 #使用模型分类并显示结果
2 predict_y = model.predict(test_x)
3 plt.scatter(test_x[:,0],test_x[:,1],c=predict_y)
```

第 7 章　卷积神经网络

1958 年，生物学家 David Hubel 和 TorstenWiesel 发现视觉系统的大脑皮层在处理信息时是分级的，凭借这一发现，他们于 1981 年获得了诺贝尔医学奖。从眼睛捕捉到光信号开始，直到大脑识别出目标物体，人类的视觉识别过程分为以下 4 步：

1）摄入原始信号，即瞳孔摄入像素信号（Pixels）。

2）做初步处理，大脑皮层某些细胞发现边缘和方向（Edges）。

3）抽象，大脑识别出物体的不同的区域（Object parts）。

4）进一步抽象，大脑进一步判定该物体（Object）。

受到人类视觉系统中信息分层处理的启发，结合机器学习的发展，研究人员很快意识到：通过图像的卷积可以提取图像的特征，如果通过机器学习生成卷积核中的参数，那么就可以实现端到端的图像分类，即实现特征提取和分类模型训练的自动化，从而解决传统图像分类的缺点。

卷积神经网络（Convolutional Neural Networks，CNN）是一类模型的统称，它是指至少有一层使用卷积计算的神经网络。对卷积神经网络的研究始于 20 世纪 80 年代至 90 年代，在随后的几十年时间里，随着深度学习理论的提出和 IT 基础设施（尤其是算力和大数据）的发展，卷积神经网络逐渐成为图像分析与处理领域的主流方法，也成为深度学习领域最成功的系列模型之一。

7.1　图像滤波与卷积

滤波（Wave Filtering）是一种将信号中特定波段频率清除的操作。在图像处理中，图像滤波是一种十分常见的操作。在图像频谱上，图像的概貌和轮廓等整体信息通常表现为低频部分，图像的噪声和边缘等通常表现为高频部分。

卷积（Convolution）是通过两个函数 f 和 g 生成第三个函数的一种算法，它用来描述这两个函数的叠加效果。例如，一个人被打了一巴掌会有疼痛感，并且疼痛感会随着时间的变化而逐渐减轻，如果这个人不停地挨打，疼痛感则会加剧，某个时刻的总疼痛感由新增的疼痛感和原来的疼痛感叠加组成，卷积用来描述这两种疼痛感的叠加效果，总的疼痛感。在图像处理中，卷积常用来提取图像的特征。

图像滤波和卷积是图像处理中两个常见的操作。本节详细介绍这两种操作的实现过程，以及用卷积提取图像特征的方法。

7.1.1　图像滤波

图像滤波常包括高通滤波和低通滤波。高通滤波可以抑制图像中的低频部分，保留高频部分；低通滤波可以抑制图像中的高频部分，保留低频部分。通过高通滤波和低通滤波操作，可提取图像的边缘和轮廓信息。

1．图像滤波的计算过程

如图 7.1 所示，图像滤波器是一个二维矩阵，图像区域是图像与滤波器同样尺寸的某个区域，使用滤波器对该区域进行滤波，实际上是计算滤波器与图像区域的内积（对应点相乘后求和）。

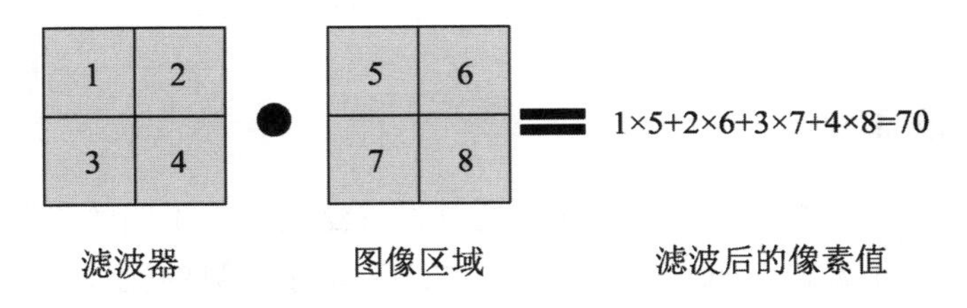

图 7.1　图像滤波计算方法

如图 7.2 所示，滤波器在图像中上下左右移动，每次移动时滤波器都会对覆盖的区域进行滤波操作，从而得到新的像素点，当扫描完整幅图像后便得到滤波后的图像。如果是多通道图，例如 RGB 彩色图像等，则先对每个通道分别进行滤波，然后再将滤波后的图像叠加到一起得到最终的输出。

图像滤波本质上是一种图像的线性变换，可以将滤波器看成一个权重矩阵，滤波的过程就是对像素点进行加权求和的过程。在图 7.2 中，以滤波后图像的点 b_{22} 为例，其像素值的计算方法如公式（7.1）所示。

$$b_{22}=m_{11}\times a_{11}+m_{12}\times a_{12}+\cdots+m_{32}\times a_{32}+m_{33}\times a_{33} \tag{7.1}$$

由于处于图像边缘的点无法直接使用公式（7.1）进行计算，因此需要对图像进行填充处理。填充方法如图 7.2 所示，在原图像周围使用 0 进行填充。

使用公式（7.1）对填充后的图像进行计算，从而完成图像滤波。在图 7.2 中，以滤波后图像中的点 b_{11} 为例，其像素值的计算方式如公式（7.2）所示。

$$b_{11}=m_{11}\times 0+m_{12}\times 0+\cdots+m_{32}\times a_{21}+m_{33}\times a_{22} \tag{7.2}$$

当滤波器从中心点 m_{22} 的位置移动到图像中的某个位置时，图像中的该点称为锚点（如图 7.2 所示，第一次滤波的锚点为 a_{11}）。在通常情况下，应先对图像进行填充，然后再进行滤波运算，滤波后的图像大小不会发生变化。

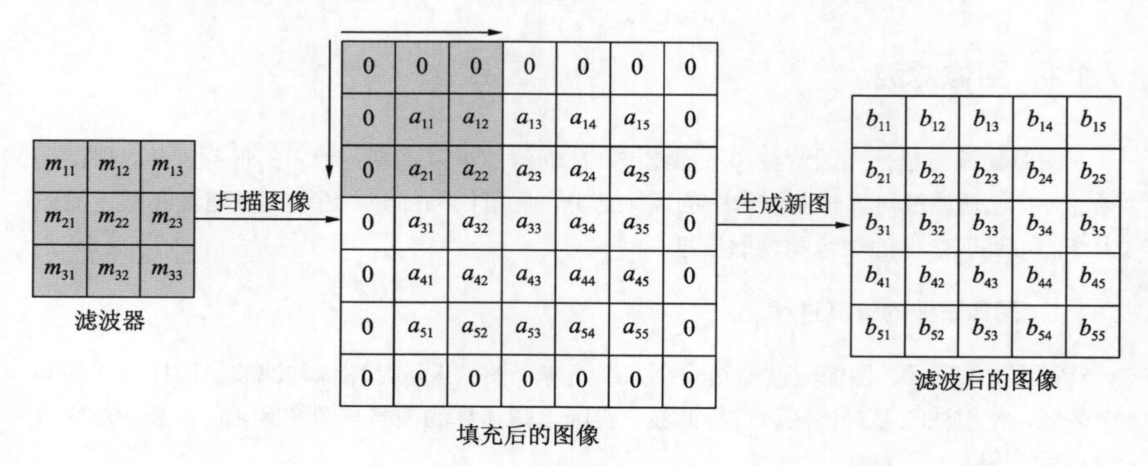

图 7.2　图像滤波的计算过程

2．常见的滤波器

在计算机视觉中，滤波器也称为算子。通过设置滤波器中不同的参数值，可以得到不同的滤波结果，如高通滤波或低通滤波等。表 7.1 列举了常见的滤波器，表 7.2 列举了常见滤波器所使用的参数值。

表 7.1　常见的滤波器

算　子	作　用
identity	分身算子，运算后仍然是原图
sobel（垂直方向）	索贝尔算子，用于计算垂直方向上相邻像素值的差，垂直方向梯度
sobel（水平方向）	索贝尔算子，用于计算水平方向上相邻像素值的差，水平方向梯度
emboss	浮雕算子，突出像素之间的差，增强对比度
outline	大纲算子，也称为边缘算子，用于突出较大差异的像素值
sharpen	锐化算子，强调相邻像素值的差，使图像看起来更生动
laplacian	拉普拉斯算子，强化高频区域，抑制低频区域，常用于边缘检测
gaussian	高斯算子，对图像进行模糊操作，可消除高斯噪声
blur	模糊算子，用来消除相邻像素值之间的差异

表 7.2　常见滤波器所使用的参数值

0	0	0	−1	−2	−1	−1	0	1
0	1	0	0	0	0	−2	0	2
0	0	0	1	2	1	1	0	1
(identity)			(sobel,垂直方向)			(sobel,水平方向)		
−2	−1	0	−1	−1	−1	0	−1	0
−1	1	1	−1	8	−1	−1	5	−1
0	1	2	−1	−1	−1	0	−1	0
(emboss)			(outline)			(sharpen)		
0	1	0	0.1107	0.1112	0.1107	0.0625	0.125	0.0625
1	−4	1	0.1113	0.1119	0.1113	0.125	0.25	0.125
0	1	0	0.1107	0.1113	0.1107	0.0625	0.125	0.0625
(laplacian)			(gaussian,σ=10)			(blur)		

3．滤波器的使用

以下代码演示在 OpenCV 中使用 blur 算子对图像进行滤波操作，运行结果如图 7.3 所示。其中，图 7.3（a）为原图，图 7.3（b）为滤波后的图像，可以看出，经过滤波后的图像亮度相对更平滑。

```
 1 from matplotlib import pyplot as plt
 2 import cv2
 3 import numpy as np
 4 #读取图像，并转换为 RGB 格式
 5 img= cv2.imread('./images/bridge.jpg')
 6 image= cv2.cvtColor(img.copy(),cv2.COLOR_BGR2RGB)
 7 #设置滤波器参数为 blur 算子
 8 kernel = np.array((
 9         [0.0625, 0.125, 0.0625],
10         [0.125, 0.25, 0.125],
11         [0.0625, 0.125, 0.0625]), dtype="float32")
12 #进行滤波运算
13 dst = cv2.filter2D(image, -1, kernel)
14 #将原图和滤波后的图拼接到一起显示出来
15 all_img = np.hstack((image, dst))
16 plt.imshow(all_img)
```

（a）滤波前　　（b）滤波后

图 7.3　blur 滤波前后的图像对比

7.1.2　图像卷积

卷积的计算过程如图 7.4 所示。与滤波器类似，卷积核也是一个二维数组，通过卷积核在图像的水平和竖直方向移动，每次移动时计算卷积核与覆盖区域的矩阵内积，得到该区域的卷积结果，当扫描完整幅图像后，把这些卷积结果组合到一起，得到的输出称为特征图。

卷积计算与滤波计算的区别有以下 3 点：

- 滤波需要填充边界，卷积是可选填充，滤波后图像的大小不变，无填充的卷积会使图像变小。
- 滤波直接使用算子扫描图像，卷积先将算子进行 180° 翻转，然后再扫描图像。
- 滤波器中的参数通常由人工预先定义，卷积核中的参数通常通过机器学习自动生成。

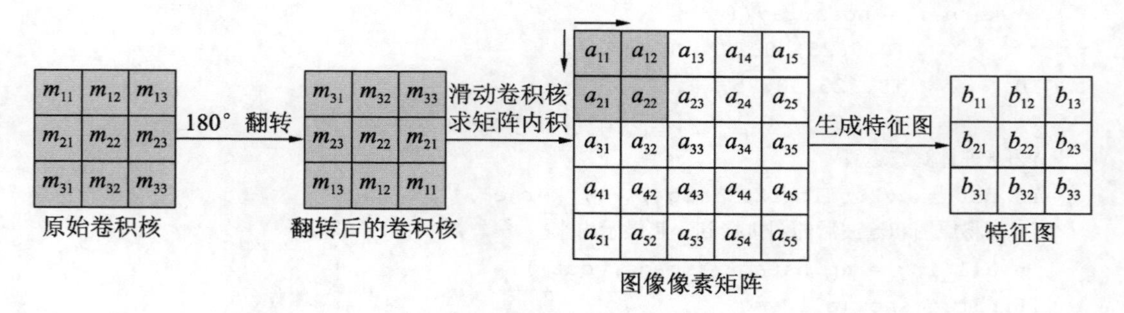

图 7.4　图像的卷积操作

图像的卷积也是一种线性变换，将翻转后的卷积核看成一个权重矩阵，卷积过程就是对像素点进行加权求和的过程。在图 7.4 中，以特征图中的点 b_{11} 为例，其特征图像素值的计算方式如公式（7.3）所示。

$$b_{11} = m_{31} \times a_{11} + m_{32} \times a_{12} + m_{33} \times a_{13} + \cdots + m_{12} \times a_{32} + m_{11} \times a_{33} \tag{7.3}$$

1．边界填充

仔细观察卷积的计算过程可以发现，处于图像边缘的像素点永远不会位于卷积核的中心，卷积核也无法扩展到边缘以外的区域。为解决这个问题，可以在卷积操作前对原图像进行边界填充（Padding）。

边界填充就是在图像像素矩阵的边界上填充一些值（一般填充 0），以增加图像矩阵的大小。如图 7.5 所示，通过边界填充，5×5 的图像被放大成 7×7，填充的区域被称为伪区域。边界填充后，卷积核可以扫描到原图像边缘以外的伪区域，可以让图像在卷积前后保持相同的尺寸。

0	0	0	0	0	0	0
0	a_{11}	a_{12}	a_{13}	a_{14}	a_{15}	0
0	a_{21}	a_{22}	a_{23}	a_{24}	a_{25}	0
0	a_{31}	a_{32}	a_{33}	a_{34}	a_{35}	0
0	a_{41}	a_{42}	a_{43}	a_{44}	a_{45}	0
0	a_{51}	a_{52}	a_{53}	a_{54}	a_{55}	0
0	0	0	0	0	0	0

图 7.5　填充后的图像像素矩阵

2．步长

在图像上滑动卷积核时，通常先从图像的左上角开始，每次往右滑动若干列或者往下滑动若干行，然后逐一计算输出，每次滑动的行数和列数就称为步长（Stride）。

3．特征图

卷积核在每次移动时都会计算出一个卷积输出，当卷积核扫描完整幅图像后会得到一组输出值，这一组输出值组成的矩阵称为特征图（Feature Map）。

假设输入图像大小为 $n \times n$，卷积核大小为 $f \times f$，边界填充为 p 行（列），步长为 s，特征图的大小为 $o \times o$，则特征图大小 o 的计算方式如公式（7.4）所示（Floor 表示向下取整）。

$$o = \text{Floor}\left(\frac{n+2p-f}{s}\right)+1 \tag{7.4}$$

4．感受野

卷积会把图像中的某个区域映射成特征图上的某个点。感受野是指特征图上的某个点对应原图像中的某个区域。如图 7.6 所示，特征图上的点 b_{11} 对应的感受野为图像中的阴影部分。

5．多通道单输出卷积

前面介绍的是单通道图像的卷积过程。多通道图像（如 RGB 或 HSV 彩色图像）的卷积过程与之类似。如图 7.7 所示（见彩插），假设只有 1 个卷积核，使用该卷积核对图像中的每个通道行进行卷积，共得到 3 个卷积结果，然后再将 3 个卷积结果进行合并，得到输出的特征图。

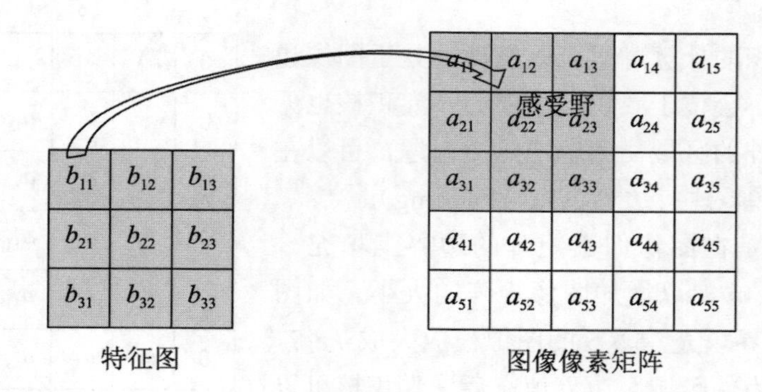

图 7.6　感受野

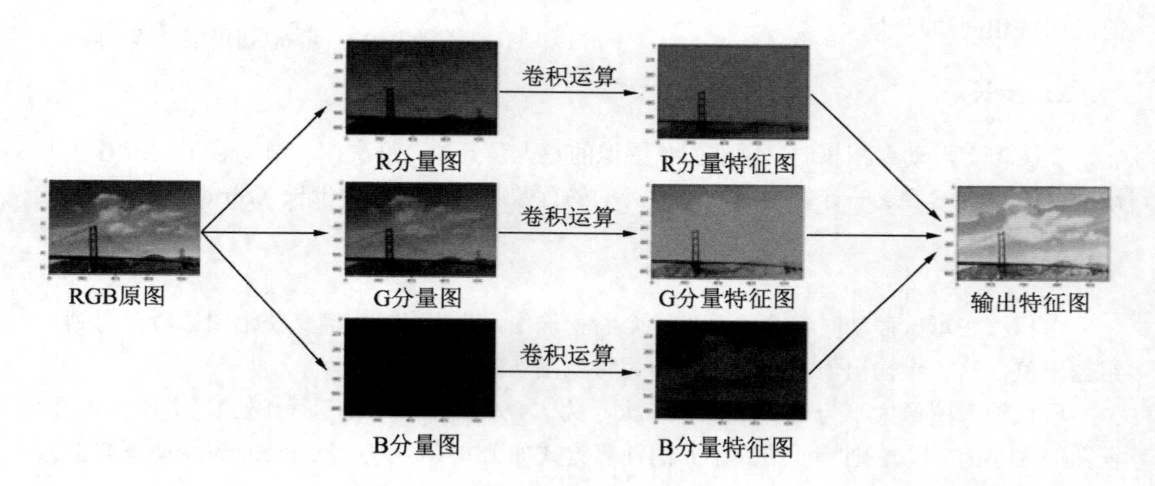

图 7.7　多通道单输出卷积

6．1D、2D和3D卷积

在卷积计算中，如果卷积核沿一个方向移动，则称为 1D 卷积，沿两个方向移动，称为 2D 卷积，沿三个方向移动，称为 3D 卷积。1D、2D 和 3D 卷积的计算方式都是一样的，其中，2D 卷积的应用范围最广。

在图像处理中，不管图像是单通道图（如灰度图）还是多通道图（如 RGB 彩色图），一个卷积核只能产生一个特征图，多个卷积核可以产生多个特征图，即特征图的数量与卷积核的数量相同。

7．1×1的卷积核

使用 1×1 卷积核的主要目的是降维。例如，输入数据为 100×100×128，经过 256 个通道的 5×5 卷积核处理后，输出数据为 100×100×256，参数量为 128×5×5×256=819 200 个；如果输入先经过 32 个通道的 1×1 卷积核处理，再经过 256 个通道的 5×5 卷积核处理，则输出数据仍为 100×100×256，但参数量降为 128×32+32×5×5×256=204 800 个。

7.1.3　使用卷积提取特征

在图像处理中，卷积的一个重要功能就是提取图像的特征。为什么卷积可以提取图像的特征？下面通过一个例子来说明其原理。

假设有一幅9×9的图像，像素矩阵如图7.8所示，非 0 的像素点分布在对角线上。根据像素值的分布，人眼可以判断这幅图像是一个字母 X。

使用3×3的卷积核对图7.8进行卷积运算得到特征图，运算过程如图 7.9 所示。可以看出，当卷积核中的参数分布和像素矩阵中的像素值分布相似时，在特征图上相应区域的数值会比较大，并且数字越大，说明这两种分布越相似，即特征图反映了图像中像素值与卷积核中参数值的相似程度。

0	0	0	0	0	0	0
0	1	0	0	0	1	0
0	0	1	0	1	0	0
0	0	0	1	0	0	0
0	0	1	0	1	0	0
0	1	0	0	0	1	0
0	0	0	0	0	0	0

图 7.8　像素矩阵（9×9）

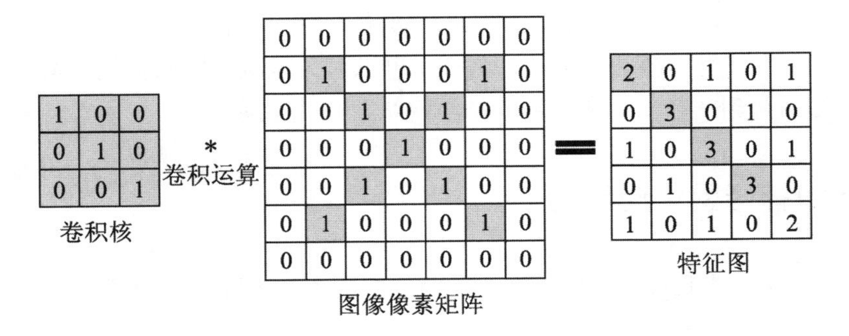

图 7.9　卷积运算

如果将卷积核看成对某种特征的定义，那么特征图就描述了这种特征存在的概率。可以定义多个卷积核，每个卷积核都会生成一个特征图，从而通过这一组卷积核和特征图来描述图像的特征。

如图 7.10 所示，定义 n 个卷积核，卷积核 1 和卷积核 2 表示对角特征，卷积核 n 表示竖直特征，如果提取的特征图满足对角特征，则可以判断图像为字母 X。在对图像进行分析时，卷积核的定义非常关键，通常通过训练来确定卷积核的参数，例如卷积神经网络等模型便如此。

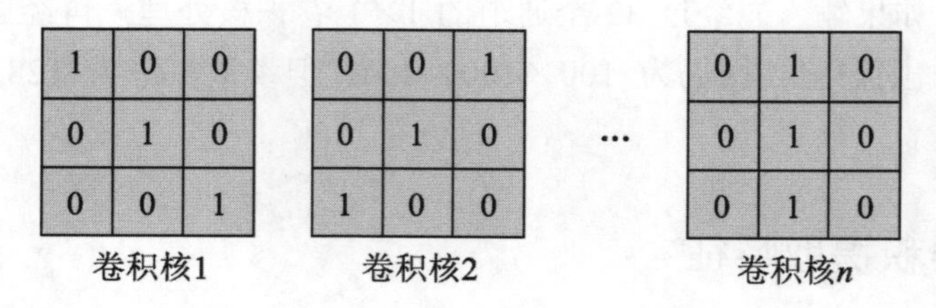

图 7.10　不同卷积核反映的特征

7.2　卷积神经网络的结构与优点

传统的图像分类方法包括特征提取和分类模型训练两个主要环节。这两个环节都需要依赖人工参与，如 SIFT 和 HOG 等特征的提取需要依靠先验知识，对专业知识的要求较高，模型的调参过程也比较复杂。

传统的分类方法需要针对具体的应用定制参数，其泛化能力及鲁棒性较差。一般来说，传统的分类方法常用于简单的图像分类，并不适合复杂的图像分类。以人脸识别为例，早期的人脸识别采用的是人工特征结合传统分类器的方法，其识别率停留在 40%～50%，很难商用。

通过卷积可以提取图像的特征，如果将卷积和神经网络相结合，使用机器学习的方法进行训练，自动生成卷积核和特征图，这样就可以大大地减少图像特征提取的难度。将卷积和神经网络结合到一起就形成了卷积神经网络，简称 CNN。

7.2.1　卷积神经网络的结构

第一个 CNN 模型诞生于 1998 年，在随后的几十年中陆续出现了多种模型，图 7.11 列举了一些经典的卷积神经网络模型及其发布的时间。

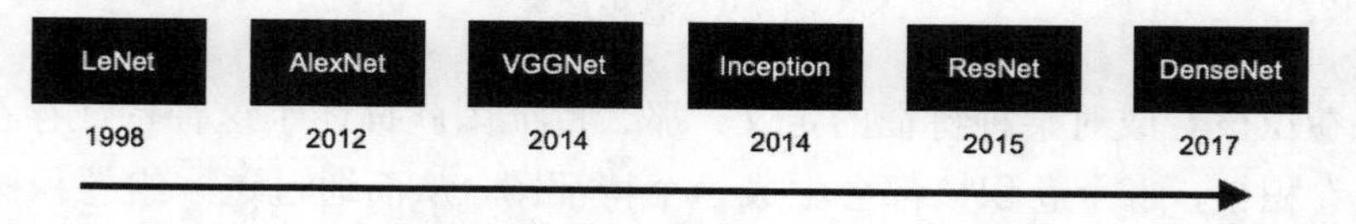

图 7.11　经典的卷积神经网络模型及其发布时间

如图 7.12 所示，一个基本的卷积神经网络由卷积（Convolution）、激活（Activation）和池化（Pooling）三种操作组成。在同一个卷积神经网络中，卷积和池化操作可以重复多次。目前主流的卷积神经网络都是在基本的 CNN 操作上进行调整和组合而来的，如 VGGNet 和 ResNet 等。

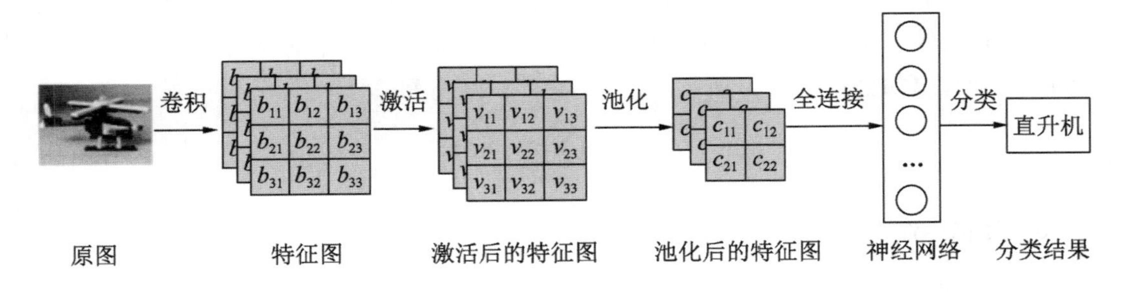

图 7.12　基本的 CNN 结构

当使用 CNN 模型处理图像分类任务时，它先通过卷积操作提取图像的特征并形成特征图，特征图在经过激活和池化处理后，作为全连接神经网络（FC）的输入，由全连接神经网络完成分类工作。

卷积神经网络是一种前馈神经网络，其训练过程采用误差反馈算法对模型的参数进行调整。关于前馈神经网络和 BP 算法，请参考第 6 章的相关介绍。

1. 卷积操作

CNN 模型最基础的操作是卷积，它所使用的卷积是一种 2D 卷积，通过卷积核在图像的水平和竖直方向上移动，计算出卷积核与覆盖区域的矩阵内积，并将其作为特征图的像素值，在扫描完整幅图像后得到完整的特征图。

如图 7.13 所示，假如有一个单通道图像，其空间坐标为(x,y)，卷积核大小为 $n\times n$，权重矩阵为 $\boldsymbol{\omega}$，图像像素值为 v，特征图中的像素值 conv 的计算方式如公式（7.5）所示。关于图像卷积的计算过程，请参考 7.1 节的相关介绍。

$$\begin{bmatrix} \omega_{11} & \omega_{12} & \cdots & \omega_{1n} \\ \omega_{21} & \omega_{22} & \cdots & \omega_{2n} \\ \cdots & \cdots & \cdots & \cdots \\ \omega_{11} & \omega_{12} & \cdots & \omega_{1n} \end{bmatrix}$$

（a）卷积核

v_{11}	v_{12}	…	v_{1n}	…
v_{21}	v_{22}	…	v_{2n}	…
…	…	…	v_{3n}	…
v_{n1}	v_{n2}	…	v_{nn}	…
…	…	…	…	…

（b）图像像素矩阵（单通道）

$conv_{11}$	$conv_{12}$	$conv_{13}$	…
$conv_{21}$	$conv_{22}$	$conv_{23}$	…
$conv_{31}$	$conv_{32}$	$conv_{33}$	…
…	…	…	…

（c）特征图像素矩阵

图 7.13　卷积核、图像像素矩阵和特征图像素矩阵

$$\mathrm{conv}_{x,y} = \sum_{i=1}^{n\times n} \omega_i v_i \tag{7.5}$$

2．激活操作

激活是指在完成卷积之后加入偏置项（Bias），并使用激活函数对结果进行的非线性转换。假设偏置项为 b，激活函数为 h（常见的激活函数见第 6 章的介绍），激活后的特征图的像素值计算如公式（7.6）所示。

$$z_{x,y} = h\left(\sum_{i=1}^{n\times n} \omega_i v_i + b\right) \tag{7.6}$$

3．池化操作

由于特征图的参数太多，并且包含图像的太多细节，所以通过池化操作可以过滤掉特征图中的冗余信息。池化常用在卷积层之后，用来模仿人的视觉系统对数据进行降维，是一种下采样（subsampling）操作。通过池化来降低卷积层输出的特征维度，可有效减少网络的参数量，同时还可以防止过拟合现象。

池化操作非常简单，如图 7.14 所示为 4×4 的图像矩阵，以 2×2 的池化核进行切割，一共可以分为 2×2 个子区域，每个子区域有 4 个激活值，池化操作就是对这 4 个值进行抽取。常见的抽取方式有以下几种：

- 最大值池化（max-pooling）：选取每个区域的最大值。
- 平均值池化（mean-pooling）：选取每个区域的平均值。
- L2 池化（L2-pooling）：选取每个区域的标准差。

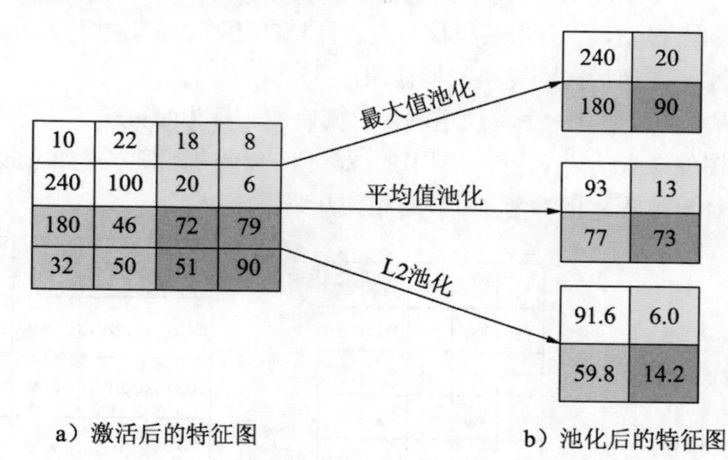

图 7.14　池化操作示意

4．全连接神经网络

全连接（Fully Connected，FC）神经网络主要用于分类。如图 7.15 所示，将池化后的特征图展开作为神经网络的输入，神经网络输出即为图像对应的类别。

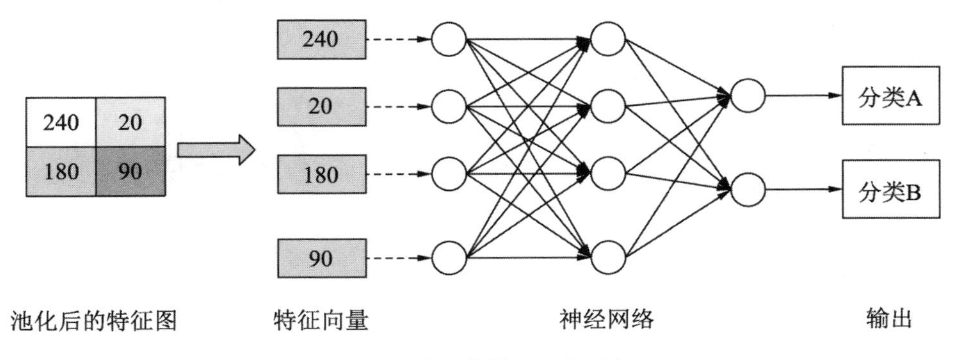

图 7.15　全连接神经网络示意

7.2.2　卷积神经网络的优点

相比早期的前馈神经网络，如 BP 神经网络等，卷积神经网络最大的改进在于局部感知与权重共享两个方面。局部感知可以模拟人类视觉的分层处理机制，权重共享可以极大地降低模型的参数量。

1．局部感知

在一幅图像中，像素值之间的关联程度往往与距离成反比，相近的像素值相关程度较高，距离较远的像素值相关程度较低。同样，人类的视觉识别过程也是如此，先识别物体的局部特征，然后再根据这些局部特征识别出物体的全貌。局部感知的理念也来源于此，卷积层的节点仅仅和其前一层的部分节点相连接，用来学习局部特征。

如图 7.16 所示，卷积神经网络包含 3 个卷积层：最下面的卷积层负责识别图像的基本特征，如边缘、角点和方向等；中间的卷积层负责从基本特征中抽象出人脸的各个子区域特征；最上面的卷积层负责描述人脸的全貌特征。每一层的节点只与前一层的部分节点（不是全部节点）相连接，这样原本需要 10 个权重参数，而现在只需要 6 个权重参数，因此使用局部感知的方法可以降低神经网络的参数量。

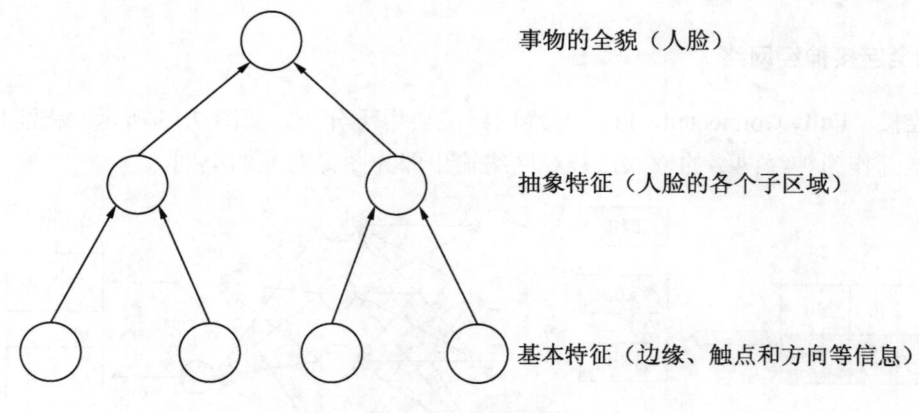

图 7.16　局部感知示意

2．权重共享

卷积神经网络的另一个优点是权重共享。当使用卷积神经网络提取图像的特征时，同一个卷积核的参数作用在图像的不同区域。例如，在提取特征时使用 3×3 的卷积核（一共有 9 个参数），该卷积核会和图像的所有区域都进行卷积运算，卷积层的参数量只与卷积核的数量有关，而与像素点的数量无关，只有增加卷积核的数量才会增加参数量。

如图 7.17 所示，通过权重共享的方法使得相邻层的连接参数只有 3 组。如果使用局部连接的方法，则需要 3×3=9 个权重参数；如果使用普通的神经网络，则需要 3×4=12 个权重参数。由此可见，使用权重共享的方法可以极大地减少模型的参数量，模型规模越大，参数量的减少就越明显。

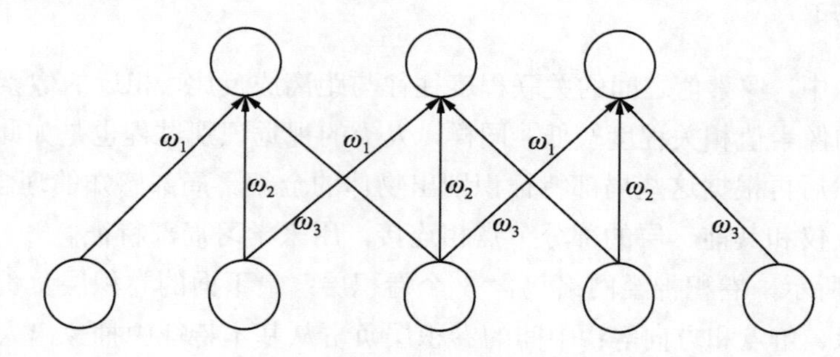

图 7.17　权重共享示意

3．Backbone和Head

图像的特征提取具有一定的通用性。在设计模型的时候，可以在已有模型的基础上进行训练。

- Backbone 也称为主干模型，指已有的模型，主要用来提取特征，如 VGGNet 和 ResNet 等。
- Head 是指从 Backbone 中获取输出的内容，常指提取的特征。

如图 7.18 所示，这里直接使用了官方已经训练好的模型作为模型的一部分，这些 Backbone 已经具有很好的特征提取能力，在进行模型训练的时候会同时对这两部分模型的参数进行调整。

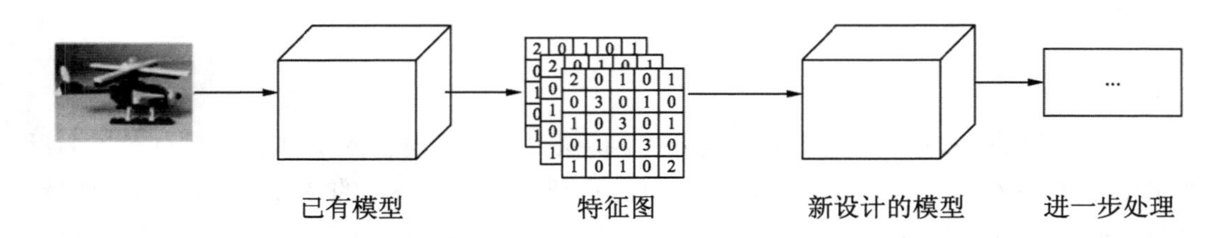

图 7.18　Backbone 与 Head 模型

第 8 章　使用卷积神经网络进行图像识别

在 2012 年的 ImageNet 图像分类竞赛中，卷积神经网络模型 Alex-Net 以超过第二名近 12%的准确率夺得冠军，这引发了深度学习的热潮。至此，每年的 ImageNet 竞赛冠军均由卷积神经网络模型获得。2015 年，卷积神经网络在 ImageNet 数据集上的分类准确率首次超过了人类。

由于卷积神经网络的突出表现，它逐渐成为图像识别的主流方法。目前，许多传统的图像分类方法已经被以卷积神经网络为代表的深度学习模型所取代。近年来，随着越来越多的模型被提出，模型的结构也变得更加复杂。本章将介绍这些典型模型的结构和用法。

8.1　常见的卷积神经网络模型

卷积神经网络是一类模型的总称，第一个卷积神经网络模型诞生于 1989 年，在随后的几十年中陆续发展出了多种模型，其模型的结构也变得更加复杂。如图 8.1 所示，按照时间顺序陆续出现了 LeNet、AlexNet、VGGNet、Inception、ResNet 和 DenseNet 这 6 种经典的卷积神经网络模型。本节将分别对这些模型进行介绍。

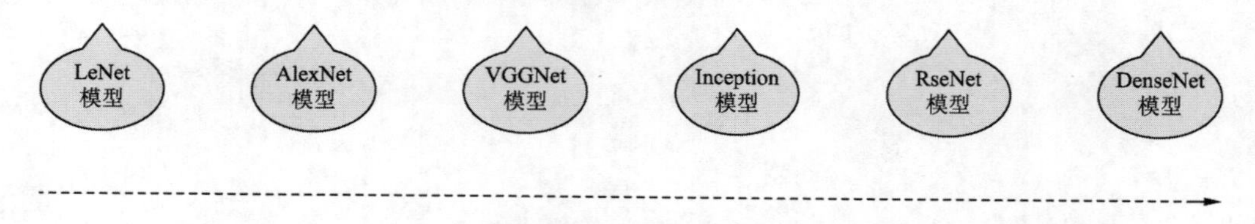

图 8.1　常见的卷积神经网络系列模型

8.1.1　LeNet-5 模型简介

1989 年，YannLeCun（图灵奖获得者）发明了卷积神经网络模型 LeNet-1，并在此基础上于 1998 年创造了 LeNet-5 模型，该模型是第一个稳定版本的卷积神经网络模型，用于手写数字的识别。

1．模型结构

如图 8.2 所示，LeNet-5 是一个 7 层的神经网络模型，包括 2 个卷积层、2 个池化层和 3 个全连接层[一般将带有可训练参数的神经网络层（如卷积层和全连接层）统计到 CNN 模型的层数中，因此叫 LeNet-5，5 表示有 5 个可训练层]。

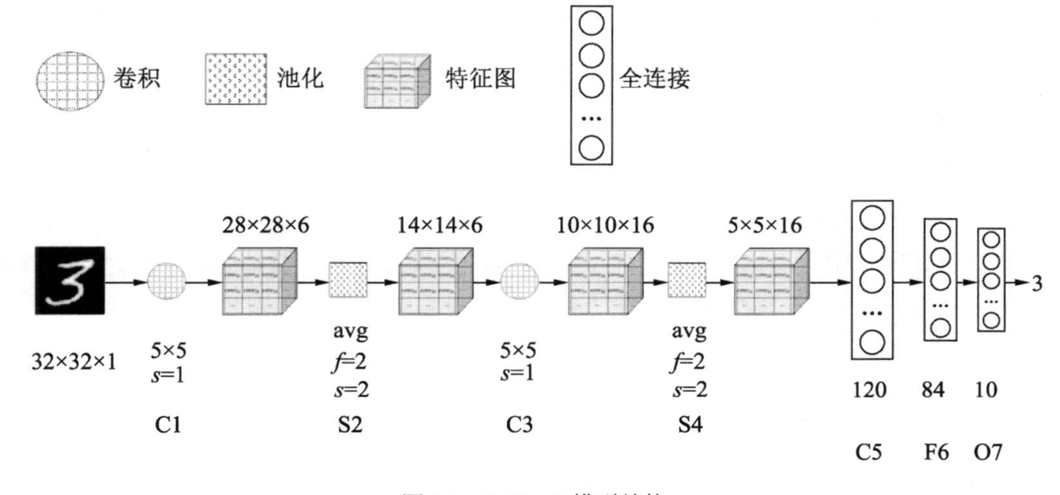

图 8.2　LeNet-5 模型结构

- C1 层：第一个卷积层，使用单通道卷积核 5×5×6（大小为 5×5，数量为 6，移动步长为 1，激活函数为 Sigmoid），输入为 32×32 的灰度图，输出为 6 个大小为 28×28 的特征图。
- S2 层：第一个池化层，使用平均值池化方法（池化核大小为 2×2，移动步长为 2）。S2 层的输入是 C1 层的输出（6 个大小为 28×28 的特征图），输出是 6 个大小为 14×14 池化后的特征图。
- C3 层：第二个卷积层，使用的卷积核大小为 5×5，数量为 16，移动步长为 1，激活函数为 Sigmoid。C3 层的输入是 S2 层的输出（6 个大小为 14×14 池化后的特征图），输出为 16 个大小为 10×10 的特征图。
- S4 层：第二个池化层，使用平均值池化方法（池化核大小为 2×2，移动步长为 2）。S4 层的输入是 C3 层的输出（16 个大小为 10×10 的特征图），输出是 16 个大小为 5×5 池化后的特征图。
- C5 层：第一个全连接层（可以看出是第三个卷积层），使用 16 通道卷积核（大小为 5×5，数量为 120，移动步长为 1，激活函数为 Sigmoid）对 S4 层输出的特征图进行卷积。由于 S4 层的输出是 16 个大小为 5×5 的特征图，特征图的大小正好与卷积核的大小相同，所以输出为 120 个大小为 1×1 的特征图。

- F6 层：全连接层，它有 84 个神经元，激活函数为 Tanh，每个神经元都与 C5 层中的特征图相连接，神经元将 C5 特征图的值乘以相应权重并求和，然后加上对应的偏置项，再经过 Tanh 激活函数转换后输出。F6 层的输入为 C5 层的输出（120 个 1×1 的特征图），输出为 84 个神经元的输出。
- O7 层（Output 层）：输出层（第三个全连接层），共有 10 个节点，分别代表数字 0～9，激活函数为 Softmax。O7 层的输入为 F6 层的输出（84 个神经元输出），输出为图像对应的数字（分类标签）。

2．LeNet-5模型总结

LeNet-5 模型开创了卷积神经网络的先河，定义了卷积神经网络的基本结构（卷积、激活、池化和全连接）。与传统的图像识别方法相比，LeNet-5 模型不需要经过大量的预处理就能从原始图像中提取出特征，从而实现端到端的图像识别。但是受限于当时的硬件条件和训练样本，LeNet-5 模型的表达能力有限，它对复杂图像的识别效果并不理想。

8.1.2　AlexNet 模型简介

AlexNet 是一个经典的卷积神经网络模型，它是由 Hinton（图灵奖获得者）和他的学生 Alex Krizhevsky 设计的，并在 2012 年 ILSVRC 2012（ImageNet Large Scale Visual Recognition Challenge）竞赛中获得冠军。AlexNet 使图像分类的准确率由传统方法的约 70%提升到 80%以上。AlexNet 的成功推动了深度学习的发展。

1．模型结构

AlexNet 包含 5 个卷积层和 3 个全连接层，共有 8 层深度，其结构如图 8.3 所示。

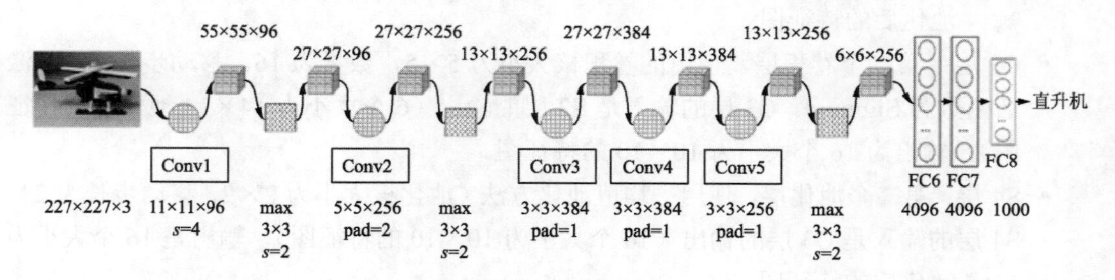

图 8.3　AlexNet 模型结构

Conv1 是 AlexNet 模型的第一个卷积层，该层的结构信息如下：

- 输入数据：224×224×3（3 通道彩色图像，大小为 224×224），AlexNet 会对输入图片进行预处理，将图片格式变成 227×227×3。
- 卷积参数：11×11×96（卷积核数量为 96，核大小为 11×11），移动步长为 4。
- 卷积后的特征图：55×55×96（特征图数量为 96，大小为 55×55）。
- 激活函数：ReLU。
- 激活后的特征图：55×55×96（特征图数量为 96，大小为 55×55），使用局部归一化（LRN）。
- 池化参数：使用最大池化，核大小为 3×3，移动步长为 2。
- 池化后的特征图：27×27×96（特征图数量为 96，大小为 27×27）。

Conv2 是 AlexNet 模型的第二个卷积层，该层的结构信息如下：

- 输入数据：27×27×96（卷积层 Conv1 的输出）。
- 卷积参数：5×5×256（卷积核数量为 256，大小为 5×5），移动步长为 1，填充为 2。
- 卷积后的特征图：27×27×256（特征图数量为 256，大小为 27×27）。
- 激活函数：ReLU。
- 激活后的特征图：27×27×256（特征图数量为 256，大小为 27×27），使用局部归一化（LRN）。
- 池化参数：池化方法为最大池化，核大小为 3×3，步长为 2。
- 池化后的特征图：13×13×256（特征图数量为 256，大小为 13×13）。

Conv3 至 Conv5 分别是 AlexNet 模型的后三个卷积层。卷积层 Conv3、Conv4 与 Conv5 均未使用 LRN，结构也类似。Conv2 的输出作为 Conv3 的输入，Conv3 的输出作为 Conv4 的输入。Conv4 的输出作为 Conv5 的输入。其卷积参数如下：

- Conv3 的卷积参数：3×3×384（卷积核数量为 384，大小为 3×3），移动步长为 1，激活函数为 ReLU。
- Conv4 的卷积参数：3×3×384（卷积核数量为 384，大小为 3×3），移动步长为 1，激活函数为 ReLU。
- Conv5 的卷积参数：3×3×256（卷积核数量为 256，大小为 3×3），移动步长为 1，激活函数为 ReLU。
- 池化参数：池化方法为最大池化，核大小为 3×3，步长为 2。
- 池化后的特征图：6×6×256（特征图数量为 256，大小为 6×6）。

FC6 是 AlextNet 模型的第一个全连接层，该层的结构信息如下：

- 输入：6×6×256（特征图数量为 256，大小为 6×6）。
- 参数：神经元数量为 4096，使用 dropout 将部分神经元值设为 0，激活函数为 ReLU。
- 输出：4096 维向量。

FC7 是 AlexNet 模型的第二个全连接层，该层的结构信息如下：

- 输入：4096 个值（全连接 FC6 的输出）。
- 参数：神经元数量为 4096，使用 dropout 将部分神经元值设为 0，激活函数为 ReLU。
- 输出：4096 个值。

FC8 是 AlexNet 模型的第三个全连接层，该层的结构信息如下：

- 输入向量：4096 个值（全连接 FC7 的输出）。
- 参数：神经元数量为 1000，激活函数为 Softmax。
- 输出：1000 个值，对应 1000 个分类的概率。

2．区域归一化层

在训练时，通常将样本分成不同的批次输入学习模型中，如果每批训练的数据分布不同，则学习算法需要在每次迭代时都要适应不同的分布，这样会大大降低训练的速度。

AlexNet 模型在卷积层之后激活函数之前增加了 LRN 层以实现局部归一化，用来降低不同批次数据分布带来的影响，可以增加模型的泛化能力。AlexNet 的卷积过程及输入数据的维度（尺寸）变化如图 8.4 所示。

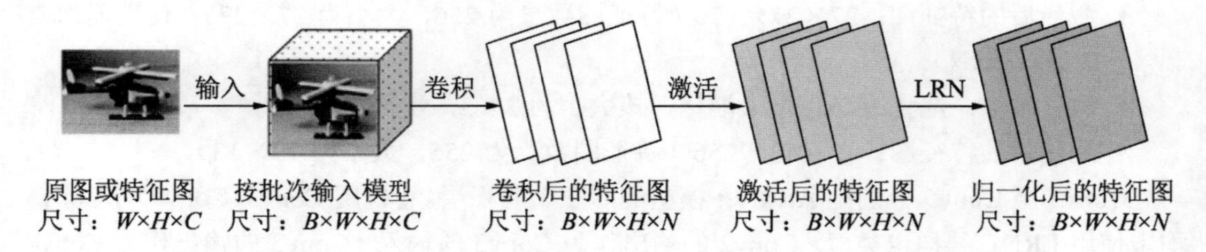

图 8.4　AlexNet 与局部归一化示意

1）输入一张原始图或特征图，尺寸为 $W \times H \times C$（宽为 W，高为 H，有 C 个通道）。

2）按批次将图像输入模型，假设是第 B 个批次输入，则输入的数据为 $B \times W \times H \times C$。

3）对图片进行卷积运算，假设卷积核数量为 N，则卷积后的特征图为 $B \times W \times H \times N$。

4）使用 ReLU 对特征图进行激活，激活后的特征图不变，依然为 $B \times W \times H \times N$。

5）对激活后的特征图进行局部归一化，得到的特征图依然为 $B \times W \times H \times N$。

3．LRN的计算方法

假设(x, y)为原图或特征图上某个点的坐标，$a_{x,y}^{i}$ 是第 i 个卷积核在位置(x, y)上的输出，n 是同一位置上邻近的特征图数量，N 是卷积核的总数，k、n、α、β 是超参数，一般设置 k=2、n=5、α=1×10^{-4}、β=0.75，则局部归一化后的像素值 $b_{x,y}^{i}$ 的计算方式如公式（8.1）所示。

$$b_{x,y}^{i} = \frac{a_{x,y}^{i}}{\left[k + \alpha \sum_{j=\max(0, i-n/2)}^{\min(N-1, i+n/2)} (a_{x,y}^{j})^{2}\right]^{\beta}} \tag{8.1}$$

LRN 的计算公式看起来非常复杂，其实其原理很简单。如图 8.5 所示，LRN 的计算过程就是将不同通道上位置相同的点的像素值进行归一化处理。

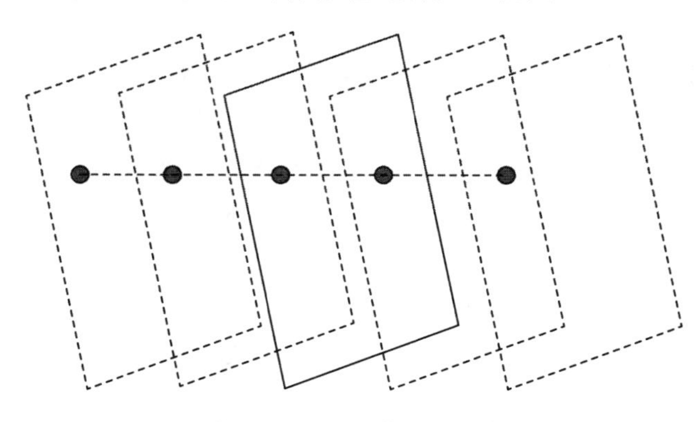

图 8.5　LRN 计算过程示意

可以直接使用 TensorFlow 中提供的 nn.lrn()函数完成区域归一化的计算，演示代码如下：

```
1 import tensorflow as tf
2 import numpy as np
3 #生成输入数据（特征图），batch=2,weight=4,height=4,channel=3
4 x = np.array([i for i in range(1,97)])
5 x = x.reshape([2,4,4,3])       #特征图格式为[batch,width,heigh,channel]
6 #进行区域归一化（LRN）
7 y = tf.nn.lrn(input=x)
8 with tf.Session() as sess:
9    print("输入特征图",x)
10    print('区域归一化（LRN）后的特征图',y.eval())
```

4．AlexNet模型总结

AlexNet 模型是在 LeNet-5 模型的基础上发展而来的，其整体结构延续了 LeNet-5 模型的思想：卷积，池化，再卷积，再池化……最后使用全连接网络进行分类。与 LeNet-5 模型相比，AlexNet 模型有以下创新：

- 使用 ReLU 函数。AlexNet 模型使用 ReLU 作为卷积层的激活函数，在较深的神经网络中，使用激活函数 Sigmoid 会导致梯度消失，而使用 ReLU 作为激活函数则可以缓解这个问题并支持更深的模型。
- 增加 Dropout 层。在全连接层，AlexNet 模型使用 Dropout 随机忽略一些神经元，从而缓解模型的过拟合，它通过实践验证了 Dropout 层的有效性，Dropout 机制也被后续的多个模型所借鉴。
- 使用 GPU 加速训练。AlexNet 模型采用双 GPU 的工作模式，相当于每个 GPU 只负责一半的运算量，极大地提高了训练速度。
- 使用重叠的最大池化。重叠池化是指池化步长比池化核的尺寸小，使得池化层的输出之间有重叠部分，从而增加特征的内容。LeNet-5 模型使用平均值池化，而 AlexNet 模型则使用重叠的最大池化。最大池化可以增加特征点与其邻域像素的对比度，从而起到强化特征的作用。

- 提出 LRN 层。在训练模型时，通常将样本分成不同的批次输入学习算法中，如果每批训练的数据分布不同，则学习算法需要在每次迭代中适应不同的分布，这样会大大降低训练速度。AlexNet 模型使用 LRN 层在局部神经元中引入竞争机制，增强反馈较大的神经元的作用，同时抑制反馈较小的神经元的作用，从而提高模型的训练速度和泛化能力。

AlexNet 模型改进了 LeNet-5 模型，使得模型的层数和参数量变得更多，但其依然使用"卷积+池化"的基本组合。在表 8.1 中列出了 AlexNet 模型在不同层所使用的关键参数。

表 8.1　AlexNet模型的参数

网络层（layer）	类型（type）	核大小（kernelsize）	核/神经元数量（kernel/cellcount）	填充（padding）	步长（stride）
Conv1	卷积层	11×11	96	(1,2)	4
Maxpool1	池化层	3×3	None	0	2
Conv2	卷积层	5×5	256	(2,2)	1
Maxpool2	池化层	3×3	None	0	2
Conv3	卷积层	3×3	384	(1,1)	1
Conv4	卷积层	3×3	384	(1,1)	1
Conv5	卷积层	3×3	256	(1,1)	1
Maxpool3	池化层	3×3	None	0	2
FC6	全连接层	None	4096	None	None
FC7	全连接层	None	4096	None	None
FC8	全连接层	None	1000	None	None

8.1.3　VGGNet 模型简介

VGGNet 模型是由牛津大学计算机视觉组（Visual Geometry Group）和 Google DeepMind 公司的研究员一起研发的。该模型在 2014 年获得了 ILSVRC 2014 比赛分类项目的第二名和定位项目的第一名。

1. 模型结构

在进行卷积和池化后，VGGNet 模型的特征图变化如图 8.6 所示。VGGNet 其实是一种加深版本的 AlexNet，由 5 个卷积层、3 个全连接层和 Softmax 输出层构成，层与层之间使用 max pooling（最大化池）分开，所有隐含层的激活单元都采用 ReLU 函数。

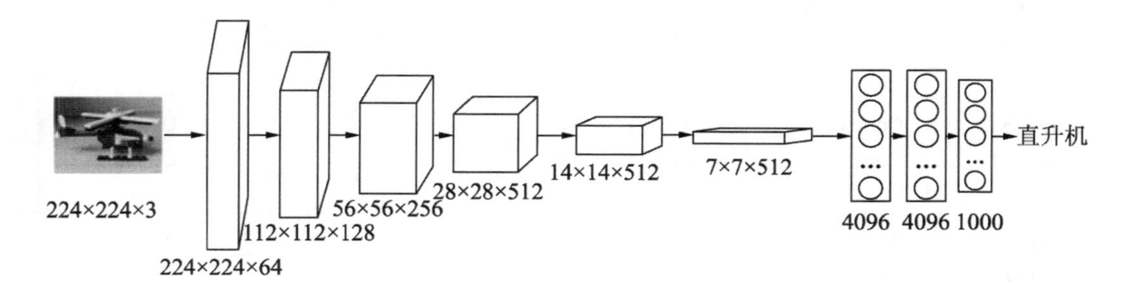

卷积参数：3×3，ReLU，stride=1
池化参数：2×2，max pooling，stride=1

图 8.6　VGGNet 模型结构

如表 8.2 所示，VGGNet 模型共有 6 种不同的结构，模型从 A 至 E 逐步变深（参数量并没有增长很多），最常用的是 D 型（VGG16）和 E 型（VGG19）。

表 8.2　VGGNet模型的种类

A	A-LRN	B	C	D（VGG16）	E（VGG19）
11 层	11 层	13 层	16 层	16 层	19 层
224×224×3	224×224×3	224×224×3	224×224×3	224×224×3	224×224×3
Conv3-64	Conv3-64 （LRN）	Conv3-64 Conv3-64	Conv3-64 Conv3-64	Conv3-64 Conv3-64	Conv3-64 Conv3-64
max pool	max pool	max pool	max pool	max pool	max pool
Conv3-128	Conv3-128	Conv3-128 Conv3-128	Conv3-128 Conv3-128	Conv3-128 Conv3-128	Conv3-128 Conv3-128
max pool	max pool	max pool	max pool	max pool	max pool
Conv3-256 Conv3-256	Conv3-256 Conv3-256	Conv3-256 Conv3-256	Conv3-256 Conv3-256 Conv3-256	Conv3-256 Conv3-256 Conv3-256	Conv3-256 Conv3-256 Conv3-256 Conv3-256
max pool	max pool	max pool	max pool	max pool	max pool
Conv3-512 Conv3-512	Conv3-512 Conv3-512	Conv3-512 Conv3-512	Conv3-512 Conv3-512 Conv3-512	Conv3-512 Conv3-512 Conv3-512	Conv3-512 Conv3-512 Conv3-512 Conv3-512
max pool	max pool	max pool	max pool	max pool	max pool

（续表）

A	A-LRN	B	C	D（VGG16）	E（VGG19）
11 层	11 层	13 层	16 层	16 层	19 层
Conv3-512 Conv3-512	Conv3-512 Conv3-512	Conv3-512 Conv3-512	Conv3-512 Conv3-512 Conv3-512	Conv3-512 Conv3-512 Conv3-512	Conv3-512 Conv3-512 Conv3-512 Conv3-512
max pool	max pool	max pool	max pool	max pool	max pool
FC-4096	FC-4096	FC-4096	FC-4096	FC-4096	FC-4096
FC-4096	FC-4096	FC-4096	FC-4096	FC-4096	FC-4096
FC-1000	FC-1000	FC-1000	FC-1000	FC-1000	FC-1000
Softmax	Softmax	Softmax	Softmax	Softmax	Softmax

2．模型参数

VGGNet 模型使用的参数很有规律，从头到尾使用的全部是 3×3 的卷积核和 2×2 池化核。

- 池化参数：使用最大值池化（max pooling），核大小为 2×2，步长为 1。
- 卷积参数：核大小为 3×3，步长为 1，激活函数为 ReLU，核个数为 64、128、256 和 512。
- 全连接（FC19 和 FC20）参数：4096 个神经元，激活函数为 ReLU，连接 Dropout 层。
- 全连接（FC21）参数：1000 个神经元，激活函数为 Softmax，输出为属于 1000 个类别的概率。

VGG16 和 VGG19 并没有本质区别，只是网络深度不一样。以 VGG16 为例，如表 8.3 所示，VGG16 包含 16 个隐含层（13 个卷积层和 3 个全连接层），VGG19 包含 19 个隐含层，即 16 个卷积层（VGG19 分别在 VGG16 的 Conv9、Conv13 和 Conv17 后面各增加了一个相同的卷积层）和 3 个全连接层。

表 8.3　VGG16 的参数

网络层（layer）	类型（type）	核大小（kernelsize）	核数量（kernels）	填充（padding）	步长（stride）
Conv1	卷积层	3×3	64	(1,1)	1
Conv2	卷积层	3×3	64	(1,1)	1
Maxpool3	池化层	2×2	None	0	1
Conv4	卷积层	3×3	128	(1,1)	1

（续表）

网络层（layer）	类型（type）	核大小（kernelsize）	核数量（kernels）	填充（padding）	步长（stride）
Conv5	卷积层	3×3	128	(1,1)	1
Maxpool6	池化层	2×2	None	0	1
Conv7	卷积层	3×3	256	(1,1)	1
Conv8	卷积层	3×3	256	(1,1)	1
Conv9	卷积层	3×3	256	(1,1)	1
Maxpool0	池化层	2×2	None	0	1
Conv11	卷积层	3×3	512	(1,1)	1
Conv12	卷积层	3×3	512	(1,1)	1
Conv13	卷积层	3×3	512	(1,1)	1
Maxpool4	池化层	2×2	None	0	1
Conv15	卷积层	3×3	512	(1,1)	1
Conv16	卷积层	3×3	512	(1,1)	1
Conv17	卷积层	3×3	512	(1,1)	1
Maxpool8	池化层	2×2	None	0	1
FC19	全连接层	None	4096	None	None
FC20	全连接层	None	4096	None	None
FC21	全连接层	None	1000	None	None

3．3×3卷积核的使用

VGGNet 模型最重要的创新是使用 3×3 的小卷积核代替了 AlexNet 模型中的大卷积核。如图 8.7 所示，使用两个 3×3 卷积核进行两次卷积的效果等同于使用一个 5×5 卷积核进行一次卷积的效果，即两个 3×3 卷积层所带来的感受野相当于一个 5×5 的卷积层所带来的感受野。

同样的道理，使用三个 3×3 的卷积层串联所带来的感受野相当于使用一个 7×7 的卷积层所带来的感受野，但是前者的参数量只有后者的一半左右，同时前者有三个非线性处理，而后者只有一个。由此可见，使用 3×3 的小卷积核比使用大卷积核有更强的学习能力。

4．VGGNet模型总结

VGGNet 模型通过逐步增加模型深度的方法，构建了 11～19 层深的神经网络。通过实验，VGGNet 模型证明了增加模型深度能够在一定程度上提高模型的性能。

VGGNet 模型使用 3×3 的小卷积核增强了模型的非线性表达能力，同时降低了计算量，3×3 小卷积核被大量应用在其他模型中。

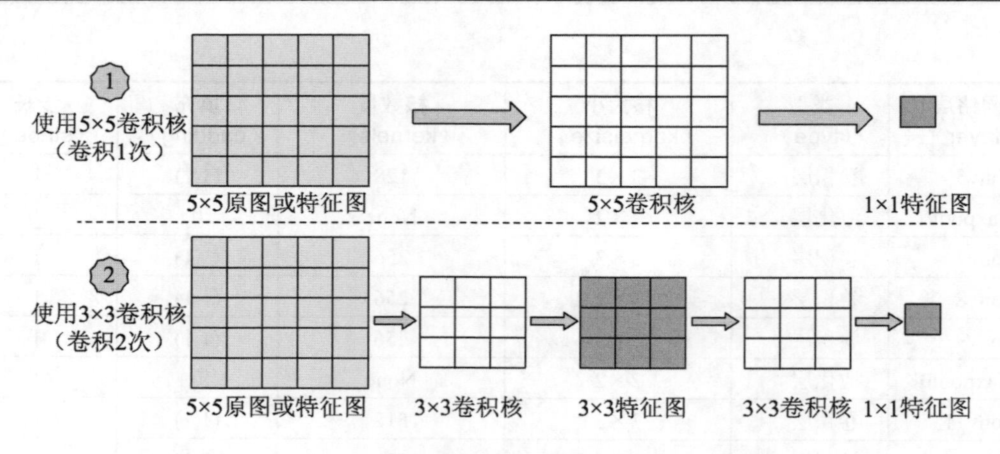

图 8.7　3×3 核和 5×5 核的卷积示意

8.1.4　Inception 模型简介

在实际生活中，同一个目标在不同图像中的大小往往是不同的。如图 8.8 所示，由于拍摄距离不同，同一个直升机所占据的图像大小是不一致的。Inception 模型同时使用了多种不同大小的核对图像进行卷积和池化操作，最后再对运算结果进行合并，通过这种方法，可以得到更好的图像特征。

图 8.8　目标大小不一致

Inception 模型也称为 GoogLeNet 模型，它是由 Google 研发的，它在 2014 年 ImageNet 挑战赛上获得了第一名。在随后的几年里，Inception 团队对其进行了优化并陆续推出了 v2、v3 和 v4 三个版本。

Inception 将模型深度增加至 22 层，参数量约为 500 万个，约为 AlexNet 的 1/12，VGGNet 的 1/36，在硬件资源有限的场景下，Inception 模型是个很好的选择。

1. 基本单元

Inception 模型采用了模块化结构，将一个基本模块称为一个 Cell。每个 Cell 同时使用大小为 1×1、3×3、5×5 的卷积核及 3×3 的池化核进行操作，用来增加网络对尺度的适应能力，同时在每一个卷积层后做一个 ReLU 操作，用来增加模型对特征非线性的模拟。Inception 模型的基本组成单元（Inception Cell）如图 8.9 所示。

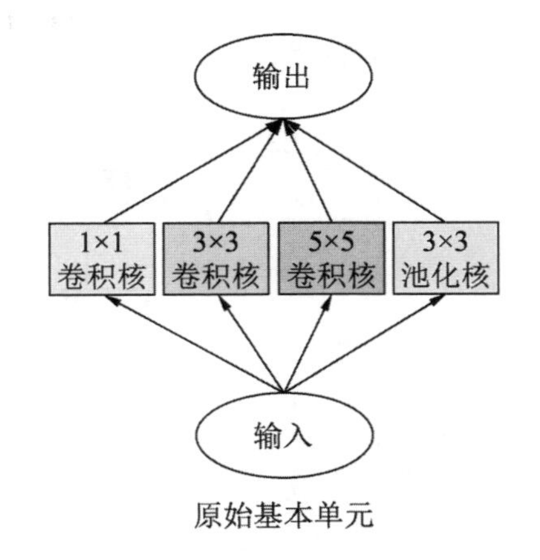

图 8.9　Inception 模型的基本组成单元

Inception 模型的基本组成单元有个缺点：卷积核都运行在上一层的输出上，对于 5×5 的卷积核来说，所需的计算量就会很大。为了避免这种情况，在 3×3、5×5 卷积和 3×3 池化前，分别用 1×1 的卷积核对输入进行降维，这就是 Inception v1 模型的基本单元，如图 8.10 所示。

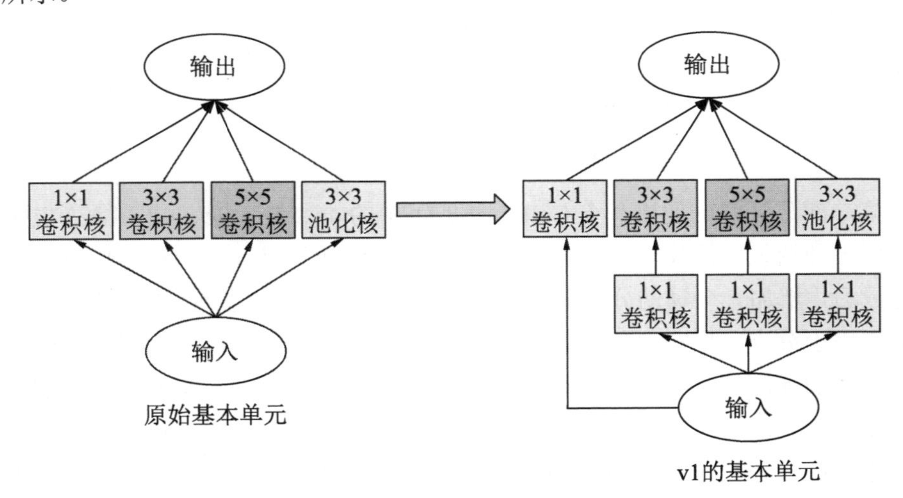

图 8.10　Inception 使用的基本单元

2. Inception v1模型结构

Inception v1 模型结构如图 8.11 所示。整个结构可以分成 5 个部分。

- 原始输入图像为 3 通道的 RGB 图像，大小为 224×224，并且都进行了零均值化的预处理操作（图像中的每个像素都减去了均值）。Inception 模型分别进行第一次卷积、第一次最大池化、第一次局部归一化（LRN）、第二次卷积、第三次卷积、第二次局部归一化（LRN）和第二次最大池化等操作。
- 使用两个 Inception 模型的基本单元（图 8.11 中的 3a 和 3b）对输入进行处理，每个 Cell 分为 4 个分支，采用不同大小的卷积核进行处理（如图 8.10 所示），然后将每个通道输出的结果进行合并（DepthConcat），最后使用最大池化转换后作为这一部分的输出。

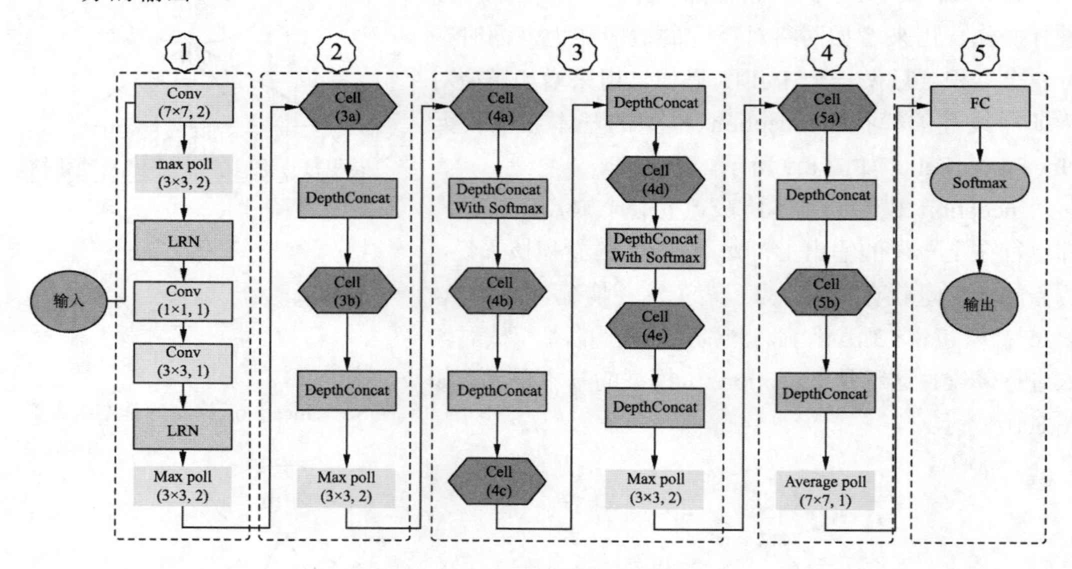

图 8.11　Inception 模型结构

- 与第二部分类似，使用 5 个 Cell（图 8.11 中的 4a、4b、4c、4d 和 4e）进行处理，最后再使用最大池化转换后输出。与第二部分不同的是，在 4a 和 4d 两个 Cell 处理完成后，增加一个辅助分类分支，用于向前传导梯度，辅助分类器将中间某一层的输出用于分类，并按一个较小的权重累加到最终分类结果中，给模型增加了一个反向传播的梯度信号（在预测过程中辅助分类器会被去掉）。辅助分类器的结构如图 8.12 所示，它工作在 4a 和 4d 两个 Cell 之后，对输入分别使用平均值池化、卷积和全连接进行分类（使用 Softmax 激活函数），得到模型中间阶段的输出结果。

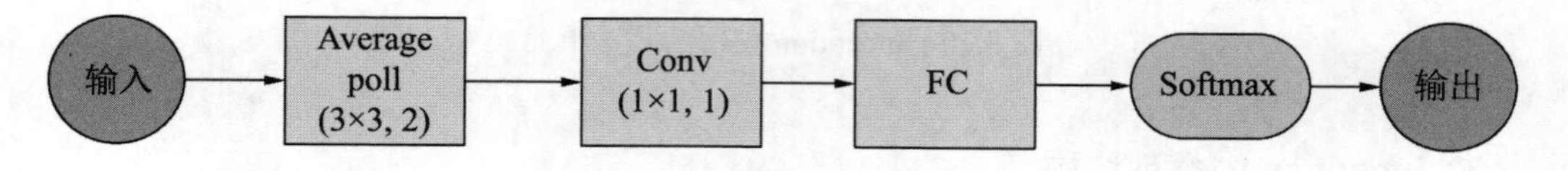

图 8.12　Inception v1 模型的辅助分类器结构

- 与第二部分类似，使用两个 Cell（图 8.11 中的 5a 和 5b）进行处理，然后将每个通道输出的结果进行合并，最后使用平均池化转换后作为这一部分的输出。
- 这一部分比较简单，使用一个全连接层进行分类（使用 Softmax 激活函数）。

3. Inception v1模型参数

Inception v1 模型的参数如表 8.4 所示。表 8.4 中的核数量表示在 3×3 和 5×5 卷积操作之前使用 1×1 卷积核的数量。

表 8.4　Inception v1 参数

类　型	核参数（大小/步长）	核数量（1×1）	核数量（3×3）	核数量（5×5）	核数量 2（3×3）	核数量 2（5×5）	输　出
卷积	7×7/2						112×112×64
最大池化	3×3/2						56×56×64
卷积	1×1/1						56×56×64
卷积	3×3/1		192		64		56×56×192
最大池化	3×3/2						28×28×192
Cell(3a)		64	128	32	96	16	28×28×256
Cell(3b)		128	192	96	128	32	28×28×480
最大池化	3×3/2						14×14×480
Cell(4a)		192	208	48	96	16	14×14×512
Cell(4b)		160	224	64	112	24	14×14×512
Cell(4c)		128	256	64	128	24	14×14×512
Cell(4d)		112	288	64	144	32	14×14×528
Cell(4e)		256	320	128	160	32	14×14×528
最大池化	3×3/2						7×7×832
Cell(5a)		256	320	128	160	32	7×7×832
Cell(5b)		384	384	128	192	48	7×7×1024
平均池化	7×7/1						1×1×1024
Dropout							1×1×1024
linear							1×1×1000
Softmax							1×1×1000

4．Inception模型的其他版本

Inception v2 模型借鉴了 VGGNet 模型的特点，使用两个 3×3 卷积核代替一个 5×5 卷积核，以降低模型的参数量，同时在数据进入激活函数之前进行标准化处理，从而提高模型的收敛速度。

Inception v3 模型继续使用小卷积代替大卷积，将一个二维卷积拆分成两个较小的卷积，将 7×7 卷积拆成 1×7 卷积和 7×1 卷积，以进一步降低参数量，同时可以处理更多、更丰富的空间特征。

Inception v4 并没有对之前的模型的主体结构进行调整，而是对其进行了局部优化和整理，即优化了 Inception v3 模型的 Stem 部分（进入 Inception Cell 前的初始化部分）并对 Inception Cell（第 3～5 层）进行了模块化整理。

8.1.5 ResNet 模型简介

1. 模型的退化

在通常的认知里，模型的结构越深且卷积和池化层越多，其表达能力越强，模型的表现也就越好。根据这个准则，VGGNet 和 Inception 分别将模型加深至 19 层和 22 层，但是当模型达到一定的深度以后，模型的准确率反而出现了下降，并且这种下降不是由过拟合导致的（因为模型在测试集和训练集上的表现同时出现了下降）。

模型的层级越多，其性能越差的现象被称为模型的退化（Degradation）。这一现象与通常的直觉是不相符的。如图 8.13 所示，假设模型一共有 9 层，如果只使用有效区部分（前 4 层），模型已经有很好的性能表现，为什么加上冗余区（后 5 层），模型的性能反而会下降呢？换种说法，既然前 4 层已经做得很好了，哪怕后 5 层什么也不做，模型的表现至少应该能保持现状，而不应该变差才对。

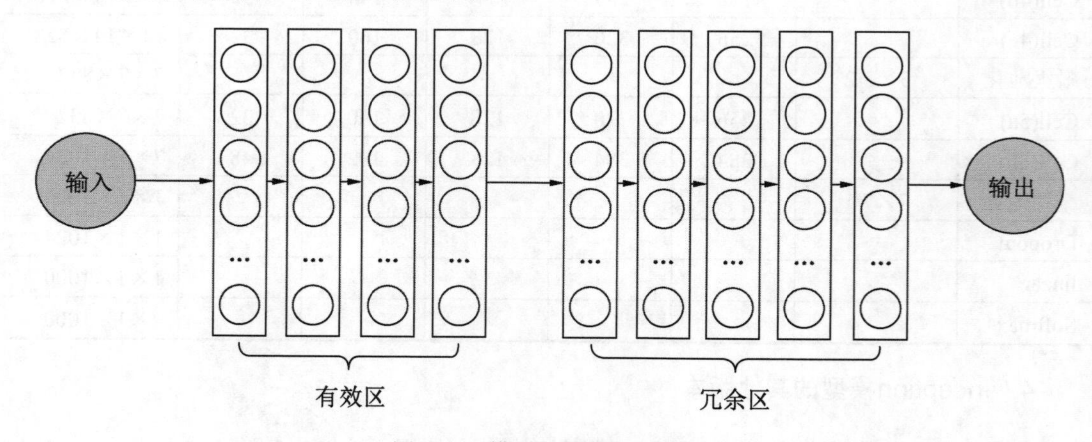

图 8.13　模型性能的退化现象

2. 残差块

模型的退化现象产生的原因比较复杂。目前普遍认为，正是因为神经网络的非线性转换导致信息的损耗，模型的层级越多，这种损耗也就越严重。一个可行的解决办法是在模型的不同层级间增加一个“短路”连接，通过该连接将信息直接传输至下一层，从而减少信息的损耗。

这些带有“短路”连接的结构被称为残差块（Residual Block），如图 8.14 所示。对于一般的卷积神经网络模型（如 AlexNet 或 VGGNet）的某一层来说，假设输入为 x，参数

为 H，输出为 $H(x)$，模型要学习的是 x 到 $H(x)$的映射关系。如果将输入直接引入下一层（或下几层）中，将这一层的输出 $H(x)$看成由原始输出 $F(x)$和原始输入 x 两个部分组成，这样就能使模型学习到输入和输出之间的残差。

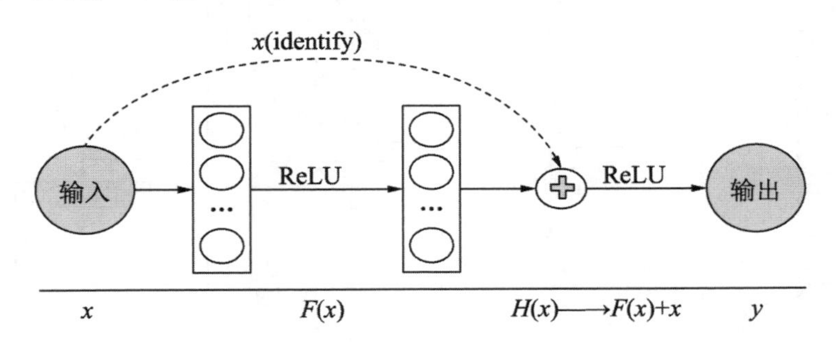

图 8.14　残差块示意

假设模型的输入为 x，输出为 y，有 i 层，每层的参数为 ω_i，输出与输入的关系如公式（8.2）所示，其中 $F(x,\{\omega_i\})$ 为学习的目标，即残差 $y-x$。

$$y = F(x,\{\omega_i\}) + x \tag{8.2}$$

以图 8.14 为例，残差块共有两层网络，假设其权重参数分别为 ω_1 和 ω_2，激活函数为 ReLU，则其残差如公式（8.3）所示，训练的目标是得到 ω_1 和 ω_2 的值。

$$F = (y - x) = \omega_2 \mathrm{ReLU}(\omega_1 x) \tag{8.3}$$

3．残差神经网络结构

残差神经网络（Residual Neural Network，ResNet）模型的主体部分由残差块组合而成。以 ResNet-34 为例，其结构如图 8.15 所示。

- 7×7,Conv,64,/2：卷积层，卷积核大小为 7×7，数量为 64，步长为 2。
- 3×3,Conv,64：卷积层，卷积核大小为 3×3，数量为 64，步长为 1。
- Max Pool,/2：最大池化层，步长为 2。
- Avg pool：全局平均池化层。
- FC,1000：1000 个分类输出的全连接层。

根据模型深度的不同，ResNet 系列模型可分为 ResNet-18、ResNet-34、ResNet-50、ResNet-101 和 ResNet-152 共 5 种类型（数字表示带有可训练参数的层数，如卷积层或全连接层等）。这些模型的结构与 ResNet-34 类似，只有参数有所不同，在表 8.5 中列举了这 5 种模型的结构参数。

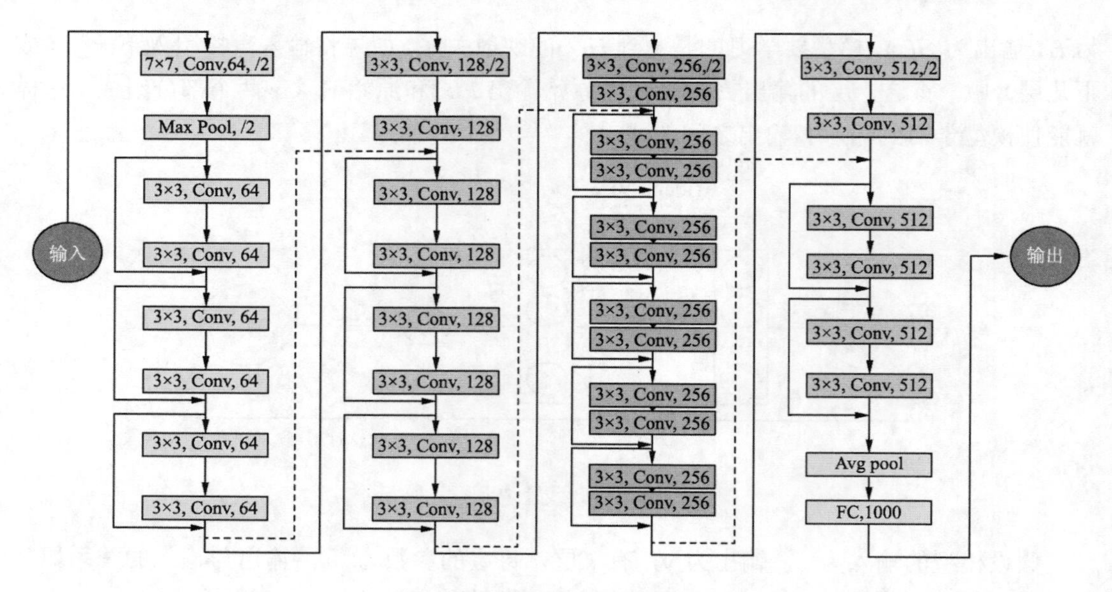

图 8.15　ResNet-34 模型结构

表 8.5　ResNet系列模型的参数

层	ResNet-18	ResNet-34	ResNet-50	ResNet-101	ResNet-152	输出
初始阶段	7×7,64, stride 2					112×112
block1_x	3×3,max pool, stride 2					56×56
	$\begin{vmatrix}3\times3,64\\3\times3,64\end{vmatrix}\times2$	$\begin{vmatrix}3\times3,64\\3\times3,64\end{vmatrix}\times3$	$\begin{vmatrix}1\times1,64\\3\times3,64\\1\times1,256\end{vmatrix}\times3$	$\begin{vmatrix}1\times1,64\\3\times3,64\\1\times1,256\end{vmatrix}\times3$	$\begin{vmatrix}1\times1,64\\3\times3,64\\1\times1,256\end{vmatrix}\times3$	
block2_x	$\begin{vmatrix}3\times3,128\\3\times3,128\end{vmatrix}\times2$	$\begin{vmatrix}3\times3,128\\3\times3,128\end{vmatrix}\times4$	$\begin{vmatrix}1\times1,128\\3\times3,128\\1\times1,512\end{vmatrix}\times4$	$\begin{vmatrix}1\times1,128\\3\times3,128\\1\times1,512\end{vmatrix}\times4$	$\begin{vmatrix}1\times1,128\\3\times3,128\\1\times1,512\end{vmatrix}\times8$	28×28
block3_x	$\begin{vmatrix}3\times3,256\\3\times3,256\end{vmatrix}\times2$	$\begin{vmatrix}3\times3,256\\3\times3,256\end{vmatrix}\times6$	$\begin{vmatrix}1\times1,256\\3\times3,256\\1\times1,1024\end{vmatrix}\times6$	$\begin{vmatrix}1\times1,256\\3\times3,256\\1\times1,1024\end{vmatrix}\times23$	$\begin{vmatrix}1\times1,256\\3\times3,256\\1\times1,1024\end{vmatrix}\times36$	14×14
block4_x	$\begin{vmatrix}3\times3,512\\3\times3,512\end{vmatrix}\times2$	$\begin{vmatrix}3\times3,512\\3\times3,512\end{vmatrix}\times3$	$\begin{vmatrix}1\times1,512\\3\times3,512\\1\times1,2048\end{vmatrix}\times3$	$\begin{vmatrix}1\times1,512\\3\times3,512\\1\times1,2048\end{vmatrix}\times3$	$\begin{vmatrix}1\times1,512\\3\times3,512\\1\times1,2048\end{vmatrix}\times3$	7×7
输出阶段	global average pool,1000 FC, Softmax					1×1

4. 常见加深模型的方法

实验证明，增加模型的深度能够提高模型的性能，但模型深度不能无限制地增加。影响模型加深的因素很多，需要根据具体场景采取相应的处理方法。在表 8.6 中列举了加深模型的常见方法。

表 8.6　加深模型的常见方法

模 型 深 度	影响模型加深的因素	处 理 方 法
大于5层	计算量因素	并行计算，如使用GPU
大于10层	梯度消失或梯度弥散	标准化，如区域标准化（LRN）或批量标准化
大于30层	模型复杂、过拟合	丢弃部分神经元，如使用Dropout层
大于100层	信息损耗	增加恒等映射，如使用ResNet

8.1.6　DenseNet 模型简介

ResNet 模型使用了“短路”连接，可以加深模型的深度，而 Inception 模型同时使用不同尺寸的卷积核，可以加深模型的宽度。DenseNet 模型从图像特征的角度借鉴了 ResNet 模型和 Inception 模型的思想，同时增加了模型的深度和宽度，从而通过特征的重复使用和旁路连接来提高模型的性能。首次提出 DenseNet 模型的论文 *Densely Connected Convolutional Networks* 在 2017 年被评为 CVPR 的最佳论文。

1．单元模块

DenseNet 模型通过把每一层的特征图向后传递形成单元模块（Dense Block）。如图 8.16 所示，X_0 同时作为 H_1～H_4 的输入，X_1 同时作为 H_2～H_4 的输入，以此类推。在传统的卷积神经网络中，如果模型共有 N 层，那么就会有 N 个连接，但在 DenseNet 模型中，会有 $N(N+1)/2$ 个连接。

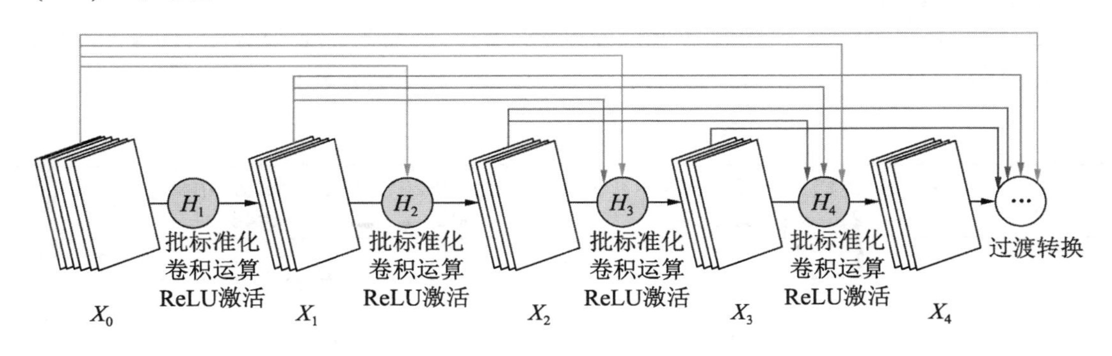

图 8.16　Dense Block 结构

Dense Block 的第 i 层输出 X_i 的计算方式如公式（8.4）所示。其中，$[X_0,X_1,X_2,\cdots,X_{i-1}]$ 表示将之前的层输出的特征图按通道进行合并，H_i 表示进行非线性转换，即进行批次标准化，以及使用 3×3 卷积核进行卷积运算并使用 ReLU 激活函数激活。

$$X_i = H_i\left(\left[X_0, X_1, X_2, \cdots, X_{i-1}\right]\right) \tag{8.4}$$

2．模型结构

DenseNet 模型的主体是由 Dense Block 组成的，由于 DenseNet 模型需要对不同层的特征图进行合并，因此要求生成的特征图保持相同的大小，这限制了池化操作（因为池化会减小特征图的大小）。

DenseNet 模型在同一个 Dense Block 中不进行池化操作，从而让输出的特征图保持相同大小，并在不同的 Dense Block 之间设置过渡转换层（Transition Layer）。完整的 DenseNet 模型结构如图 8.17 所示，图中的卷积层包括批量标准化和卷积运算（使用 3×3 卷积核），池化层使用平均池化（2×2 的池化核）。

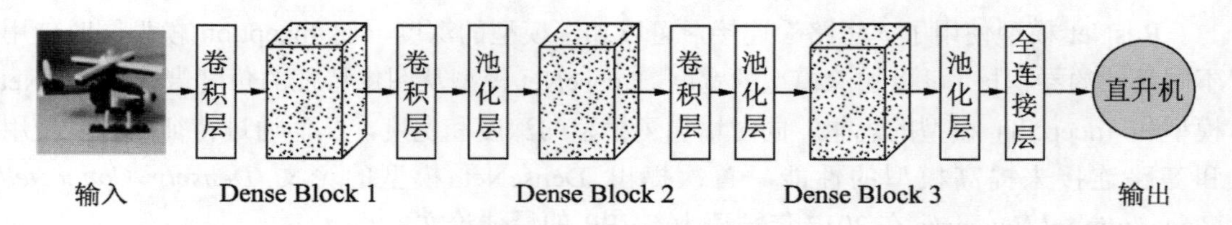

图 8.17　DenseNet 模型结构（三个单元模块）

3．模型参数

DenseNet 模型的每个 Dense Block 中的最后 3×3 卷积核的数量称为增长率（Growth Rate），记作 *k*。由于 Dense Block 之间是根据通道进行合并的，因此 *k* 的值越大，意味着模型传输的信息越多，计算量也就越大。

DenseNet 模型的作者在针对 ImageNet 图像识别任务方面设计了 DesNet-121、DesNet-169、DesNet-201 和 DesNet-161 共 4 种模型，其参数如表 8.7 所示。

表 8.7　DenseNet模型结构参数

层	DenseNet-121 *k*=32	DenseNet-169 *k*=32	DenseNet-201 *k*=32	DenseNet-161 *k*=48	输　出
输入	7×7,conv, stride 2				112×112
	3×3,max pool, stride 2				56×56
block 1	$\begin{vmatrix}1\times1,\text{conv}\\3\times3,\text{conv}\end{vmatrix}\times6$	$\begin{vmatrix}1\times1,\text{conv}\\3\times3,\text{conv}\end{vmatrix}\times6$	$\begin{vmatrix}1\times1,\text{conv}\\3\times3,\text{conv}\end{vmatrix}\times6$	$\begin{vmatrix}1\times1,\text{conv}\\3\times3,\text{conv}\end{vmatrix}\times6$	56×56
转换层1	1×1,conv				56×56
	2×2,average pool, stride 2				28×28

（续表）

层	DenseNet-121 k=32	DenseNet-169 k=32	DenseNet-201 k=32	DenseNet-161 k=48	输出
block 2	$\begin{vmatrix}1\times1,\text{conv}\\3\times3,\text{conv}\end{vmatrix}\times12$	$\begin{vmatrix}1\times1,\text{conv}\\3\times3,\text{conv}\end{vmatrix}\times12$	$\begin{vmatrix}1\times1,\text{conv}\\3\times3,\text{conv}\end{vmatrix}\times12$	$\begin{vmatrix}1\times1,\text{conv}\\3\times3,\text{conv}\end{vmatrix}\times12$	28×28
转换层2	1×1,conv				28×28
	2×2,average pool, stride 2				14×14
block 3	$\begin{vmatrix}1\times1,\text{conv}\\3\times3,\text{conv}\end{vmatrix}\times24$	$\begin{vmatrix}1\times1,\text{conv}\\3\times3,\text{conv}\end{vmatrix}\times32$	$\begin{vmatrix}1\times1,\text{conv}\\3\times3,\text{conv}\end{vmatrix}\times48$	$\begin{vmatrix}1\times1,\text{conv}\\3\times3,\text{conv}\end{vmatrix}\times36$	14×14
转换层3	1×1,conv				14×14
	2×2,average pool, stride 2				7×7
block 4	$\begin{vmatrix}1\times1,\text{conv}\\3\times3,\text{conv}\end{vmatrix}\times16$	$\begin{vmatrix}1\times1,\text{conv}\\3\times3,\text{conv}\end{vmatrix}\times32$	$\begin{vmatrix}1\times1,\text{conv}\\3\times3,\text{conv}\end{vmatrix}\times32$	$\begin{vmatrix}1\times1,\text{conv}\\3\times3,\text{conv}\end{vmatrix}\times24$	7×7
输出	global average pool				1×1
	10000,FC,Softmax				

8.2　卷积神经网络模型应用实例

在 8.1 节中，分别介绍了 6 种经典的卷积神经网络模型。可以看出，这些模型的结构变得越来越复杂，如果从零开始构建这些模型，将会花费大量的时间和精力。在实际应用中，可以借助开发包完成这些模型的构建。本节将结合代码演示模型的构建、训练、评估和预测等图像分类的全部过程。

8.2.1　CIFAR-10 样本操作

1．样本说明

CIFAR-10 是由 Hinton 的学生 AlexKrizhevsky 和 Ilya Sutskever 整理的一个用于识别普适物体的小型数据集。如图 8.18 所示，CIFAR-10 有 50 000 张训练图片和 10 000 张测试图片，都是大小为 32×32 的 RGB 格式的彩色图片，共分为 10 类，每个类别有 5000 张训练图片和 1000 张测试图片。

CIFAR-10 数据集解压后共有 7 个文件（训练集被分成 5 个部分），其官方下载网址为 http://www.cs.toronto.edu/~kriz/cifar-10-python.tar.gz。该数据集的说明如表 8.8 所示。

图 8.18　CIFAR-10 数据集

表 8.8　CIFAR-10 数据集说明

文　件　名	说　　明
batches.meta	图片类别的名称
data_batch_1	训练集1
data_batch_2	训练集2
data_batch_3	训练集3
data_batch_4	训练集4
data_batch_5	训练集5
test_batch	测试集

2．读取样本标签

CIFAR-10 数据集是以 Python 的 pickle 模块进行序列化的。以下代码先导入用到的 Python 包，然后从文件 batches.meta 中读取标签对应的类别名称。

```
1 import pickle as pk
2 import cv2
3 import numpy as np
4 from keras import utils as np_utils
5 from matplotlib import pyplot as plt
6 plt.rcParams['font.sans-serif']=['SimHei']        #使用中文字体
7 label_names=[]
```

```
 8 with open('./dataset/cifar-10-batches-py/batches.meta','rb') as fo:
 9     dataset = pk.load(fo,encoding='bytes')       #读取类别标签
       #转换为列表格式
10    label_names=[x.decode('utf-8') for x in dataset[b'label_names']]
```

3．读取训练集数据

CIFAR-10 中的训练集被分成 data_batch_1 至 data_batch_5 共 5 个文件，样本图像的格式为(channel,height,weight)。以下代码将读取的样本转换为(height,weight,channel)格式，并对标签进行 one-hot 编码转换，从而得到训练集。

```
 1 def preprocess(image):
       #将样本数据的格式从 3×32×32 转换为 32×32×3
 2     return image.transpose(1,2,0)
 3 train_labels,train_images=[],[]
 4 #训练集被分成 5 个文件，分别读取每个文件，然后将它们合并
 5 for i in range(1,6):
 6     with open('./dataset/cifar-10-batches-py/data_batch_%d'%i,'rb')
as fo:
 7         dataset = pk.load(fo,encoding='bytes')
 8         img = np.reshape(dataset[b'data'],(10000,3,32,32))
 9         images = [preprocess(x) for x in img]
10         train_images.extend(images)
11         train_labels.extend(dataset[b'labels'])
12 #转换为 NumPy 数组，并将类别转换为 one-hot 编码
13 train_labels = np.array(train_labels)
14 train_images = np.array(train_images)
15 train_labels  = np_utils.to_categorical(train_labels,10)
```

4．读取测试集数据

与读取训练集数据类似，从文件 test_batch 中读取测试数据，并进行格式转换，得到测试集。

```
 1 test_labels,test_images=[],[]
 2 with open('./dataset/cifar-10-batches-py/test_batch','rb') as fo:
 3     dataset = pk.load(fo,encoding='bytes')
 4     img = np.reshape(dataset[b'data'],(10000,3,32,32))
 5     test_images = [preprocess(x) for x in img]
 6     test_labels = dataset[b'labels']
 7 #转换为 NumPy 数组，并将类别转换为 one-hot 编码
 8 test_labels = np.array(test_labels)
 9 test_images = np.array(test_images)
10 test_labels  = np_utils.to_categorical(test_labels,10)
```

5．显示部分样本

以下代码用于显示训练集中的前 35 幅图像及其对应的标签，结果如图 8.19 所示。

```
 1 fig,ax = plt.subplots(5,7,figsize=(12,12)) #每行显示 7 幅图，共有 5 行
 2 def ShowImg(id,title,img):
```

```
3      x,y = divmod(id,7)                          #根据编号计算图像显示的位置
4      ax[x,y].imshow(img)
5      ax[x,y].set_title(title,fontsize=16)
6      ax[x,y].axis('off')
7  for i in range(35):
8      label  = np.argmax(train_labels[i])  #将 one-hot 编码转换为类别编号
9    ShowImg(i,label_names[label],train_images[i])
```

图 8.19　训练集中的部分图像

8.2.2　创建模型并进行图像分类

有多种开发工具可以用来构建卷积神经网络模型，如 Keras、TensorFlow 和 PyTorch 等。其中，Keras 提供了高层 API，后台支持 TensorFlow 和 Theano，使用起来比较简单，可以更快速地建立模型。

使用 Keras 构建一个 CNN 模型的流程包括定义模型、编译模型、训练模型、评估模型和使用模型进行预测几个步骤。图 8.20 列举了每一步中常用的 Keras 模块与函数。本节将结合实例代码介绍如何使用这些模块创建 CNN 模型（Keras 工具的详细使用方法请参考其官方文档）。

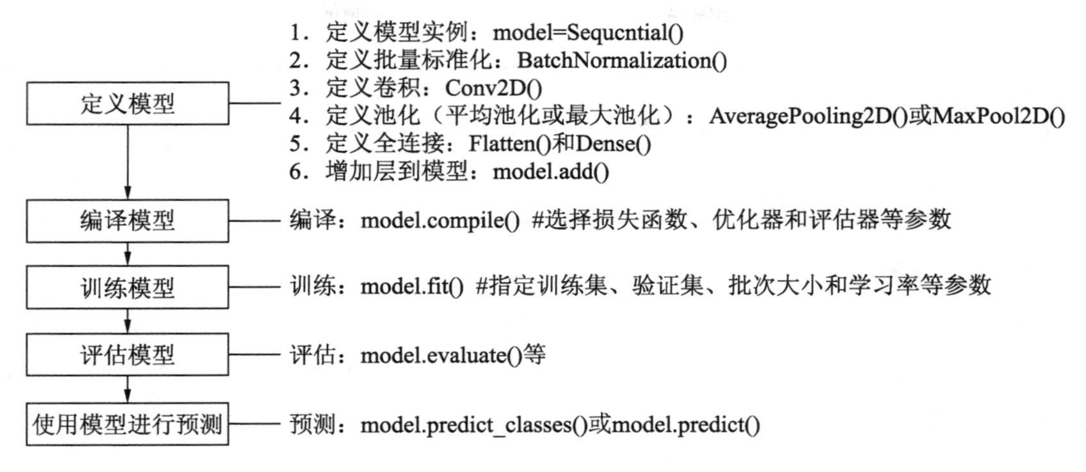

图 8.20　使用 Keras 创建 CNN 模型的流程

1．构建模型

下面的代码根据 LeNet-5 结构构建一个 CNN 模型（LeNet-5 的结构请参考 8.1.1 小节），用到的 Keras 模块如表 8.9 所示。

```
 1 from keras.models import Sequential
 2 from keras.layers import Conv2D,AveragePooling2D,Flatten,Dense
 3 model = Sequential()
 4 #第一个卷积层需要指定输入图像的大小，这里指定 input_shape=(32,32,3)
 5 model.add(Conv2D(filters=6, kernel_size=5, strides=1,activation=
'tanh',input_shape=(32,32,3),padding = 'same'))
 6 model.add(AveragePooling2D(pool_size=2, strides =2,padding='valid'))
 7 model.add(Conv2D(filters=16, kernel_size=5, strides=1,activation=
'tanh',padding='valid'))
 8 model.add(AveragePooling2D(pool_size=2, strides=2,padding='valid'))
 9 model.add(Conv2D(filters=120,kernel_size=5,strides=1,activation=
'tanh',padding='valid'))
10 model.add(Flatten())
11 model.add(Dense(units=84,activation='tanh'))
12 #最后一个全连接层需要指定输出维度，这里是 10 个分类，所以指定 units=10
13 model.add(Dense(units=10, activation='softmax'))
```

表 8.9　构建LeNet-5 模型用到的Keras模块

模块名称	功能说明
Sequential	定义模型实例，可使用add()方法向实例中添加不同的层
Conv2D	定义卷积层，可指定卷积核的大小、激活函数、步长和填充等参数。第一个卷积层需要指定输入图像的大小
AveragePooling2D	定义平均池化层，可指定池化核的大小、步长和填充等参数

（续表）

模块名称	功能说明
Flatten	多维输入一维化，即将输入“压平”，常用在卷积层到全连接层的过渡中
Dense	定义全连接层，可以指定神经元的数量和激活函数等参数。最后一个全连接层需指定输出维度

2．训练模型

在进行训练前，还需要对模型进行编译（指定损失函数、优化器和评估标准等参数）。以下代码使用 Keras 提供的 compile()、fit()、evaluate()等方法分别对模型进行编译、训练和简单的评估。

```
1 model.compile(loss='categorical_crossentropy', optimizer='adam', metrics=
['accuracy'])                                              #编译模型
2 #训练模型
3 measure=model.fit(train_images, train_labels,validation_data = (test_
images,test_labels),
4                         batch_size=200, epochs=50, verbose=1)
5 score = model.evaluate(test_images, test_labels, verbose=1)
6 print("模型在测试集上的得分", score)
```

3．评估和使用模型

在训练模型时使用了 evaluate()函数评估模型的性能，该函数是根据模型编译（Compile）时指定的 metrics 进行的。除此之外，还可以使用更多的指标对模型进行评估。

Keras 提供了 predict_classes()和 predict()两个方法对模型进行分类。前者直接返回图像对应的标签，后者返回图像所属每个分类的概率。

以下代码使用模型对测试集中的样本进行分类，并采用分类模型的常用指标进行评估。其中，评估指标的混淆矩阵如图 8.21 所示（主对角线上的数据表示分类正确的样本数量）。可以看出，LeNet-5 在 CIFAR-10 上的表现并不理想。

```
1 from sklearn.metrics import confusion_matrix,accuracy_score
2 from sklearn.metrics import precision_score,recall_score,f1_score
3 from sklearn.metrics import classification_report
4 import pandas as pd
5 y_predict = model.predict_classes(test_images)      #使用模型进行分类
  #将 one-hot 编码转换为类别编号
6 y_true = [np.argmax(x) for x in test_labels]
7 cm = confusion_matrix(y_true, y_predict)
8 conf_matrix = pd.DataFrame(cm, index=label_names, columns=label_names)
9 display('混淆矩阵',conf_matrix)
10 print("分类报告:\n",classification_report(y_true, y_predict,target_
names=label_names))~
```

	airplane	automobile	bird	cat	deer	dog	frog	horse	ship	truck
airplane	558	35	64	36	55	22	26	30	106	68
automobile	13	668	12	26	11	18	17	17	29	189
bird	53	12	423	84	171	86	83	47	20	21
cat	10	11	87	391	105	215	97	41	16	27
deer	20	5	101	64	597	54	61	72	14	12
dog	10	4	71	221	110	451	43	73	8	9
frog	6	12	70	68	89	48	670	17	7	13
horse	14	7	36	84	124	79	20	603	4	29
ship	79	66	31	29	34	18	19	10	662	52
truck	27	110	13	45	10	21	19	38	30	687

图 8.21　分类后的混淆矩阵

4．模型的持久化

模型的持久化是指将模型存储到硬盘上，使用时可以直接读取。模型的持久化包括以下几种，常用的方法如表 8.10 所示。

- 保存整个模型：保存模型的结构和参数，可以直接读取和使用，缺点是文件较大。
- 保存模型的结构：仅保存模型的定义部分，读取后通过编译生成模型。
- 保存模型的参数：仅保存模型的权重参数部分，读取后需要配合模型结构进行使用。
- 保存模型的训练记录：保存每个 epoch 训练的结果。

表 8.10　模型持久化常用的方法

类　　型	保　　存	读　　取	文 件 格 式
整个模型	model.save()	load_model()	.h5
模型的结构	model.to_json()	model_from_json()	.hdf5
模型的参数	model.save_weights()	load_weights()	.json
模型的训练记录	pickle.dump()	pickle.load()	.pickle

下面的代码演示模型持久化的实现。

```
1 from keras.models import model_from_json
2 from keras.models import load_model
3 #保存模型
4 model.save("./models/lenet-5-model.h5")                    #保存整个模型
5 model.save_weights('./models/lenet-5-weights.hdf5')  #保存模型的权重参数
6 with open("./models/lenet-5-arch.json", "w") as json_file:
7     json_file.write(model.to_json())                       #保存模型结构
8 #保存训练记录
9 with open("./models/lenet-5-history.pickle", "wb") as file_pi:
```

```
10     pk.dump(measure.history, file_pi)
11 #读取(装载)模型
12 new_model = load_model('./models/lenet-5-model.h5')  #读取并装载整个模型
13 with open('./models/lenet-5-arch.json', 'r') as file:
14     model_json = file.read()
15     new_model = model_from_json(model_json)          #装载模型结构
       #读取并装载模型参数
16     new_model.load_weights("./models/lenet-5-weights.hdf5")
17 #读取训练记录
18 with open("./models/lenet-5-history.pickle", 'rb') as f:
19     history = pk.load(f)
```

8.2.3　使用预训练模型进行图像识别

Keras 在其应用模块（keras.applications）中提供了一些已经训练好的深度学习模型（在 ImageNet 数据集上训练过），可在此基础上进行预测、特征提取和微调等操作。

迄今为止，Keras 共提供了以下几种预训练模型（官网有这些模型的使用说明，中文版网址为 https://keras.io/zh/applications）。

- VGG 16 和 VGG 19。
- ResNet 50、ResNet v2 和 ResNeXt。
- Inception v3、InceptionResNet v2 和 Xception。
- MobileNet 和 MobileNet v2。
- DenseNet 和 NASNet。

下面参照官方的示例代码，使用 ResNet50 对猫的图片进行分类。结果显示，输出图像是埃及猫的概率最高，为 0.48824742。

```
 1 from keras.applications.resnet50 import ResNet50
 2 from keras.preprocessing import image
 3 from keras.applications.resnet50 import preprocess_input, decode_
predictions
 4 from matplotlib import pyplot as plt
 5 import numpy as np
 6 img = image.load_img('./images/cat.jpg', target_size=(224, 224))
 7 model = ResNet50(weights='imagenet')
 8 x = image.img_to_array(img)
 9 x = np.expand_dims(x, axis=0)
10 x = preprocess_input(x)
11 preds = model.predict(x)
12 print('预测结果（前三）：', decode_predictions(preds, top=3)[0])
13 plt.imshow(img)
```

8.3 小　　结

本章重点介绍了常用的卷积神经网络系列模型。这些模型包含卷积层、池化层及全连接层三个基本的神经网络层。通过卷积层提取图像的特征，通过池化层实现降维，通过全连接层实现分类。本章最后还介绍了使用 Keras 创建、训练和应用卷积神经网络模型并进行图像识别的方法。

在 1998 年，第一个卷积神经网络模型 LeNet 诞生，之后卷积神经网络系列模型分别在不同的领域进行了探索。目前常用的模型有以下几种：

- AlexNet 模型：在 LeNet 模型的基础上进行了一系列改进，使用 ReLU 函数增加模型的深度，增加 Dropout 层避免模型的过拟合，使用 GPU 加速训练，使用重叠的最大池化和 LRN 层，提高模型的训练速度和泛化能力。
- VGGNet 模型：使用 3×3 小卷积核降低参数量，提高模型的非线性功能。该模型共有 7 种类型，最常用的是 D 型（VGG16）和 E 型（VGG19）。
- Inception 模型：采用模块化的结构进一步降低参数量，尝试使用不同大小的卷积核增加模型的宽度，以适应图像中目标大小不固定的情况。
- ResNet 模型：在模型的层与层之间增加“短路”通道，通过让模型学习残差的方法加深模型的深度，有效地应对模型的退化问题。
- DenseNet 模型：同时借鉴 Inception 模型和 ResNet 模型的思想，将模型每一层的特征图都向后传递，同时增加模型的宽度和深度，通过特征的重复使用和旁路连接来提高模型的性能。

Keras 是一个深度学习开发包，它提供的高层 API 可以快速地建立模型。使用 Keras 搭建卷积神经网络模型的流程包括定义模型、编译模型、训练模型和使用模型进行预测几个步骤。同时，Keras 在其应用模块中提供了一些已经训练好的深度学习模型，用户可以直接使用。

第9章　目 标 检 测

目标检测（Object Detection）也被称为目标类别检测或物体检测，它是除图像识别外计算机视觉领域另一个重要的研究方向。目标检测是指在一幅图像中查找某些事物，例如行人、车辆、猫或狗等，如果存在这些事物，则返回每个事物在图像中的位置及其覆盖的范围。通常用矩形框对目标进行标记。

与图像识别类似，目标检测也是计算机视觉的基础操作之一，是进行图像分割、场景理解和目标追踪等更抽象视觉任务的基础。目标检测在许多领域都有广泛的应用，例如：在拍照时，相机检测人脸的位置；在自动驾驶中，检测行人和障碍物；在医学图像分析中，检测“病灶”区域等。

9.1　目标检测原理

图像识别与目标检测的区别如图 9.1 所示。前者是为图像分配类别标签，输出图像对应的分类标签，例如通过图像识别能判断出这是一张塔的照片；而后者会提供更多的信息，输出图像中目标的位置以及对应的分类标签，例如通过目标检测能发现图像中的某个区域是塔。

（a）图像识别

（b）目标检测

图 9.1　图像识别与目标检测的区别

在计算机视觉领域，目标检测是富有挑战性的一个分支。与图像分类相比，目标检测不仅需要对图像进行分类，还需要对目标进行定位，因此在实现上会更复杂，它对模型的性能要求也更高。本章将重点介绍目标检测的实现原理及其模型的评估方法。

9.1.1　目标检测基础

1．训练样本与数据集

对于图像分类任务来说，训练样本为图像及其对应的类别标签。对于目标检测任务来说，训练样本除了包括图像的类别标签外，还包括目标在图像中的坐标信息。如图 9.2 所示，样本中有三个目标区域，均包含分类和坐标（以图像左上角为原点，向右为横坐标，向下为纵坐标）两个信息。

- 区域 A 的类别为瓶子，其左上角点的坐标为(5,8)，右下角的坐标为(60,436)。
- 区域 B 的类别为杯子，其左上角点的坐标为(81,301)，右下角的坐标为(143,436)。
- 区域 C 的类别为杯子，其左上角点的坐标为(129,322)，右下角的坐标为(167,466)。

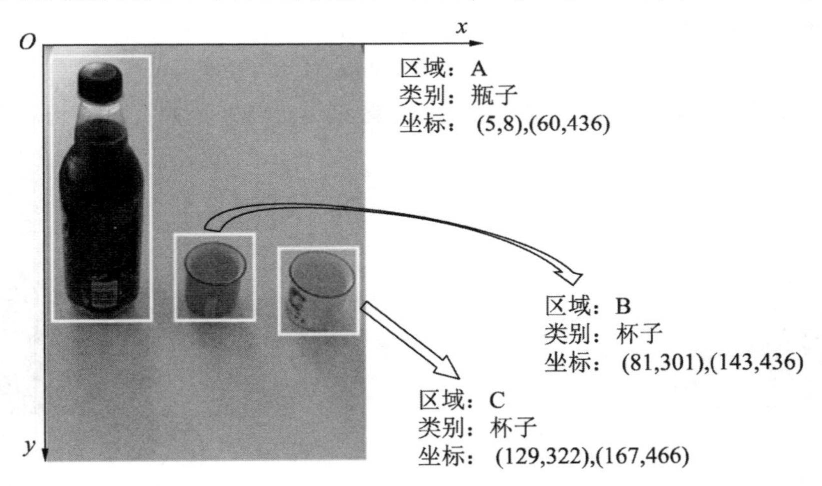

图 9.2　目标检测的训练样本

常见的目标检测数据集有 VOC 和 COCO。VOC 数据集共有 20 个类别，分为 VOC 2007 和 VOC 2012 两个版本，其样本中的目标相对较大，单幅图片中的目标较少，检测起来相对容易。而 COCO 数据集是从日常场景中截取而来，其样本中的目标相对较小，单幅图片中的目标较多，检测难度更大。

2．二分类器

在进行目标检测前需要有一个训练好的二分类模型，用来判断一幅图像是否某个目标，这个二分类模型被称为二分类器（通常通过机器学习的方法得到二分类器），如图 9.3 所示。

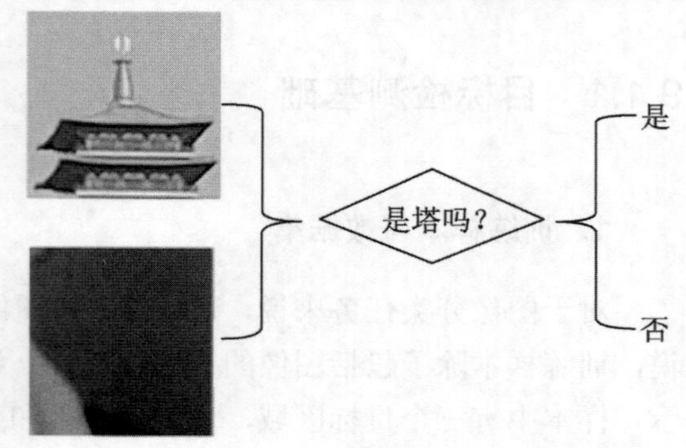

图 9.3　二分类器的作用

3．目标检测流程

常用的目标检测流程是先将图像划分成不同的子区域，这些区域被称为候选区域，然后使用二分类器判断每个候选区域是否有目标存在。以检测图像中的塔为例，检测流程如图 9.4 所示，共包括以下 4 个环节。

1）候选区域划分，即先将图像划分为不同的子区域，然后将这些子区域作为候选区域。

2）特征提取，即提取图像中每个候选区域的特征。

3）分类判别，即使用二分类器判断每个候选区域是否塔。

4）结果修正，即对所有判别为塔的候选区域进行合并和修正，得到最终的输出。

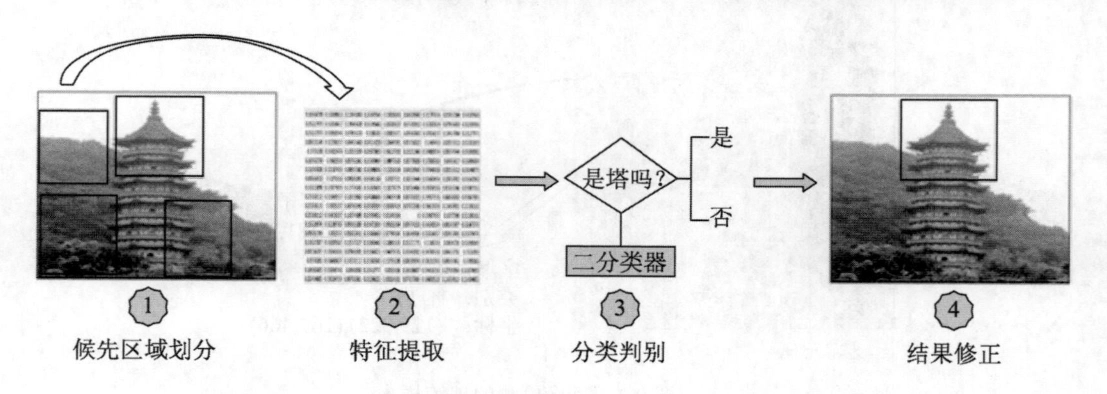

图 9.4　目标检测流程

4．目标检测方法

迄今为止，目标检测分为基于传统的检测方法（传统的机器学习方法）和基于深度学习的检测方法两种。前者需要手工设计和提取目标特征，然后使用传统的机器学习方法（如 SVM 和决策树等），检测出图像中含有该特征的区域；后者则利用卷积神经网络自动提取目标特征，通过模型输出目标所在区域。

基于传统的检测方法需要人工设计特征，其优点是计算量小，缺点是开发难度大，鲁棒性差。基于深度学习的检测方法可以自动提取特征，其优点是开发难度小，鲁棒性好，缺点是需要大量训练样本并且计算量较大。

在目标检测的 4 个关键步骤中，特征提取和分类判别所使用的方法与图像分类中所使用的方法相同，都是提取图像像素值的分布规律并生成特征描述子（如 HOG 和 SIFT 描述子，或卷积神经网络模型等），然后再根据这些描述子判断这些图像属于哪个类别。

在目标检测中，重点解决候选区域如何划分和检测结果如何修正两个问题。经典的候选区域划分方法有滑动窗口（Sliding Window）和选择性搜索（Selective Search），经典的检测结果修正方法有非极大值抑制（Non-Maximum Suppression，NMS）算法。

9.1.2　使用滑动窗口进行候选区域划分

图像分类是判断整幅图像属于哪个类别，需要用到整幅图像的特征。如图 9.5 所示，在裁剪前的原图中，儿童只占据很小的区域，很难提取图像中儿童的特征，而在裁剪后的图像中，儿童几乎占据了全部区域，很容易就可以提取儿童的特征。由此可见，先找到目标在图像中的大概区域并进行裁剪，然后再提取目标特征，可以更容易地对图像进行分类。

裁剪前的原图

裁剪后的子图

图 9.5　裁剪前后的图像

滑动窗口是一种最简单的候选区域划分方法，在机器学习兴起之前，它就已经被应用在目标检测中了。滑动窗口的方法如图 9.6 所示，先通过一个矩形框表示选择的区域，然后让这个矩形框沿着横向和纵向移动，每次移动的像素点个数称为步长，使用二分类器判断每次移动后的区域是否存在目标，如果存在目标，就记录对应区域，在遍历完整幅图像后，便可以得到可能存在目标的全部候选区域。

滑动窗口是一种类似暴力破解的方法，试图遍历图像中的所有区域，因此会产生大量的候选区域，同时由于图像中的目标大小是不确定的，因此还需要使用不同尺寸的滑动窗口对图像进行扫描，这会进一步增加候选区域的数量。

图 9.6　滑动窗口示意

在深度学习兴起之前，图像的特征是由人工设计的，候选区域特征提取的运算量较小，滑动窗口通常和线性分类等简单的分类模型配合使用，其总体的计算量不太大。但是在深度学习时代，常使用深度学习模型（如卷积神经网络等）提取候选区域的特征，其计算量较大。由于基于深度学习模型使用滑动窗口生成候选区域会导致检测过程非常缓慢，因此滑动窗口技术逐渐被选择性搜索（Selective Search）技术所取代。

9.1.3　使用选择性搜索进行区域划分

与滑动窗口所采用的暴力破解方式不同，选择性搜索先通过图像的基本特征（如纹理和轮廓等）生成多个子区域，然后对相似的子区域进行合并，这样可以大大减少候选区域的数量，从而提高检测效率。

需要说明的是，选择性搜索仅找出可能存在目标的区域，但是不会对这个区域所属的分类进行识别，即不判断目标属于哪个分类。

选择性搜索的思想如图 9.7 所示，假如原图共有 A、B、C、D 四个子区域，根据相邻区域的相似度，先将 A 和 C 区域合并为 E 区域，再将 E 和 B 区域合并为 F 区域，最后将 F 和 D 区域合并为 G 区域，这样就得到了 A、B、C、D、E、F、G 共 7 个区域，分别对这 7 个区域进行评分，从其中选择最有可能出现目标的区域，并进行检测。

1．子区域的相似度计算

选择性搜索算法的核心是如何计算邻近区域的相似度，该算法使用的相似度包含子区域的色彩、纹理、尺度和吻合度共 4 个相似度指标。

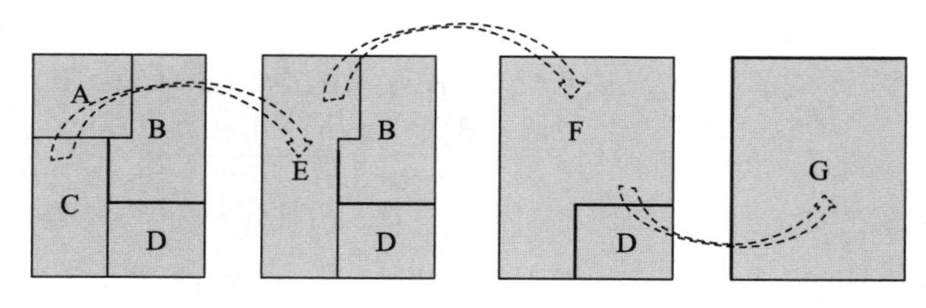

图 9.7　选择性搜索示意

（1）色彩相似度

设 r_i 和 r_j 为两个相邻的子区域，$\left\{C_i^1, C_i^2, \cdots, C_i^{75}\right\}$ 表示一个区域的颜色直方图（每个颜色通道有 25 个 bin，彩色图像有 3 个通道共 75 个 bin），使用直方图交叉核距离表示色彩的相似度，其计算方法如公式（9.1）所示。

$$S_{\text{colour}}\left(r_i, r_j\right) = \sum_{k=1}^{n} \min(C_i^k, C_j^k) \tag{9.1}$$

原始子区域的颜色直方图可以通过直方图的算法得到，但是直方图运算量较大，为了提高运算效率，合并后子区域的直方图可以通过公式（9.2）计算得到，其中 size(r_i)和 size(r_j)表示子区域的像素面积。

$$C_t = \frac{\text{size}\left(r_i\right) \times C_i + \text{size}(r_j) \times C_j}{\text{size}\left(r_i\right) + \text{size}(r_j)} \tag{9.2}$$

（2）纹理相似度

与色彩相似度的计算方法类似，使用 SIFT-Like 对纹理特征进行描述，即采用方差为 1 的高斯分布对每个颜色通道的 8 个方向做梯度统计，然后通过统计结果计算直方图（使用 10 个 bin），得到纹理直方图。

设 r_i 和 r_j 为两个相邻的子区域，$\left\{t_i^1, t_i^2, \cdots, t_i^{240}\right\}$ 表示共有 240 维的纹理直方图，纹理相似度的计算方法如公式（9.3）所示。

$$S_{\text{texture}}(r_i, r_j) = \sum_{k=1}^{n} \min(t_i^k, t_j^k) \tag{9.3}$$

（3）尺度相似度

引入尺度相似度是为了让小的区域优先合并，以保证区域合并的尺度较为均匀。设 size(r_i)和 size(r_j)为子区域的像素面积，size(im)为整幅图像的像素面积，尺度相似度的计算方法如公式（9.4）所示。

$$S_{\text{size}}(r_i,r_j)=1-\frac{\text{size}(r_i)+\text{size}(r_j)}{\text{size(im)}} \tag{9.4}$$

（4）吻合相似度

引入吻合相似度是为了度量两个区域是否更加重合，合并后区域的外接矩形越小，表示重合度越高。设 size(r_i)和 size(r_j)为子区域的像素面积，size(im)为整幅图像的像素面积，size(BB_{ij})为外接矩形的像素面积，吻合相似度的计算方法如公式（9.5）所示。

$$S_{\text{fill}}(r_i,r_j)=1-\frac{\text{size}(\text{BB}_{ij})-\text{size}(r_i)-\text{size}(r_j)}{\text{size(im)}} \tag{9.5}$$

（5）相似度汇总

使用加权求和的方法将上述 4 个相似度汇总到一起，作为判断两个区域相似程度的最终度量标准，计算方法如公式（9.6）所示。其中，a_1、a_2、a_3 和 a_4 只有 0 和 1 两种取值，值为 0 时表示不采用某种相似度，值为 1 时表示采用某种相似度。

$$S(r_i,r_j)=a_1S_{\text{colour}}(r_i,r_j)+a_2S_{\text{texture}}(r_i,r_j)+a_3S_{\text{size}}(r_i,r_j)+a_4S_{\text{fill}}(r_i,r_j) \tag{9.6}$$

2. 区域评分

通过上述步骤，可以得到很多个子区域，还需要对每个区域进行评分，以便挑选出最有可能存在目标的子区域。常见的评分策略算法需要注意以下 3 点：

- 在使用不同的相似度计算后，对多次出现的子区域得分进行累加。
- 越先合并的子区域得分越高，例如最后的完整图像得 1 分，而前一次合并的区域得分为 2。
- 为避免相同的得分太多，对所有得分分别乘以一个 0～1 之间的随机数。

3. 使用OpenCV中的选择性搜索功能

在 OpenCV 提供的选择性搜索对象中，有快速检测和详细检测两种模式。快速检测模式运行速度较快，划分的子区域数量较少；详细检测模式运行速度较慢，划分的子区域数量较多。下面的代码演示了这两种模式的使用，代码输出的子区域数量分别为 1067（使用快速检测模式）和 3352（使用详细检测模式），部分子区域如图 9.8 所示。

```
 1 from matplotlib import pyplot as plt
 2 import cv2,random
 3 image = cv2.imread("./images/shapes.jpg")        #读取文件
 4 #创建 Selective search 对象
 5 ss = cv2.ximgproc.segmentation.createSelectiveSearchSegmentation()
 6 ss.setBaseImage(image)                                  #输入图像
 7 ss.switchToSelectiveSearchFast()                        #设置快速检测模式
 8 rects_fast = ss.process()                               #开始检测
 9 ss.switchToSelectiveSearchQuality()                     #设置详细检测模式
10 rects_full = ss.process()                               #开始检测
```

```
 11 print("子区域数量：%d(快速检测),%d(详细检测)"%(len(rects_fast),
len(rects_full)))
 12 #显示检测到的 100 个子区域
 13 for i in range(0,100):
 14     x,y,w,h = rects_full[i]
 15     color = [random.randint(0, 255) for j in range(0, 3)]
 16     cv2.rectangle(image, (x, y), (x + w, y + h), color, 2)
 17 plt.imshow(image)
```

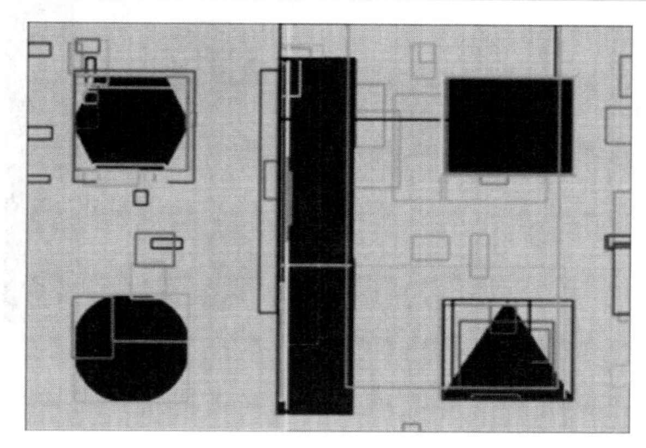

图 9.8　选择性搜索生成的候选区域（部分）

9.1.4　检测结果修正

1. 区域交并比

区域交并比（IoU）是指两个区域的交集部分与并集部分的比，常用来判断两个区域是否同一个区域。IoU 值的计算方法如图 9.9 所示。

2. 非极大值抑制

在对图像进行候选区域划分后，会得到一组存在目标的候选区域，有时同一个目标可能存在多个相交的区域。如图 9.10 所示，区域 A 和 B 其实针对的是同一个目标，因此还需要对这些区域的划分结果进行进一步修正。

常用的修正方法是非极大值抑制算法（Non-Maximum Suppression，NMS）。该算法的核心思想是根据 IoU（区域交并比）的值来判断两个候选区域是否同一个区域。一般情况下，将非极大值抑制算法里 IoU 的阈值设为 0.5，如果 IoU 值大于 0.5，则表示同一个区域，需要丢弃分值较小的区域。非极大值抑制算法的完整流程如下：

1）在候选区域挑选分值最高的区域作为最佳区域并保留。

2）计算最佳区域与其余区域的 IoU。

3）如果计算出的 IoU 值大于阈值，则认为这两个区域为同一目标，保留最佳区域，而舍弃另一个区域。

4）从剩余的候选区域再挑选出最佳区域，重复以上步骤，直至所有区域都被计算过。

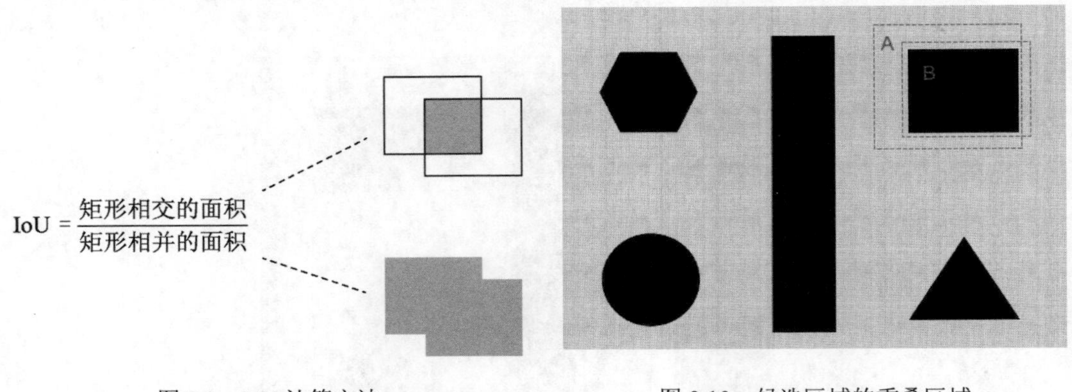

图 9.9　IoU 计算方法　　　　图 9.10　候选区域的重叠区域

3. 边框回归

滑动窗口或选择性搜索可以生成候选区域，但是这些候选区域与真实的区域可能会有较大的偏差。如图 9.11 所示（见彩插），图中红色实线区域是人工标注塔的区域（也称为 Ground Truth），浅蓝色虚线区域是使用选择性搜索生成的区域。可以看出，二者的精准度有较大的差距，边框回归（Bounding Box Regression）用来对候选区域进行调整，使其尽可能接近人工标注的区域，即接近 Ground Truth。

图 9.11　候选区域与人工标注区域

如图 9.12 所示，P 为选择性搜索产生的候选区域，G 为人工标注区域，边框回归的目标是将 P 转换为一个与 G 更接近的 G'，即寻找到一个映射 f，使 $G'=f(P)\approx G$。

在目标检测中，使用四维向量(x,y,w,h)来表示一个边框，其中(x, y)为边框的中心点坐标，w 和 h 分别表示边框的宽和高。假设使用(P_x, P_y, P_w, P_h)、(G'_x,G'_y,G'_w,G'_h)和(G_x, G_y, G_w, G_h)表示图 9.12 中的三个边框，边框回归使用平移变换和尺度变换的方法进行平移和缩放，将(P_x, P_y, P_w, P_h)转换为更接近(G_x, G_y, G_w, G_h)的(G'_x,G'_y,G'_w,G'_h)。

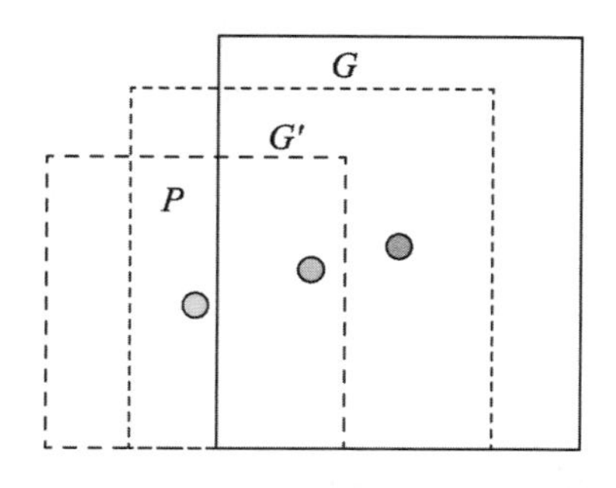

图 9.12　边框回归示意

边框回归的平移变换如公式（9.7）所示。其中，(G'_x,G'_y)表示平移后的中心点坐标，(P_x, P_y)表示候选区域的中心点坐标，P_w 和 P_h 分别表示候选区域的宽和高，$d_x(P)$和 $d_y(P)$为沿着横向和纵向的变换参数，$d_x(P)$和 $d_y(P)$是待求解的参数。

$$\begin{cases} G'_x = P_w d_x(P) + P_x \\ G'_y = P_h d_y(P) + P_y \end{cases} \tag{9.7}$$

边框回归的尺度变换如公式（9.8）所示。其中，G'_w 和 G'_h 分别表示平移后区域的宽和高，P_w 和 P_h 分别表示候选区域的宽和高，$d_w(P)$和 $d_h(P)$分别表示横向和纵向缩放的参数，$d_w(P)$和 $d_h(P)$为待求解的参数。

$$\begin{cases} G'_w = P_w \exp(d_w(P)) \\ G'_h = P_h \exp(d_h(P)) \end{cases} \tag{9.8}$$

通过公式（9.7）和公式（9.8）可以发现，在边框回归中共有 $d_x(P)$、$d_y(P)$、$d_w(P)$和 $d_h(P)$共 4 个待求参数，只需要训练出一组模型，得到这 4 个参数即可。

假设用 $d_*(P)$表示预测值 $d_x(P)$、$d_y(P)$、$d_w(P)$和 $d_h(P)$，用 t_*表示真实值，观察公式（9.7）和公式（9.8）可以发现，t_*和 $d_*(P)$的关系可以用公式（9.9）表示。

$$\begin{cases} t_x = (G_x - P_x) / P_w \\ t_y = (G_y - P_y) / P_h \\ t_w = \log(G_w / P_w) \\ t_h = \log(G_h / P_h) \end{cases} \tag{9.9}$$

这里可以把 $d_*(P)$看成区域 P 特征的某种线性变换结果。以区域卷积神经网络（R-CNN）

模型为例（R-CNN 模型结构会在 9.2.1 小节中进行介绍），$d_*(P)$可以写成公式（9.10）的形式，其中 $\Phi_5(P)$ 表示区域 P 的特征（在 R-CNN 中，$\Phi_5(P)$ 表示 AlexNet 模型的池化层 pool5 输出的特征），ω_*^{T} 表示线性变换参数，由于 $\Phi_5(P)$ 已知，因此只需要求出 ω_*^{T} 即可求出 $d_*(P)$。

$$d_*(P) = \omega_*^{\mathrm{T}} \Phi_5(P) \tag{9.10}$$

R-CNN 的损失函数如公式（9.11）所示，通过训练可以得到 ω_*^{T}，通过损失函数 Loss 可以看出，边框回归其实就是岭回归（Ridge）模型。

在 R-CNN 中，边框回归共使用 4 个岭回归模型分别求解 ω_x^{T}、ω_y^{T}、ω_w^{T} 和 ω_h^{T}，然后再根据公式（9.7）、公式（9.8）和公式（9.10）得到修正后的候选区域 G'。

$$\mathrm{Loss} = \sum_{i=1}^{N} (t_*^i - \omega_*^{\mathrm{T}} \Phi_5(p^i))^2 + \lambda \|\omega_*\|^2 \tag{9.11}$$

在使用非极大值抑制和边框回归算法对图 9.8 进行修正后，只会保留最可能存在目标的区域，如图 9.13 所示。

图 9.13　修正后的候选区域

9.1.5　模型评估

在第 3 章中介绍了分类模型的评估方法。对于图像分类，可以直接使用召回率（Recall）和精确率（Precision）等评价指标对模型进行评估。而对于目标检测，图像可能包含多个类别和多个目标，其模型的评估需要综合考虑分类和定位的效果。因此，分类模型中的评价指标不能直接应用到目标检测模型上，在目标检测中，通常使用平均精度的均值（mean Average Precision，mAP）对模型的表现进行评估。

1．Ground Truth

在目标检测中，Ground Truth 是指样本的真实框，通常指人工标注的结果。如图 9.14

所示，图像中的瓶子和杯子的类别与目标所处的边界框是人工标注的，这里将其作为样本的真实框。

2．检测结果

目标检测模型的输出如图 9.15 所示（见彩插），其中黄色的虚线区域为模型输出的预测框（预测的目标存在区域），分值 0.75 和 0.8 表示分类识别的置信度，红色的实线部分为目标存在的真实区域，称为真实框。只有同时满足以下两个条件，才能确定一个目标的判断是正确的：

- 类别判断正确且置信度大于一定的阈值。
- 位置判断正确，预测框与真实框之间的 IoU 值大于一定的阈值。

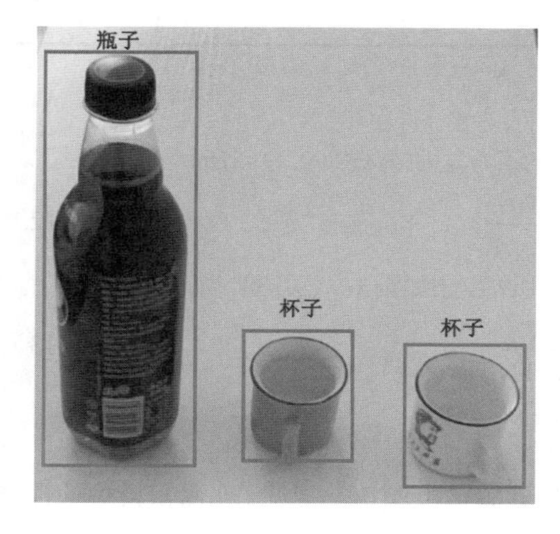

图 9.14　样本的真实值

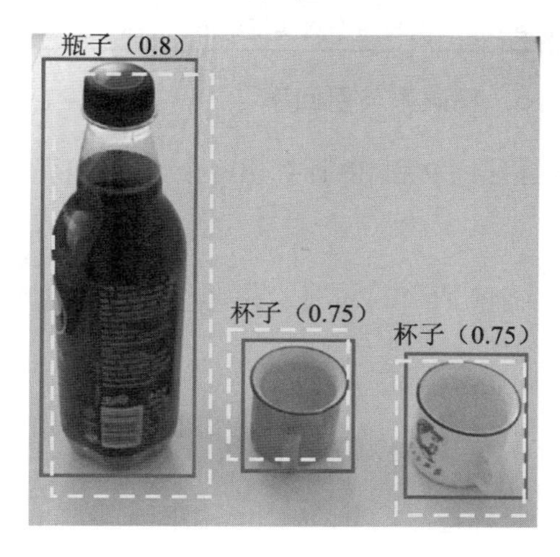

图 9.15　目标检测结果

3．误差度量

在目标检测中，检测结果与样本的真实框之间会存在一定的误差。误差的度量需要考虑以下两个方面的因素：

- 候选区域的分类是否正确，即对图像中某个区域的某个目标的判断是否正确。使用模型输出的类别和置信度来确定分类是否正确，通过设置阈值进行判断，当类别正确并且置信度大于阈值时，才能确定分类是正确的，是正例（Positive），否则确定检测是错误的，是负例（Negative）。
- 预测框与真实目标区域之间的差距，即预测的目标区域与真实的目标区域之间的误差。使用预测框和真实区域的交并比来确定预测框是否正确，并计算每个预测框与真实框的 IoU，取最大的 IoU 值作为检测结果，通过设置阈值进行判断，当 IoU 的值大于阈值时，认为结果是正确的（True），否则认为结果是错误的（False）。

4. 目标检测的混淆矩阵

在目标检测中，使用预测框和分类的误差度量方法对目标检测模型的输出结果进行统计，得到目标检测的混淆矩阵，如表 9.1 所示。其中，TP、TN、FP 和 FN 表示满足条件的检测结果数量。

表 9.1　目标检测的混淆矩阵

	Positive（置信度大于阈值）	Negative（置信度小于等于阈值）
True（预测框与某个真实框的IoU值大于阈值）	TP	TN
False（预测框与每个真实框的IoU值都小于等于阈值）	FP	FN

5. 精确率与召回率

根据 TP 和 FP 计算出各个类别的精确率，计算方法如公式（9.12）所示。

$$\text{Precision}=\frac{\text{TP}}{\text{TP+FP}} \tag{9.12}$$

根据 TP 和 FN 计算出各个类别的召回率，计算方法如公式（9.13）所示。

$$\text{Recall}=\frac{\text{TP}}{\text{TP+FN}} \tag{9.13}$$

6. 目标检测的PR曲线

目标检测模型的输出结果同时受到 IoU 阈值和置信度阈值的影响。在衡量模型的性能时，通常先将 IoU 阈值取一个定值，然后再综合比较取不同置信度阈值时模型的性能，最后挑选出一个合适的置信度阈值。

PR曲线是以召回率为横轴，以精确率为纵轴的曲线，它用来反映选取不同的置信度阈值对召回率和精确率的影响，并帮助最终置信度阈值的选取。需要注意的是，PR曲线是针对某一个特定类别进行的统计。

假设图像的某个类别有 N 个真实框、M 个预测框（BBox）和 M 个预测框置信度（Confidence），根据这些信息绘制 PR 曲线，绘制流程如图 9.16 所示。

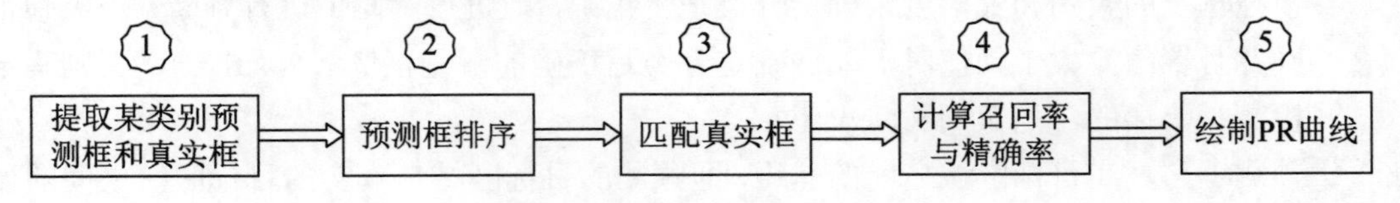

图 9.16　PR 曲线绘制流程

1）提取某个类别的真实框和预测框，将所有真实框状态设为“未匹配”。

2）将预测框按照置信度进行降序排序。

3）匹配真实框。若预测框与任意状态为“未匹配”的真实框的 IoU 值大于阈值，则认为该预测框是 TP，将真实框的状态改为“已匹配”，否则认为该预测框是 FP。

4）计算召回率与精确率。召回率=TP/(TP+FN)=TP/N，精确率=TP/(TP+FP)。

5）绘制 PR 曲线。以召回率为横坐标、精确率为纵坐标进行绘制。

7. PR曲线的绘制过程

假设有 3 幅图像 00001、00002 和 00003，其中图像 00001 和 00002 中有 2 个人脸目标，图像 00003 中有 3 个人脸目标，它们对应的人脸区域（真实框）如表 9.2 所示。

1）提取检测到的人脸的真实框和预测框。

表 9.2　真实的人脸区域（真实框）

图　　像	真实框编号	真实框区域
00001	00001_0	[25 16 63 72]
00001	00001_1	[129 123 170 185]
00002	00002_0	[123 11 166 66]
00002	00002_1	[38 132 97 177]
00003	00003_0	[16 14 51 62]
00003	00003_1	[123 30 172 74]
00003	00003_2	[99 139 146 186]

2）将预测框按照置信度进行降序排序。

在这 3 幅图像中，共检测出 11 张人脸。其中，在图片 00001 中检测出 3 张人脸，在图片 00002 中检测出 3 张人脸，在图片 00003 中检测出 5 张人脸。检测到的人脸区域（预测框）对应的置信度（是一张人脸的概率）如表 9.3 所示。

表 9.3　检测到的人脸区域（预测框）对应的置信度

图　　像	预测框编号	预测框区域	置　信　度
00003	00003_0	[105 131 152 178]	0.91
00001	00001_0	[5 67 36 115]	0.88
00001	00001_1	[124 9 173 76]	0.8
00002	00002_0	[19 18 62 53]	0.74
00002	00002_1	[64 111 128 169]	0.71
00001	00001_2	[119 111 159 178]	0.70
00003	00003_1	[86 63 132 108]	0.67
00002	00002_2	[26 140 86 187]	0.54

（续表）

图　　像	预测框编号	预测框区域	置　信　度
00003	00003_2	[18 148 58 192]	0.44
00003	00003_3	[160 62 196 115]	0.38
00003	00003_4	[109 15 186 54]	0.18

3）对预测框和真实框进行匹配。

将预测框和真实框进行匹配。先按置信度对预测框进行降序排序，然后遍历预测框并计算预测框和每个“未匹配”的真实框的 IoU，若预测框与任意状态为“未匹配”的真实框的 IoU 值大于阈值，则认为该预测框是 TP，将该真实框的状态改为“已匹配”，否则认为该预测框是 FP。

设置 IoU 的阈值为 0.3，得到预测框和真实框的匹配结果，即每个预测框是 TP 或者是 FP，计算结果如表 9.4 所示。

表 9.4　预测框与真实框的匹配结果

预测框编号	预测框区域	真实框编号	真实框区域	IoU	置信度	FP	TP
00003_0	[105 131 152 178]	00003_2	[99 139 146 186]	0.57	0.91	0	1
00001_0	[5 67 36 115]	00001_0	[25 16 63 72]	0.02	0.88	1	0
00001_1	[124 9 173 76]	00001_1	[129 123 170 185]	0.00	0.8	1	0
00002_0	[19 18 62 53]	00002_1	[38 132 97 177]	0.00	0.74	1	0
00002_1	[64 111 128 169]	00002_1	[38 132 97 177]	0.24	0.71	1	0
00001_2	[119 111 159 178]	00001_1	[129 123 170 185]	0.47	0.70	0	1
00003_1	[86 63 132 108]	00003_1	[123 30 172 74]	0.04	0.67	1	0
00002_2	[26 140 86 187]	00002_1	[38 132 97 177]	0.49	0.54	0	1
00003_2	[18 148　58 192]	00003_2	[99 139 146 186]	0.00	0.44	1	0
00003_3	[160 62 196 115]	00003_1	[123 30 172 74]	0.04	0.38	1	0
00003_4	[109 15 186 54]	00003_1	[123 30 172 74]	0.31	0.18	0	1

4）计算召回率与精确率。

统计在不同的置信度阈值下 TP 和 FP 的数量，并计算人脸检测的精确率和召回率。由于 TP 和 FN 的和为真实框的数量 N，因此召回率=TP/(TP+FN)=TP/N，精确率=TP/(TP+FP)。上述人脸检测的召回率和精确率如表 9.5 所示。

表 9.5　人脸检测的召回率和精确率

检测框编号	置　信　度	精　确　率	召　回　率
00003_0	0.91	1.00	0.14
00001_0	0.88	0.50	0.14

（续表）

检测框编号	置　信　度	精　确　率	召　回　率
00001_1	0.80	0.33	0.14
00002_0	0.74	0.25	0.14
00002_1	0.71	0.2	0.14
00001_2	0.70	0.33	0.29
00003_1	0.67	0.29	0.29
00002_2	0.54	0.38	0.43
00003_2	0.44	0.33	0.43
00003_3	0.38	0.30	0.43
00003_4	0.18	0.36	0.57

5）绘制 PR 曲线。

以召回率为横轴、精确率为纵轴绘制 PR 曲线，如图 9.17 所示。

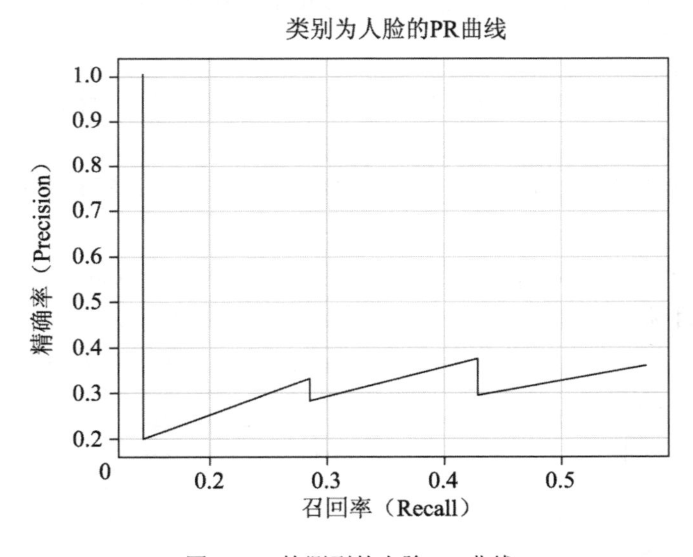

图 9.17　检测到的人脸 PR 曲线

8．AP与mAP

平均精度（Average Precision，AP）针对单个类别而言，表示不同召回率下精确率的均值。AP 的值即 PR 曲线下方的面积，即 PR 曲线的积分，其计算方式如公式（9.14）所示。其中，$P(k)$表示某个类别的精确率，r 表示召回率。

$$\mathrm{AP}=\int_0^1 (r)\,\mathrm{d}r=\sum_{k=1}^{N} P(k)\Delta r(k) \tag{9.14}$$

由于积分计算比较烦琐，因此常采用近似的方法计算 AP，如公式（9.15）所示。其中，M 表示将召回率的分布区间平均划分为 M 份，AP_k 表示某个类别的平均精度，P_i 表示最大精确率。

$$\mathrm{AP}_k = \frac{1}{M}\sum_{i=1}^{M} P_i \tag{9.15}$$

AP 是衡量模型对某一个类别的检测效果指标。由于在目标检测中可能会有多个类别，因此需要一个能衡量模型整体效果的指标。平均精度的均值（mean AP，mAP）是衡量模型对所有类别检测效果的指标。mAP 的计算方法如公式（9.16）所示（其实就是对所有类别的 AP 取平均值），其中 C 表示类别的个数，AP_i 表示某个类别的 AP 值。

$$\mathrm{mAP} = \frac{1}{C}\sum_{i=1}^{C} \mathrm{AP}_i \tag{9.16}$$

9.2　目标检测系列模型

根据候选区域的生成方法和分类器模型的不同，实现目标检测的方法有传统机器学习和深度学习两种。传统机器学习方法使用传统分类器对候选区域进行划分和分类，如 SVM 和 Adaboost 等，深度学习方法使用深度学习模型对候选区域进行划分和分类，如图 9.18 所示。

深度学习方法包括 two-stage 和 one-shot 两种。其中，two-stage 将目标检测过程分为生成候选区域和目标分类两个过程，它主要针对 R-CNN 系列模型；one-shot 则只需将图像输入模型，即可一次性地识别出所有的目标区域，如 YOLO 系列模型等。

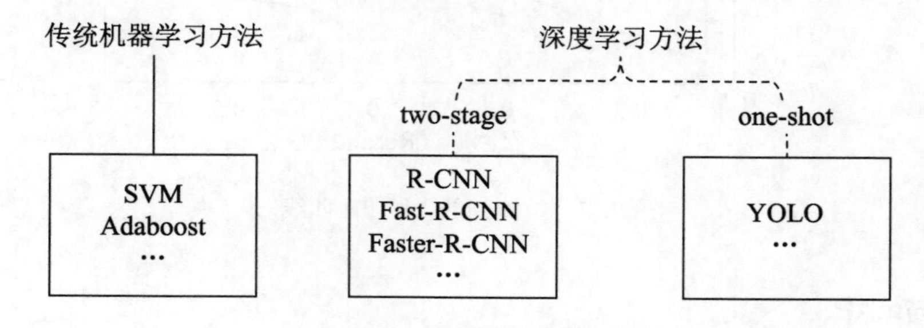

图 9.18　目标检测系列模型

传统机器学习方法所使用的分类模型已经在第 3 章中介绍过。本节重点介绍基于深度学习方法的目标检测模型。

9.2.1　R-CNN 模型简介

1. R-CNN模型检测流程

区域卷积神经网络（Region CNN，R-CNN）开创了使用深度学习进行目标检测的先河。R-CNN 模型是一种 two-stage 目标检测方法，包含生成候选区域和分类两个步骤，即先将图像分割成若干个区域，然后再对每个区域进行分类。完整的检测流程如图 9.19 所示。

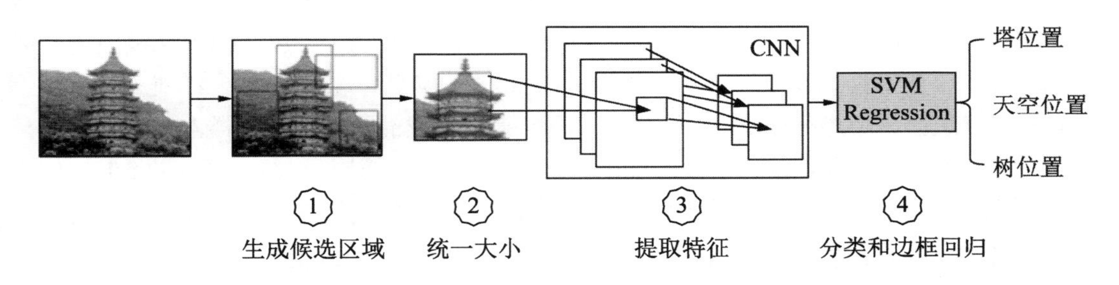

图 9.19　R-CNN 目标检测流程

1）生成候选区域。R-CNN 模型使用选择性搜索生成候选区域，每幅图像根据色彩和纹理等信息会生成大约 2000 个候选区域。关于选择性搜索的原理，可参见 9.1 节的介绍。

2）统一大小。选择性搜索生成的候选区域大小是不同的，在这一步将每个区域统一转换成 227×227 的大小。

3）提取特征。卷积神经网络可以起到特征提取的作用，在 R-CNN 模型中可以通过改造 AlexNet 模型的方法进行特征提取：预先训练一个 AlexNet 模型，然后将模型最后的全连接层去掉，而只使用模型提取的特征图，在使用改造后的 AlexNet 模型对候选区域进行特征提取后可以得到每个候选区域的特征图。

4）分类和边框回归。这一步包括分类和边框回归两个部分，在 R-CNN 模型中每个候选区域对应的特征图是一个 4096 维的特征向量，使用一组支持向量机（SVM）判断该区域是否有目标（一共有 K 个 SVM，K 为类别数量，每个 SVM 只判断一个类别的目标是否在该区域），然后再使用边框回归对候选区域的位置进行修正。关于边框回归的原理，可参见 9.1 节的介绍。

2. R-CNN模型训练过程

R-CNN 模型的训练过程分为 CNN 过程和 SVM 过程两个主要部分。CNN 过程获取每个候选区域的位置、特征和对应的分类，并由此生成候选区的数据集；SVM 过程对每个候选区域再次进行分类和打分，并使用非极大值抑制算法和边框回归算法对候选区域的位置进行校准。

CNN 过程如图 9.20 所示。在 R-CNN 模型训练中，CNN 过程采用大样本下预训练结合小样本微调的方式，先使用预训练数据集（如 ILSVRC 2013）训练一个 AlexNet 分类模型，这时 AlexNet 模型已经有了很好的特征提取功能，为了完成小样本的识别任务，还需要对 AlexNet 模型进行如下微调：

- 对输出层的输出结果进行调整。原始的 AlexNet（1）输出为 N 维向量（N 为小样本中类别的个数，不包含背景），分别表示图片属于不同类别的概率；在 R-CNN 模型中，将 AlexNet 模型的输出向量调整为 N+1 维（N 为小样本中类别的个数，多出的一维表示的是背景的概率）。由于使用 PASCAL VOC 数据集对 R-CNN 模型进行训练，该数据集只有 20 个分类，因此将 AlexNet 模型的输出调整为 21 维。
- 对候选区分类进行微调。由于使用选择性搜索生成的候选区域与样本中的真实框会存在偏差，因此需要过滤匹配度不高的候选框，即先计算这两个区域的 IoU，如果 IoU 大于 0.5，则表示匹配成功，将候选区域打上类别标签，否则表示匹配失败，将候选区域打上背景标签。

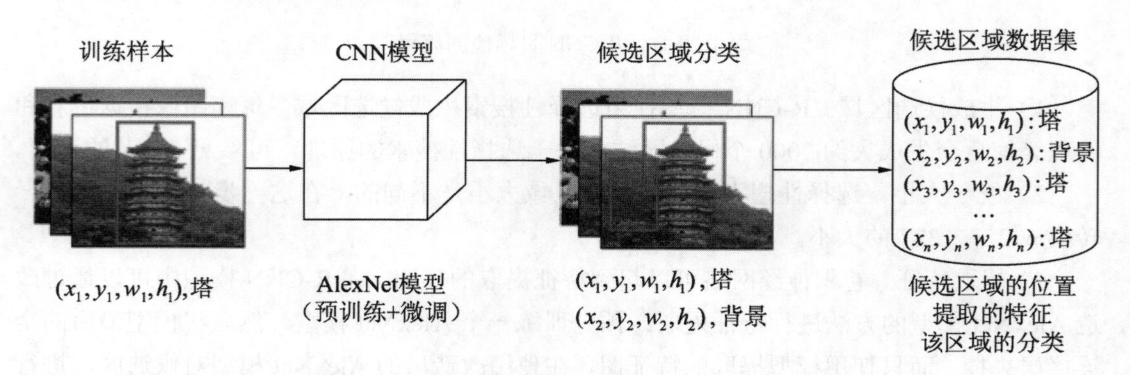

图 9.20　CNN 过程示意

使用微调后的 AlexNet 模型对样本进行检测后可以得到所有的样本、候选区域的位置信息、分类标签及特征等信息，这些候选区域信息组成了新的数据集，在 SVM 过程中会对该数据集做进一步处理。

SVM 过程如图 9.21 所示。在上述的 CNN 过程中，使用选择性搜索方法产生的候选区域和真实框之间会有较大的偏差。另外，在 CNN 过程中使用 Softmax 进行分类也只是为了指导 CNN 模型提取更有用的特征，其分类结果只具有参考意义，而并不是最终的分类结果，需要对候选区域的位置进行重新修正，并根据候选区的特征进行重新分类，SVM 过程是对候选区域进一步分类和修正的过程。

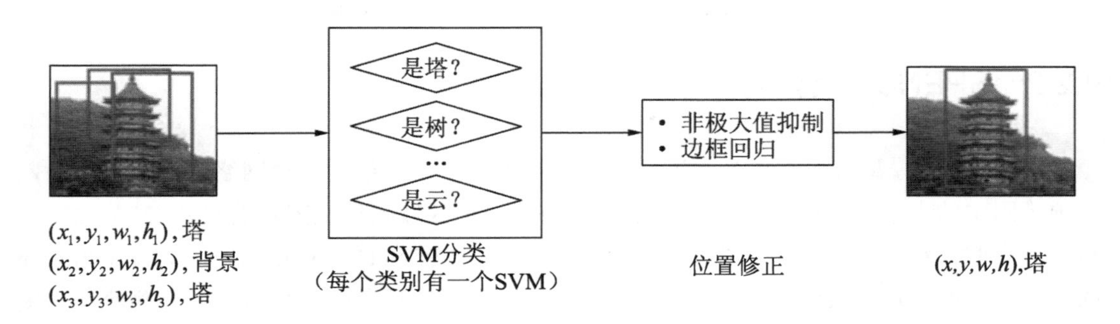

图 9.21　SVM 过程示意

1）SVM 分类。训练一组 SVM 分类器对候选区域进行分类（有多少个类别就训练多少个分类器），每个分类器是一个二分类器，只判断是不是对应的某个类别，训练的正样本是使用 CNN 模型提取的真实区域的特征向量，训练的负样本是使用 CNN 模型提取的 IoU 小于 0.3 的候选区域的特征向量。

2）位置修正。使用非极大值抑制算法去掉重复的候选区域，使用边框回归算法来修正目标存在区域的位置。关于非极大值抑制算法和边框回归算法，请参考 9.1 节中的说明。

3．R-CNN模型的不足

作为第一个将深度学习应用到目标检测的模型 R-CNN 取得了良好的表现，其平均精度的均值在测试集 PASCAL VOC 2010 上为 53.7%，在测试集 PASCAL VOC 2012 上为 53.3%。R-CNN 模型有以下几个缺点：

- 检测和训练速度慢。通过选择性搜索方法，可使每张图片生成约 2000 个候选区域，并需要提取每个候选区域的特征，由于这些区域之间有很多重叠的部分，因此 R-CNN 模型有大量的重复计算，其检测和训练的速度都很慢（使用单 CPU 检测一张图片需要 47 秒左右的时间）。
- 占用大量存储资源。在训练期间，CNN 过程会产生大量候选区域的特征，5000 张图片会产生几百 GB 的特征文件，大量的特征不仅会降低 SVM 过程中分类和边框回归的处理速度，还会占用大量存储资源。
- 训练流程太多，处理复杂。R-CNN 模型将训练分为 CNN 过程和 SVM 过程，并且这两个过程是分离的，无法做到端对端训练。其中，CNN 过程包括候选区生成、候选区特征提取和候选区分类等，SVM 过程包括 SVM 分类和位置修正等。太多的训练流程不仅会增加计算量，而且还会增加问题定位和模型调优的复杂度。

9.2.2 SPPNet 模型简介

由于 CNN 模型最后一层为全连接层，而全连接层为传统的神经网络结构，要求输入必须为固定的大小，因此 R-CNN 模型需要将每个候选区域缩放至固定的尺寸（224×224），然后再提取该区域的特征，这样会产生大量的计算。SPPNet（Spatial Pyramid Pooling in Deep Convolutional Networks）模型可用于减少特征提取环节的运算量，其检测流程如图 9.22 所示。

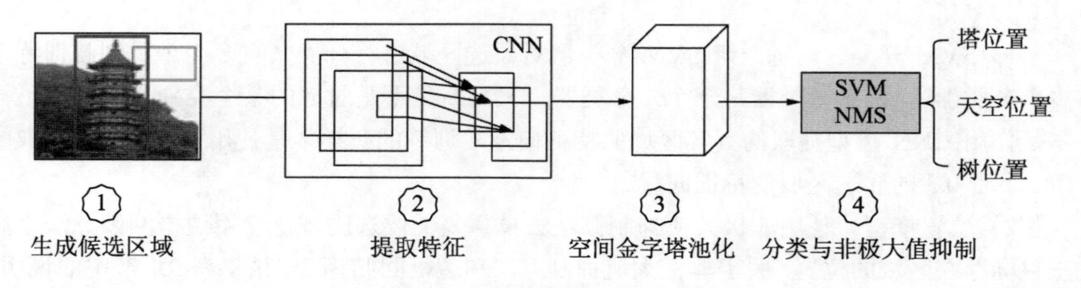

图 9.22　SPPNet 模型的检测流程

1）生成候选区。与 R-CNN 模型相同，SPPNet 模型使用选择性搜索算法为每幅图像生成约 2000 个候选框。

2）提取特征将图像输入 SPPNet 模型中，提取整幅图像的特征图。

3）金字塔空间池化。将原图候选区域映射到特征图上做金字塔空间池化，提取固定大小的特征向量。

4）分类与极大值抑制。使用 SVM 对各个候选区域进行分类并使用非极大值抑制去重。

SPPNet 和 R-CNN 模型最大的不同在于第 2 步和第 3 步的特征提取上。R-CNN 模型需要为每个候选区域提取特征，而 SPPNet 模型对一幅图像只做一次特征提取，候选区域的特征通过映射在特征图上得到，从而提高检测的速度；R-CNN 将候选区域缩放至统一大小，以提取固定长度的特征向量，而 SPPNet 通过空间金字塔池化（Spatial Pyramid Pooling，SPP）提取固定长度的特征向量。

1. 金字塔空间池化

SPPNet 模型最关键的特点是在模型里设计了一个空间金字塔池化结构。该结构可以解决 CNN 模型输入需要固定大小的问题，这使得 SPPNet 模型可以提取任意大小图像的特征。SPP 的结构如图 9.23 所示，图中框起来的部分为 SPP。

空间金字塔池化的原理是使用多个大小不同的池化核对输入的特征图进行池化操作（一般使用最大池化），然后将池化后的结果拼接在一起，从而得到固定大小的特征图。

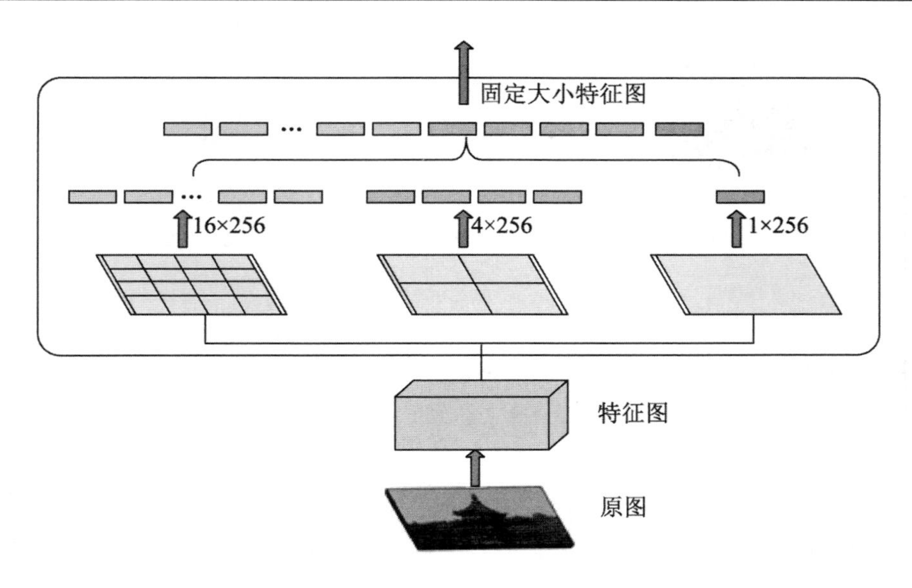

图 9.23　SPP（空间金字塔池化）示意

以图 9.23 为例，使用 CNN 模型提取特征后，将特征图输入 SPP。如果输入的特征图有 13×13 和 10×10 两种大小，通道数为 256。分别使用 4×4、2×2 和 1×1 的池化核对这两种特征图进行最大池化操作，可以分别得到 16 个、4 个和 1 个 256 通道的特征图。将这些特征图拼接到一起可以得到（16+4+1）×256=5376 个特征图。由此可见，SPP 输出的特征图大小固定，并且与输入特征图的大小无关。

2．将候选区域映射到特征图

由于 CNN 模型的特征图大小是由原始图片大小、卷积层的卷积核大小与步长共同决定的，当以上几个参数已经确定，特征图和候选区域就会形成一一对应的关系，因此 SPPNet 模型只需要进行一次特征提取，就可以通过定位的方法在特征图上找到候选区域对应的特征，而不需要对每个候选区域进行提取特征。

如图 9.24 所示，在原图中，候选区域左上角和右下角的坐标分别为(x_1, y_1)和(x_2, y_2)，候选区域在特征图上的左上角和右下角的坐标分别为(x_1', y_1')和(x_2', y_2')，S 为之前所有层（包括卷积和池化）的步长乘积。

候选区域左上角的坐标计算方法如公式（9.17）所示。

$$\begin{cases} x_1' = \dfrac{x_1}{S} + 1 \\ y_1' = \dfrac{y_1}{S} + 1 \end{cases} \tag{9.17}$$

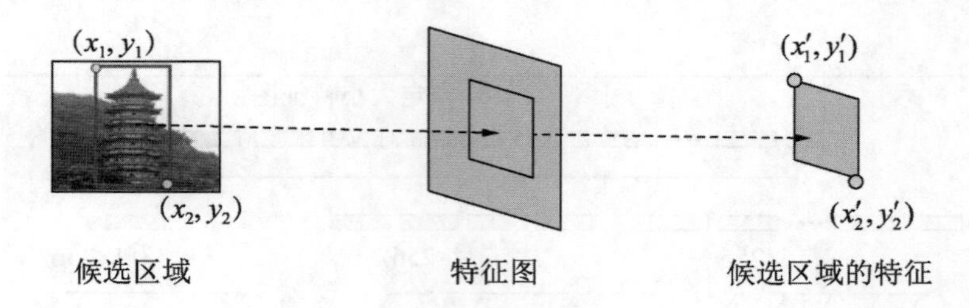

图 9.24 特征图定位示意

候选区域右下角的坐标计算方法如公式（9.18）所示。

$$\begin{cases} x'_2 = \dfrac{x_2}{S} - 1 \\ y'_2 = \dfrac{y_2}{S} - 1 \end{cases} \tag{9.18}$$

在计算出候选区域在特征图上的映射点之后，截取特征图上的相应区域作为候选区域的特征。

9.2.3 Fast R-CNN 模型简介

针对 R-CNN 模型存在的问题，FastR-CNN 模型在 R-CNN 的基础上进行了改进，其流程如图 9.25 所示。Fast R-CNN 模型的工作流程如下：

1）使用选择性搜索在原图上生成约 2000 个候选区域。

2）使用深度卷积神经网络（如 VGG 19 等）提取原图对应的特征图。

3）根据每个候选区域的坐标，计算出候选区域在特征图上对应的区域（ROI 特征图）。

4）使用 ROI 池化为每个候选区域生成相同大小的 ROI 特征图。

5）使用全连接将 ROI 特征图转换成 ROI 特征向量。

6）使用两个全连接实现分类与定位。

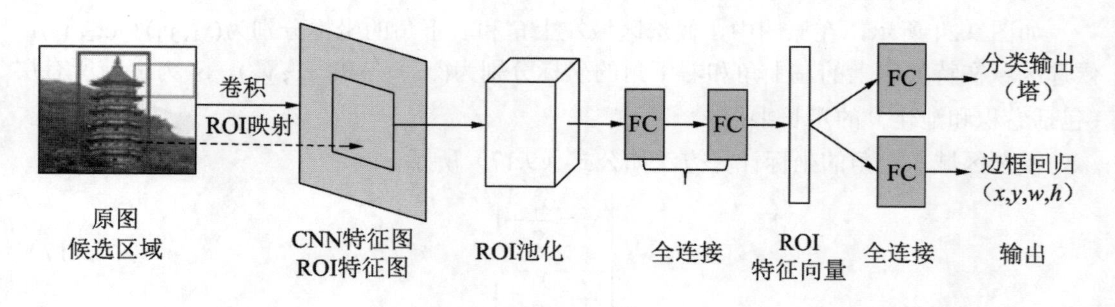

图 9.25 Fast R-CNN 模型工作流程

相对于 R-CNN 模型来说，Fast R-CNN 模型的主要改进体现在特征提取方式、ROI 池化层的使用以及边框回归与目标分类的多任务模型三个方面。

- 特征提取方式：Fast R-CNN 模型在特征提取上很大程度借鉴了 SPPNet 模型，它首先将图像用选择性搜索算法得到 2000 个左右的候选区域，然后将整幅图像送入 CNN 模型（如 VGG19 等）提取特征，最后计算候选区域映射在特征图上的位置，并截取该位置的内容作为候选区域的特征。
- ROI 池化层的使用：Fast R-CNN 模型使用的 ROI 池化层是 SPP（空间金字塔池化）的简化版，ROI 池化层去掉了 SPP 的多尺度池化，而直接用 $M \times N$ 个网格，将每个候选区域均匀地分成 $M \times N$ 块，然后对每个块进行最大值池化，从而将特征图上大小不一致的特征转变为大小统一的特征向量。
- 边框回归与目标分类的多任务模型：在 R-CNN 中，模型先产生候选区域，再提取特征，然后使用 SVM 进行目标分类，最后使用边框回归进行微调。在 Fast R-CNN 模型中，先将候选区域的目标分类与边框回归并列放到全连接层中，然后使用同一个模型分别完成目标分类和边框回归两个任务。

虽然 Fast R-CNN 在 R-CNN 的基础上做了很多改进，但 Fast R-CNN 仍然使用选择性搜索生成候选区域，导致这一过程计算量大，速度慢，无法满足实时应用的需求。此外，因为使用了选择性搜索，使得候选区域生成环节的调优和其他环节的调优相互独立，所以 Fast R-CNN 没有实现真正意义上的端到端训练模式。

9.2.4　RPN 模型简介

区域建议网络（Region Proposal Networks，RPN）用来代替选择性搜索算法生成候选区域。RPN 借鉴了 SPP 中的 ROI 池化思想，通过特征图上的信息来生成原图上的候选区域。RPN 先通过原图与特征图的映射关系把特征图中的点映射回原图，然后再设计出不同尺度的锚定窗口（Anchors），根据该锚定窗口与真实框的 IoU 给锚定窗口打上正负标签，最后通过训练得到生成候选区域的模型。

1．Anchors

Anchors（锚定窗口）是指一组不同大小、不同长宽比的矩形框。在 RPN 中，使用 Anchors 来适应目标检测中的多尺度特性。如图 9.26 所示，这里共使用了 9 个锚定窗口，有 3 种不同的形状（长宽比分别为 1:1、1:2 和 2:1），左侧图中的每行有 4 个值(x_1, y_1, x_2, y_2)，分别表示 Anchors 的左上角坐标和右下角坐标，右侧图为可视化的 Anchors。

```
[[ -84.   -40.    99.    55.]
 [-176.   -88.   191.   103.]
 [-360.  -184.   375.   199.]
 [ -56.   -56.    71.    71.]
 [-120.  -120.   135.   135.]
 [-248.  -248.   263.   263.]
 [ -36.   -80.    51.    95.]
 [ -80.  -168.    95.   183.]
 [-168.  -344.   183.   359.]]
```

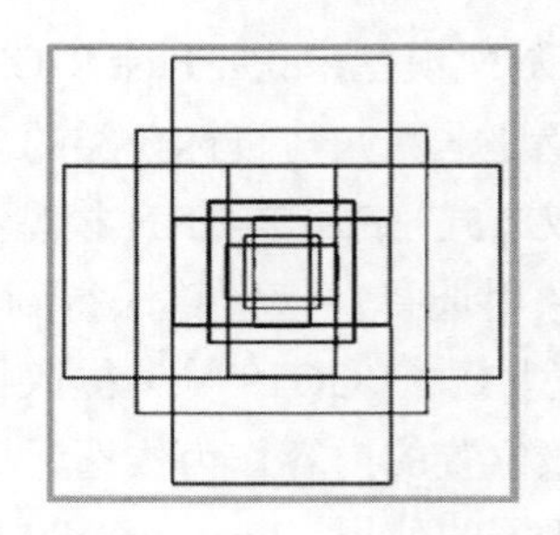

图 9.26　Anchors 示意

如图 9.27 所示，特征图上的每一个点都可以生成多个 Anchors（一般生成 9 个）。如果把这些 Anchors 作为初始的检测框，只要判断出每个 Anchor 中是否有目标存在，然后将有目标存在的 Anchor 调整到合适的位置和大小，那么这些 Anchors 就可以作为候选区域来使用。

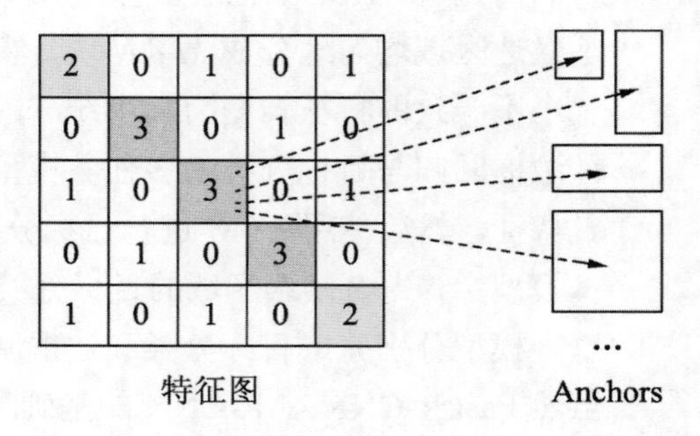

图 9.27　特征图与 Anchors 示意

2．RPN

RPN 本质上是一个二分类器，它先在原图上生成了大量的 Anchors，然后判断哪些 Anchors 里有目标存在，哪些没有目标存在，最后将有目标存在的 Anchors 进行位置校准并作为候选区域使用。

RPN 由分类主线、校准主线和 Proposal 层组成，其结构如图 9.28 所示。

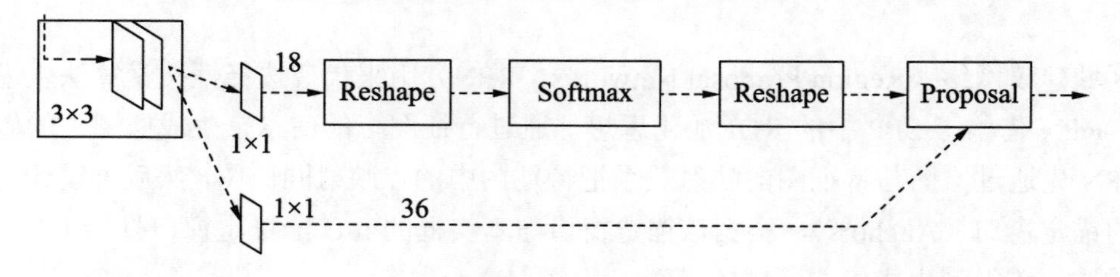

图 9.28　RPN 模型结构

（1）分类主线

在图 9.28 中，上方的主线用来判断每个 Anchor 中是否包含目标。先使用 3×3 的卷积核对输入的特征图进行卷积（这样做的目的是增强特征图的鲁棒性），再使用 18 个 1×1 的卷积核进行卷积（目的是生成一个 18 维的特征图）。

为这个 18 维特征图上的每个点生成 k 个 Anchors（默认是 9 个），每个 Anchor 可能包含目标，也可能不包含目标，使用 Softmax 判断 Anchors 中是否包含目标。包含目标的为正例，不包含目标的为负。选择正例的 Anchors 作为初步候选区域（在 Softmax 前后增加

Reshape 操作仅仅是为了计算方便)。

(2) 校准主线

在图 9.28 中，下方的主线是对 Anchors 的位置进行校准。先使用 36 个 1×1 的卷积核将特征图转换为一个 36 维的特征图，然后再使用边框回归对候选区域的位置进行校准。关于边框回归方法，请参考 9.1 节中的介绍。

(3) Proposal 层

在图 9.28 中，最后的 Proposal 层输出最终的推荐框，这些推荐框包含目标，并且位置经过校准，可以作为候选区域使用（目标太小或者超出边界的推荐框会被剔除掉）。

9.2.5　Faster R-CNN 模型简介

从 R-CNN 和 Fast R-CNN 模型的实现原理可以看出，目标检测主要分 4 个步骤：生成候选区域、特征提取、目标分类和边框回归。在 Faster R-CNN 中，这 4 个步骤全部由深度神经网络完成，从而实现端到端的训练。相对 Fast R-CNN 来说，Faster R-CNN 的主要改进是使用区域建议网络（RPN）来生成候选区域，其工作流程如图 9.29 所示。

1）使用一个深度卷积神经网络提取图像的特征图。

2）使用一个区域建议网络生成候选区域。

3）使用 ROI 池化为每个候选区域生成相同大小的 ROI 特征图。

4）使用全连接层对候选区域进行目标分类与边框回归，输出目标所在区域以及对应的分类。

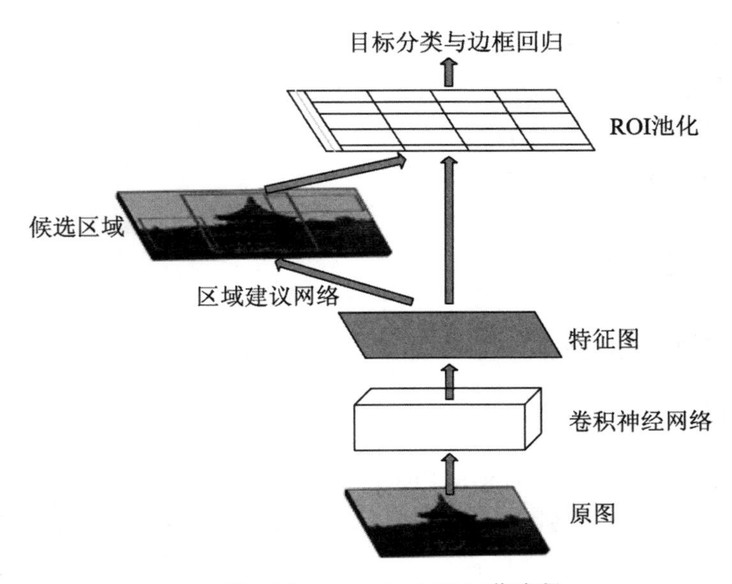

图 9.29　Faster R-CNN 工作流程

将 Faster R-CNN 与 Fast R-CNN 进行对比可以发现，Faster R-CNN 其实是改进了 Fast R-CNN 候选区域的生成部分，将 R-CNN 中的选择性搜索方法替换成了区域建议网络方法。Faster R-CNN 的结构如图 9.30 所示。

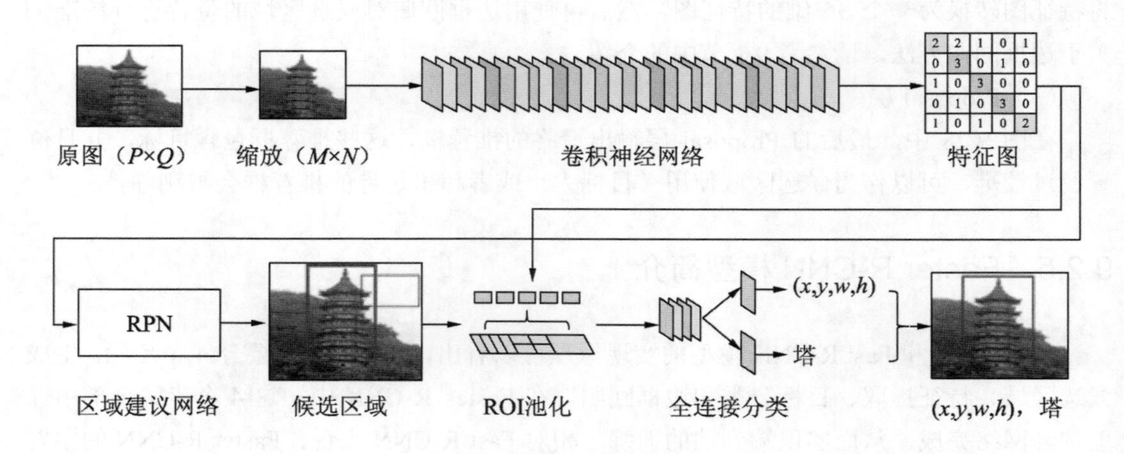

图 9.30　Faster R-CNN 模型结构

Faster R-CNN 完整的检测流程包括以下几个步骤（关于 CNN 和 VGG 16 的模型结构请参考第 8 章的介绍，关于边框回归请参考 9.1 节的介绍）：

1）将图像统一缩放至固定大小 $M\times N$，然后将 $M\times N$ 图像送入模型。

2）使用预训练的 CNN 提取特征。以 VGG 16 为例，使用 13 个卷积层、13 个 ReLU 层和 4 个最大池化层。

3）根据特征图，使用区域建议网络在原图上生成候选区域。

4）根据特征图和候选区域，使用 ROI 池化生成固定维度的特征向量。

5）使用 3 个全连接层和 Softmax 进行分类，使用边框回归对候选区域进行修正。

6）输出图像目标区域的位置和目标分类。

9.2.6　YOLO 模型简介

R-CNN 系列模型先在图像上生成候选区域，然后再对每个区域进行目标定位和分类。这种目标分类和定位分离的方法被称为 two-stage 方法，该方法的缺点是计算量大、速度慢、优化困难。

YOLO 全称是 You Only Look Once，用来解决 two-stage 目标检测方法的缺点。YOLO 采用 one-shot 的思路，也就是将目标分类和目标定位放在一个模型中完成，通过这个模型直接输出图像中目标的类别和所在位置。

截至 2022 年 8 月，YOLO 一共发布了 7 个版本，其中 YOLO v1 奠定了整个 YOLO 系列模型的基础结构，后续版本均是在 YOLO v1 版本基础上进行的改进，以提高模型的性能。本章中的 YOLO 特指 v1 版本。

1．单元划分与检测

与 R-CNN 系列模型不同，YOLO 不使用滑动窗口、选择性搜索或 RPN 来产生候选区域，而是直接将原始图片分割成 $S \times S$（S 一般等于 7）个单元，每个单元对应 B（B 一般等于 2）个边界框（Bounding Box），每个边界框的置信度以及每个单元属于某个类别的概率。

以 S 等于 7，B 等于 2 为例，如果图中的目标共有 n 个分类，则 YOLO 模型将图像分为 7×7 个单元，每个单元的预测输出包含 2 个边界框坐标(x, y, w, h)、置信度（c）以及所属各个分类的概率（$k_1 \cdots k_n$），如图 9.31 所示。

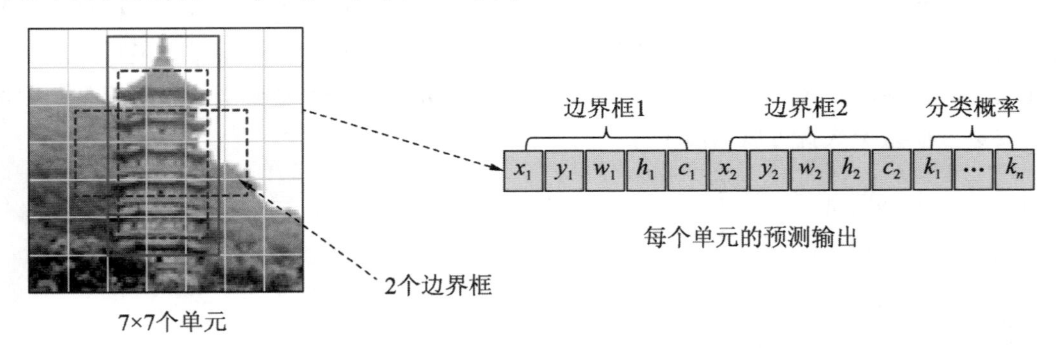

图 9.31　每个单元的预测输出

2．YOLO模型的检测流程

以 S 等于 7，B 等于 2，图像中的目标共有 20 个分类为例，YOLO 模型的检测流程如图 9.32 所示，即先将输入图像调整为 448×448，然后输入训练好的 YOLO 模型，每个单元有 30 维的输出，整幅图像共有 7×7×30 个输出，这些输出包含边界框坐标、置信度以及目标属于某个分类的概率等信息，最后通过阈值过滤和 NMS（非极大值抑制）去重，得到最终的检测结果。关于非极大值抑制算法，请参照 9.1 节的介绍。

在 YOLO 中，NMS 算法使用的打分规则是目标属于某个类别的概率与置信度的乘积，如公式（9.19）所示。其中，$P(C_i \mid \text{Object})$ 表示属于某个类别的概率，Confidence_j 表示置信度。

$$\text{Score}_{ij} = P(C_i \mid \text{Object}) \times \text{Confidence}_j \tag{9.19}$$

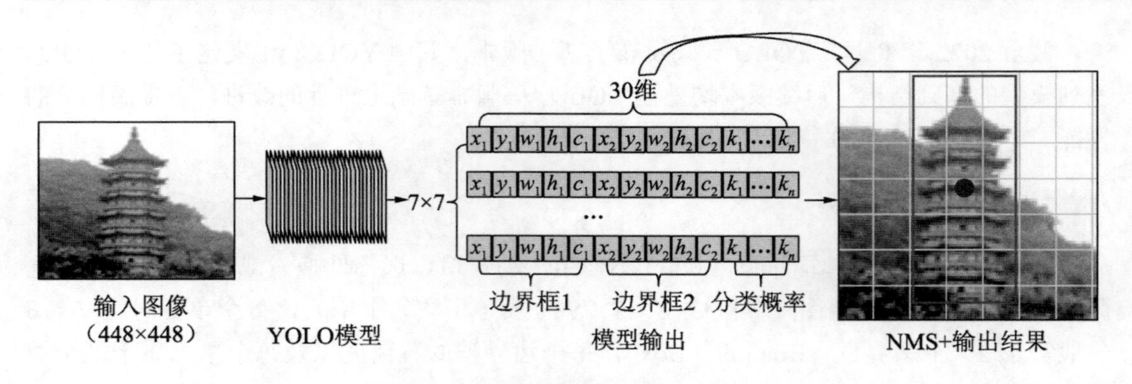

图 9.32　YOLO 模型的检测流程

3．YOLO模型的训练过程

YOLO 模型是一个典型的卷积神经网络，其结构如图 9.33 所示。YOLO 模型包含若干个卷积层和池化层，以及两个全连接层，它使用 1×1 卷积层进行降维，最后输出每个单元的检测结果，共有 7×7×30 维。可以看出，YOLO 是一个端到端的学习模型，图像仅需要穿过模型一次就可以输出图像中的目标信息。

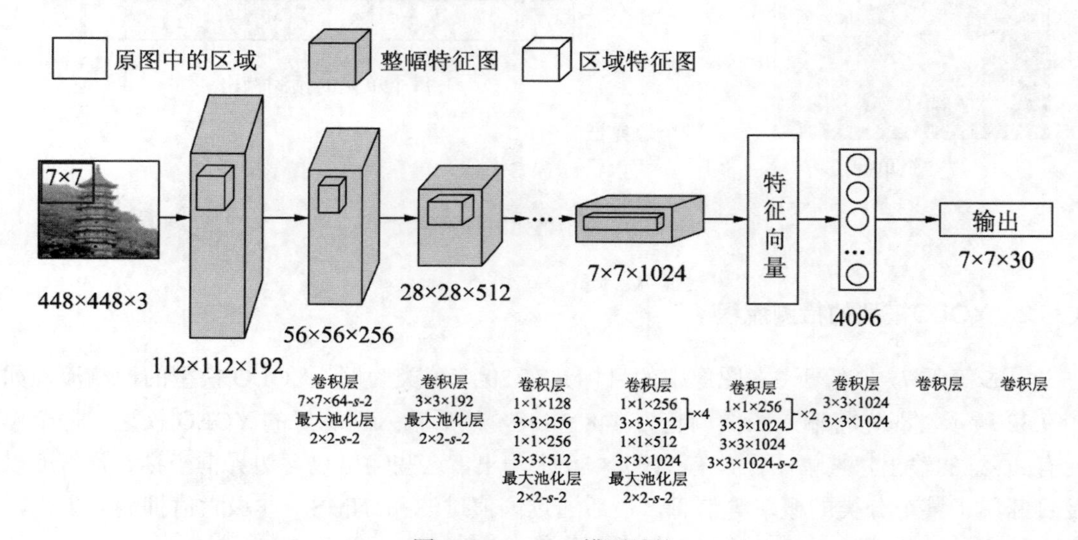

图 9.33　YOLO 模型结构

如图 9.34 所示，由于数据集中的训练样本和测试样本只包含类别和边界框坐标信息，并不包含置信度和分类概率等信息，因此需要将样本转换为 YOLO 模型需要的格式，即根据样本生成置信度和分类概率的值。

数据集中的样本

类别：塔
边界框坐标：(x_1, y_1, x_2, y_2)

人工标注的数据

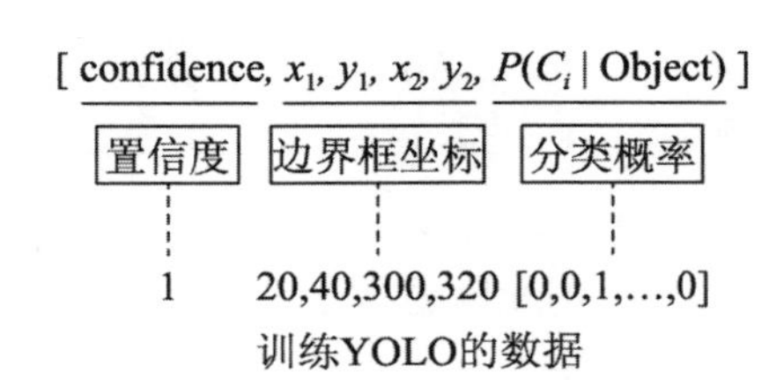

图 9.34　YOLO 模型需要的样本格式

（1）图片归一化

将样本中的原始图片大小调整到指定尺寸（如 448×448，默认通道数是 3），将像素归一化到[0,1]，归一化方法如公式（9.20）所示，其中 x 是原图像中的像素值，它是归一化后的像素值。

$$x^{'} = \frac{x}{255} \tag{9.20}$$

（2）分类概率 $P(C_i \mid \text{Object})$ 的计算

在 YOLO 模型中，分类概率 $P(C_i \mid \text{Object})$ 是一个数组，分别表示属于某个类别的概率。例如，一个目标属于猫、狗、兔子和马的概率分别为 0.6、0.3、0.2 和 0.1，则 $P(C_i \mid \text{Object}) = [0.6, 0.3, 0.2, 0.1]$。分类概率的数组长度取决于数据集中样本类别的数量，原始 YOLO 模型是在 PASCAL VOC 数据集上训练的，共有 20 个分类，因此 $P(C_i \mid \text{Object})$ 数组的长度为 20。

YOLO 模型会将图像划分为若干个单元格，并对每个单元格进行训练，样本中标注目标区域可能会横跨多个单元格，那么该如何确定每个单元格所对应的分类呢？即如何确定 $P(C_i \mid \text{Object})$ 的值呢？YOLO 模型给出“仅由中心点所在的单元格对预测对象负责”的原则，根据这个原则，样本中的对象（Object）都有一个真实框，真实框的中心点所在的单元格负责识别该对象。

如图 9.35 所示，塔被标注了一个红色的边界框，边界框的中心是红色的圆点，这个圆点所在的单元格负责对这个塔进行预测，将红点所在单元格中的塔类别设置为 1，将其他类别设置为 0，将其他单元格对应塔的类别全部设置为 0，如果图像中有多个目标，则使用同样的方法进行设定。

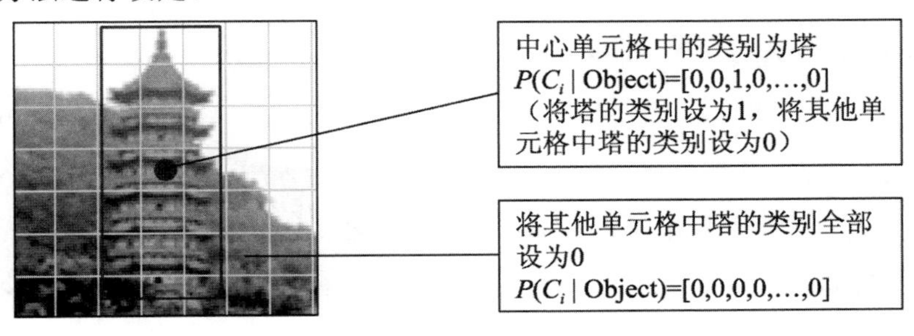

图 9.35　分类概率设定

（3）置信度 confidence 的计算

置信度代表单元格中的目标存在的可能性。在通常情况下，一个目标会横跨多个单元格，并且每个单元格会有 B 个边界框（一般为 2 个），由哪一个边界框负责对该目标进行预测呢？YOLO 模型使用区域的交并比值来为每个单元格计算置信度，并根据置信度确定负责预测单元格对象的边界框。

置信度的计算如公式（9.21）所示，其中 $Pr(\text{Object})$ 表示该单元格中存在目标的概率，$\text{IoU}_{\text{Pred}}^{\text{Truth}}$ 表示真实框与预测框的交并比（关于交并比 IoU 的计算，请参考 9.1 节中的介绍）。

$$\text{confidence} = Pr(\text{Object})\ \text{IoU}_{\text{Pred}}^{\text{Truth}} \tag{9.21}$$

如图 9.36 所示，中心单元格负责预测目标，这个单元格有两个边界框，通过置信度计算，纵向的边界框置信度更高，因此由纵向边界框负责预测塔这个目标，并将塔的类别设为 1，将横向的边界框对应塔的类别设为 0。

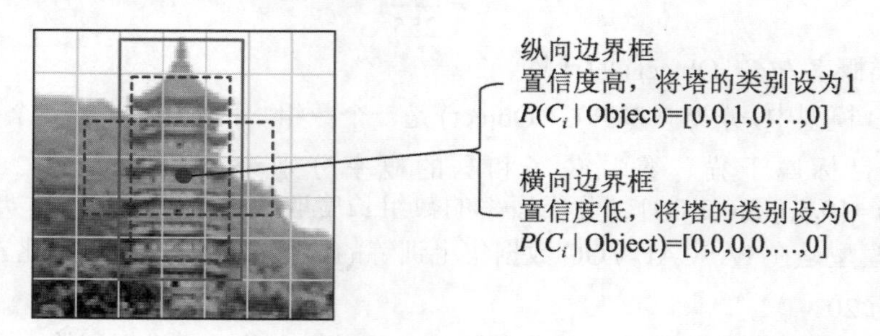

图 9.36　边界框的选择

（4）损失函数

YOLO 是一个多功能模型，它将候选区域和目标分类结合在一个模型中完成，其损失函数包含坐标误差、IoU 误差和分类误差三个部分。

坐标误差的计算方法如公式（9.22）所示。其中，x_i、y_i、w_i 和 h_i 为边界框的预测值，$\hat{x}_i$、$\hat{y}_i$、$\hat{w}_i$ 和 $\hat{h}_i$ 为边界框的标注值，$\mathbb{I}_{ij}^{\text{obj}}$ 表示目标落入第 i 个单元格的第 j 个边界框内，λ_{coord} 为超参数，用来控制边界框预测位置的误差，为了减少物体大小对误差的影响，对宽和高都开平方后再求方差。

$$\text{coordError} = \lambda_{\text{coord}} \sum_{i=0}^{S^2} \sum_{j=0}^{B} \mathbb{I}_{ij}^{\text{obj}} \left[(x_i - \hat{x}_i)^2 + (y_i - \hat{y}_i)^2 + (\sqrt{w_i} - \sqrt{\hat{w}_i})^2 + (\sqrt{h_i} - \sqrt{\hat{h}_i})^2 \right] \tag{9.22}$$

IoU 误差的计算方法如公式（9.23）所示。其中，$\mathbb{I}_{ij}^{\text{obj}}$ 表示目标落入第 i 个单元格的第 j 个边界框内，$\mathbb{I}_{ij}^{\text{noobj}}$ 表示目标未落入第 i 个单元格的第 j 个边界框内，C_i 表示置信度的预测值，$\hat{C}_i$ 表示置信度的真实值，λ_{noobj} 为超参数，用来控制单元格内没有目标的损失。

$$\text{iouError} = \sum_{i=0}^{S^2}\sum_{j=0}^{B}\mathbb{I}_{ij}^{\text{obj}}(C_i - \hat{C}_i)^2 + \lambda_{\text{noobj}}\sum_{i=0}^{S^2}\sum_{j=0}^{B}\mathbb{I}_{ij}^{\text{noobj}}(C_i - \hat{C}_i)^2 \tag{9.23}$$

分类误差的计算方法如公式（9.24）所示。其中，$\mathbb{I}_{ij}^{\text{obj}}$ 表示目标落入第 i 个单元格的第 j 个边界框内，$p_i(c)$表示属于某个分类的预测值，$\hat{p}_i(c)$ 表示属于某个分类的真实值。

$$\text{classError} = \sum_{i=0}^{S^2}\mathbb{I}_{ij}^{\text{obj}}\sum_{c\in\text{classes}}(p_i(c) - \hat{p}_i(c))^2 \tag{9.24}$$

YOLO 模型的总损失函数为坐标误差、IoU 误差和分类误差三个部分的和，如公式（9.25）所示。

$$\text{Loss=coordError+iouError+classError} \tag{9.25}$$

4．YOLO与R-CNN系列模型的比较

与 R-CNN 系列模型相比，YOLO 模型采用 one-shot 方法，它有结构简单、资源占用少和运行速度快等特点，可以运行在手机等移动设备上，采用 VGG 16 作为特征提取器。YOLO 模型的准确率比 Faster R-CNN 低大约 7%，但是速度提高了近 3 倍。

9.3　目标检测实例

前几节分别介绍了图像分类和目标检测的相关知识。作为图像识别领域的典型应用，人脸识别技术在近年来取得了快速发展。一个完整的人脸识别过程包括人脸检测、人脸对齐、特征提取和特征比对共 4 个环节。本节通过实例重点介绍人脸检测部分的实现过程。

人脸检测属于目标检测的一种，其目的是在图像中找出人脸的位置。人脸检测模型或算法的输出就是人脸在图像中的坐标，如图 9.37 所示的红色矩形框就是通过人脸检测得到的输出。

图 9.37　人脸检测

经过多年的发展，人脸检测技术逐渐成熟，出现了多种检测方法。这些方法的根本思想是大同小异的，都是先进行初检（在图像上挑选出可能存在人脸的区域），然后再修正（对重复的区域进行合并）。人脸检测模型的创建包括以下 3 个关键环节：

1）创建人脸二分类器。通过训练得到一个二分类模型，用来判断输入的图像是否人脸。

2）人脸初检。扫描图像的不同位置，找到所有可能包含人脸的区域。

3）初检结果修正。修正人脸初检的结果，去掉重复的人脸区域。

本节通过滑动窗口、HOG 特征和 SVM 分类等方法演示人脸检测模型的创建过程，最后介绍如何使用第三方开发包实现人脸的检测。

9.3.1　创建人脸二分类器

如图 9.38 所示，人脸二分类器是一个二分类模型，它用来判断当前图像是否人脸。这个模型可以通过对一组人脸和非人脸的图像进行训练来创建。

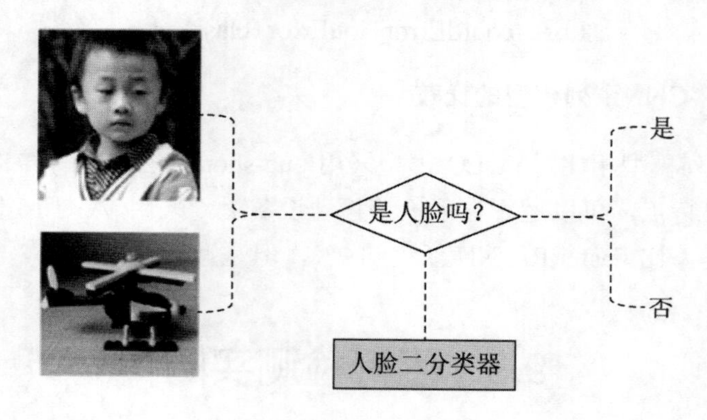

图 9.38　人脸二分类器

经典的人脸二分类器有基于 Haar 特征和组合分类器的 Haar Cascade 模型、基于梯度直方图和 SVM 分类器的 HOG SVM 模型以及基于深度学习的 MTCNN 模型等。下面以 HOG SVM 模型为例，结合代码来介绍人脸二分类器的创建过程，包括以下 5 个方面：

1）导入需要用到的开发包。

2）准备正例样本（含人脸图像）。

3）准备负例样本（不含人脸图像）。

4）生成训练所需的数据集。

5）选择 SVM 模型进行训练并评估，从而得到人脸二分类器。

1．导入需要用到的开发包

```
1 import matplotlib.pyplot as plt
2 import numpy as np
3 import cv2
4 from skimage import data, transform
5 from sklearn.feature_extraction.image import PatchExtractor
6 from sklearn.datasets import fetch_lfw_people
```

2．准备正例样本

开源的 LFW 数据集包含多张不同角度、不同人种、不同姿态的人脸图像，可以直接用来作为训练的正例样本。使用以下代码访问 LFW 数据集（首次执行以下代码时，Sklearn 会从网上下载 LFW 数据，这一步的运行速度会比较慢）：

```
 1 #从 LFW 数据集上获取人脸图像，作为训练的正例样本
 2 faces = fetch_lfw_people()
 3 samples_with_face = faces.images
 4 print("正例样本数量: ",samples_with_face.shape[0])
 5 print("图像尺寸(WxH): %dx%d"%(samples_with_face.shape[2],samples_with_
face.shape[1]))
 6 #显示正例样本的前 96 幅图像
 7 plt.style.use({'figure.figsize':(8, 6)})
 8 fig, ax = plt.subplots(8, 12)
 9 for i, axi in enumerate(ax.flat):
10     axi.imshow(samples_with_face[ i], cmap='gray',interpolation='none')
11     axi.axis('off')
```

在上述代码中，使用 Sklearn 的 fetch_lfw_people 模块访问 LFW 数据集，共得到 13 233 幅带有人脸的图像，每幅图像的大小是 47×62（图像宽为 47，高为 62），显示样本的前 96 幅人脸图像，这些图像用作正例样本，如图 9.39 所示。在执行上述代码时可能会出现证书不受信任的 SSL 错误，可以通过增加以下代码忽略这个错误。

```
1 import ssl
2 ssl._create_default_https_context = ssl._create_unverified_context
```

图 9.39　正例样本图像

3．准备负例样本

Scikit-Image 内置了一些图像，可以使用这些图像作为负例样本，如表 9.6 所示。

表 9.6　Scikit-Image内置图像

是否包含人脸	命　名	说　明
是	astronaut	宇航员图片
否	coffee	一杯咖啡图片
是	camera	拿相机的人图片
否	coins	硬币图片
否	moon	月亮图片
否	checkerboard	棋盘图片
否	horse	马图片
否	page	书页图片
否	chelsea	小猫图片
否	hubble_deep_field	星空图片
否	text	文字图片
否	clock	时钟图片
否	immunohistochemistry	结肠图片

Scikit-Image 内置的图像数量较少，可以在这些图像的基础上进行缩放和采样，从而生成更多图像，将其作为训练所需的负例样本。生成负例样本的方法如下：

1）从 Scikit-Image 的内置图像中挑选出 10 幅不带人脸的图像，并将其转换为灰度图。

2）对每幅灰度图进行 5 次缩放得到 50 幅基准图，缩放比率分别为 0.5、0.75、1.0、1.5 和 2.0。

3）对每幅基准图都进行 1000 次采样，每次采样得到一幅新图，共得到 50 000 幅图像。

4）将这些图像缩放至和 LFW 里的图像相同的尺寸（47×62）。

```
 1 #使用 sickit-image 内置（不含头像）的图像作为负例样本
 2 skimg_without_face = ['text','coins','moon','page','clock',
 3                       'immunohistochemistry','chelsea','coffee',
 4                       'hubble_deep_field','checkerboard']
 5 images = [color.rgb2gray(getattr(data, name)()) for name in skimg_
without_face]
 6 #由于内置图像太少，使用 PatchExtractor 在原图的基础上生成更多图像作为负例样本
 7 def generate_patches(img, count, scale=1.0):
 8     extractor = PatchExtractor(patch_size=samples_with_face[0].shape,
max_patches=count)
 9     patches = extractor.transform(img[np.newaxis])
10     if scale != 1:
11         patches = np.array([transform.resize(patch,samples_with_face[0].
```

```
shape) for patch in patches])
 12     return patches
 13 samples_without_face = np.array([])
 14 for im in images :
 15     for scale in [0.5, 0.75,1.0, 1.5,2.0]:
 16         batch = generate_patches(im, 1000, scale)
 17         if not samples_without_face.any():
 18             samples_without_face = np.array(batch)
 19         else:
 20             samples_without_face = np.vstack((samples_without_face,
batch))
 21 print("负例样本数量: ",samples_without_face.shape[0])
 22 print("图像尺寸(WxH): %dx%d"%(samples_without_face.shape[2],samples_
without_face.shape[1]))
 23 #显示负例样本中的 96 幅图像
 24 plt.style.use({'figure.figsize':(8, 6)})
 25 fig, ax = plt.subplots(8, 12)
 26 for i, axi in enumerate(ax.flat):
 27     axi.imshow(samples_without_face[500 * i], cmap='gray')
 28     axi.axis('off')
```

上述代码共生成 50 000 幅图像，图像大小是 47×62（图像宽为 47，高为 62），这些图像是在不含人脸图像的基础上生成的，可以认为这些新生成的图像都不含人脸，仅作为训练的负例样本。运行代码，输出如图 9.40 所示。

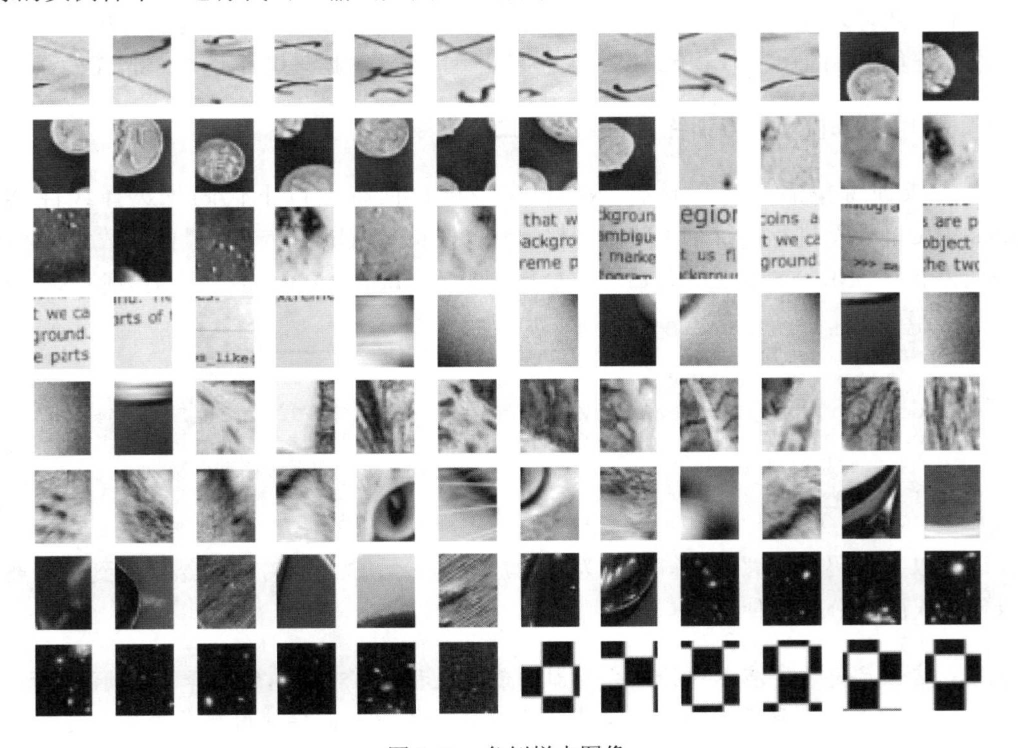

图 9.40　负例样本图像

4. 生成训练所需的数据集

有了正例和负例样本之后，通过 NumPy 的 vstack()函数将正例和负例样本合并到 all_samples 数组中，再通过 feature.hog()函数分别取这些图像的梯度直方图作为训练的输入（*X*），这样就会得到训练所需的输入数组（X_train），然后将正例样本所对应的梯度直方图的标签设置为 1，将负例样本所对应的梯度直方图的标签设置为 0，用这些标签作为训练的输出（*Y*），这样就会得到训练所需的输出数组（Y_train）。

```
 1 #将正例和负例样本合并到 all_samples 数组中
 2 all_samples = np.vstack((samples_with_face,samples_without_face))
 3 X_train = []
 4 #提取 HOG 特征并生成数据集
 5 for im in all_samples:
 6     X_train.append(feature.hog(im))
 7 X_train = np.array(X_train)
 8 #将带有人脸图像的标签设为 1，将不带有人脸图像的标签设为 0
 9 Y_train = np.zeros(all_samples.shape[0])
10 Y_train[:samples_with_face.shape[0]] = 1
11 print("数据集中的样本数量",X_train.shape[0])
```

至此，已经生成训练模型所需的数据集。该数据集包括输入数组（X_train）和输出数组（Y_train），共有 63 233 个样本，前 13 233 个为正例样本，后 50 000 个为负例样本。在本例中，由于正负样本的顺序不影响最终结果，因此不需要对数据集进行混洗（Shuffle）操作。

5. 使用SVM模型进行训练，得到人脸二分类模型

在生成训练集后，可以选择 SVM 模型进行训练。以下代码先选择线性 SVM（LinearSVC）模型进行训练，再使用网格搜索（GridSearchCV）寻找最优参数 C（候选参数分别为 0.5、1.0、1.5 和 2.0），最后取最优分类器（best_estimator_）作为人脸二分类器。

```
 1 #选择线性 SVM(LinearSVC)作为分类模型
 2 svc = LinearSVC()
 3 #使用网格搜索寻找最优参数
 4 model_grid = GridSearchCV(svc,{'C': [0.5, 1.0, 1.5, 2.0]})
 5 model_grid.fit(X_train, Y_train)
 6 print("最优模型得分：",model_grid.best_score_,"最优模型参数：",model_grid.
best_params_)
 7 model = model_grid.best_estimator_
```

运行以上代码最优评估器得分约为 0.987，最佳参数 C 为 0.5，实验结果达到预期要求，可以作为人脸二分类器使用。

说明： 这里只是为了演示人脸二分类器的创建过程，而对样本的选择、参数调优和模型评估等其他环节未做过多考虑。在真实场景中，需要使用更多的样本进行训练，并用测试集对模型进行更详细的评估。

9.3.2　人脸初检

人脸可能会出现诸多不确定因素，例如人脸可能出现在图像的任意位置，图像中有多个人脸，人脸大小不同，图像受到噪声影响以及人脸被遮挡等，由于人脸二分类器还不足以将所有人脸都检测出来，因此还需要对图像中的不同区域分别进行检测，从而得到所有可能存在人脸的区域，这个过程称为人脸初检。简单来说，人脸初检就是通过扫描图像得到可能存在人脸的区域，其过程包括以下 2 个方面：

- 检测图像的不同区域。
- 检测不同大小的人脸。

1．检测图像的不同区域

先将图像分割成许多小区域，然后再使用人脸二分类器判断每个区域是否人脸。常见的图像分割方法有滑动窗口、选择性搜索和区域生成网络等。下面以滑动窗口为例，介绍图像的区域划分和扫描的过程。滑动窗口方法有以下 3 个步骤：

1）在图片上选择一个区域（如图 9.41 中的 A 区域）作为待检区域。

2）通过二分类器判断该区域是否人脸，如果是，则记录位置坐标。

3）滑动窗口分别向右和向下滑动，扫描这个待检区域并执行步骤（2），直至遍历完整幅图像。

如图 9.41 所示，在对一幅图像执行上述操作后，在图像上的B区域和C区域检测出人脸，对应的分值分别为0.55和 0.85（实际上，B 区域和 C 区域对应同一个目标，在后续的结果修正环节中会对这两个区域做去重处理）。

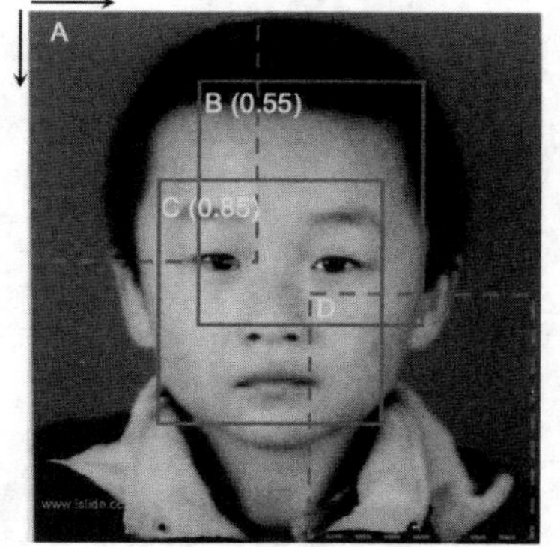

图 9.41　使用滑动窗口进行人脸初检

1）定义滑动窗口函数。预先定义一个滑动窗口处理函数，该函数输出滑动窗口所在区域的位置、HOG 特征和子图等信息，它包括 3 个输入参数，即待检测的图像数组 image、移动步长 stepSize 和滑动窗口大小 windowSize。

```
1 #根据指定的步长和窗口大小遍历图像，取出 HOG 特征
2 def sliding_window(image, stepSize, windowSize):
3     for y in range(0, image.shape[0], stepSize[1]):
4         for x in range(0, image.shape[1], stepSize[0]):
5             region = image[y:y+windowSize[0], x:x+windowSize[1]]
6             region = transform.resize(region, windowSize)
7             region_hog = feature.hog(region)
8             yield ((x, y, x + windowSize[1],y+windowSize[0]),region,
region_hog)
```

2）识别可能存在人脸的区域。使用训练好的人脸二分类器对滑动窗口经过的区域进行识别，判断该区域是否存在人脸。以下代码使用尺寸为 47×62、移动步长为 2×2 的滑动窗口在图像中生成了 3000 个待检区域，共检测到 146 个可能存在人脸的区域。

```
 1 #读取图像，将其转换为灰度图并调整至统一大小
 2 img = cv2.imread('./images/boy.jpg')
 3 gray = color.rgb2gray(img)
 4 gray = transform.resize(gray,(120,100))
 5 #使用滑动窗口提取图像中不同区域的 HOG 特征
 6 rects, region_img,regions_hog = zip(*sliding_window(gray,stepSize=
(2,2), windowSize=(62,47)))
 7 #使用训练好的 SVM 模型对每个区域进行识别
 8 predict_regions = model.predict(regions_hog)
 9 face_index = np.argwhere(predict_regions == 1)
10 print("待检图像尺寸:%dx%d"%(gray.shape[0],gray.shape[1]),"滑动窗口尺寸:
47x62","移动步长:2x2")
11 print("待检区域（共%d 个）"%len(rects))
```

3）可视化初检结果。通过以下代码将滑动窗口扫描过的区域（前 96 个）和可能存在人脸的区域显示出来。代码输出结果如图 9.42 所示。

```
 1 #显示滑动窗口扫描的区域
 2 plt.style.use({'figure.figsize':(8, 6)})
 3 fig, ax = plt.subplots(8, 12)
 4 for i, axi in enumerate(ax.flat):
 5     axi.imshow(region_img[i], cmap='gray')
 6     axi.axis('off')
 7 plt.show()
 8 #显示可能存在人脸的区域
 9 print("检测到的人脸区域（共%d 个）"%len(face_index))
10 fig, ax = plt.subplots()
11 ax.imshow(gray, cmap='gray')
12 for i in np.squeeze(face_index):
13     (x1,y1,x2,y2) = rects[i]
14     ax.add_patch(plt.Rectangle((x1,y1),x2-x1,y2-y1,edgecolor='red',
lw=1,facecolor='none'))
15     ax.axis('off')
```

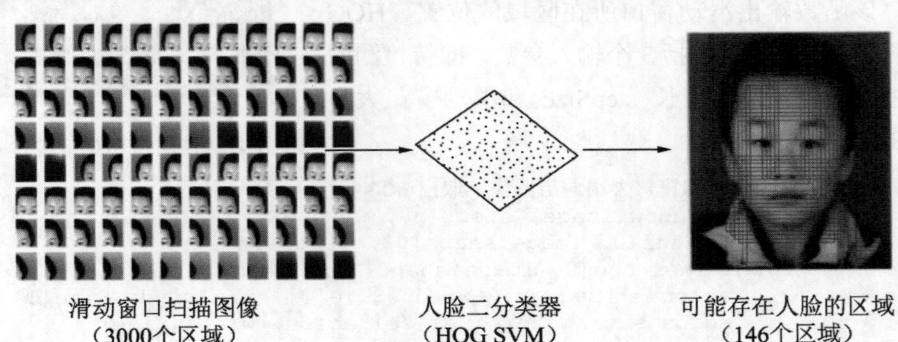

图 9.42　人脸初检结果可视化

2．检测不同大小的人脸

人脸在图像中的大小是不确定的。为了适应这种情况，可以使用不同尺寸的滑动窗口进行扫描，也可以先将图像缩放至不同的尺寸，然后再使用对应尺寸的滑动窗口进行扫描。

出于性能方面的考虑，通常会选择后一种，即先把图像缩放成大小不等的多幅图像，然后再对每幅图像进行扫描，这些大小不等的图像堆砌在一起就像一座金字塔，因此将其称为图像金字塔（关于图像金字塔，请参考第 5 章的介绍）。

OpenCV 里提供了 pyrDown()（下采样）和 pyrUp()（上采样）两个采样函数。这里只演示通过 pyrDown()函数来生成图像金字塔。代码如下：

```
1 img = cv2.imread('./images/boy.jpg')
2 img= cv2.cvtColor(img.copy(),cv2.COLOR_BGR2RGB)
3 plt.style.use({'figure.figsize':(16, 12)})
4 fig, ax = plt.subplots(1, 3)
5 for i, axi in enumerate(ax.flat):
6     axi.imshow(img, cmap='gray')
7     axi.axis('off')
8     axi.set_title("%dx%d"%(img.shape[1],img.shape[0]))
9     img = cv2.pyrDown(img)
```

通过上述代码对原图进行 2 次下采样后，得到一个由 3 幅图像（包括原图）堆砌的图像金字塔，如图 9.43 所示（见彩插）。下采样后，3 幅图像的尺寸分别为 141×186、71×93 和 36×47。

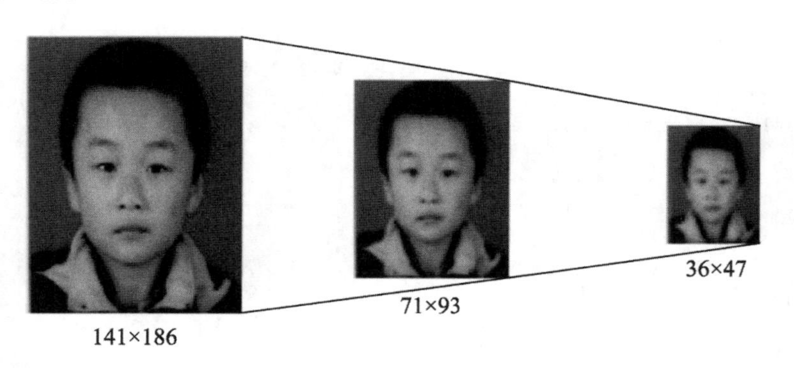

图 9.43　下采样得到的图像金字塔

得到图像金字塔后，再使用上述方法对金字塔中的每张图像分别进行人脸检测，可以得到不同尺寸人脸所在的区域。

在完成对图像金字塔的扫描后，如果能得到一组可能存在人脸的区域，那么就完成了人脸初检。由于同一个人脸可能会被检测到多次，即同一个人脸可能会出现在多个人脸区域，因此需要对初检结果进行修正并去掉重复的部分，9.3.3 小节便介绍如何修正初检结果。

9.3.3　初检结果修正

在完成人脸初检后，会得到一组存在人脸的区域，如图 9.41 所示的 B 和 C 区域。由于这些人脸区域可能会存在重复的情况，即同一个人脸被检测到多次，因此还需要对这些区域进行修正。常用的修正方法是 NMS 算法。NMS 算法的核心思想是根据 IoU 值来判断两个候选区域是否同一个目标。关于 NMS 算法的原理，请参考 9.1 节的介绍。

1．定义NMS算法的实现函数

在一般情况下，将 NMS 算法里的 IoU 阈值设为 0.5。如果 IoU 值大于 0.5，则表示同一个区域，需要丢弃分值较小的区域。以下代码定义 NMS 算法的实现函数。

NMS 函数有两个参数。参数 boxes 的格式为[x_1, y_1, x_2, y_2, s]，分别表示边界框左上角和右下角的坐标，*s* 表示这个区域存在人脸的概率，即人脸二分类器输出的概率值，threshold 表示 *s* 的最小值（*s* < threshold 的区域会被直接丢弃）。

```
 1  def nms(boxes, threshold):
 2      if boxes.size == 0:
 3          return np.empty((0, 3))
 4      x1,y1,x2,y2,s = boxes[:,0],boxes[:,1],boxes[:,2],boxes[:,3],
boxes[:,4]
 5      area = (x2 - x1 + 1) * (y2 - y1 + 1)
 6      sorted_s = np.argsort(s)
 7      pick = np.zeros_like(s, dtype=np.int16)
 8      counter = 0
 9      while sorted_s.size > 0:
10          i = sorted_s[-1]
11          pick[counter] = i
12          counter += 1
13          idx = sorted_s[0:-1]
14          xx1,yy1 = np.maximum(x1[i], x1[idx]),np.maximum(y1[i],
y1[idx]),
15          xx2,yy2 = np.minimum(x2[i], x2[idx]),np.minimum(y2[i], y2[idx])
16          w,h = np.maximum(0.0, xx2 - xx1 + 1),np.maximum(0.0, yy2 - yy1
+ 1)
17          inter = w * h
18          o = inter / (area[i] + area[idx] - inter)
19          sorted_s = sorted_s[np.where(o <= threshold)]
20      pick = pick[0:counter]
21      return pick
```

2．使用NMS去掉重复的人脸区域

以下代码演示了 NMS 算法在人脸检测中的工作流程，主要包括以下几步：

1）在人脸候选区域挑选分值最高的区域，记为最佳区域，并保留它。

2）计算最佳区域与其余区域的 IoU。

3）如果最佳区域与其余区域的 IoU 值大于阈值，则认为这些区域要预测的为同一目标，保留最佳区域，并舍弃其余区域。

4）从其余候选区域再挑选出最佳区域，重复以上步骤，直至所有区域都被计算过。

```
1 #取出模型分类的分值，该分值表示该区域存在人脸的概率
2 scores= model.decision_function(regions_hog)
3 #使用 NMS 算法去重，将 threshold 的阈值设为 0.9
4 boxes_list = []
5 for i in np.squeeze(face_index):
6     (x1,y1,x2,y2) = rects[i]
7     s = scores[i]
8     if s > 0.9:
9         boxes_list.append((x1,y1,x2,y2,s))
10 boxes_list = np.squeeze(np.array(boxes_
list))
11 best_boxes = nms(boxes_list,0.1)
12 #显示去重后的结果
13 fig, ax = plt.subplots()
14 ax.imshow(gray, cmap='gray')
15 for i in best_boxes:
16     (x1,y1,x2,y2,s) = boxes_list[i]
17     ax.add_patch(plt.Rectangle((x1,y1),
x2-x1,y2-y1,edgecolor='red',
lw=1,facecolor='none'))
18     ax.axis('off')
```

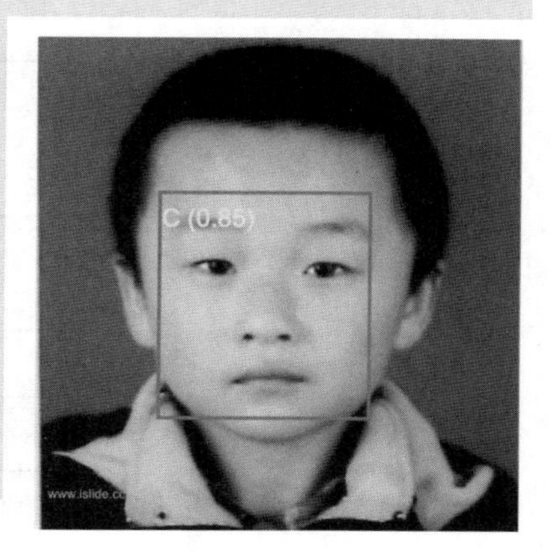

图 9.44 修正后的人脸检测结果

在使用 NMS 算法对图 9.41 的检测结果进行修正后，区域 B 会被丢弃掉，区域 C 会被保存下来，如图 9.44 所示。

9.3.4 使用开源模型实现人脸检测

综合前几节的内容可知，一个完整的人脸检测流程包括人脸初检和初检结果修正两个主要部分。完整的检测流程如图 9.45 所示。

滑动窗口方式最大的缺点是计算量太大，假如采用 24×24，步长为 1×1 的滑动窗口对 1024×768 的图像进行扫描，需要扫描的待检区域超过百万个，为了减少计算量，一般使用选择性搜索或区域生成网络来减少待检区域的数量，这两种方法的思想与滑动窗口类似，即先将图像划分成多个子区域，然后再对每个子区域进行检测。

前几节通过代码详细介绍了 HOG SVM 的实现过程，在实际工程中，可借助第三方开源库完成以上人脸检测的全部过程，下面的代码演示了 3 种常见的人脸检测模型的使用。

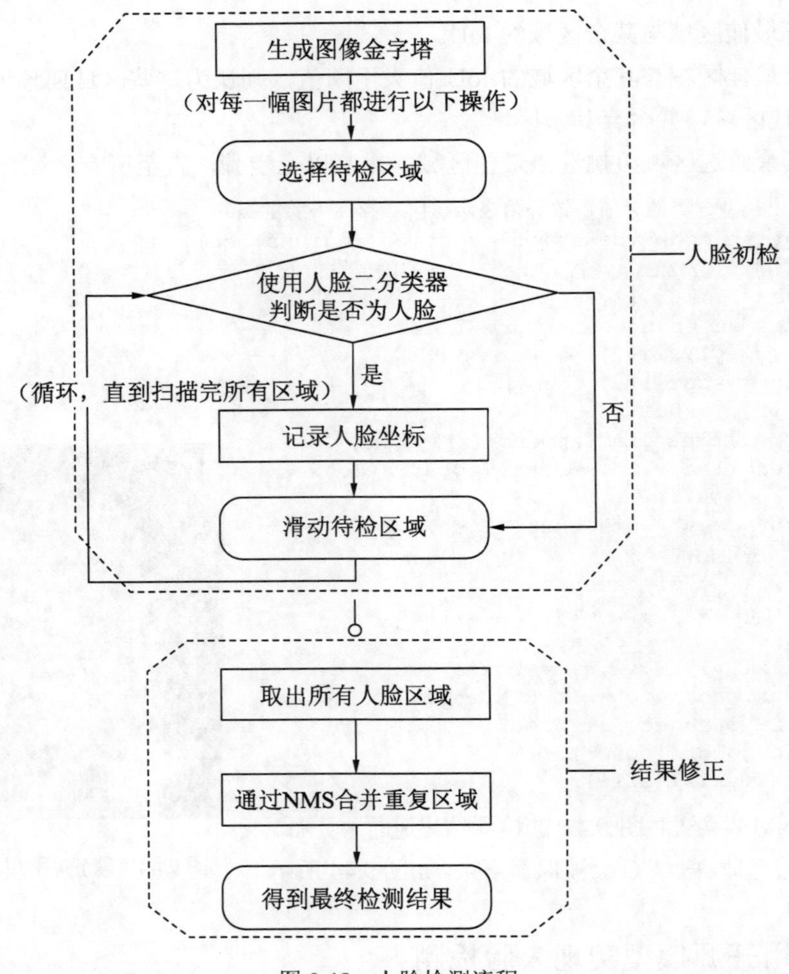

图 9.45　人脸检测流程

1. 使用OpenCV自带的Haar Cascade模型

Haar Cascade 是基于 Haar 特征的级联分类器。Haar 是一种根据相邻图像区域的对比生成的特征，Haar Cascade 级联分类器是在提取 Haar 特征后使用 Adaboost 将多个弱分类器聚合而成的强分类器。

OpenCV 内置了一组训练好的 Haar Cascade 级联分类器，这些分类器定义在一组 XML 文件中。在 OpenCV 3 的 data/haarcascades 文件夹下保存了所有用于人脸检测的 XML 文件。调用这些 XML 文件的方法如下：

```
  1 face_cascade = cv2.CascadeClassifier(cv2.data.haarcascades+
'haarcascade_frontalface_default.xml')
  2 img = cv2.imread('./images/boy.jpg')
```

```
3 img= cv2.cvtColor(img.copy(),cv2.COLOR_BGR2RGB)
4 gray = cv2.cvtColor(img, cv2.COLOR_BGR2GRAY)
5 faces = face_cascade.detectMultiScale(gray)
6 for (x,y,w,h) in faces:
7     img = cv2.rectangle(img,(x,y),(x+w,y+h),(255,0,0),2)
8 plt.imshow(img.squeeze())
9 plt.axis('off')
```

在上述代码中，先根据定义文件 haarcascade_frontalface_default.xml 生成一个级联分类器，然后再调用分类器的 detectMultiScale()函数对图像中的人脸进行检测。该函数返回图像中每个人脸的坐标，其输入可以是灰度图，也可以是真彩色图像。

2. 使用Dlib自带的HOGSVM模型

Dlib 是一个包含机器学习算法的 C++开源工具包，它提供了 Python 开发接口，目前已经被广泛地应用于与图像识别相关的领域。它内置了训练好的 HOG SVM 模型，使用方法如下：

```
1 image = cv2.imread('./images/boy.jpg')
2 gray = cv2.cvtColor(image, cv2.COLOR_BGR2GRAY)
3 img = cv2.cvtColor(image, cv2.COLOR_BGR2RGB)
4 hogFaceDetector = dlib.get_frontal_face_detector()
5 faces = hogFaceDetector(gray, 1)
6 for (i, rect) in enumerate(faces):
7     x1,y1,x2,y2 = rect.left(),rect.top(),rect.right(),rect.bottom()
8     cv2.rectangle(img, (x1, y1), (x2,y2), (255, 0, 0), 2)
9 plt.imshow(img.squeeze())
10 plt.axis('off')
```

上述代码演示了 Dlib 中 HOG SVM 模型的使用：先定义一个检测器 get_frontal_face_detector，然后使用这个检测器对图像进行检测。检测结果为图像中的人脸坐标。检测器的输入可以是灰度图，也可以是真彩色图像。

3. 使用MTCNN模型

基于 MTCNN（多任务卷积神经网络）模型的人脸检测方法于 2016 年首次发表在 ECCV 上。MTCNN 模型将人脸区域检测与人脸关键点检测结合到一起，提供一种轻量级 CNN 模型人脸检测方法。MTCNN 模型的使用方法如下：

```
1 detector = MTCNN()
2 img = cv2.imread('./images/boy.jpg')
3 img= cv2.cvtColor(image.copy(),cv2.COLOR_BGR2RGB)
4 faces = detector.detect_faces(img)                    #结果
5 for result in faces:
6     x, y, w, h = result['box']
7     cv2.rectangle(img, (x, y), (x + w, y + h), (255, 0, 0), 2)
8 plt.imshow(img.squeeze(),cmap='gray')
9 plt.axis('off')
```

上述代码演示了使用 MTCNN 模型进行人脸检测的过程。首先生成一个检测对象 detector，然后调用 detect_faces()函数对图像进行扫描。函数的输出为人脸在图像中的坐标，输入可以是灰度图，也可以是真彩色图像。

以上 3 种人脸检测方法的检测结果如图 9.46 所示。这 3 种方法各有优缺点：Haar Cascade 模型和 HOG SVM 模型的检测速度快，但是对于小脸或部分遮挡的情况检测效果不佳；MTCNN 的鲁棒性较强，综合检测效果更好，适合于资源和性能要求不高的场景，但是资源占用相对较多，检测速度相对较慢。

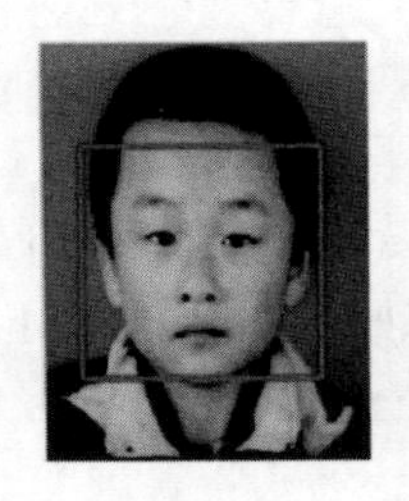

Haar Cascade

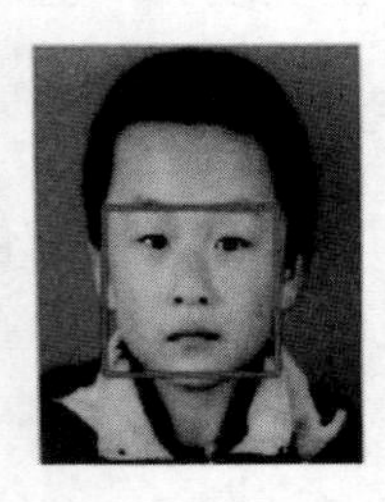

HOG SVM

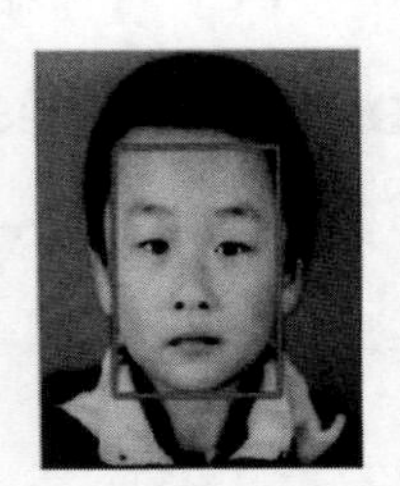

MTCNN

图 9.46　3 种人脸检测模型检测效果对比

至此，人脸检测的相关内容已经介绍完毕。除了人脸检测环节外，一个完整的人脸识别程序还包括人脸对齐、特征提取和特征比对 3 个方面。人脸检测是人脸识别的第一步，通过人脸检测找到人脸在图像中的区域，然后结合前几章讲的图像特征提取和分类方法，提取该区域的图像特征并进行比对，从而完成人脸识别的整个过程。

9.4　小　结

目标检测是建立在图像分类基础上的，而是计算机视觉的基础操作之一，目的是找到图像中目标的分类及位置。目标检测的流程是先将图像划分成多个候选区域，然后通过图像分类器判断每个区域是否有目标，最后对检测结果进行修正。本章分别从原理、模型和实例三个方面介绍了目标检测的实现方法。

目标检测的关键点是如何选择图像分类器和如何划分候选区域。图像分类器可以使用传统的机器学习模型，也可以使用深度学习模型，如卷积神经网络等。常用的候选区域划分方法有滑动窗口、搜索性选择和区域建议网络等。

常用的检测结果修正方法有非极大值抑制和边框回归两种。前者根据区域的交并比来判断是否重复区域，后者通过修正检测框的坐标来减少预测框和真实框的误差。

目标检测模型的误差包括分类误差和位置误差两个方面，其常用评估指标包括 PR 曲线、平均精度和平均精度的均值三种。

目标检测模型包括传统机器学习方法（如 SVM 和 Adaboost 等）和深度学习方法两种，其中深度学习方法包括 two-stage 和 one-shot 两种。将目标检测过程分成生成候选区域和目标分类两个过程的方法称为 two-stage 方法，主要指 R-CNN 系列模型；而 one-shot 方法只需将图像输入模型，可一次性识别出所有目标区域，如 YOLO 系列模型。在通常情况下，two-stage 方法检测结果更准确，但计算量大，而 one-shot 方法的计算量小，效率更高，但对小目标的检测效果不佳。

本章的实例分析部分结合代码演示了人脸检测的全部过程。首先通过 HOG 特征和 SVM 分类器训练生成一个人脸二分类器；然后使用滑动窗口将图像分割成若干个候选区域，并使用人脸二分类器判断哪些候选区域存在人脸；最后使用非极大值抑制去除重复的候选区域，从而得到最终的结果。

在本章的最后介绍了使用第三方库实现人脸检测的方法，包括 OpenCV 自带的 Haar Cascade 模型、Dlib 自带的 HOG SVM 模型及 MTCNN 模型的使用方法。

第 10 章　图像分割与目标追踪

如今，图像分类、目标检测、语义分割、实例分割和目标追踪是计算机视觉的热门应用方向。其中，图像分类与目标检测是最基础的应用，在此基础上派生出了语义分割、实例分割和目标跟踪等相对高级的应用。

语义分割与实例分割是将图像中的像素点分到对应的类别中，从而实现图像前景和背景分离的目的。目标追踪是指跟踪图像序列或视频中的目标，从而定位目标在图像帧中的运行轨迹。

语义分割、实例分割和目标跟踪涉及的内容较多，其难度也较大。本章将介绍部分典型模型的原理和使用方法。本章内容建立在前两章的基础上，建议在充分理解图像分类和目标检测的原理之后再进行本章的学习。

10.1　图 像 分 割

图像分割（Segmentation）是将图像划分成若干个子区域的过程，划分后的子区域分别属于不同的类别或不同的个体。传统的图像分割方法有以下几种：

- 阈值分割：根据色彩或灰度特征设置阈值，把图像像素点分为若干类别。
- 区域分割：根据区域特征的相似性将图像划分成不同的区块。
- 边缘分割：根据边缘特征（像素的灰度等级或结构突变的地方）将图像划分成不同的区块。

传统的图像分割方法是指根据像素灰度值分布的特征进行区域划分。在深度学习时代，一些模型（如卷积神经网络）可以识别出图像中每个像素所属的目标，从而诞生了语义分割（Semantic Segmentation）和实例分割（Instance Segmentation）。

10.1.1　目标检测、语义分割和实例分割

从广义来看，目标检测也属于图像分割的一种。只是目标检测是以边界框（bbox）为单位区分不同边界框内部的目标对象；语义分割和实例分割则是以像素为单位区分每个像

素点属于哪个目标对象或分类。

语义分割和实例分割较为相似，都是将图像中的每个像素点对应到不同的类别上。二者的区别仅在于，语义分割不区分同一个类别内的对象个体，而实例分割则区分不同的对象个体。

如图 10.1 所示：目标检测找到的是一块矩形区域，同时识别出这个区域的物体是瓶子还是杯子；语义分割找到的是像素点集合，同时识别出这些像素组成的物体是瓶子还是杯子；实例分割在语义分割的基础上同时区分出每个个体，如像素点组成物体的是杯子 A 还是杯子 B。

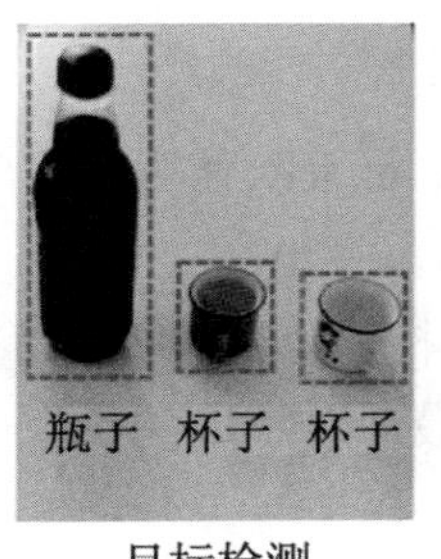

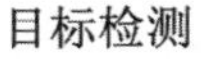

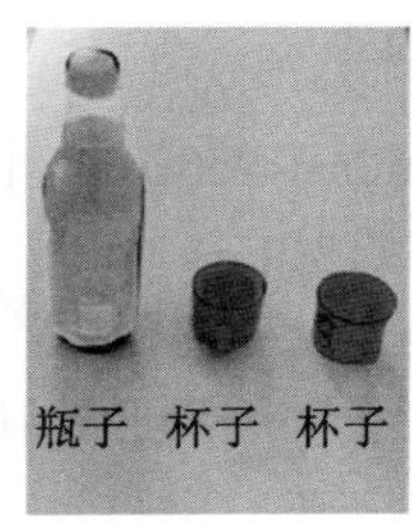

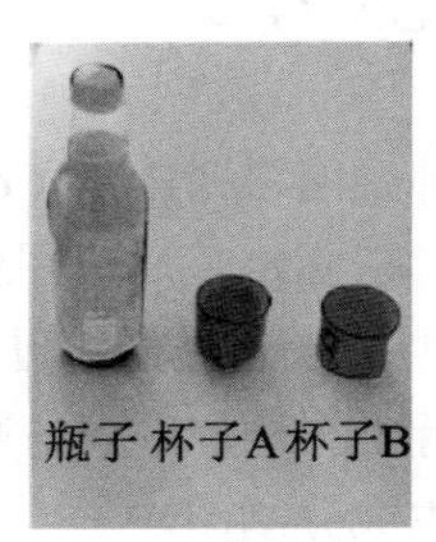

图 10.1　目标检测、语义分割和实例分割

图像掩膜（Mask）是一个和原图大小相同的二值图像，它由 0 和 1 两种值组成，在图像处理中常用来提取感兴趣的区域（ROI）。图像掩膜是一种滤镜模板，可对图像进行滤镜操作，即将感兴趣的区域或目标从原图中截取出来。

图像掩膜的运算过程是将原图中的像素点和掩膜中对应的像素点进行“与”运算，比如一个 3×3 的图像与 3×3 的掩膜，其运算过程如图 10.2 所示。

- 图像掩膜中的值为 1 时，原图中该位置的像素点的值保持不变；
- 图像掩膜中的值为 0 时，原图中该位置的像素点的值为 0。

100	128	88
12	0	255
18	0	8

原图

&

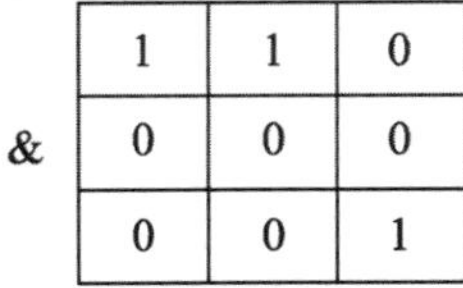

1	1	0
0	0	0
0	0	1

图像掩膜

=

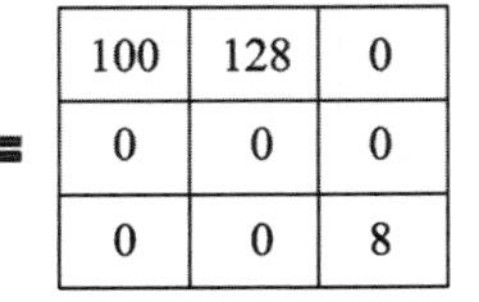

100	128	0
0	0	0
0	0	8

输出图

图 10.2　图像掩膜的运算过程

可以通过深度学习模型生成一个图像掩膜，然后使用该图像掩膜对原图进行分割，如图 10.3 所示。

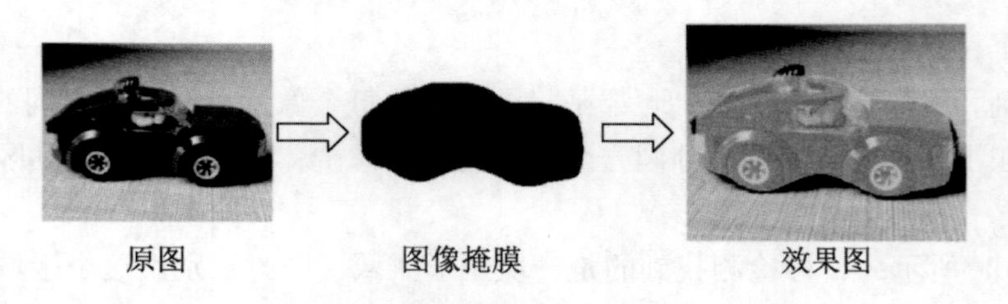

图 10.3　使用图像掩膜进行图像分割

10.1.2　FCN 模型

全卷积神经网络（Fully Convolutional Network，FCN）是首次使用深度学习进行语义分割的模型，它确定了后续图像分割模型的基本框架。

FCN 模型的思想是先通过卷积与池化对图像进行下采样，提取图像的特征，然后再通过反卷积进行上采样，生成与原始图像大小相同的图像，最后对生成的图像中的每个像素进行分类而生成分割图。

FCN 模型全部由卷积层组成，因此称为全卷积神经网络，其结构如图 10.4 所示。FCN 模型有 3 个特点，分别是全卷积化，反卷积和跨层融合。

- 使用 8 个卷积层进行特征提取（图 10.4 中的数字表示通道数量）。
- 对特征图进行上采样，并通过 Softmax 进行像素点分类。
- 根据图像中的不同目标，生成图像掩膜并输出分割结果。

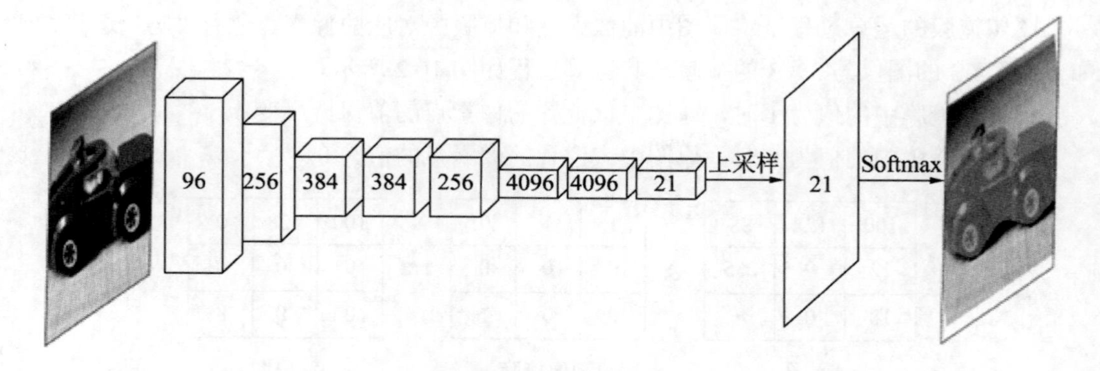

图 10.4　FCN 模型结构

1. 全卷积化

在通常情况下，CNN 模型最后会使用全连接层进行分类，由于全连接层需要固定维度的输入，因此 CNN 模型只能处理固定大小的图像。FCN 模型将 CNN 模型最后面的几个全连接层全部换成卷积层，由于 FCN 模型没有全连接层，因此它可处理任意大小的图像。如图 10.5 所示，灰色方框部分是 CNN 模型与 FCN 模型不同的地方：

- FCN 模型将 CNN 模型的全连接层改为卷积层。
- FCN 模型增加了反卷积操作，实现了上采样，生成与原图同样大小的图像。
- FCN 模型是对每个像素点进行分类，而 CNN 模型是对整幅图像进行分类。

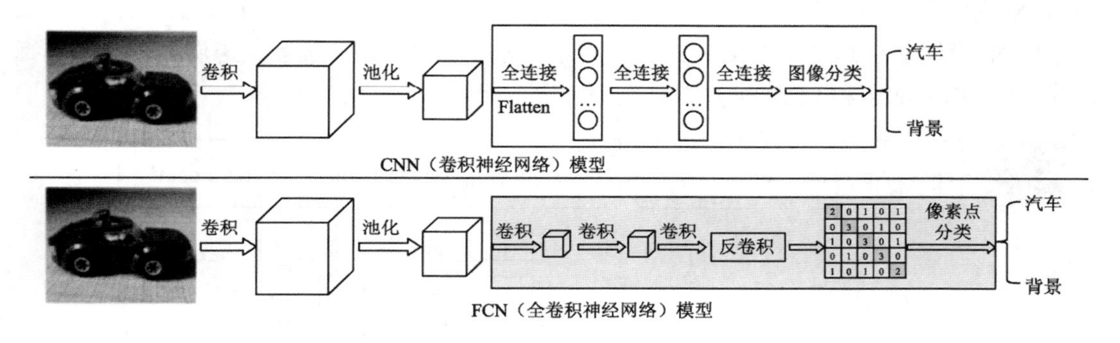

图 10.5　CNN 与 FCN 模型的区别

2. 反卷积

如图 10.6 所示，卷积可以将 3×3 的矩阵对应到特征图上的一个点，而反卷积可以将特征图上的一个点展开，得到一个 3×3 的矩阵。

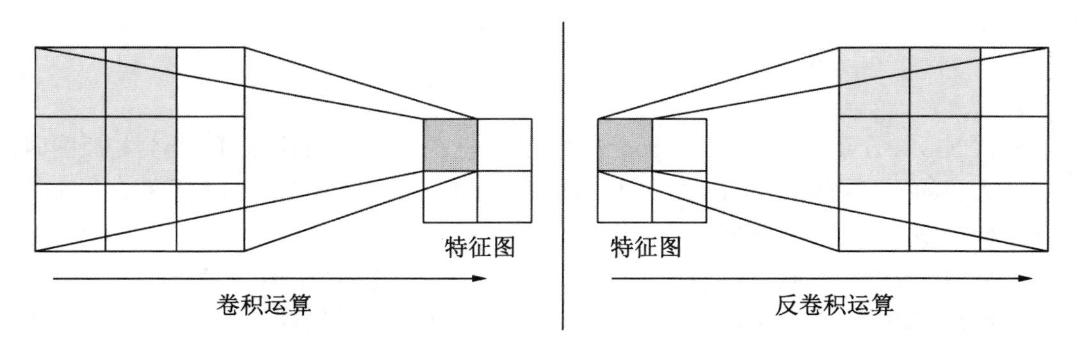

图 10.6　卷积与反卷积运算

由于 FCN 模型会进行多次卷积或池化操作，最后得到的特征图分辨率远远小于原始图像，并且会丢失很多原始图像的信息，而如果直接使用特征图进行分类，则效果会很差。因此，FCN 模型先使用反卷积实现上采样，通过特征图生成一幅和原始图尺寸相同的图像，然后再对这个图像的每个像素进行分类，从而生成图像掩膜。

反卷积运算和卷积运算类似，都是将矩阵及其对应位置的像素值相乘后再相加。在 FCN 中，反卷积的运算过程是先在特征图上的像素点之间补上一定数量的 0，然后再进行卷积运算，这样可以将特征图放大到与原图同样的大小。

3. 跨层融合

原始图像经过多次卷积和池化后，尺寸会变得很小。例如，在经过模型的 pool5 层处理后，输出的特征图只有原图的 1/32，这时原图中的很多细节已经不能反映在特征图上了。

FCN 模型通过跨层融合的方式实现精细分割。如图 10.7 所示，跨层融合具体包括 FCN-32s、FCN-16s 和 FCN-8s 共 3 种融合方案。

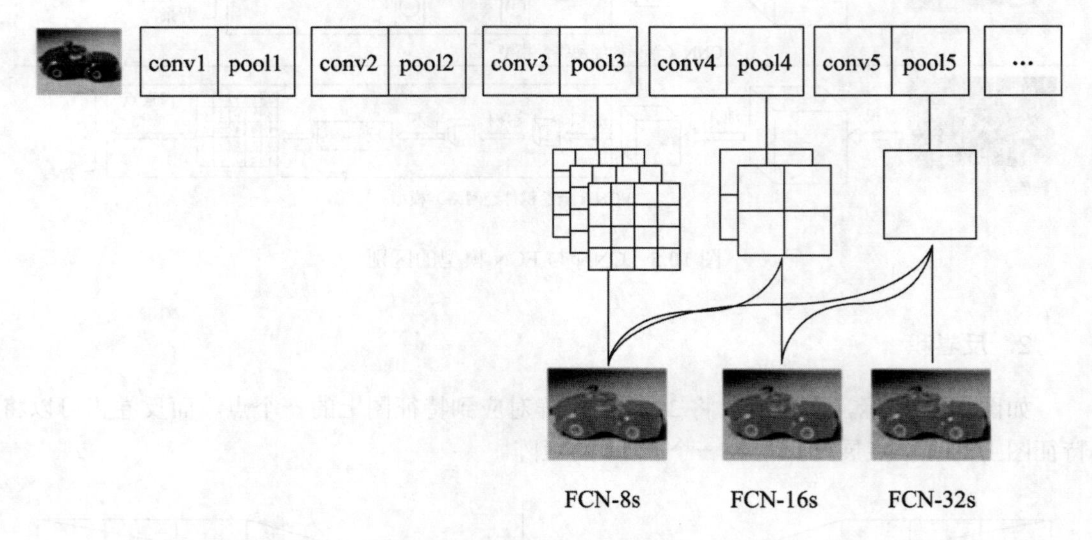

图 10.7　跨层融合方案

- FCN-32s 方案：首先直接对 pool5 输出的特征图进行 32 倍上采样，得到与原图同样大小的待分割图，然后使用 Softmax 对待分割图的每个点进行分类预测，从而得到分割图（输出的预测图）。
- FCN-16s 方案：首先对 pool5 输出的特征图进行 2 倍上采样，然后与 pool4 输出的特征图逐点相加，接着进行 16 倍上采样，得到与原图同样大小的待分割图，最后使用 Softmax 对待分割图的每个点进行分类预测，从而得到分割图（输出的预测图）。
- FCN-8s 方案：首先对 pool5 输出的特征图进行 2 倍上采样，然后与 pool4 输出的特征图逐点相加，接着进行 2 倍上采样并与 pool3 输出的特征图逐点相加，接着再进行 8 倍上采样，得到与原图同样大小的待分割图，最后使用 Softmax 对待分割图的每个点进行分类预测，从而得到分割图（输出的预测图）。

4. 总结

FCN 模型先进行一系列的卷积与池化操作，实现图像的下采样，以提取图像中的目标特征，然后再通过反卷积实现上采样，将特征图放大到与原图同样大小的尺寸，并对每个像素点进行分类，从而实现图像的分割。

FCN 是首个图像语义分割的深度学习模型，它可以实现像素级的分类。FCN 也是一个端到端的模型，使用起来非常方便，后来很多分割模型受到了 FCN 模型的启发。

FCN 模型会忽略图像的细节信息，同时它也没有考虑图像的全局特征，这会导致其预测的目标边界不够清晰。另外，FCN 模型不能区分不同的个体，不能做到实例级别的分割。

10.1.3　Mask R-CNN 模型

Mask R-CNN 是建立在 Faster R-CNN 基础上的实例分割模型，其结构如图 10.8 所示。该模型结构包含两部分：一部分使用 Backbone（主干模型，如 AlexNet 等）提取特征，另一部分使用 Head（主干模型提取到的特征）对每一个目标区域（ROI）进行分类、边框回归和图像掩膜预测。

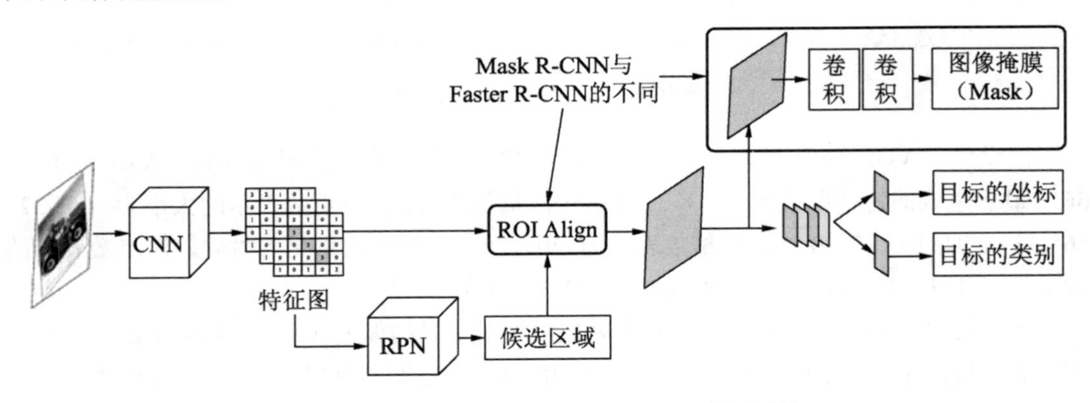

图 10.8　Faster R-CNN 与 Mask R-CNN 模型结构

在图 10.8 中，粗线框中的部分就是 Mask R-CNN 与 Faster R-CNN 模型的不同之处（关于 Faster R-CNN 模型结构，请参考 9.2 节的相关内容）。

- Mask R-CNN 模型使用 ROI Align 来代替 Faster R-CNN 中的 ROI Pooling。
- Mask R-CNN 模型引入了语义分割分支输出图像掩膜。

Mask R-CNN 模型的语义分割分支使用 FCN 模型进行分类，输出图像掩膜（关于 FCN 模型，请参考 10.1.2 小节的相关内容），使用 ROI Align 代替 Faster R-CNN 模型中的 ROI Pooling 可以解决 ROI Pooling 带来的误差问题。下面重点介绍 ROI Align 的作用及其工作原理。

1．ROI Pooling与量化误差

Faster R-CNN 模型根据候选框的位置坐标，使用 ROI Pooling 方法将相应区域转换为固定尺寸的特征图。候选框的位置坐标是通过模型产生的，通常是浮点数，而特征图要求其为整数，ROI Pooling 采用向下取整的方法将浮点数转换为整数，这就带来了量化误差。

在 Faster R-CNN 模型中一共有两次量化过程：第一次是在将候选框的边界转换为特征图上的坐标时，第二次是在将特征图上的坐标转换为固定大小特征图上的坐标时。

如图 10.9 所示，图中的实线标注框是用浮点数表示的位置，虚线标注框是用整数表示的位置。可以看出，ROI Pooling 在量化环节会产生较大的误差。

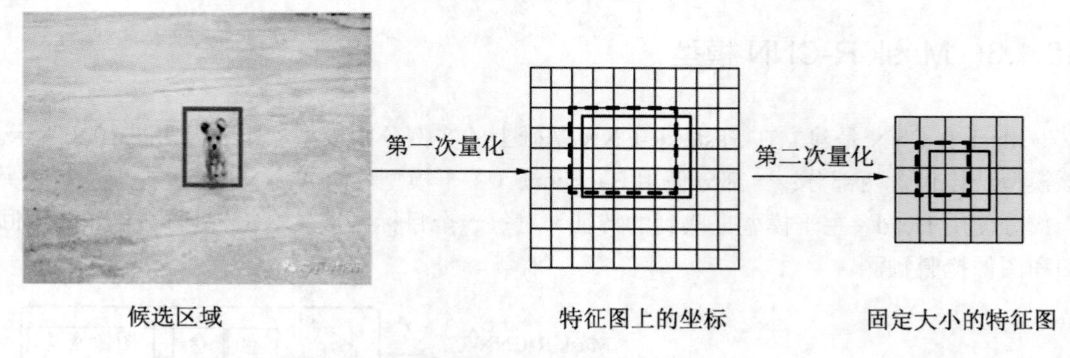

图 10.9　ROI Pooling 量化操作

假设使用 VGG 16 提取特征，移动步长为 32，原图中有一个候选区域，大小为 665×665，最后生成的特征图大小为 7×7。在第一次量化的时候，浮点数表示的大小为（665/32，665/32），即 20.78×20.78，用整数表示为 20×20；在第二次量化的时候，浮点数表示的大小为（20/7，20/7），即 2.86×2.86，用整数表示为 2×2。

可以看出，经过两次量化后，候选区域出现了明显的偏差（见图 10.9 中的实线标注框和虚线标注框）。由于特征图上的一个点对应原图上的一片区域，误差会在原图上进一步被放大，如在特征图上偏差了 0.1 个像素，在原图上就会偏差 3.2 个像素，在特征图上偏差 0.5 个像素，在原图上就会偏差 16 个像素。

2．ROI Align

如图 10.10 所示，左图标注框内是特征图上的候选区域，现需要将其分为若干个 bin（右图的 AA、BB、CC 和 DD 共 4 个 bin）。如果使用 ROI Pooling（Max Pooling），则会在特征图上对应的区域找到最大的像素值作为 bin 的值。

- AA 的值为特征图上 A 区域像素的最大值。
- BB 的值为特征图上 B 区域像素的最大值。

- CC 的值为特征图上 C 区域像素的最大值。
- DD 的值为特征图上 D 区域像素的最大值。

由于特征图上像素点的坐标是离散的，而不是连续的，而且只有坐标为整数的点才有像素值，因此当特征图上点的坐标为浮点数的时候（如区域 A、B、C、D），ROI Pooling 会使用向下取整的方式用邻近的像素点进行计算，于是产生了较大的误差。

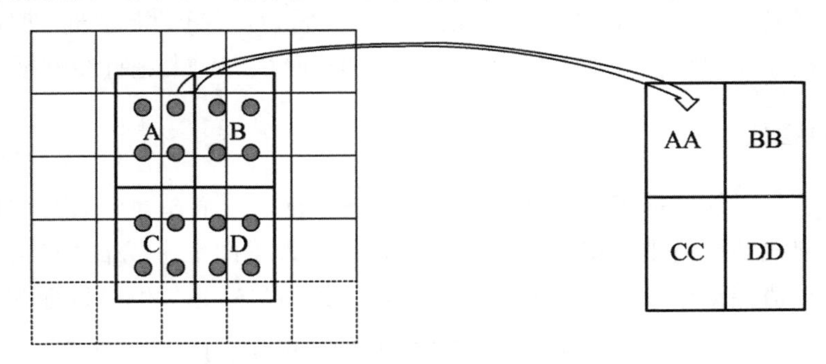

图 10.10　ROI Pooling 的计算过程

与 ROI Pooling 不同，ROI Align 的思想是通过双线性插值的方法使坐标为浮点数的点生成像素值，即在离散的像素点之间补上虚拟的像素点实现坐标的连续化，然后再取每个区域的最大值作为 bin 的输出。

假设采样系数为 2，即将每个 bin 再分为 2×2 个子单元，则 ROI Pooling 的计算分为以下几步：

1）在每个区域进行采样，以每一部分的中心点作为采样点，如图 10.10 左图中的点。

2）通过双线性插值方法计算每个点的像素值。

3）取 4 个点中的最大值作为该 bin 的结果。

3. 线性插值

线性插值是一种一维数据的插值方法，它根据左右邻近点的值来估算待插入的值。如图 10.11 所示，已知点(x_0, y_0)和(x_2, y_2)，求插值点 x_1 处的 y_1（或求插值点 y_1 处的 x_1）。

线性插值假设要插入的点和其左右邻近点是共线的，即图 10.11 中的三点在一条直线上，因此它们的斜率是相等的，可得到公式（10.1）。

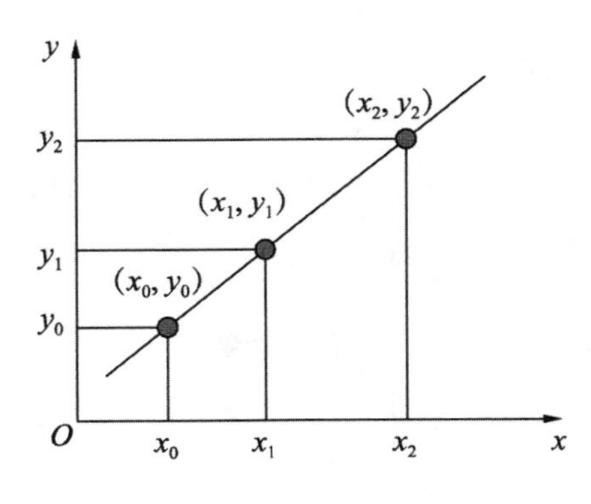

图 10.11　线性插值

$$\frac{y_1 - y_0}{x_1 - x_0} = \frac{y_2 - y_0}{x_2 - x_0} \tag{10.1}$$

假如根据 x 插入 y 的值，即 x 已知，求 y，将 x 代入公式（10.1），可以得到公式（10.2），从而计算出 y 的值。如果要根据 y 插入 x 的值，方法也一样，只要将公式（10.2）中的 x 和 y 互换即可。

$$y_1 = y_0 + (x_1 - x_0)\frac{y_2 - y_0}{x_2 - x_0} = \frac{x_2 - x_1}{x_2 - x_0}y_0 + \frac{x_1 - x_0}{x_2 - x_0}y_2 \tag{10.2}$$

x_1 插入 y_1 的值其实是以 x_1 到 x_0 和 x_2 的距离作为权重，对 y_0 和 y_2 进行加权求和，它只适用于一维数据，而双线性插值本质上就是在 x 和 y 两个方向上进行线性插值。

4．双线性插值

双线性插值是对线性插值的扩展。线性插值根据左右两个邻近点，在一维直线上生成插入的点，而双线性插值则根据邻近的 4 个点，在二维平面上生成插入的点。如图 10.12 所示，双线性插值根据原图上已知的 4 个像素点（2、3、5、6）生成目标图上的像素点。

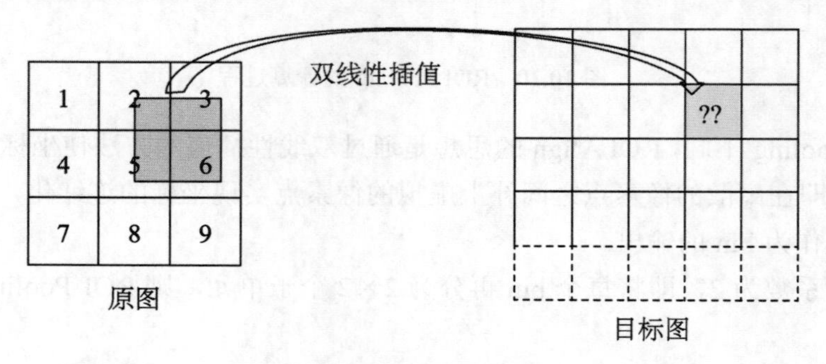

图 10.12　双线性插值示意

如图 10.13 所示，A、B、C、D、E、F、G 表示像素值，双线性插值的计算过程共分为两步：

1）沿着 x 方向进行两次线性插值，根据 A 和 B 生成 F，根据 C 和 D 生成 E。

2）沿着 y 方向进行一次线性插值，根据 E 和 F 生成 G。

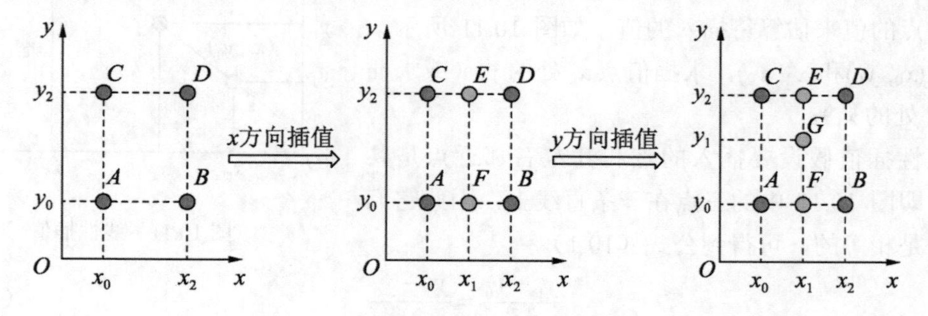

图 10.13　双线性插值的计算过程

将上述双线性插值的计算过程写成表达式便是公式（10.3）。通过求解方程，即可得到 G 点的值。

$$\begin{cases} E = \dfrac{x_2 - x_1}{x_2 - x_0} C + \dfrac{x_1 - x_0}{x_2 - x_0} D \\ F = \dfrac{x_2 - x_1}{x_2 - x_0} A + \dfrac{x_1 - x_0}{x_2 - x_0} B \\ G = \dfrac{y_2 - y_1}{y_2 - y_0} E + \dfrac{y_1 - y_0}{y_2 - y_0} F \end{cases} \tag{10.3}$$

5．总结

Mask R-CNN 是在 Faster R-CNN 的基础上进行改进而得到的实例分割模型。Mask R-CNN 模型使用 ROI Align 代替 Faster R-CNN 模型中的 ROI Pooling，以减少量化误差，并通过增加分割分支实现像素的分类，从而实现图像分割。

Mask R-CNN 是一种 two-stage 图像分割模型。相比 one-shot 方式，Mask R-CNN 模型的计算量更大，不适合用于实时性要求较高的场景。

Mask R-CNN 模型利用 Faster R-CNN 模型得到的边界框来区分实例，并对边界框内的实例进行分割。如果边界框误差较大，则分割结果也会有较大的误差。

10.2 目标追踪

如图 10.14 所示，目标追踪（Object Tracking）是获取图像序列（一般为视频）中感兴趣的区域，并在接下来的视频帧中对其进行跟踪。目标跟踪是计算机视觉领域的一个重要分支，在赛事转播、人机交互、监控安防和无人驾驶等应用中起着关键的作用。

第 1 帧

第 25 帧

第 50 帧

图 10.14　目标追踪

10.2.1　目标追踪概述

目标追踪的输入通常是视频。视频是一种非结构化的数据，可以看作图像序列的组合

（一组有序的图像）。虽然在形式上视频没有固定的结构，但在内容上视频本身有着较强的逻辑关系。如图 10.15 所示，按照颗粒度大小将视频分为帧（Frame）、镜头（Shot）和场景（Scene）3 个层次。

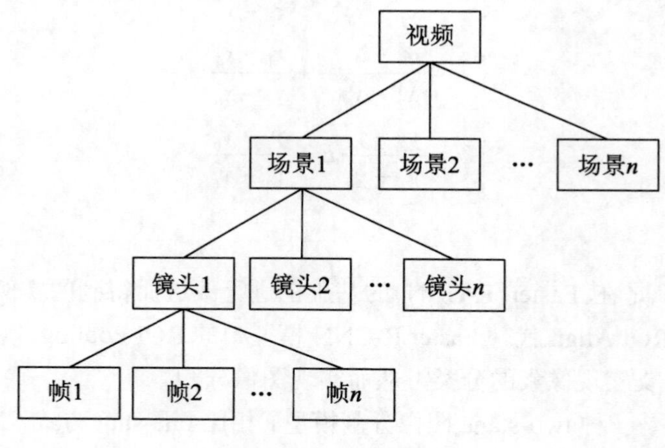

图 10.15　视频的结构

- 帧是视频最基本的单元，视频帧其实是一幅图像，关键帧又叫代表帧，是指具有代表性的帧。
- 镜头是由一系列帧组成的，这些帧表达同一个事件或者摄像机的一组连续的运动。
- 场景有一定的语义，它是由一系列相似的镜头组成的，这些镜头从不同角度表达同一批对象或环境。

1. 视频与图像序列的相互转换

视频可以看作一组有序的图像。对视频的目标检测和对图像的目标检测没有本质上的区别。通过 OpenCV 提供的 VideoCapture 和 VideoWriter 模块，可以实现视频和图像序列的相互转换。示例代码如下：

1）导入用到的库。

```
1 import cv2,os
2 from os.path import isfile, join
```

2）使用 VideoCapture 将视频转换为图像序列。

```
1 videoFile = './video/ball.mp4'                    #输入的视频文件
2 imgPath = "./video/frame/"                        #输出的图像文件路径
3 #打开视频文件，读取视频帧，并以.jpg 的图像格式写到指定目录下
4 cap = cv2.VideoCapture(videoFile)
5 frame_id = 0
6 while True:
7     ret,frame = cap.read()                        #读取视频的帧
```

```
 8     if not ret:                                     #视频结束
 9        break
      #将视频的帧转换为 RGB 格式
10     rgb_img= cv2.cvtColor(frame.copy(),cv2.COLOR_BGR2RGB)
11     cv2.imwrite("%s/%04d.jpg"%(imgPath,frame_id),rgb_img)
12     frame_id = frame_id + 1
13 print("转换结束:(视频文件:%s,图像序列路径:%s)"%(videoFile,imgPath))
```

3）使用 VideoWriter 将图像序列转换为视频。

```
 1 imgPath = "./video/frame/"                          #输入的图像文件路径
 2 videoFile = './video/video.mp4'                     #输出的视频文件
 3 fps = 25.0                                          #速率为每秒 25 帧
 4 #找到目录下所有的图像文件，并按照文件名排序
 5 files=[f for f in os.listdir(imgPath) if isfile(join(imgPath,f)) and
f.endswith('.jpg')]
 6 files.sort()
 7 #得到图像文件的尺寸
 8 img = cv2.imread(imgPath+files[0])
 9 height, width, channel = img.shape
10 #创建视频对象，使用 MPEG4 格式压缩
11 video = cv2.VideoWriter(videoFile,cv2.VideoWriter_fourcc(*'DIVX'),
fps,(width,height))
12 #将图像序列写入视频文件
13 for file_name in files:
14     img = cv2.imread(imgPath+file_name)
15     rgb = cv2.cvtColor(img, cv2.COLOR_BGR2RGB)       #转换为 RGB 格式
16     video.write(rgb)
17 video.release()
18 print("转换结束:(图像序列路径:%s,视频文件:%s)"%(imgPath,videoFile))
```

2. 目标追踪的分类

根据任务的实时性要求，目标追踪分为在线追踪和离线跟踪两种。在线追踪通过过去和现在的视频帧确定目标的位置，对实时性要求较高；离线追踪通过过去、现在和未来的视频帧确定目标的位置，对实时性要求不高，其准确率通常高于在线追踪的准确率。根据应用场景，目标追踪又可以分为以下几种类型：

- 单目标追踪：追踪一个固定目标在视频帧中出现的位置。
- 多目标追踪：同时追踪多个目标在视频帧中出现的位置。
- 多目标多摄像头追踪：追踪多个摄像头拍摄到的多个目标在不同视频帧中出现的位置。
- 姿态追踪：追踪目标在视频帧中的姿态变化，如追踪视频中人的不同姿态。

3. 生成式模型

生成式模型首先定义目标的特征，然后在后续视频帧中寻找相似特征的位置，从而实

现对目标的定位。早期在目标追踪模型中常使用这类方法，如光流法等。

生成式模型使用简单的特征定义，对追踪目标的描述方法有很大的局限性，在光照变化、拍摄角度变化、目标被遮挡和分辨率低等情况下，模型的识别效果不是很理想。

4．鉴别式模型

鉴别式模型通过比较视频帧中目标和背景的差异，将目标从视频帧中提取出来，从而实现对目标的定位。鉴别式模型同时考虑了目标和背景信息，在模型的准确率和实时性上比生成式模型更佳，逐渐成为目标追踪的主流方法。在 2000 年前后，传统的机器学习模型，如 SVM、随机森林和 GBDT 等逐渐被引入目标追踪中。2015 年前后，基于深度学习模型的目标追踪方法开始成为研究的热点。

5．目标追踪的方法

目标追踪有多种框架和算法，其原理也不尽相同，按照时间顺序可以将其分成经典方法、基于滤波的方法和基于深度学习的方法三大类，如图 10.16 所示。

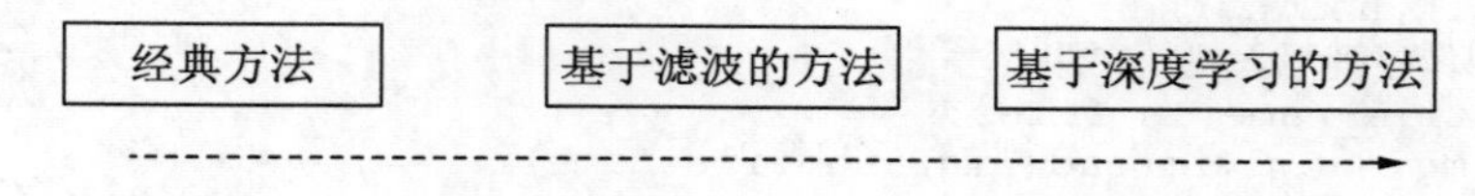

图 10.16　目标追踪的方法

- 经典方法：先对目标的外观（如特征点、轮廓和 SIFT 等特征）进行建模，然后在视频帧中查找该目标出现的位置。为了提高查找效率，通常使用预测算法对目标可能出现的区域进行预测，一般只在预测的区域查找目标。
- 基于滤波的方法：通过度量视频帧中目标的相似程度，对不同视频帧中的目标进行关联，从而实现目标追踪。例如，MOSSE 算法使用相关滤波器（Correlation Filter）计算目标之间的相关值，然后根据相关值找到不同视频帧中相同的目标并建立关联，从而实现目标追踪。
- 基于深度学习的方法：将深度学习引入目标追踪中，如基于目标检测的追踪方法（Tracking By Detecting，TBD）等。这类方法通过深度学习模型在每个视频帧上执行目标检测，并在检测到的目标之间建立关联，从而实现目标追踪。

10.2.2　使用光流法进行目标追踪

光流法是一种经典的目标追踪方法，通过将不同视频帧中的像素点形成对应关系，描述出运动信息，从而实现对目标的追踪。如图 10.17 所示，A 点、A'点和 A''点是在不同时刻的视频帧中的同一个目标，光流法通过找到这些点的映射关系，描述出这些点的运动过程，从而实现对目标的追踪。

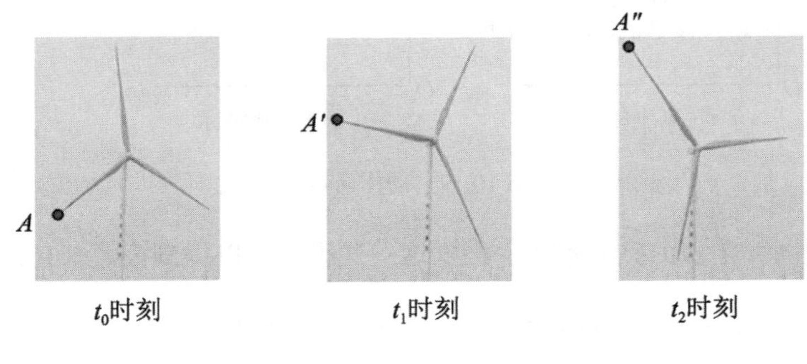

图 10.17　像素点的映射

1. 光流

光流（Optical Flow）是指运动物体在成像平面上进行像素运动的瞬时速度。如图 10.18 所示，三维空间的物体运动可以用一个三维矢量来描述，将其投影到二维成像平面上，得到一个二维矢量 $\vec{u}=(u,v)$。在时间间隔极小的情况下（如相邻的两个视频帧中），称这个二维矢量 $\vec{u}=(u,v)$ 为光流矢量，它用来描述该像素点的值的瞬时速度。

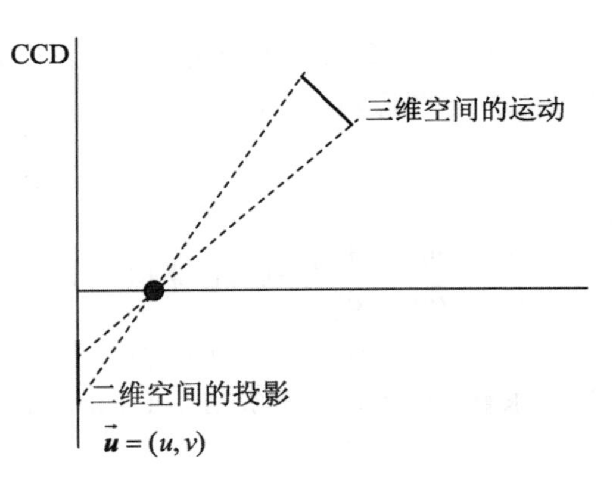

图 10.18　运动的投影

2. 光流法的原理

光流法通过计算视频帧中像素点的光流得到光流场（光流的集合）。光流场中包含目标的运动信息。可以通过分析光流场实现对目标的追踪。

光流法是根据像素值在时间序列上的变化情况和相邻帧之间像素的关联程度，找到当前帧和前一帧的对应关系，并根据这种对应关系计算出目标的运行轨迹。使用光流法进行目标追踪需要满足以下两个假设条件：

- 亮度不变假设，即同一目标在不同视频帧间运动时，其亮度不会发生变化。
- 时间连续假设，即时间的变化不会引起目标位置的剧烈变化，相邻帧之间位移要小。

如图 10.19 所示，假设某一个像素点在 t 时刻的坐标是(x, y)，像素值是 $I(x, y, t)$，在 t+1 时刻的坐标是$(x+u, y+v)$，像素值是 $I(x+u, y+v, t+1)$，其中，(u, v)为动作向量，表示该像素点向右移动了 u 个像素点，向上移动了 v 个像素点。

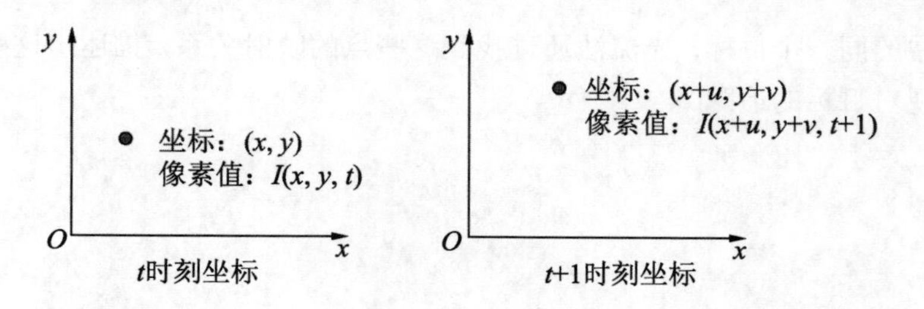

图 10.19　动作向量

光流法假设同一个点的亮度不变，根据这一假设，可以得到公式（10.4）。

$$I(x,y,t)=I(x+u,y+v,t+1) \tag{10.4}$$

使用泰勒级数将 $I(x+u, y+v, t+1)$展开，如公式（10.5）所示。

$$I(x+u,y+v,t+1)=I(x,y,t)+\frac{\partial I}{\partial x}u+\frac{\partial I}{\partial u}v+\frac{\partial I}{\partial t}+\varepsilon \tag{10.5}$$

略掉公式（10.5）中的余项 ε，再根据亮度不变假设，即公式（10.4），可以得到动作向量(u,v)是图像随像素值大小和时间变化的方程，如公式（10.6）所示。

$$\frac{\partial I}{\partial x}u+\frac{\partial I}{\partial y}v+\frac{\partial I}{\partial t}=0 \tag{10.6}$$

$\frac{\partial I}{\partial x}$、$\frac{\partial I}{\partial y}$和$\frac{\partial I}{\partial t}$分别为像素值关于 x、y 和 t 的偏导数，分别用 I_x、I_y 和 I_t 表示，可得公式（10.7）。其中，I_x、I_y 和 I_t 为已知变量，u 和 v 为待求参数。有多种算法可以对 u 和 v 进行求解，经典的求解算法是 Lucas-Kanade（LK）算法。

$$I_x u+I_y v=-I_t \tag{10.7}$$

3．Lucas-Kanade算法

公式（10.7）中有两个待求解参数 u 和 v，而只有一个方程。为了能求解出 u 和 v，LK 算法在亮度不变和时间连续的假设基础上又增加了一个空间一致的假设，即在目标像素周围的 $M\times M$ 窗口内的所有像素均有相同的光流矢量。

根据空间一致假设，LK 算法使用大小为 3×3 的窗口内的 9 个像素点建立 9 个方程，如公式（10.8）所示，从而求解出 u 和 v 的最优解。

$$\begin{cases} I_{x1}u+I_{y1}v=-I_{t1} \\ I_{x2}u+I_{y2}v=-I_{t2} \\ \vdots \\ I_{x9}u+I_{y9}v=-I_{t9} \end{cases} \tag{10.8}$$

4．稠密光流与稀疏光流

光流法有稠密光流和稀疏光流两种类型。稠密光流通过计算视频帧中所有像素点的光流形成密集光流场，然后再对目标进行像素级配准；稀疏光流则通过计算指定特征点的光流（如 Harris 角点等）形成稀疏光流场，然后再对目标的特征点进行配准。

5．使用OpenCV计算光流

OpenCV 内置了 LK 算法的实现函数 calcOpticalFlowPyrLK()。可以直接调用该函数计算光流，并实现对目标的追踪。以下代码演示稀疏光流的计算方法，程序输出结果如图 10.20 所示。

1）导入库。

```
1 import cv2
2 import numpy as np
3 from matplotlib import pyplot as plt
```

2）读取两幅图像文件（它们代表连续的两个视频帧），然后将图像转换为灰度图。

```
1 img_0=cv2.imread("./images/da_feng_che_0.jpg") #读取第一帧图像
2 img_1=cv2.imread("./images/da_feng_che_1.jpg") #读取第二帧图像
3 img_0 = cv2.cvtColor(img_0, cv2.COLOR_BGR2RGB) #转换为 RGB 格式
4 img_1 = cv2.cvtColor(img_1, cv2.COLOR_BGR2RGB) #转换为 RGB 格式
5 gray_0 = cv2.cvtColor(img_0.copy(), cv2.COLOR_RGB2GRAY) #转换为灰度图
6 gray_1 = cv2.cvtColor(img_1.copy(), cv2.COLOR_RGB2GRAY) #转换为灰度图
7 mask = img_0+img_1                                  #mask 用来显示最后的结果
```

3）使用 cv2.goodFeaturesToTrack()函数生成第一帧图像的特征点。

```
1 params = {"maxCorners":10,"qualityLevel":0.01,"minDistance":50,
"blockSize":1}
2 key_points_0 = cv2.goodFeaturesToTrack(gray_0, mask = None, **params)
```

4）使用 calcOpticalFlowPyrLK()函数计算光流（稀疏光流），生成第二帧图像的特征点，并将第一帧图像和第二帧图像的特征点进行关联。

```
1 #key_points_1 是光流计算出的特征点位置，match 表示匹配的特征点
2 key_points_1, match, _ = cv2.calcOpticalFlowPyrLK(gray_0,gray_1,
key_points_0, None)
3 matched_0 = key_points_0[match==1]              #第一帧图像上的特征点
4 matched_1 = key_points_1[match==1]              #第二帧图像上的特征点
```

5）显示运动信息。如图 10.20 所示，红色点和蓝色点分别表示两帧图像上的特征点（见图 10.20a 和图 10.20b），白色连线（见图 10.20c）表示对应关系。

```
1 for i,(frame_0,frame_1) in enumerate(zip(matched_0,matched_1)):
2     a,b = frame_0.ravel()
3     c,d = frame_1.ravel()
```

```
    #用红色标记第一帧图上的特征点
 4  mask = cv2.circle(mask,(a,b),3,(255,0,0),-1)
    #用蓝色标记第二帧图上的特征点
 5  mask = cv2.circle(mask,(c,d),3,(0,0,255),-1)
    #用白色标记两帧图像上特征点的对应关系
 6  mask = cv2.line(mask, (a,b),(c,d),(255,255,255),2)
 7 f,ax = plt.subplots(1,3, figsize=(12,12))
 8 ax[0].imshow(img_0)
 9 ax[1].imshow(img_1)
10 ax[2].imshow(mask)
```

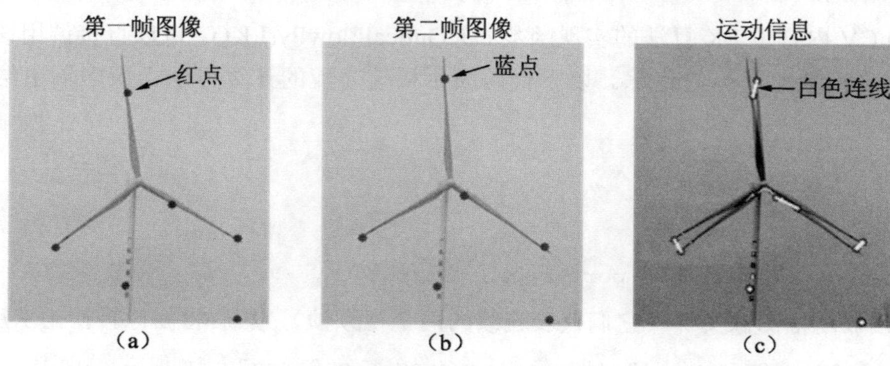

图 10.20　通过稀疏光流检测到的运动信息

10.2.3　使用质心法进行目标追踪

1．基于目标检测的追踪方法

基于目标检测的追踪方法（Tracking By Detecting，TBD）一般使用目标检测模型（如YOLO）在每个视频帧上进行目标检测，然后将检测出来的目标进行关联，找到每个目标的运行轨迹。如图 10.21 所示，先使用目标检测模型检测出 7 个目标，然后通过算法将 A_1、A_2、A_3和 A_4 进行关联，再将 B_1、B_2 和 B_3 进行关联，从而追踪到这两个足球的运行轨迹。

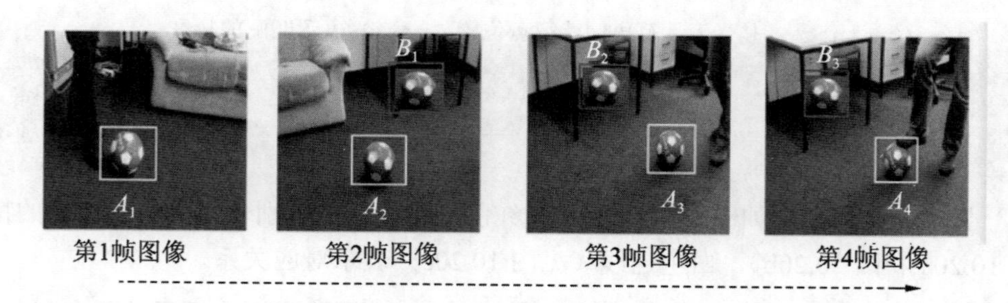

图 10.21　基于目标检测的目标追踪方法

TBD 方法的完整工作流程如图 10.22 所示。该方法包括目标检测和目标关联两个关键步骤：目标检测需要一个训练好的目标检测模型，用来发现当前帧中的各个目标；目标关联需要一个关联算法，用来将当前帧中的目标与前一帧中的目标进行关联。

1）目标检测，即检测出要追踪目标的位置坐标和目标分类等信息，并初始化每个目标的轨迹。

2）目标关联，即使用算法对当前帧中的目标和前一帧中的目标进行关联。如果在前一帧中能够找到当前帧中检测到的目标，说明关联成功，则更新目标的轨迹；如果在前一帧中不能找到当前帧中检测到的目标，说明当前帧中检测到的目标为新目标，则新增目标的轨迹；如果在当前帧中不能找到前一帧中检测到的目标，表示目标消失，则移去目标的轨迹。

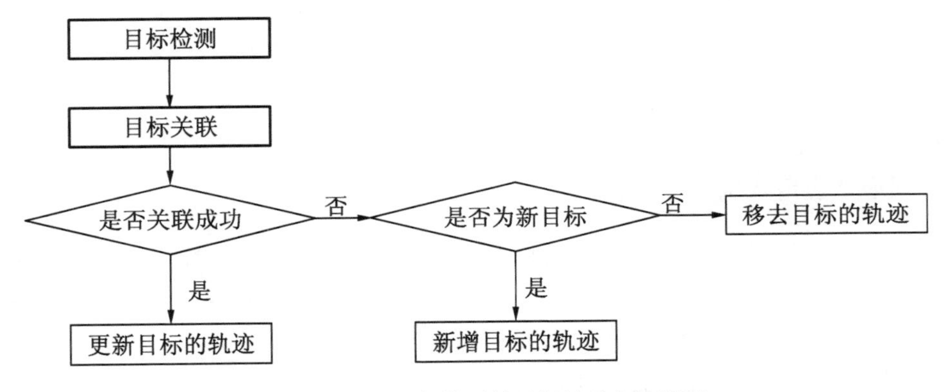

图 10.22　基于目标检测的目标追踪方法流程

在基于目标检测的目标追踪方法中，为了实现对目标的关联，容易想到的方法是通过目标识别进行目标关联，即对每一帧图像进行目标检测，然后对每一个目标提取特征，最后通过特征识别出每一个目标，从而实现目标关联。

但是，通过目标识别进行目标关联需要在每一帧图像中提取出每一个目标的特征，这需要大量的计算资源，同时还需要稳定的特征提取器，在实际场景中很难做到。因此，通常采用其他方法进行目标关联，如常用的质心法。

2. 使用质心法进行目标关联

质心法是一种基于目标检测的目标追踪方法，该方法在目标首次出现时先对其进行识别，然后在后续的视频帧中，通过欧氏距离将检测到的目标进行关联，如图 10.23 所示。

1）目标检测。使用深度学习模型对视频帧进行目标检测。

2）计算质心坐标。将目标预测框的中心点作为质心坐标。

3）计算质心距离。计算在视频的上一帧和当前帧中目标之间的欧式距离。

4）目标关联。距离相近的为同一目标，如 A 和 C 是同一目标，B 是新出现的目标。

5）目标更新。更新已知目标的坐标，生成新目标的 ID。如果有目标消失，则注销消失目标的 ID。

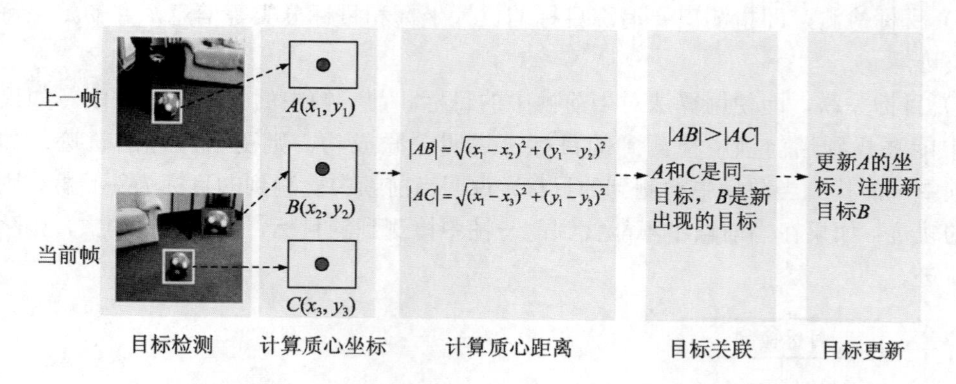

图 10.23　使用质心法实现目标关联

3．质心法应用示例

质心法是目标关联算法，在进行目标追踪时，还需要配合目标检测模型进行使用。下面的代码使用 YOLO 模型（已经在 coco 数据集上训练好的 YOLO 模型）进行目标检测，并使用质心法进行目标关联，从而实现对目标的追踪。

以下代码详细演示对两帧图像中的目标（足球）进行追踪的过程，在本书的配套资源中还有一个对视频中的目标进行追踪的代码示例。

1）导入用到的库（本书配套资源目录下的 yolo_detect.py 文件封装了对 YOLO 模型的使用）。

```
1 import cv2,math
2 import numpy as np
3 import IPython.display as display
4 from yolo_detect import Init_Yolo,Detect,Draw   #封装 YOLO 模型的检测操作
5 from matplotlib import pyplot as plt
6 plt.rcParams['font.sans-serif']=['SimHei']      #在统计图上显示中文
```

2）初始化 YOLO 模型（模型的初始化方法请查看 yolo_detect.py 文件中的 Init_Yolo() 函数）。

```
1 model,labels = Init_Yolo('./models/yolov3-tiny.cfg',
2                          './models/yolov3-tiny.weights',
3                          './models/coco.names')
```

3）读取两帧图像并将其转换为 RGB 格式，其中 frame_1 是上一帧图像，frame_2 是当前帧图像。

```
1 frame_1 = cv2.imread('./images/ball_1.png')
2 frame_1 = cv2.cvtColor(frame_1, cv2.COLOR_BGR2RGB)
3 frame_2 = cv2.imread('./images/ball_2.png')
4 frame_2 = cv2.cvtColor(frame_2, cv2.COLOR_BGR2RGB)
```

4）检测两帧图像中的足球目标（调用 yolo_detect.py 文件中的 Detect()函数）。

```
1 #使用 YOLO 模型检测两帧图像中的目标
2 b1 = Detect(model,labels,frame_1)
3 b2 = Detect(model,labels,frame_2)
4 #只保留足球的检测结果
5 filter=np.where(b1[:,-1]=='sports ball')
6 bbox1 = b1[filter]
7 filter=np.where(b2[:,-1]=='sports ball')
8 bbox2 = b2[filter]
```

5）计算质心坐标。根据第 4 步检测结果 bbox1 和 bbox2 计算目标的质心（绑定框的中心）。

```
 1 A = (int(bbox1[0][0])+int(bbox1[0][2])/2,int(bbox1[0][1])+int
(bbox1[0][3])/2)
 2 B = (int(bbox2[0][0])+int(bbox2[0][2])/2,int(bbox2[0][1])+int
(bbox2[0][3])/2)
 3 C = (int(bbox2[1][0])+int(bbox2[1][2])/2,int(bbox2[1][1])+int
(bbox2[1][3])/2)
 4 print("第一帧目标 A",A,"第二帧目标 B",B,"第二帧目标 C",C)
```

使用第 4）步和第 5）步的代码，在第一帧图像中检测到目标 *A*，在第二帧图像中检测到目标 *B* 和 *C*，并分别计算这 3 个目标的质心。如图 10.24 所示，白色边框为检测到的目标边界框，中间的点为目标的质心（边界框的中心）。

图 10.24　检测到的目标与质心

6）计算第一帧中的目标和后一帧中的目标的欧氏距离，根据最近距离确定 *A* 和 *B* 是同一目标。

```
1 AB = math.sqrt(math.pow((A[0]-B[0]),2)+math.pow((A[1]-B[1]),2))
2 AC = math.sqrt(math.pow((A[0]-C[0]),2)+math.pow((A[1]-C[1]),2))
3 print("AB 距离",AB,"AC 距离",AC,"AB 是同一目标")
```

7）显示追踪的结果。将两帧图像合并，并用连线表示目标的运行轨迹，如图 10.25 所示。

```
1 mask1 = Draw(frame_1,bbox1)                    #绘制在第一帧中检测到的目标
2 mask2 = Draw(frame_2,bbox2)                    #绘制在第二帧中检测到的目标
3 all_img = np.hstack((mask1, mask2))            #将两帧图像合并成一幅图像
4 #绘制运动轨迹
5 H,W = mask1.shape[:2]
6 cv2.line(all_img,(int(A[0]),int(A[1])),(W+int(C[0]),int(C[1])),
(0,255,255),2)
7 #显示追踪结果
8 plt.title('目标运行轨迹')
9 plt.imshow(all_img)
```

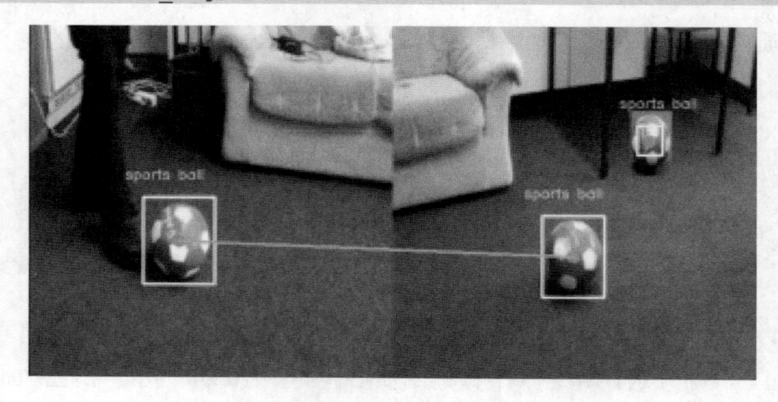

图 10.25　目标运行轨迹

10.3　小　　结

本章介绍了计算机视觉中 3 个相对高级的应用，即语义分割、实例分割和目标追踪，并在最后的实例部分通过代码重点分析了使用光流法和质心法进行目标追踪的过程。

实例分割和语义分割都是对图像中的像素点进行分类，将像素点映射到不同的目标上。实例分割和语义分割的区别在于：前者不区分同一类别中的个体，而后者则区分同一类别中的每个个体。

全卷积神经网络是一个经典的语义分割模型。该模型先通过卷积与池化进行下采样，提取图像的特征，然后再使用反卷积对特征图进行上采样，生成一个与原图同样大小的图像，并使用 Softmax 函数对每个像素点进行分类，从而得到输出的分割图。

Mask R-CNN 是一个实例分割模型，它在 FasterR-CNN 模型的基础上增加了语义分割分支，从而得到图像掩膜。同时它使用 ROI Align 代替 Faster R-CNN 中的 ROI Pooling，

可以减少目标边界框为浮点数时带来的量化误差。

目标追踪是指针对一组图像序列（一般为视频），通过分析每一帧图像，跟踪在图像中出现的目标，并记录其运行轨迹。目标追踪的方法很多，本章重点介绍了光流法和质心法两种。

光流法建立在亮度不变和时间连续两个假设的基础上，是一种经典的目标追踪方法，它通过将不同视频帧中的像素点形成对应关系描述运动信息，从而完成对目标的追踪。Lucas-Kanade（LK）算法是一个经典的光流算法，它通过引入空间一致假设（目标周围的光流矢量相同），计算出光流矢量的最优解。

质心法是使用欧氏距离作为度量标准的目标关联算法。在进行目标追踪时，需要和目标检测模型配合使用，先对每一帧视频执行目标检测，然后将检测出来的目标进行关联，把距离最近的目标看成同一目标，从而得到每个目标的运行轨迹。